Die aluminiumintensive Pkw-Karosserie

Europäische Hochschulschriften
Publications Universitaires Européennes
European University Studies

Reihe V
Volks- und Betriebswirtschaft

Série V Series V
Sciences économiques, gestion d'entreprise
Economics and Management

Bd./Vol. 2455

PETER LANG
Frankfurt am Main · Berlin · Bern · New York · Paris · Wien

Ralf Roß

Die aluminiumintensive Pkw-Karosserie

Ihre Folgen für die natürliche Umwelt und die Wirtschaft

PETER LANG
Europäischer Verlag der Wissenschaften

Die Deutsche Bibliothek - CIP-Einheitsaufnahme

Roß, Ralf:

Die aluminiumintensive PKW-Karosserie : ihre Folgen für die natürliche Umwelt und die Wirtschaft / Ralf Roß. - Frankfurt am Main ; Berlin ; Bern ; New York ; Paris ; Wien : Lang, 1999
(Europäische Hochschulschriften : Reihe 5, Volks- und Betriebswirtschaft ; Bd. 2455)
Zugl.: Darmstadt, Techn. Univ., Diss., 1998
ISBN 3-631-34569-0

D 17
ISSN 0531-7339
ISBN 3-631-34569-0

Vorwort

Die vorliegende Dissertation entstand im Anschluß an mein Studium des Wirtschaftsingenieurwesens an der TU Darmstadt. Als Arbeit aus dem Bereich der Technikfolgenabschätzung umfaßt sie sowohl technische als auch ökonomische Aspekte und bot mir damit die Gelegenheit, Arbeitsmethoden und Erkenntnisse aus vielen Teilbereichen meiner akademischen Ausbildung einzusetzen.

Das Skript für die Dissertation wurde mit der Einreichung im Dezember 1997 abgeschlossen. Spätere Entwicklungen und Erkenntnisse sind von daher nicht berücksichtigt worden.

Die Anfertigung einer solchen Arbeit wäre nicht möglich ohne die Hilfe und die Unterstützung von vielen Seiten. Mein Dank gilt zunächst Herrn Prof. Dr. R. Becks, der mir in unzähligen Gesprächen und Diskussionen wertvolle Anregungen für die Erstellung dieser Arbeit gab. Dank schulde ich ebenfalls Herrn Prof. Dr. G. Poser, der das Co-Referat übernahm.

Meinen Eltern bin ich zu besonderem Dank verpflichtet. Sie haben mir das Universitätsstudium ermöglicht und mich während dieser Zeit in jeder Hinsicht unterstützt. Ihnen widme ich dieses Buch.

Dank schulde ich schließlich meiner Frau Regine, die mir während der Zeit der Doppelbelastung von Beruf und Dissertation Rückhalt und Zuversicht gab.

Ralf Roß

Inhaltsverzeichnis

Abbildungsverzeichnis

ANHANG:

Tabellenverzeichnis

ANHANG:

Gleichungsverzeichnis

Abkürzungsverzeichnis

ABS	Antiblockiersystem
ADAC	Allgemeiner Deutscher Automobil-Club e.V.
AG	Aktiengesellschaft
Alu.	Aluminium
allg.	allgemein
Alt.	Alternative(n)
Anm.	Anmerkung
ASR	Antriebs-Schlupf-Regelung
ASV	Aluminum structured vehicle
Bd.	Band
bes.	besonders
Bl.	Bundesländer
BMFT	Bundesministerium für Forschung und Technologie
BMW	Bayerische Motoren - Werke
bspw.	beispielsweise
BW	Baden-Württemberg
BWL	Betriebswirtschaftslehre
BY	Bayern
bzw.	beziehungsweise
C	Celsius
CNG	Comprimed natural gas
CSP	Compact strip production (Verfahren der Stahlumformung)
Darst.	Darstellung
dB	Dezibel

d.h.	das heißt
DIN	Deutsche Industrie Norm
ECE	Economic Comission for Europe
ESP	Elektronisches Stabilitäts - Programm
evtl.	evenutell
et al.	et altera
etc.	et cetera
EU	Europäische Union
e.V.	eingetragener Verein
f.	folgende
FAZ	Frankfurter Allgemeine Zeitung
ff.	fortfolgende
FN	Fußnote
FS	Fachserie
Fzg.	Fahrzeug
Gew.-%	Gewichtsprozent
GmbH	Gesellschaft mit beschränkter Haftung
ggf.	gegebenenfalls
H.	Hessen
Hrsg.	Herausgeber
IAA	Internationale Automobil Ausstellung
i.d.R.	in der Regel
Kap.	Kapitel
kg	Kilogramm
LKW	Lastkraftwagen

LME	London Metal Exchange (Londoner Warenbörse)
LNG	Liquified natural gas
LPG	Liquified petroleum gas
m	Meter
max.	maximal
MIG	Metall Inertgas Schweißen
Mio.	Millionen
Mrd.	Milliarden
MVEG	Motor Vehicle Engine Group
MWSt.	Mehrwertsteuer
N. Bl.	Neue Bundesländer
NE	Nichteisen
NW	Nordrhein-Westfalen
OECD	Organization for economic cooperation and development
OPEC	Organization of the Petroleum exporting countries
OTA	Office for technology assessment
o.V.	ohne Verfasserangabe
PA	Produktfolgenabschätzung
Pkw	Personenkraftwagen
rd.	rund
RME	Rapsölmethylester
RP	Rheinland-Pfalz
RWI	Rheinisch-Westfälisches Institut für Wirtschafts-forschung
S.	Seite
Saar	Saarland

SKE	Steinkohleneineit
sog.	sogenannt
spez.	speziell
Stck.	Stück
t	Tonnen
TAB	Büro für Technikfolgenabschätzung beim Deutschen Bundestag
Tab.	Tabelle
TA	Technikfolgenabschätzung / technology assessment
TÜV	Technischer Überwachungsverein
u.	und
u.a.	unter anderem
u.ä.	und ähnliche[s]
UdSSR	Union der Sozialistischen Sowjetrepubliken
usw.	und so weiter
u.U.	unter Umständen
VDA	Verband der Automobilindustrie e.V.
VDI	Verein Deutscher Ingenieure
Verf.	Verfasser
vgl.	vergleiche
VW AG	Volkswagen AG
WIG	Wolfram Inertgas Schweißen
z.B.	zum Beispiel
ZdK	Zentralverband deutsches Kraftfahrzeuggewerbe
z.T.	zum Teil
zzgl.	zuzüglich

Einführung; Zielsetzung und Aufbau der Arbeit

Zielsetzung der Arbeit

Technische Neuerungen, die sich in Form von Produkt- und Prozeßinnovationen darstellen können, sind eine zentrale Determinante wirtschaftlichen Wachstums. Ihr hoher Stellenwert wird auch in der gegenwärtigen Diskussion über die Zukunft des Industriestandorts Deutschland deutlich. Viele Untersuchungen kommen zu dem Ergebnis, daß nur durch intensive Forschungsanstrengungen und der daraus resultierenden Entwicklung neuer Produkte oder Produktionstechniken die derzeitige Weltmarktposition behauptet werden kann. [1]

Auf der anderen Seite hat dieser technische Wandel z.T. gravierende Auswirkungen in unterschiedlichen Bereichen von Wirtschaft und Gesellschaft zur Folge. Prozeß- und Produktinnovationen können z.B. Änderungen der Wirtschaftsstruktur, des Wirtschaftsablaufs und der Organisation wirtschaftlicher Aktivitäten bewirken. Unser Interesse gilt im folgenden den Produktinnovationen. Am Beispiel eines Schlüsselprodukts der deutschen Volkswirtschaft, des Pkws, sollen derartige Folgewirkungen untersucht werden.

Dieses Produkt geriet in den letzten Jahren immer stärker in den Mittelpunkt einer kritischen Diskussion. In dem Maße, wie sich immer weitere Bevölkerungskreise ein eigenes Fahrzeug leisten konnten und damit die Pkw-Dichte[2] zunahm, rückten auch bestimmte Negativwirkungen in das Bewußtsein der Menschen. Im Mittelpunkt der kritischen Auseinandersetzung mit dem Pkw stehen die Umweltbelastungen wie der unter bestimmten Bedingungen deutlich höhere Energieverbrauch,[3] die Schadstoff- und Lärmemissionen und der Flächenverbrauch sowie die Sicherheitsdefizite, die sich in einer hohen Zahl von

---

[1] vgl. z.B. VDI-Nachrichten v. 20.05.94, Neue Perspektiven für die Entlassungsgesellschaft, S. 6; VDI - Nachrichten v. 02.06.1995, Deutscher Ingenieurtag: Produkt- und Struktur-Innovationen können Standortnachteile kompensieren, S. 4; Berger, Roland, Wirtschaftsstandort Deutschland, 1994, S. 13 u. o. V., Strategien zur Standortsicherung, 1993, S. 22 ff.

[2] Der Pkw - Bestand hat sich bspw. ausgehend von rd. 4,5 Mio. Fahrzeugen im Jahr 1960 auf 34,0 Mio. Stück im Jahr 1997 mehr als versiebenfacht (Bestand an Pkw einschl. Kombifahrzeuge jeweils zum 1.1. des Jahres einschließlich der vorübergehend abgemeldeten Fahrzeuge im früheren Bundesgebiet; vgl. Wirtschaftsgesellschaft des Kraftfahrzeuggewerbes mbH (Hrsg.), Zahlen & Fakten 1997, S. 12).

[3] vgl., auch im folgenden, Canzler, Weert et al., Das Ende des Automobils, 1994.

verletzten und getöteten Verkehrsteilnehmern manifestieren. Als Folge dieser bestehenden, teilweise in der Öffentlichkeit auch überzeichneten Probleme[4] droht dem Automobil ein Akzeptanzverlust in weiten Teilen der Bevölkerung. Servatius spricht davon, daß sich das Auto und damit auch die „Automobilindustrie [..] am Wendepunkt vom Hätschelkind zum Prügelknaben befindet."[5]

Um unter diesen Randbedingungen den wirtschaftlichen Erfolg zu bewahren, sehen sich die Hersteller gezwungen, bei der Entwicklung kommender Fahrzeuggenerationen neue Leitideen zu verwirklichen. Künftige Modelle müssen so konstruiert sein, daß die heute zu beobachtenden Negativwirkungen komplett abgestellt oder zumindest deutlich abgeschwächt werden können.[6] Hierzu ist aufgrund der Vorwurfslage vor allem eine stärkere Berücksichtigung der ökologischen Komponente notwendig. Daneben werden aber noch andere Entwicklungsleitlinien, wie z.B. die Erhöhung der Sicherheit, berücksichtigt werden müssen.

Für die Erreichung dieser neuen Ziele bieten sich unterschiedliche Optionen an. Ein grundlegender Ansatzpunkt liegt auf der Ebene der Anbieter von Verkehrsdienstleistungen. Durch ein besseres Zusammenspiel zwischen den bereits bestehenden Verkehrsmitteln könnten ihre jeweiligen spezifischen Vorteile stärker als bislang zur Geltung kommen. Ein derartiges Vorhaben erfordert abgestimmte Bemühungen unterschiedlicher Industriezweige und Verkehrsdienstleister und ist bspw. Gegenstand einer Initiative des Bundesforschungsministeriums.[7] Der zweite grundlegende Ansatzpunkt liegt in der konstruktiven Umgestaltung der Produkte. Unser Interesse gilt im folgenden ausschließlich der zweiten Option.

Ziel der vorliegenden Arbeit ist es, zu untersuchen, wie durch den Einsatz des Werkstoffs Aluminium im Karosseriebau wichtige Ziele der Fahrzeugentwicklung erreicht werden können. Der Ersatz traditioneller Werkstoffe durch Aluminium hat jedoch nicht nur direkte Folgewirkungen im Produkt Pkw (= Primärwirkungen), sondern zeigt auch gewollte und ungewollte Effekte in speziellen Bereichen von Wirtschaft und natürlicher Umwelt (= Sekundärwirkungen).

---

[4] Dies korrespondiert mit der Einschätzung anderer Autoren, daß in unserer Gesellschaft eine allgemeine Tendenz besteht, Chancen und Problemlösungspotentiale der Technik kaum wahrzunehmen, dafür aber stärker ihre Risiken und Gefahren; vgl. Bugl, Josef, Technikfolgenabschätzung: Ein Instrument für Chancenmanagement in der Wirtschaft, 1994, S. 246.

[5] Servatius, Hans-Gerd, Ökologische Innovationen als Differenzierungschance im internationalen Wettbewerb, 1993, S. 152.

[6] vgl. Berger, Roland et al., Die Zukunft des Autos hat erst begonnen, 1994, S. 30.

[7] vgl. VDI-Nachrichten v. 23.09.1994, High-Tech gegen Verkehrsinfarkt, S. 1.

Auch diesen wollen wir im Rahmen der Untersuchung nachgehen. Die Identifizierung dieser Konsequenzen erfolgt nach dem Ansatz der antizipativen Technikfolgenabschätzung.

Aufbau der Arbeit

Die Arbeit gliedert sich in zwei Hauptteile. Das erste Kapitel ist konzeptionellen Fragen gewidmet. Hier wird zunächst erläutert, was wir unter Technikfolgenabschätzung verstehen. Sodann wird ein Stufenschema für die praktische Durchführung unserer Technikfolgenuntersuchung vorgestellt.

Das zweite Kapitel bildet den Kern der Arbeit. Mit Hilfe der im ersten Abschnitt entwickelten Ablaufschritte werden dort die vermutlichen Konsequenzen einer aluminiumintensiven Karosseriebauweise für Wirtschaft und natürliche Umwelt abgeleitet.

Im Schlußteil werden der Gang sowie die Ergebnisse der Untersuchung noch einmal zusammengefaßt.

1 Konzeptionelle Grundlagen der Untersuchung

1.1 Generelles Konzept der Technikfolgenabschätzung als Ausgangsbasis für die Untersuchung

Die systematische Beschäftigung mit den Folgen technischer Neuerungen ist ein noch junges Wissenschaftsgebiet. Auslöser für diese seit 1960 einsetzenden Untersuchungen war die langsam reifende Erkenntnis, daß technischer Fortschritt nicht zwangsläufig gesellschaftlichen Fortschritt mit sich bringt, sondern auch negative Begleiterscheinungen hervorrufen kann.[8] Ausgehend von diesem Befund wurde eine Vielzahl von Konzepten zur Untersuchung von Folgewirkungen technischer Veränderungen entwickelt, die jeweils unterschiedliche Zielsetzungen und -gruppen berücksichtigen. Die Vielzahl der entwickelten Modelle sowie die uneinheitliche Verwendung von Begriffen und Begriffskombinationen machen es jedoch unmöglich, im Rahmen dieser Arbeit einen umfassenden Überblick darüber zu geben. Im folgenden werden wir lediglich unser Verständnis von Technikfolgenabschätzung[9] näher erläutern.

1.1.1 Zukunftsforschung als Ausgangsbasis für die Technikfolgenabschätzung

Jede Beschäftigung mit den Folgewirkungen technischer Neuerungen ist ein Unterfall der allgemeinen Zukunftsforschung. Hierunter verstehen wir alle „systematischen Bemühungen, die darauf gerichtet sind, Informationen über die Zukunft von Natur und Kultur zu liefern“[10].

Grundsätzlich können zwei Kategorien von Informationen über die Zukunft unterschieden werden. Auf der einen Seite stehen die sog. positiven Prognosen, auf der anderen Seite normative Entwürfe.[11] Während die normativen Entwürfe Leitideen für zukünftige Entwicklungen aufzeigen und damit Antworten auf die Frage geben, was in der Zukunft erreicht werden sollte, beschäftigt sich die positive Prognostik mit konditionalen Aussagen. Ihre typische Fragestellung lautet daher „was wäre, wenn“ und sie gibt Antworten, welche Ereignisse unter

---

[8] vgl. Gibbons, John, Technikfolgenabschätzung am Office for Technology Assessment: Die Entwicklungsgeschichte eines Experiments, 1991, S. 24

[9] Wir werden im folgenden die Abkürzung TA für Technikfolgenabschätzung verwenden.

[10] Becks, Rolf, Möglichkeiten und Grenzen der Zukunftsforschung, 1979, S. 2.

[11] vgl., auch im folgenden, Becks, Rolf, Möglichkeiten und Grenzen der Zukunftsforschung, 1979, S. 2 ff.

bestimmten Bedingungen eintreten werden. Beide Aspekte finden sich in der Technikfolgenabschätzung wieder.

1.1.2 Grundgedanke, Klassifikation und Begriffsabgrenzung von Technikfolgenabschätzung

Das grundlegende Konzept der TA geht auf die Arbeit amerikanischer Wissenschaftler und Politiker zurück. Der Begriff des „technology assessment"[12] wurde in der Mitte der 60er Jahre vom Kongreßabgeordneten Emilio Daddario geprägt,[13] daneben gilt der Physiker und Nobelpreisträger Max Born als Schöpfer dieses Konzepts.[14]

In einer Zeit, die durch eine euphorische Grundstimmung gegenüber Steuerungs- und Regelungsmechanismen geprägt war,[15] wurde die umfangreiche Zielsetzung der Konzeption entwickelt: „Technology assessment is a term used to identify a process for generating accurate, comprehensive, and objective information about technology to facilitate its effective social management by political decisionmakers. Specifically, technology assessment is the thorough and balanced analysis of all significant primary, secondary, indirect and delayed consequences or impacts, present or foreseen, of a technological innovation on society, the environment or the economy. The term „technology" may communicate too limited a notion to many who hear the words „technology assessment". It is important to note that „technology" includes the so called „soft" or social technological inventions along with the more commonly thought of physical objects and material."[16]

Charakteristische Elemente dieses Ansatzes sind somit seine Handlungsorientierung, der enge Bezug zu politischen Entscheidungsträgern, die umfassende Definition des Begriffs „Technologie" sowie der Anspruch auf Vollständigkeit

---

[12] Im folgenden werden der amerikanische Begriff „technology assessment" sowie der deutsche Begriff Technikfolgenabschätzung synonym verwendet. Diese Gleichsetzung findet sich auch bei anderen Autoren; vgl. auch Bullinger, Hans-Jörg, Was ist Technikfolgenabschätzung, 1994, S. 15.

[13] vgl. Meier, Bernd, Technikfolgen: Abschätzung und Bewertung, 1987, S. 25.

[14] vgl. Gibbons, John, Technikfolgenabschätzung am Office for Technology Assessment: Die Entwicklungsgeschichte eines Experimentes, 1991, S. 24.

[15] vgl. Gloede, Fritz, et al., Technikfolgenabschätzung und Technikfolgenforschung, 1992, S. 13.

[16] U.S. Senate, Technology Assessment Act of 1972, zitiert bei Schade, Diethard, Technikfolgenabschätzung im Staat, Produktfolgenabschätzung in der Wirtschaft, 1987, S. 7.

und Objektivität.[17] Handlungsorientierung bedeutet in diesem Zusammenhang, daß die in einer konkreten Situation gegebenen Entscheidungsalternativen hinsichtlich ihrer Folgewirkungen betrachtet werden müssen. Dem Entscheidungsträger, d.h. in der Regel dem Politiker, sollen die Konsequenzen der einzelnen Handlungsoptionen aufgezeigt werden. Die institutionelle Etablierung dieses Konzepts erfolgte zunächst in den USA. Bereits zu Beginn der 70er Jahre richtete der Kongreß das OTA (Office for Technology Assessment) ein.[18] Der Auftrag dieser direkt dem Kongreß angegliederten Institution besteht darin, bei technologiebezogenen Problemstellungen mögliche Auswirkungen und Implikationen aufzuzeigen. Zur Erfüllung dieses weit gesteckten Aufgabenfeldes verfügt das OTA selbst über eine Reihe von Experten mit multidisziplinärer Ausrichtung. Studien können somit innerhalb der Einrichtung angefertigt werden, bei manchen Projekten wird auch zusätzlicher Rat von externen Stellen eingeholt. Die Publikation der Ergebnisse erfolgt durch einen umfangreichen Bericht sowie zusätzlich kompakte Zusammenfassungen.[19]

Diese amerikanische Einrichtung wurde in der Bundesrepublik nur zögernd übernommen. Nach langer Diskussion wurde am 11. November 1989 entschieden, ein dem Parlament nahestehendes Büro einzurichten (es handelt sich um das „Büro für Technikfolgenabschätzung beim Deutschen Bundestag“, (TAB)), das jedoch keine eigenen wissenschaftlichen Arbeiten anfertigen soll. Sein Auftrag beschränkt sich vielmehr auf die Vergabe und Koordination derartiger Studien.[20] Neben dieser Bundesinitiative gibt es noch ländereigene Anstalten, wie z.B. die Akademie für Technikfolgenabschätzung in Baden-Württemberg, die als Landesstiftung am 1. April 1992 ihre Arbeit aufnahm.[21]

Eine wichtige Erweiterung dieser Basiskonzeption bestand in der Übertragung des Verfahrens auf private Unternehmen.[22] Grundsätzlich räumen Vertreter der Industrie die Notwendigkeit einer Beschäftigung mit den Folgewirkungen

---

17vgl. auch Gloede, Fritz, et al., Technikfolgenabschätzung und Technikfolgenforschung, 1992, S. 15.

18 Einsetzung durch ein Gesetz aus dem Jahr 1972 (Technology Assessment Act of 1972); vgl. Meier, Bernd, Technikfolgen: Abschätzung und Bewertung, 1987, S. 32.

19 vgl. Gibbons, John, Technikfolgenabschätzung am Office for Technology Assessment: Die Entwicklungsgeschichte eines Experimentes, 1991, S. 31 f.

20 vgl. Petermann, Thomas, Historie und Institutionalisierung der Technikfolgenabschätzung, 1994, S. 90 ff.

21 vgl. Schade, Diethard, Die Akademie für Technikfolgenabschätzung in Baden-Württemberg, 1994, S. 115 ff. u. Akademie für Technikfolgenabschätzung in Baden-Württemberg (Hrsg.), Jahrbuch 1992/93, 1994, S. 2 ff u. S. 111 ff.

22 vgl. Bugl, Josef, Technikfolgenabschätzung: Ein Instrument für Chancenmanagement in der Wirtschaft, 1994, S. 245 ff.

technischer Innovationen ein, und viele Unternehmen haben bereits entsprechende Untersuchungsverfahren eingeführt.[23] Die hier erfahrenen Betriebe verweisen jedoch darauf, daß eine direkte Übertragung des Verfahrens aus mehreren Gründen nicht möglich ist: Im politischen Bereich werden TA-Studien normalerweise von beauftragten Institutionen für die politischen Entscheidungsträger angefertigt. Eine Einflußnahme auf die Studie findet lediglich im Rahmen der Problemformulierung oder der Vorgabe des Untersuchungsrahmens statt. Entscheidungsträger und Autoren der Studie unterscheiden sich somit. Im Bereich der Wirtschaft sind in der Regel Entscheider und Autoren bzw. Beteiligte an der Studie identisch. Spezialisierte Abteilungen oder externe Institutionen übernehmen lediglich die Organisation des Prozesses, nicht aber die inhaltliche Ausgestaltung.[24] Das Hauptaugenmerk von industriellen Untersuchungen liegt auf einzelnen Produkten und Prozessen; im politischen Bereich eher auf Techniken bzw. Technologien. Ein weiterer Unterschied liegt in der Zielsetzung der Studie: Neben dem Hauptziel der Bereitstellung bzw. Verbesserung von Entscheidungsunterlagen verfolgen die Unternehmen Nebenziele: Durch derartige Studien soll einerseits die Kommunikation im Unternehmen selbst sowie mit externen Stellen verbessert werden.[25] Auf der anderen Seite erhofft man sich auch einen Anstoß hin zur Entwicklung einer lernenden Organisation.[26]

Aus diesen Gründen wurde bspw. von Schade vorgeschlagen, die Beschäftigung mit Technikfolgen in der Industrie unter dem Begriff der Produktfolgenabschätzung zusammenzufassen.[27] Unserer Auffassung nach bleiben jedoch auch im privatwirtschaftlichen Bereich die grundlegenden Elemente der Technikfolgenabschätzung unberührt und wir sehen daher auch diese unter dem Oberbegriff TA erfaßt.

Ungeachtet dieser Abgrenzungs- und Definitionsprobleme wurde eine Vielzahl von TA-Studien durchgeführt, die sich mit sehr unterschiedlichen Fragestellungen beschäftigten. Eine notwendige Klassifizierung dieser Arbeiten kann nach unterschiedlichen Kriterien vorgenommen werden. Ein Aspekt ist hierbei der zeitliche Untersuchungshorizont, nach dem zwischen *reaktiven*, *projektiven*

---

[23] vgl. die Untersuchung von Ingeborg Paul über den Einsatz derartiger Verfahren in der Praxis; vgl. Paul, Ingeborg, Technikfolgen-Abschätzung als Aufgabe für Staat und Unternehmung, 1987, S. 102 ff.

[24] Mündliche Information durch Herrn Dr. Minx, Daimler-Benz AG Berlin, am 25. Mai 1994.

[25] mündliche Information durch Herrn Dr. Minx, Daimler-Benz AG Berlin, 25. Mai 1994.

[26] vgl. Hoffmann, V., Lernen in und mit Szenarien, 1993, S. 25 ff.

[27] vgl. Schade, Diethard, Technikfolgenabschätzung im Staat, Produktfolgenabschätzung in der Wirtschaft, 1987, S. 11 u. Bullinger, Hans-Jörg, Was ist Technikfolgenabschätzung, 1994, S. 21. Die notwendigen Anpassungen an betriebliche Belange werden ausführlich in Kap. 1.1.4 vorgestellt.

(oder auch antizipativen) und *retrospektiven* Analysen unterschieden wird.[28] Reaktive Analysen befassen sich mit den Folgewirkungen einer Technik, nachdem ihre Anwendung bereits stattgefunden hat. Eine vorausschauende Beschäftigung mit derartigen Folgewirkungen ist für projektive Studien charakteristisch. Die Untersuchung von historischen Sachverhalten führt zu retrospektiven Studien. Durch die Analyse von zurückliegenden technischen Entwicklungen sollen bspw. Informationen über kritische Entscheidungspunkte und die jeweilige Informationslage der Entscheidungsträger gewonnen werden. Daraus lassen sich Rückschlüsse auf den Einsatz von TA als Frühwarnsystem ziehen.[29]

Eine Einteilung nach dem Anlaß der Studie führt zur Unterscheidung von *problem-*, *technologie-* und *projekt*induzierten TA-Untersuchungen.[30] Bei probleminduzierten Arbeiten ist ein akutes oder vorhersehbares Problem der Gesellschaft Untersuchungsobjekt der Studie. Unabhängig von einer einzelnen Technik wird nach alternativen Lösungsmöglichkeiten für dieses Problem gesucht. Ziel ist es, optimale Wege für seine Bewältigung zu finden. Bei technologieinduzierten Studien steht im Gegensatz hierzu eine bestimmte Technik im Vordergrund. Die Studie soll Aufschluß darüber geben, mit welchen Folgen beim Einsatz dieser Technik zu rechnen ist. Ein wesentlich engeres Untersuchungsobjekt haben projektinduzierte Arbeiten. Hier geht es darum, die Folgen eines speziellen Projekts abzuleiten. Praxisbeispiele hierfür geben Studien über die Folgen eines neuen Flughafens, eines Wasserkraftwerks usw.

1.1.3 Verfahren und Methoden für die Durchführung von Technikfolgenabschätzungen

Aufgrund der umfassenden Zielsetzung kann es für TA kein allgemeingültiges Konzept mit einer festen methodischen Grundlage geben.[31] "TA Untersuchungen gehen von einem "strategischen Rahmenkonzept" der Analyse aus"[32].

---

[28] vgl. Paschen, Herbert et al., Technology Assessment - Technikfolgenabschätzung, 1978, S. 17 f.

[29] vgl. Paschen, Herbert et al., Technology Assessment - Technologiefolgenabschätzung, 1978, S. 18 f.

[30] vgl. Paschen, Herbert et al., Technology Assessment - Technologiefolgenabschätzung, 1978, S. 17 u. Bullinger, Hans-Jörg, Was ist Technikfolgenabschätzung?, 1994, S. 17.

[31] vgl. etwa Bullinger, Hans Jörg, Was ist Technikfolgenabschätzung?, 1994, S. 17; Gloede, Fritz et al., Technikfolgenabschätzung und Technikfolgenforschung, 1992, S. 15 u. Bonnet, Petra, Methoden und Verfahren der Technikfolgenabschätzung: Exotische Hausmannskost?, 1994, S. 39.

[32] Meyer, Rolf et al., Die Enquete-Kommission "Technologiefolgen-Abschätzung" des 10. Deutschen Bundestags, 1988, S. 2.

Hierbei können zwei Arbeitsbereiche unterschieden werden (vgl., auch im folgenden, **Tabelle 1-1**). Bereich 1, die positive TA (auch als TA i.e.S. bezeichnet), beinhaltet die Ableitung positivistischer Prognosen und besteht aus den beiden Großbausteinen Analyse und Prognose. In Abhängigkeit von der jeweils gestellten Untersuchungsaufgabe werden diese Großbausteine in mehreren Teilschritten ausgeführt

Analyse	1) Definition der Aufgabenstellung	**pos. TA**
	2) Beschreibung der zu untersuchenden Technologie	
	3) Beschreibung der Umfeldbereiche	
	4) Gesamtes Untersuchungsfeld	
Prognose	5) Annahmen über zukünftige technische	
	6) Annahmen über zukünftige Veränderungen in den Umfeldbereichen	
	7) Modellspezifikation (qualitativ oder quantitativ)	
	8) Identifikation der Auswirkungen und deren Messungen	
Bewertung	9) Erarbeitung von Kriterien zur Messung der Auswirkungen	**norm. TA**
	10) Einbeziehung betroffener gesellschaftlicher und politischer Gruppen	
	11) Erarbeitung eines Zielsystems und von Entscheidungskriterien	
	12) Bewertung der Auswirkung	
Empfehlung	13) Hinweise zur Vermeidung negativer Auswirkungen	
	14) Empfehlungen und Orientierungshinweise	

Tabelle 1-1: Beispielhafter Ablauf einer TA-Analyse
Quelle: Batelle-Institut e.V. (Hrsg.), Technology Assessment. Methoden, internationale Entwicklungen, Auswirkungen auf die unternehmerische und staatliche Planung, 1976, S. 28

Bei bestimmten Aufgabenstellungen ist es allerdings notwendig, die beiden normativen Komponenten Bewertung und Empfehlung anzuschließen (vgl. den Bereich normative TA in **Tabelle 1-1**). Voraussetzung hierfür ist jedoch, daß ein von den jeweils relevanten gesellschaftlichen Gruppen akzeptiertes Bewertungssystem identifiziert ist. Dies ist ein schwieriges und aufwendiges Unterfangen, das den Rahmen dieser Arbeit sprengen würden. Aus diesem Grund werden wir uns im folgenden darauf beschränken, eine TA i. e. S. durchzuführen. Das bedeutet, daß wir uns auf dem Boden der positiven Prognostik bewegen wollen.

Methodengruppe	Einzelmethoden	
Ideenfindung	Brainwriting	Check-Liste (29)
	Brainstorming (2)	Hypothesen-Matrix
	Ideen-Delphi (3)	
Beschreibende Methoden	Grafik	Tabelle
	Profildarstellung	
Strukturierungs-methoden	Grafik	Progressive Abstraktion
	Morphologischer Kasten (4)	Strukturierungsbaum
	Morphologische Matrix (4)	Relevanzbaum (5)
Datengewinnungs-methoden	Literaturrecherche	Beobachtung (Experiment)
	Befragung/Interview (23)	Hist. Analogie/Studie (24)
	Experten-Delphi	Verhaltenswiss. Experimente (26)
Prognose-verfahren	Szenario-Writing (1)	Dynamische Optimierung (12)
	Quant. Modell	Entscheidungstheorie (13)
	Simulation (15)	Wertanalyse (16)
	Risiko-Analyse (30)	Seer (modifizierte Delphi-Meth.) (19)
	Cross-Support-Matrix	Senectic (20)
	Cross-Impact-Analyse (18)	Regressions-Korrelationsrechn. (22)
	Prognose-Delphi	Gruppenkonsensverfahren (27)
	Trimatrix	Inhaltsanalyse (28)
	Extrapolation (17)	Netzplan (32)
	Ertragscharakteristika (9)	Hüllkurven (33)
	Lin. Optimierung (11)	Ökonomische Modellbildung (25)
Bewertungs-verfahren	Intuitive Komplexentscheidung	Vor- und Nachteilebilanz
	Paarvergleich	Entscheidungsbaum (6)
	Scoring-Modelle (31)	Nutzwert-Analyse (7)
	Kosten-Nutzen-Analyse (10)	Qualitative Rangfolgebeurteilung (8)

Abbildung 1-1: Überblick über mögliche Untersuchungsmethoden
Quelle: eigene Zusammenstellung nach Huisinga, Richard, Technikfolgenbewertung, 1985, S. 155 u. Paul, Ingeborg, Technikfolgen-Abschätzung, 1987, S. 55

Die Zahlen hinter den Methoden weisen auf den Ursprung aus der Unters. von Huisinga hin.

Die bei solchen Arbeiten eingesetzten Untersuchungsmethoden stammen aus einem umfangreichen Vorrat, der sich aus Beiträgen unterschiedlicher Fachdisziplinen zusammensetzt. Die in einem interdisziplinär zusammengesetzten

Team arbeitenden Forscher haben Methoden aus ihren angestammten Disziplinen mitgebracht und als TA-Methoden etablieren können. Huisinga identifiziert insgesamt 33 verschiedene Methoden, die in TA-Studien eingesetzt werden.[33] Abweichend davon nennen Paul[34] sowie der VDI-Report „Technikbewertung" noch weitere Methoden.[35]

In **Abbildung 1-1** (vorhergehende Seite) wird der Methodenvorrat aus den genannten Untersuchungen im Überblick dargestellt. Im Rahmen dieser Arbeit können die einzelnen Methoden nicht vorgestellt werden, eine eingehende Beschreibung findet sich jedoch bei verschiedenen Autoren.[36]

Zur besseren Verständlichkeit wurden die Einzelmethoden in Gruppen eingeordnet, deren Aufteilung auf eine Veröffentlichung des Batelle-Instituts zurückgeht.[37] Mit einer Gruppenzuordnung kommt die hauptsächliche Anwendungsmöglichkeit einer Methode zum Ausdruck, alternative Einsatzbereiche sind aber durchaus möglich.

Diese Methoden unterscheiden sich hinsichtlich ihrer Relevanz für TA-Studien erheblich. Um hierüber ein quantitatives Bild zu erhalten, wurden in einer Untersuchung 34 TA-Experten nach den Methoden gefragt, die sie in ihren eigenen Arbeiten einsetzen.[38] Mit einer Einsatzquote von 50% erweisen sich die Szenariotechnik, das Brainstorming sowie das Interview als Spitzenreiter.[39] Daneben wird jedoch noch eine Vielzahl weiterer Methoden in nennenswertem Umfang eingesetzt.

Sowohl diese breite Verwendung als auch die Vielzahl der überhaupt eingesetzten Methoden unterstreichen die methodische Heterogenität von TA-Arbeiten. Eigene Methoden existieren nicht, sie stammen vielmehr aus den TA tragenden

---

[33] vgl. Huisinga, Richard, Technikfolgenabschätzung. Bestandsaufnahme, Kritik, Perspektiven, 1985, S. 156 ff.

[34] vgl. Paul, Ingeborg, Technikfolgen-Abschätzung als Aufgabe für Staat und Unternehmung, 1987, S. 55

[35] Im VDI-Report werden 12 Methoden dargestellt; vgl. Verein Deutscher Ingenieure (VDI, Hrsg.), VDI-3780: Technikbewertung. Begriffe und Grundlagen, 1991, S. 1 ff.

[36] vgl. etwa Paul, Ingeborg, Technikfolgen-Abschätzung als Aufgabe für Staat und Unternehmung, 1987, S. 51 ff., Huisinga, Richard, Technikfolgenabschätzung. Bestandsaufnahme, Kritik, Perspektiven, 1985, S. 155 ff., Grupp, Hariolf, Einordnung der Methoden der Technikfolgenabschätzung in das Gefüge der Wissenschaften, 1994, S. 67 ff. u.a.

[37] vgl. Batelle Institut e.V. (Hrsg.), Technology Assessment. Methoden, internationale Entwicklungen, Auswirkungen auf die unternehmerische und staatliche Planung, 1976, S. 43.

[38] vgl. Bonnet, Petra, Methoden und Verfahren der Technikfolgenabschätzung: Exotische Hausmannskost?, 1994, S. 44 f.

[39] vgl. Bonnet, Petra, Methoden und Verfahren der Technikfolgenabschätzung: Exotische Hausmannskost?, 1994, S. 45.

einzelnen Wissenschaftsdisziplinen. Die Methodenauswahl muß an Zielsetzung und Aufgabenstellung der konkreten Arbeit ausgerichtet werden.

1.1.4 Anpassung des Grundverfahrens für Analysen in privaten Unternehmungen

Die für die Entwicklung und Gestaltung von Technik vorhandenen Handlungsspielräume können in der Industrie nur durch die Entwicklung von neuen, verkaufsfähigen Produkten ausgenutzt werden. Wenn Neuentwicklungen keine Käufer finden, können auch keine Folgewirkungen auftreten.[40] Ein neues Produkt und seine möglichen Vorteile für potentielle Kunden werden damit zum zentralen Ansatzpunkt derartiger Untersuchungen; im folgenden beschreiben wir beispielhaft das von der Daimler-Benz AG entwickelte Untersuchungsverfahren.[41]

Block 1:	Beschreibung der Produktidee und der absehbaren Anwendungspotentiale
Block 2:	Festlegung der relevanten Umfelder und Abschätzung von deren möglichen zukünftigen Entwicklungen
Block 3:	Vernetzung der Einflüsse und Modellbildung
Block 4:	Erarbeiten von Handlungsoptionen
Block 5:	Bewertung und Entscheidungsvorbereitung

Abbildung 1-2: Grundlegende konzeptionelle Elemente der PA bei der Daimler-Benz AG
Quelle: Mündliche Information durch Herrn Dr. Minx, Daimler-Benz AG, Berlin (25. Mai 1994)

Dieses Unternehmen analysiert die Folgewirkungen von Produktinnovationen auf die relevanten Einwirkungsbereiche Kunden, Mitarbeiter und Umwelt.[42] Der Komplex „Kunde" nimmt in dieser Aufstellung eine Vorrangstellung ein. Ein neues Produkt „muß für den Kunden günstig und möglichst frei von negativen Folgen sein"[43]. Die Berücksichtigung von Folgewirkungen für Mitarbeiter erfolgt auch im Hinblick auf gesetzliche Anforderungen. Der Arbeitgeber ist verpflichtet, zusammen mit dem Betriebsrat Regelungen über die Verhütung

---

[40] vgl. Bullinger, Hans-Jörg, Was ist Technikfolgenabschätzung?, 1994, S. 22.
[41] vgl. Bullinger, Hans-Jörg, Was ist Technikfolgenabschätzung?, 1994, S. 21.
[42] vgl. Schade, Diethard, Technikfolgenabschätzung im Staat, Produktfolgenabschätzung in der Wirtschaft, 1987, S. 11.
[43] Schade, Diethard, Technikfolgenabschätzung im Staat, Produktfolgenabschätzung in der Wirtschaft, 1987, S. 11

von Arbeitsunfällen zu vereinbaren und den Gesundheitsschutz sicherzustellen.[44]

Die Daimler-Benz AG hat für diese Untersuchungen eine grundlegende, allgemein gehaltene Rahmenkonzeption entwickelt, die in **Abbildung 1-2** (vorhergehende Seite) dargestellt ist. Sie folgt dem grundlegenden TA-Konzept und unterscheidet die Stufen Analyse (Block 1 und 2), Prognose (Block 3 und 4) sowie Bewertung und Empfehlung (Block 5). Die Gewichtung und Ausführung der einzelnen Stufen wurden jedoch an die Unternehmensbelange angepaßt.

Obwohl keine Festlegung auf bestimmte Untersuchungsmethoden getroffen wurde, lassen sich zwei Schwerpunkte ausmachen: Das Unternehmen setzt zum einen auf die Szenariotechnik und zum anderen auf sog. „Strukturierte Kommunikationsprozesse"[45]. Die Szenariotechnik wird eingesetzt, um im Rahmen eines interdisziplinären Kommunikations- und Kooperationsprozesses unterschiedliche Entwicklungsmöglichkeiten in der Zukunft herauszustellen.

Der strukturierte Kommunikationsprozeß ist die Bezeichnung für einen von besonders geschulten Mitarbeitern des Unternehmens organisierten Informations- und Meinungsaustausch, in dem das benötigte Faktenwissen zum konkreten Untersuchungsobjekt zusammengetragen wird. Ziel ist das Erarbeiten eines gemeinsamen Problemverständnisses aller Beteiligten.[46]

1.2 Darstellung des in dieser Untersuchung verfolgten Verfahrens

1.2.1 Genereller Aufbau der Untersuchung

Wie bereits in Kapitel 1.1.3 dargestellt, wollen wir uns im Rahmen dieser Studie auf die Bausteine der positiven TA beschränken. Unser generelles Ablaufschema ist in **Abbildung 1-3** (folgende Seite) dargestellt. Ausgangspunkt der Untersuchung ist eine Schwächenanalyse der heutigen Fahrzeugkonzepte[47] und darauf aufbauend die Festlegung der künftig relevanten Zielvorgaben. Im sich

---

[44] vgl. Oechsler, Walter A., Personal und Arbeit, 1992, S. 147 ff.

[45] mündliche Information durch Herrn Dr. Minx, Daimler-Benz AG Berlin, 25. Mai 1994.

[46] mündliche Information durch Herrn Dr. Minx, Daimler-Benz AG Berlin, 25. Mai 1994.

[47] Der vorgeschlagene Ansatz kann auch auf andere Produkte übertragen werden; da sich die vorliegende Arbeit mit einem Thema aus dem Bereich der Fahrzeugtechnik befaßt, müssen im ersten Schritt die Schwächen heutiger Fahrzeugkonzepte untersucht werden.

anschließenden zweiten Schritt werden die zu ihrer Erreichung verfolgten Lösungsansätze diskutiert.

Die Folgeschritte orientieren sich an der generellen TA-Konzeption; eine nähere Darstellung erfolgt in den kommenden Abschnitten.

Das vorgestellte Konzept ist damit auch bei Aufgabenstellungen anwendbar, bei denen - anders als in der vorliegenden Arbeit - lediglich das zu untersuchende Produkt, nicht aber eine konkrete technische Alternativlösung identifiziert ist. Die beiden ersten Untersuchungsschritte liefern in diesem Fall alle Ansatzpunkte, die zur Überwindung der Produktschwächen verfolgt werden können. Im dritten Schritt könnten aus dieser Übersicht eine oder mehrere Handlungsalternativen ausgewählt und in den weiteren Teilschritten analysiert werden.

In Arbeiten, bei denen wie im vorliegenden Fall die zu analysierende Handlungsalternative bereits feststeht, dienen die beiden ersten Teilschritte dazu, das Umfeld sowie die Interdependenzen der technischen Lösung vor dem Hintergrund der zukünftigen Zielsetzungen zu untersuchen.

Analyse	Schritt 1:	Teilschritt 1: Schwächenanalyse Teilschritt 2: Ableiten des Zielsystems und Festlegen der zukünftigen Zielprioritäten
	Schritt 2:	Zusammenstellen der technischen Lösungsmöglichkeiten
	Schritt 3:	Technische Informationen zur aluminiumintensiven Karosserie, Bewerten ihres Potentials und Ableiten einer Ziel-/Mittel- Matrix
Prognose	Schritt 4:	Künftige Perspektiven des Einsatzes von Aluminium
	Schritt 5:	Wirtschaftliche und gesellschaftliche Folgewirkungen des Einsatzes von Aluminium im Karosseriebereich (mit allen Teilschritten)

Abbildung 1-3: Generelle Vorgehensweise der vorliegenden Untersuchung

1.2.2 Darstellung der Einzelschritte

1.2.2.1 Schritt 1: Schwächenanalyse/ Ableiten des Zielsystems und Festlegen der zukünftigen Zielprioritäten

Produkte, die bereits im Markt eingeführt sind, werden in der Regel nur dann technisch verändert, wenn dadurch bekannte Defizite vollständig überwunden oder zumindest deutlich verkleinert werden können.[48] Aus diesem Grund muß die Frage nach den aktuellen Schwächen des Pkws am Beginn der Untersuchung stehen (Schwächenanalyse). Im Ergebnis sollten allerdings nur generelle Probleme der heutigen Fahrzeuge sowie nach Möglichkeit wissenschaftlich nachweisbare Probleme enthalten sein. Ausgeschlossen werden damit spezifische Probleme einzelner Pkw-Anbieter sowie Vorwürfe, die aus anders geleiteten Interessen gegen den Pkw erhoben werden. Aufbauend hierauf können die künftig relevanten Ziele sowie ihre Priorität abgeleitet werden.

Bei der Aufstellung des künftigen Zielsystems ist jedoch zu berücksichtigen, daß nicht alle Vorgaben für die kommenden Fahrzeuggenerationen auf heutigen, objektiv feststellbaren Schwächen basieren. Denkbar ist, daß den Herstellern bspw. politisch motivierte Vorgaben gemacht werden, die nicht an erkennbaren Schwachpunkten ansetzen. Hinzu kommt, daß die künftigen Ziele durch unterschiedliche institutionelle Quellen beeinflußt werden.[49] Staatliche bzw. öffentliche Stellen wirken durch Gesetze und Verordnungen (z.B. Vorschriften zur Crashsicherheit, Steuer- und Abgabensystem) sowie allgemeine Rahmenbedingungen (z.B. das Ziel der Bundesregierung, die CO_2-Emissionen zu reduzieren)[50] auf die Zielvorgaben ein. Weitere Vorgaben kommen von den Fahrzeugbenutzern, Interessenvereinigungen wie bspw. Automobilclubs[51] und Verbraucherschutzverbänden oder sonstigen privaten Wirtschaftseinheiten, deren

---

[48] vgl. hierzu etwa Berger, Roland et al., Die Zukunft des Autos hat erst begonnen, 1994, S. 30.

[49] Mehler unterscheidet neben diesen institutionellen Vorgaben sachliche Zusammenhänge als zweite Quelle (vgl. Mehler, Franz, Ziel-Mittel-Konflikte als Problem der Wirtschaftspolitik, 1970, S. 95). In der folgenden Zusammenstellung werden allerdings nur die institutionellen Quellen beleuchtet, da davon auszugehen ist, daß sachliche Zusammenhänge hierüber mit berücksichtigt werden.

[50] Beschluß der Bundesregierung vom 07.11.1994; vgl. FAZ v. 17.05.1994, Zwei Jahre nach Rio, S. B1/B2 in der Verlagsbeilage „Umwelt und Technik". Zum aktuellen Stand vgl. Kap. 2.1.2.1.

[51] Die starke Berücksichtigung des Sicherheitsaspekts in aktuellen Fahrzeugen ist auch darauf zurückzuführen, daß Interessenvereinigungen wie der ADAC oder Automobilzeitschriften durch eigene Crashtests auf Schwächen aufmerksam gemacht haben und nach Abhilfe verlangen.

Geschäftstätigkeit mit dem Pkw verbunden ist. Aus diesen Gründen wird der auf der Schwächenanalyse basierende Zielkatalog durch einen Vergleich mit anderen Arbeiten und Veröffentlichungen hinsichtlich seiner Relevanz untersucht.

Die so ermittelten Entwicklungsziele bestimmen die künftigen Fahrzeuggenerationen jedoch in unterschiedlichem Maße. Da insbesondere bei Zielkonflikten versucht wird, das Ziel mit der höheren Wertigkeit zu erfüllen, ist zum Abschluß des ersten Teilschritts die Aufstellung einer Zielhierarchie bzw. die Feststellung von Prioritäten notwendig.

Im folgenden soll auf zwei Besonderheiten bzw. Probleme im Rahmen der Zieldiskussion hingewiesen werden:

a) Die abgeleitete Zielhierarchie hat nur für einen bestimmten Zeitraum und u.U. auch nur für ein abgegrenztes geographisches Gebiet Bestand (zeitliche[52] und örtliche[53] Dimension der Zieldefinition). Manche Zielsetzungen werden im Laufe der Entwicklung weitgehend erreicht und nicht weiter beachtet. Andere verlieren durch eine geänderte Sicht der Dinge - unabhängig davon, ob diese auf subjektiven oder objektiven Kriterien beruht - ihre Position in der Hierarchie.

Unterschiedliche Bewertungen sind auch der Auslöser für länderspezifische Zielhierarchien, was am Beispiel der USA deutlich wird. Die USA gelten trotz des weltweit höchsten Pro-Kopf-Ausstoßes von Kohlendioxid als „Bremser“ [54] bei den Bestrebungen, eine nachträgliche Verringerung dieser Emissionen zu erreichen.[55] Andererseits nehmen sie bei der Verringerung der sonstigen, ver-

---

52 In der Literatur wird besonders die Zeitdimension von Zielen diskutiert. Mehler führt die Fristigkeit als Gliederungsmerkmal unter formalem Aspekt ein und unterscheidet zunächst zwischen Nah- und Fernzielen (bzw. kurz-, mittel- und langfristigen Zielen). Eine weitere Differenzierung führt zu zeitpunkt- und zeitraumbezogenen Zielen (vgl. Mehler, Franz, Ziel-Mittel-Konflikte als Problem der Wirtschaftspolitik, 1970, S. 84). In der betriebswirtschaftlichen Zieldiskussion wird der Zeitbezug eines Ziels als wichtiges Kriterium für seine Operationalität betrachtet: „ohne Zeitangabe sind im übrigen eindeutig bestimmte Ziele inoperational, da unbekannt bleibt, wann ihr handlungsgestaltender Einfluß wirken soll und wann kontrolliert werden kann, ob sie realisiert worden sind.“ (Andrä, Bernd Olaf, Die Zielhierarchie des Betriebes, 1975, S. 113). Vgl. hierzu auch Heinen, Edmund, Grundlagen betriebswirtschaftlicher Entscheidungen, 1971, S. 85 ff.

53 Der Ortsbezug von Zielen wird vor allem in der BWL betont; er gilt als ein wichtiges Kriterium für eine möglichst operationale Zielformulierug. Vgl. Andrä, Bernd Olaf, Die Zielhierarchie des Betriebes, 1975, S. 115.

54 VDI-Nachrichten v. 31.03.1995, Debatte im Treibhaus, S. 3.

55 Diese Rolle wurde auch während der jüngsten UN-Klimakonferenz in Kyoto deutlich, wo die USA fast ein gemeinsames Schlußprotokoll verhindert hätten; vgl. FAZ v. 11.12.1997, In Kyoto bis zuletzt Streit über Handelsklauseln für Treibhausgase, S. 1.

kehrsbedingten Luftschadstoffe eine führende Rolle ein.[56] Dies deutet auf eine andere Prioritätensetzung hin und verdeutlicht den Länderbezug der Zielhierarchie.

Seiffert hat sich mit diesen Änderungen der Zielhierarchie seit dem 2. Weltkrieg beschäftigt. Er kommt zu dem Schluß, daß sich die Schwerpunkte in den einzelnen Jahrzehnten deutlich unterscheiden.[57] Gleichzeitig macht er darauf aufmerksam, daß durch die Hinwendung zu neuen Entwicklungsschwerpunkten regelmäßig Innovationsschübe ausgelöst worden sind. Seiffert unterscheidet folgende, zeitabhängige Entwicklungsschwerpunkte: [58]

- 50er Jahre: Erhöhung des Fahrzeugkomforts, bes. in den USA. Ergebnis: Großvolumige, leise laufende Motoren, Automatikgetriebe, Servounterstützungen

- 60er Jahre: Erhöhung der Insassensicherheit und Aufstellung der ersten Sicherheitsvorschriften (bes. in USA)

- Ende der 60er, Anfang der 70er Jahre: Reduzierung der Abgasemissionen wegen auftretender Umweltprobleme (bes. in USA und Japan); in Europa nur teilweise übernommen

- 70er Jahre: Reduzierung des Kraftstoffverbrauchs unter dem Eindruck der Ölkrisen

- Mitte der 80er Jahre: Mit wieder sinkenden Rohölpreisen wurden verstärkt leistungsstarke Motoren (Kennzeichen: Turboaufladung, 4-Ventiltechnik, 6 bis 12 Zylinder) eingeführt.

b) Zum zweiten muß darauf hingewiesen werden, daß eine eindeutige Unterscheidung von Zielen und Mitteln nicht möglich ist und immer von der konkreten Fragestellung abhängt. Das Ziel einer Reduzierung des Fahrzeuggewichts, das bei einem Einsatz von Leichtmetallen im Karosseriebereich angestrebt wird, ist nur ein Mittel, um das Ziel einer Verringerung des Kraftstoffverbrauchs zu erreichen. Aber auch dies kann wieder als ein Mittel zur Erhöhung der Umwelt-

---

[56] Die kalifornischen Abgasvorschriften stellten bislang immer den höchsten weltweiten Standard dar; auch die künftigen Forderungen, die zwischenzeitlich von anderen Bundesstaaten übernommen worden sind, werden diesem Anspruch gerecht und forcieren den Einsatz lokal schadstoffreier Elektroautos. Vgl. VDI - Nachrichten v. 08.10.1993, Kalifornien will Elektroautos, S. 32 u. FAZ v. 03.02.1994, Amerikaner wollen das Elektroauto einführen, S. 11.

[57] vgl. Seiffert, Ulrich, Automobiltechnik der Zukunft, 1989, S. 229 ff.

[58] vgl. Seiffert, Ulrich, Automobiltechnik der Zukunft, 1989, S. 230.

verträglichkeit des Fahrzeugs angesehen werden. Dieses Beispiel verdeutlicht den Mittelcharakter, den bestimmte Ziele aufweisen.[59] Man bezeichnet sie auch als instrumentelle[60] oder intermediäre[61] Ziele.

Für die praktische Arbeit ist diese Abgrenzungsproblematik zwischen Zielen und Mitteln allerdings ohne Folgen, da die hierarchischen Beziehungen zwischen den einzelnen Zielen bei technischen Problemstellungen in der Regel eindeutig sind. Im Idealfall ergibt sich eine Pyramide mit mehreren Stufen, bei der die Konkretisierung während einer Bewegung nach oben abnimmt. Je nach gewählter Fragestellung werden einzelne Stufen dieser Anordnung betrachtet und die Ziel-/ Mittelrolle festgelegt. Bei einer anderen Betrachtungsweise kann sich diese Begriffszuordnung ändern ohne die hierarchischen Beziehungen der einzelnen Elemente zu berühren.

Entwicklungsziel	Teilziel	Instrumentalziel
1. Reduzierung d. CO_2-Emissionen	1.1.Verringerung d. Energieverbrauchs	1.1.1. Verringerung d. Leistungsbedarfs
		1.1.2. Erhöhung d. Wirkungsgrads
	1.2. Einsatz alt. Energieträger für Fahrzeugantriebe	1.2.1. Alt. flüssige Kraftstoffe
		1.2.2. Alt. gasförmige Kraftstoffe
		1.2.3. Elektrotraktion
		1.2.4. Wasserstoffantrieb

Abbildung 1-4: Beispielhafte Darstellung einer Ziel-/Mittelhierarchie

Zur Unterscheidung dieser einzelnen Stufen empfiehlt sich die Einführung einer Begriffsreihe. In der vorliegenden Arbeit wird zwischen Entwicklungsziel, Teilziel, Instrumentalziel und technischen Maßnahmen unterschieden.[62] Diese

---

[59] Dieser Mittelcharakter von bestimmten Zielen wird in der Literatur klar herausgestellt; vgl. z.B. Mehler, Franz, Ziel-Mittel-Konflikte als Problem der Wirtschaftspolitik, 1970, S. 84

[60] vgl. Mehler, Franz, Ziel-Mittel-Konflikte als Problem der Wirtschaftspolitik, 1970, S. 84.

[61] vgl. Anderseck, K., Personalentwicklung: Konstruktive Ansätze der Personalentwicklung, 1993, S. 19.

[62] Bei anderen Autoren finden sich z.T. andere Bezeichnungen für diese Zielbeziehungen. Mehler unterscheidet zwischen Vor-, Zwischen- und Endzielen (vgl. Mehler, Franz, Ziel-Mittel-Konflikte als Problem der Wirtschaftspolitik, 1970, S. 84). Seraphim schlägt vier

Reihe kann bei Bedarf um weitere Stufen ergänzt werden. **Abbildung 1-4** (vorhergehende Seite) zeigt ein mögliches Aussehen einer solchen Ziel-/ Mittelhierarchie.[63] Der erste Teilschritt unserer Untersuchung beschäftigt sich jedoch nur mit den grundlegenden Entwicklungszielen, die weiteren Rangstufen werden im zweiten Schritt bearbeitet.

1.2.2.2 Schritt 2: Zusammenstellen der technischen Lösungsmöglichkeiten

Im zweiten Schritt muß die aufgestellte Zielhierarchie ergänzt werden um eine Beschreibung der konkreten technischen Lösungen, die zur Erreichung der angestrebten Ziele eingesetzt werden. Grundsätzlich wird bei dieser Beschreibung jede Lösung dem Ziel zugeordnet, zu dessen Erreichung sie primär eingesetzt wird. Beeinflussungen der anderen Ziele werden im Rahmen der Interdependenzanalyse (Ziel-/Mittel-Matrix) festgestellt.

Im Rahmen dieses Schritts sollte darauf geachtet werden, daß nur solche Lösungen aufgenommen werden, die Aussicht auf eine breite Durchsetzung im Serienfahrzeugbau besitzen. Dies fördert die Übersichtlichkeit der Arbeit und erleichtert die Ableitung der Interdependenzen.

In der Praxis stellt sich gerade in diesem Schritt das Problem, konkrete Informationen über die sich teilweise noch im Forschungsstadium befindlichen Lösungsansätze zu erhalten. Aus diesem Grund bleiben evtl. von der Industrie verfolgte Lösungsansätze unberücksichtigt.

1.2.2.3 Schritt 3: Technische Informationen zur aluminiumintensiven Karosserie, Bewerten ihres Potentials und Ableiten einer Ziel-/Mittel-Matrix

Dieser Untersuchungsschritt besteht aus drei inhaltlich verknüpften Teilschritten: der Zusammenstellung des zum Untersuchungsobjekt vorhandenen Wissens (Darstellung des „State of the art“[64]) einer Bewertung seiner Eigenschaften und Charakteristika sowie schließlich der Ableitung einer Ziel-/Mittel-Matrix.

Rang-abstufungen vor und trennt zwischen Vorzielen zu Vorzielen, Vorzielen, Zwischen- und Endzielen (vgl. Seraphim, H. J., Theorie der allgemeinen Volkswirtschaftspolitik, 1963, S. 268).

63 Mit dem Begriff Zielhierarchie wird somit die Reihung von Zielen auf einer Stufe beschrieben (Bsp.: die Wichtigkeit der einzelnen Entwicklungsziele bei der künftigen Fahrzeugentwicklung), mit dem Begriff der Ziel-/Mittelhierarchie der vertikale Aufbau der Handlungsmöglichkeiten.

64 vgl. Bonnet, Petra, Methoden und Verfahren der Technikfolgenabschätzung: Exotische Hausmannskost?, 1994, S. 38.

Mit dem ersten Teilschritt werden zwei Ziele verfolgt: Auf der einen Seite soll dem Leser der Studie das notwendige Wissen zum Verständnis der Folgenabschätzung gegeben werden. In der vorliegenden Untersuchung wird dieser Teilschritt insofern erweitert, als auch allgemeine Informationen über das Metall Aluminium einbezogen werden.

Auf der anderen Seite besitzt dieser Abschnitt eine Dokumentationsfunktion. Die sich anschließende Folgenabschätzung basiert auf dem Wissensstand, der in diesem Abschnitt dargestellt wird. Durch die Dokumentation des Ausgangswissens kann eine Überprüfung der Folgenabschätzung vorgenommen werden, was zu einer Objektivierung der Studie beiträgt. Außerdem kann beim Bekanntwerden neuer Informationen zum untersuchten Lösungsansatz festgestellt werden, inwieweit diese bereits berücksichtigt worden sind und ob evtl. eine komplette oder teilweise Neuprognose der Folgewirkungen vorgenommen werden muß.

An diese Darstellung schließt sich eine Bewertung des Potentials der aluminiumintensiven Karosserie an. Die dafür notwendigen Kriterien können teilweise aus den im ersten Untersuchungsschritt abgeleiteten Entwicklungszielen gewonnen werden. Die einzelnen Ziele werden zu Bewertungskriterien umformuliert und ggf. durch weitere Aspekte ergänzt.

Als Vergleichsmaßstab können bei einem bereits etablierten Produkt wie dem Pkw zum einen der Status quo, zum anderen auch weitere technische Alternativen verwendet werden. Punktbewertungsmodelle ermöglichen eine übersichtliche Darstellung.[65]

Eine neue Lösung ist dann vorteilhaft, wenn sie in mindestens einem Kriterium eine höhere Bewertung erzielt, in allen übrigen jedoch eine mindestens gleich gute Einstufung.[66] In der Realität wird jedoch meistens der Fall eintreten, daß eine Alternative teils bessere, teils schlechtere Einordnungen erhält. Unter diesen Umständen muß ein abschließendes Urteil unter Berücksichtigung der einzelnen Zielwertigkeiten gefunden werden. Dieses läßt sich teilweise qualitativ bestimmen, möglich ist jedoch auch der Einsatz formalisierter Entscheidungsverfahren bei mehrfacher Zielsetzung.[67]

---

65 vgl. Schlegel, Harto, Produktbewertungsmodelle, 1975, S. 467 ff. u. Dreyer, Arend, Scoring-Modelle bei Mehrfachzielsetzungen, 1974, S. 255 ff.

66 Eine Lösung, die diese Forderung erfüllt, wird als dominante Lösung bezeichnet. Ihr wird gegenüber den Alternativen immer der Vorrang eingeräumt. Vgl. z.B. Bamberg, Günter et al., Betriebswirtschaftliche Entscheidungslehre, 1994, S. 35 f. oder Mag, Wolfgang, Grundzüge der Entscheidungstheorie, 1990, S. 128 ff.

67 Derartige Verfahren beschreibt ausführlich Bamberg. Vgl. Bamberg, Günter et al., Betriebswirtschaftliche Entscheidungslehre, 1994, S. 43 ff.

Schließlich kann die Interdependenzanalyse erfolgen, deren Ergebnis übersichtlich in einer Matrix dargestellt werden kann. Zwischen den einzelnen Elementen unterschiedlicher Ziel-/ Mittelebenen können verschiedene Korrelationswirkungen bestehen. Im günstigsten Fall stellt sich eine positive Korrelation zwischen zwei Zielen ein, d.h., daß Maßnahmen zur Erreichung eines Ziels den Erfüllungsgrad eines anderen Ziels ebenfalls erhöhen (Zielharmonie oder Zielkomplementarität).[68] Ein solches Verhältnis gilt z.B. für die Zielsetzungen Reduzierung des Kraftstoffverbrauchs sowie Verringerung der Schadstoffemissionen. In der Regel sind beide Ziele durch die gleichen technischen Maßnahmen zu erreichen.[69] Häufig treten jedoch auch eindeutige Zielkonkurrenzen oder Zielkonflikte[70] auf, bei denen eine höhere Zielerreichung nur durch ein geringeres Ergebnis hinsichtlich einer anderen Anforderung möglich ist. Solche Zielkonkurrenzen werden bspw. bei der Einführung neuer Sicherheitssysteme im Pkw deutlich. Viele Maßnahmen verursachen ein höheres Gesamtgewicht des Fahrzeugs, wodurch Kraftstoffverbrauch und Schadstoffemissionen negativ beeinflußt werden.[71] Zwischen diesen beiden Konstellationen liegt die Möglichkeit der Zielneutralität bzw. der Zielindifferenz.[72] Unter diesen Umständen hat die Erfüllung eines Ziels keinen Einfluß auf die eines anderen.[73]

Wenn - wie in der vorliegenden Arbeit - die zu untersuchende Maßnahme bereits festgelegt ist, besteht die zu erstellende Matrix nur aus einer einzigen Spalte. Die Produktinnovation „aluminiumintensive Karosserie" wird auf ihren

---

68 vgl. Mag, Wolfgang, Grundzüge der Entscheidungstheorie, 1990, S. 32.

69 Abweichungen von diesem Zusammenhang ergeben sich bei manchen motorinternen Maßnahmen; vgl. FAZ v. 26.11.1996, Die magere Lösung für die Zukunft, S. T4 u. Pucher, Ernst, Zielkonflikte in der Motorenentwicklung bei der Reduzierung von Abgasemissionen, 1996, S. 230 ff. sowie Kap. 2.2.1.2.2.

70 vgl. Mag, Wolfgang, Grundzüge der Entscheidungstheorie, 1990, S. 32. Neben diesen beiden Begriffen ist in der Literatur auch die Bezeichnung Antinomie für den gleichen Sachverhalt anzutreffen; vgl. Tuchtfeldt, Egon, Zielbeziehungen in der Wirtschaftspolitik, 1975, S. 473.

71 Das Mehrgewicht einer ABS - Bremsanlage beträgt bspw. 8 bis 9 kg, zwei Airbags wiegen etwa 9 kg; vgl. hierzu König, Wolfgang, Schwere Not, 1993, S. 62 f.

72 vgl. Mag, Wolfgang, Grundzüge der Entscheidungstheorie, 1990, S. 32 u. Tuchtfeldt, Egon, Zielbeziehungen in der Wirtschaftspolitik, 1975, S. 473.

73 Neben diesen drei wichtigen Grundbeziehungen könnten noch die Fälle der Zielgleichheit/Zielidentität und des Zielgegensatzes/Zielantinomie (bei Tuchtfeldt Widersprüchlichkeit; vgl. Tuchtfeldt, Egon, Zielbeziehungen in der Wirtschaftspolitik, 1975, S. 473) unterschieden werden (vgl. Mag, Wolfgang, Grundzüge der Entscheidungstheorie, 1990, S. 32). Im ersten Fall decken sich die beiden Ziele, im zweiten schließen sie sich gegenseitig aus. Diese Verhältnisse werden als extreme Ausprägungen von Zielharmonie bzw. Zielkonkurrenz interpretiert und daher nicht explizit dargestellt.

Zielbeitrag für alle erkannten Instrumentalziele hin untersucht. Die Zahl der Zeilen wird bestimmt durch die Gesamtzahl der Instrumentalziele.

1.2.2.4 Schritt 4: Künftige Perspektiven des Einsatzes von Aluminium

Im Anschluß an die Darstellung der technischen Grundlagen müssen im nächsten Schritt die Entwicklungsperspektiven aluminiumintensiver Karosserien prognostiziert werden. Dabei stellt sich das grundlegende Problem, daß jede Aussage über künftige Entwicklungen mit Unsicherheit verbunden ist.[74] Diese

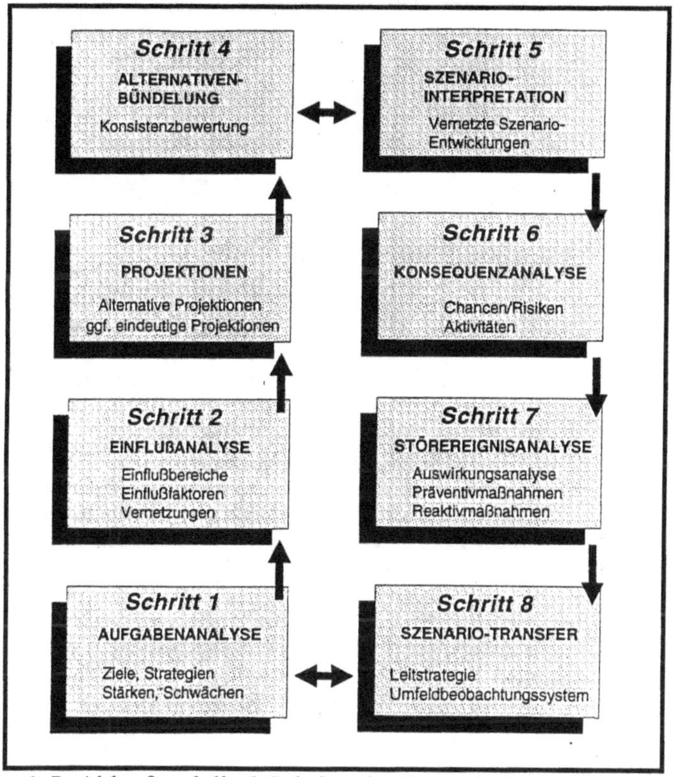

Abbildung 1-5: Ablauf und die 8 Schritte der Szenario Technik
Quelle: v. Reibnitz, Ute, Szenario-Technik, 1993, S. 26

74 vgl. hierzu z.B. Götze, Uwe, Strategische Planung auf der Grundlage von Szenarien, 1990, S. 304 f.

ist trivialerweise höher, je weiter der Prognosezeitraum[75] von der Gegenwart entfernt liegt.[76] Darüber hinaus können seriöse Prognosen nur konditionalen Charakter besitzen. Ihr Ergebnis hängt von den vorab festgelegten Bedingungen ab.[77]

Um dieser latenten Unsicherheit zu begegnen, empfiehlt sich das Arbeiten mit Szenarien. Unter diesem Begriff, der eigentlich aus dem Film- und Theaterbereich stammt und von Hermann Kahn anfangs der 50er Jahre in die Wirtschafts- und Sozialwissenschaften eingeführt wurde,[78] versteht man plausible Entwürfe einer möglichen Zukunft.[79] Kerngedanke des Arbeitens mit Szenarien ist es, die Zukunft nicht mehr als „eine einzige zu prognostizierende Zustandsgröße"[80] zu betrachten, sondern unterschiedliche, mögliche und in sich konsistente[81] Zukunftsbilder zu entwerfen. Diese unterschiedlichen Szenarien können mit Hilfe der Szenario-Technik ausgearbeitet werden. Hierunter versteht man eine Vorgehensweise, die auf acht Teilschritte[82] aufbaut (vgl. **Abbildung 1-5**, vorhergehende Seite). Idealerweise werden diese Einzelschritte von einem Szenario-

---

75 Manchmal wird die Ansicht vertreten, daß mittel- und längerfristige Vorausschätzungen wegen der Unsicherheit der Entwicklung nicht mehr als Prognosen, sondern nur noch als Projektionen zu bezeichnen sind (vgl. Pohmer, Dieter, Zur Problematik wirtschaftspolitischer Prognosen, 1991, S. 230). Im folgenden wird jedoch auch für diese längerfristigen Betrachtungen der Begriff der Prognose beibehalten.

76 Dieser Zusammenhang ist sehr anschaulich durch das Bild eines Trichters von Geschka et al. dargestellt worden. Bei einem Fortschreiten auf der Zeitachse öffnet sich dieser Trichter immer weiter; die Anzahl der möglichen Ergebnisse wird damit immer größer; vgl. Geschka, H. et al., Die Szenario-Technik - ein Instrument der Zukunftsanalyse und der strategischen Planung, 1983). Vgl. hierzu auch Becks, Rolf, Möglichkeiten und Grenzen der Zukunftsforschung, 1979, S. 14.

77 vgl. Stähler, Frank, Der Erklärungswert von Weltenergieszenarien zur Abschätzung zukünftiger CO_2-Emissionen, 1988, S. 274.

78 vgl. Zerres, P., Die Szenario-Technik, 1989, S. 58 u. Götze, Uwe, Szenario-Technik in der langfristigen Unternehmensplanung, 1991, S. 36 f.

79 Bei einer exakten Abgrenzung müssen 2 Begriffsdimensionen unterschieden werden. Geschka H. et al. verstehen darunter sowohl „die Beschreibung einer möglichen zukünftigen Situation als auch das Aufzeigen des Entwicklungsverlaufs, der zu dieser zukünftigen Situation hinführt" (Geschka, H. et al., Die Szenario-Technik - ein Instrument der Zukunftsanalyse und der strategischen Planung, 1983, S. 128).

80 Zerres, P., Die Szenario-Technik, 1989, S. 59.

81 vgl. Leemhuis, J. P., Using scenarios to develop strategies, 1985, S. 30.

82 In manchen Darstellungen werden einzelne Teilschritte zusammengefaßt und man findet daher eine geringere Zahl von Gesamtschritten. Scherm unterscheidet bspw. 5 Teilschritte (vgl. Scherm, Ewald, Die Szenario-Technik - Grundlage effektiver strategischer Planung, 1992, S. 95). Derartige Unterschiede in der Verfahrensgliederung berühren allerdings nicht die inhaltlichen Grundsätze.

Team mit max. 15 Personen durchgeführt, die über unterschiedliche fachliche Hintergründe verfügen.[83]

In der praktischen Arbeit hat es sich bewährt, zwischen drei und fünf Szenarien zu entwickeln.[84] Davon sollten sich zwei mit den extremen Entwicklungsmöglichkeiten beschäftigen, um damit die maximale Bandbreite zwischen den möglichen Endzuständen abzudecken. Ein drittes Szenario sollte die wahrscheinlichste Entwicklung beinhalten. Bei der Aufstellung der Szenarien ist es wichtig, die Schlüsselfaktoren[85] zu erkennen, von denen die künftige Entwicklung entscheidend abhängt.

Bei einer Einbettung der Szenarioableitung in eine Technikfolgenabschätzung wie in dieser Arbeit müssen nicht alle Schritte der originären Szenario-Technik eingehalten werden. Manche Aspekte dieser Konzeption werden in anderen Schritten des Untersuchungsverfahrens abgedeckt und brauchen nicht wiederholt zu werden. Nach Auffassung des Verfassers ist es ausreichend, wenn der Schritt 5 der Untersuchungskonzeption die Teilschritte Bestimmung der Deskriptoren, Projektion, Interpretation sowie Störereignisanalyse umfaßt.

1.2.2.5 Schritt 5: Wirtschaftliche und gesellschaftliche Folgewirkungen des Einsatzes von Aluminium im Karosseriebereich

Der Schritt 5, Kernstück der Untersuchung, besteht aus folgenden Teilschritten:

- Identifikation relevanter Umfeldbereiche
- Modell zur Bestimmung der Folgewirkungen
- Ökologische Folgewirkungen
- Gesamtwirtschaftliche Folgewirkungen
- Veränderungen des Außenhandels

Im ersten Teilschritt werden die relevanten Bereiche, in denen sich Folgewirkungen einstellen können, ausgewählt. Um ihre vollständige Berücksichtigung zu erreichen, empfiehlt sich eine systematische Untersuchung anhand von Musterkatalogen, wie sie z.B. von Zerres[86] zusammengestellt worden sind.

---

[83] vgl. v. Reibnitz, Ute, Szenario-Technik, 1993, S. 26.

[84] vgl., auch im folgenden, Zerres, P., Die Szenario-Technik, 1989, S. 59 f.

[85] Diese werden auch als „kritische Deskriptoren" bezeichnet; vgl. Scherm, Ewald, Die Szenario-Technik - Grundlage effektiver strategischer Planung, 1992, S. 95.

[86] Zerres beschäftigt sich mit den auf die Unternehmensplanung einwirkenden Umfeldsystemen und unterscheidet die acht Bereiche Staat und Politik, Gesellschaft, Technischer Fortschritt, Nationale Wirtschaft, Weltwirtschaft, Klima, Energie/Ressourcen u. Recht; vgl. Zerres, Michael P., Die Szenario-Technik, 1989, S. 58.

Neben der generellen Festlegung der relevanten Umfeldbereiche muß sich dieser Schritt auch mit den in den einzelnen Bereichen berührten Teilaspekten beschäftigen. Es genügt in diesem Zusammenhang nicht, bspw. den Bereich der „Natürlichen Umwelt" als relevante Größe zu bestimmen. In einem Detaillierungsschritt muß angegeben werden, wie diese Wirkungen zustande kommen. Im angesprochenen Beispiel könnten sich Einzelwirkungen auf Schadstoff- oder Lärmemissionen, Energie- und Landschaftsverbrauch u.ä. beziehen. Auch hier kann wiederum auf Checklisten zurückgegriffen werden.[87]

Darüber hinaus ist es hilfreich, die eher qualitativ orientierte Szenarioableitung durch ein mathematisches Modell zu ergänzen. Quantifizierbare Folgewirkungen können auf diese Weise - ausgehend von den Ergebnissen der einzelnen Szenarien - bestimmt werden. Diese Vorgehensweise bietet den Vorteil, daß spätere Wiederholungen auf der Grundlage neuerer Erkenntnisse schnell durchgeführt werden können. Bei der Modellbildung muß jedoch darauf geachtet werden, daß die funktionalen Beziehungen zwischen den einzelnen Größen von möglichen Strukturbrüchen unabhängig sind.[88] Hierfür empfehlen sich vor allem physikalisch-technische Zusammenhänge, bei denen dieses Problem nicht auftritt.

Die nächsten Teilschritte stehen für die Ableitung von Folgewirkungen in den Umfeldbereichen, die im Rahmen der Umfeldanalyse im ersten Teilschritt identifiziert worden sind. In diesem Abschnitt des Untersuchungsverfahrens könnten sich von daher andere Teilschritteinteilungen ergeben, wenn im Rahmen der Umfeldanalyse andere relevante Aspekte erkannt werden.

1.2.3 Methodische Aspekte der Untersuchungskonzeption und Abgrenzen des Untersuchungsumfangs

1.2.3.1 Allgemeine Einsatzmöglichkeiten von Untersuchungsmethoden

Die Auswahl der einzusetzenden Untersuchungsmethode hängt von den Randbedingungen der Studie ab. Derartige Kriterien sind neben dem konkreten Untersuchungsobjekt insbesondere Größe und fachliche Zusammensetzung des

---

[87] Für ein Beispiel vgl. Grupp, Hariolf, Einordnung der Methoden der Technikfolgenabschätzung in das Gefüge der Wissenschaften, 1994, S. 78 f. Die hier vorgestellten Listen werden im Rahmen dieser Arbeit eingesetzt.

[88] Diese Auswirkungen von Strukturbrüchen auf die funktionalen Beziehungen ist ein Problem mancher ökonometrischer Modelle. Derartige Schocks führen zu Änderungen in den Verhaltensweisen, wodurch die Modellstruktur nicht mehr der Realität entspricht; vgl. Pohmer, Dieter, Zur Problematik wirtschaftspolitischer Prognosen, 1991, S. 228.

Untersuchungsteams, die Zugänglichkeit der benötigten Informationen sowie zeitliche oder finanzielle Restriktionen für die Durchführung der Untersuchung.[89]

Bei Teamarbeiten können in zahlreichen Untersuchungsschritten gruppendynamische Methoden zum Einsatz kommen. Wenn das Team den Umgang mit solchen Verfahren gewohnt ist, können sie zu einer umfassenderen Sammlung von Wissen beitragen. Dies gilt insbesondere dann, wenn sich die Expertenrunde aus Vertretern unterschiedlicher Fachdisziplinen zusammensetzt.[90] Gruppendynamische Effekte können dann dazu führen, daß neue Gesichtspunkte durch die gemeinsame Arbeit erkannt werden. Untersuchungen einer Einzelperson müssen auf diese Effekte verzichten. Dieser Mangel kann aber zumindest teilweise durch eine breite Auswertung der veröffentlichten Literatur sowie gezielte Expertenbefragungen ausgeglichen werden. Darüber hinaus bieten sie den Vorteil, daß aufwendige Koordinierungs- und Abstimmungsarbeiten des Teams entfallen.

Wenn weiterführende Informationen benötigt werden, ist die Untersuchungsmethode von der Art ihrer Verfügbarkeit abhängig. Spezielle Methoden sind in diesem Zusammenhang Datenbank- oder Patentrecherchen.

Schließlich erfordern die einzelnen Methoden einen unterschiedlich hohen finanziellen oder zeitlichen Einsatz. Wenn bei der Durchführung der Studie derartige Restriktionen zu berücksichtigen sind, muß ihre Vereinbarkeit mit der konkret ausgewählten Methode überprüft werden.

Bei der Vorstellung des methodischen TA-Instrumentariums wurde eine Einordnung zu einzelnen Methodengruppen vorgenommen. Diese lassen sich wiederum den einzelnen Untersuchungsschritten der Konzeption zuordnen. (vgl. **Tabelle 1-2**, folgende Seite). Es fällt auf, daß im Rahmen mancher Untersuchungsschritte unterschiedliche Funktionsgruppen zum Einsatz kommen können. Dies ist dadurch zu begründen, daß in einem Untersuchungsschritt unterschiedliche Teilschritte auszuführen sind. Eine Trennung dieser Teilschritte ist wegen ihrer engen inhaltlichen Abhängigkeit jedoch nicht sinnvoll.

---

[89] vgl. Paul, Ingeborg, Technikfolgen-Abschätzung als Aufgabe für Staat und Unternehmung, 1987, S. 56.

[90] Die nach Möglichkeit multidisziplinäre Zusammensetzung des Untersuchungsteams gehört zu den Forderungen unterschiedlicher Autoren. Vgl. Bullinger, Hans-Jörg, Was ist Technikfolgenabschätzung?, 1994, S. 17 u. Bonnet, Petra, Methoden und Verfahren der Technikfolgenabschätzung: Exotische Hausmannskost?, 1994, S. 38.

Schließlich ist festzustellen, daß in einigen Untersuchungsschritten Bewertungen und damit subjektive Aspekte notwendig werden. Diese Phasen subjektiver Bewertungen sollen nach Möglichkeit für den Außenstehenden deutlich erkennbar werden.

1.2.3.2 Methodeneinsatz in der vorliegenden Untersuchung

Bei der vorliegenden Arbeit handelt es sich um die Untersuchung durch eine Einzelperson, weshalb Methoden mit Gruppenbezug nicht zum Einsatz kommen können. Bestimmende Methoden der Studie sind neben der Literaturauswertung die Expertenbefragung sowie die Arbeit mit Szenarien.

Die Methode der Literaturauswertung ist die zentrale Vorgehensweise zur Erarbeitung des der Arbeit zugrundeliegenden Wissens. Aufgrund der Aktualität des Themas ist eine regelmäßige Auswertung der relevanten Fachzeitschriften sowie der Tagespresse notwendig. Weitere Informationen sind durch Datenbankrecherchen sowie Expertengespräche zu erhalten.

Um die künftigen Entwicklungsmöglichkeiten in ihrer Breite darstellen zu können, wird die Szenariotechnik eingesetzt. Aufbauend auf die hier erarbeiteten Entwicklungsrichtungen werden die Folgewirkungen - soweit sie sich quantifizieren lassen - mit Hilfe eines mathematischen Modells abgeleitet.

Prozeßschritte der Untersuchung/Methodengruppe	Ideenfindung	Beschreibende Methoden	Strukturierungs-methoden	Datengew.-methoden	Prognose-verfahren	Bewertungs-verfahren
Schritt 1: Teilschritt 1: Schwächenanalyse		■		■		
Teilschritt 2: Ableiten des Zielsystems und Festlegen der zukünftigen Zielprioritäten			■	■		■
Schritt 2: Zusammenstellen der technischen Lösungsmöglichkeiten		■	■	■		
Schritt 3: Technische Informationen zur aluminiumintensiven Karosserie, Bewerten Ihres Potentials und Ableiten der Ziel-/Mittel- Matrix		■	■	■		■
Schritt 4: Künftige Perspektiven des Einsatzes von Aluminium	■				■	
Schritt 5: Teilschritt 1: Identifikation relevanter Umfeldbereiche	■			■		
Teilschritt 2: Modell zur Bestimmung der Folgewirkungen	■			■		
Teilschritt 3: Ökologische Folgewirkungen		■		■	■	
Teilschritt 4: Gesamtwirtschaftliche Folgewirkungen		■		■	■	
Teilschritt 5: Veränderungen des Außenhandels		■		■	■	

Tabelle 1-2: Überblick über die Einsatzmöglichkeiten verschiedener Methoden im Untersuchungsansatz der vorliegenden Arbeit

1.2.3.3 Abgrenzen des Untersuchungsumfangs

Die Aufgabenstellung unserer Arbeit wird unter folgenden Randbedingungen bearbeitet:

a) Wir werden im folgenden die Auswirkungen des intensiven Einsatzes von Aluminium im Karosseriebereich untersuchen. Außerhalb des Untersuchungsrahmens liegen die Aluminiumanwendungen in anderen Teilsystemen des Fahrzeugs wie Motor oder Fahrwerk sowie der partielle Einsatz in untergeordneten Baugruppen der Karosserie.

b) Aus Gründen der Durchführbarkeit muß sich die Untersuchung örtlich auf Deutschland beschränken. Entwicklungen in anderen Ländern werden z.T. beispielhaft angeführt, mögliche Folgewirkungen werden jedoch nur für das Untersuchungsgebiet analysiert.

c) Bei der Abgrenzung des Prognosezeitraums müssen zwei Aspekte beachtet werden:

* Branchenexperten gehen davon aus, daß eine umfassende Substitution von Stahl durch Aluminium im Karosseriebereich erst nach der Jahrhundertwende stattfinden wird.[91]

* Die Hersteller werden eine derartige Umstellung der Karosseriekonstruktion aufgrund des umfangreichen Änderungsaufwands nur bei einem Modellwechsel in die Serienproduktion einführen.

Die Länge des Untersuchungszeitraums muß daher so gewählt sein, daß für alle Modellreihen deutscher Hersteller ein Modellwechsel nach dem Jahr 2000 berücksichtigt werden kann. Bei einer Modellaufzeit von maximal 10 Jahren ergibt sich das Jahr 2010 als Ende des Untersuchungszeitraums.[92]

---

91 vgl. Schmidt-Offhaus, Eberhard, Zur Sache: Das 21. Jahrhundert hat schon begonnen, 1993, S. 389 u. Müller, Axel, Als Karosseriewerkstoff hat Aluminium gute Chancen, S. 405.

92 Die längsten Modellaufzeiten weisen Fahrzeuge der Mercedes-Benz AG auf. Die mittlere Baureihe W 124 wurde bspw. erst im 11. Verkaufsjahr durch einen Nachfolger ersetzt. In der Zukunft strebt jedoch auch dieses Unternehmen eine Verkürzung der Modellgenerationen an, weshalb von einer Obergrenze von 10 Jahren ausgegangen wird. Eine ausführliche Beschäftigung mit den unterschiedlichen Modellgenerationen wird im Rahmen der Szenarioentwicklung im Anhang der Arbeit vorgenommen. Zur Länge der Modellgenerationen bei der Mercedes-Benz AG vgl. Reil, Hermann, Neue Mercedes E-Klasse, 1995, S. 6 f.

2 Abschätzung der Folgewirkungen der aluminiumintensiven Pkw-Karosserie für die natürliche Umwelt und die Wirtschaft

2.1 Schwächenanalyse/ Ableiten des Zielsystems und Festlegen der zukünftigen Zielprioritäten

2.1.1 Schwächenanalyse

Den heutigen Pkw-Modellen werden einige Schwachpunkte vorgehalten. Canzler/Knie führen in ihrer kritischen Arbeit die Punkte Schadstoffemissionen, Zerstörung des Raums, Lärmemissionen sowie Unfälle, Tote und Verletzte auf.[93] Umweltrelevante Probleme dominieren damit ihren Katalog. Eine ähnliche Zielrichtung findet sich bei Berger et al. Auch sie sehen in den vom Automobil erzeugten Umwelt- und Verkehrsproblemen „die zweite große Herausforderung [.], die langfristig ihr [Anm. d. Verf.: die Automobilindustrie] Überleben gefährdet“[94].

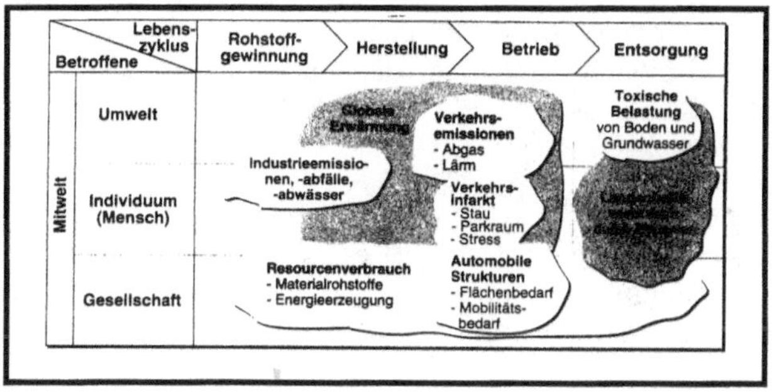

Abbildung 2.1-1: Verkehrs- und Umweltprobleme durch den Pkw-Verkehr
Quelle: Berger, Roland, Die Zukunft des Autos hat erst begonnen, 1994, S. 29

93 vgl. Canzler, Weert et al., Das Ende des Automobils, 1994, S. 17 ff.

94 Berger, Roland et al., Die Zukunft des Autos hat erst begonnen, 1994, S. 28 f. Die erste große Herausforderung sehen die Autoren in der weltweiten Wettbewerbssituation, die für die Zukunft eine ganzheitliche Strategie erfordert. Da dies jedoch ein unternehmerisches und weniger ein produktbezogenes Problemfeld darstellt, kann es im Rahmen dieser Arbeit unberücksichtigt bleiben.

Sie ordnen die durch den Pkw verursachten Probleme in eine Matrix ein, die nach den beiden Kriterien „Betroffene“ (Merkmale: Umwelt, Mensch und Gesellschaft) sowie „Lebenszyklus des Fahrzeugs“ (Merkmale: Rohstoffgewinnung, Herstellung, Betrieb und Entsorgung) geordnet ist (vgl. **Abbildung 2.1-1**, vorhergehende Seite). Über den Katalog von Canzler/Knie hinaus führen sie als weitere Problempunkte den Ressourcenverbrauch, die Industrieemissionen sowie die bei der Entsorgung anfallenden toxischen Belastungen an.

Es ist jedoch fraglich, welche Punkte aus diesen beispielhaften Aufstellungen als spezifische Schwächen des Pkws angesehen werden müssen. Der Vorwurf einer Zerstörung des Raums[95] betrifft nach unserer Auffassung das Verkehrssystem insgesamt und sollte daher bei einer produktbezogenen Untersuchung wie in der vorliegenden Arbeit nicht berücksichtigt werden. Ähnliches gilt für den Aspekt „Verkehrsinfarkt“ bei Berger/Servatius. Auch dieser Punkt verlangt nach einer Betrachtung des gesamten Verkehrssystems.

Ähnliches gilt für den Punkt der Lärmemissionen durch den Pkw-Verkehr. Deren wichtigste Ursache ist heute das Abrollgeräusch der Reifen auf der Fahrbahn, nachdem durch leisere Motoren und aerodynamische Karosserien die Emissionen aus den übrigen Hauptquellen reduziert werden konnten.[96] Um diese Abrollgeräusche zu mindern, wird neben einer Weiterentwicklung des Reifens[97] der Einsatz neuartiger Fahrbahndecken erprobt, die für eine deutliche Verringerung des Geräuschpegels sorgen.[98] Da die Ansatzpunkte zur Reduzierung der Lärmemissionen damit überwiegend außerhalb des Fahrzeugs liegen, ist es gerechtfertigt, diesen Aspekt in einer fahrzeugbezogenen Betrachtung nicht weiter zu berücksichtigen.

Die übrigen Punkte bedürfen einer detaillierten Behandlung, die im folgenden Abschnitt vorgenommen wird. Dabei ist es wegen der unterschiedlichen Randbedingungen nach unserer Auffassung jedoch sinnvoll, den Komplex der Schadstoffemissionen aufzuspalten und den Aspekt der Kohlendioxidemissio-

---

95 Der Aspekt „Flächenverbrauch“ bei Berger/Servatius korrespondiert mit diesem Vorwurf von Canzler/Knie.

96 vgl. Weert, Canzler et al., Das Ende des Automobils, 1994, S. 22 u. Obst, Mathias, Stand der Reifentechnik: Belag und Profil, 1993, S. 42 f.

97 vgl. FAZ v. 18.06.1996, Der Pneu in der Schlüsselposition, S. T1.

98 Die neuartigen Fahrbahnbeläge (der sog. Flüsterasphalt) führen zu einer Absenkung der Geräuschemissionen um 5-8 dB gegenüber herkömmlichen Straßenoberflächen. Wegen des logarithmischen Maßstabs entspricht eine Absenkung um 10 dB einer Halbierung des Geräuschs. Vgl. VDI - Nachrichten v. 12.05.1995, Autoreifen flüstern auf grobkörniger Betonoberfläche, S. 26; Obst, Mathias, Stand der Reifentechnik: Belag und Profil, 1993, S. 44 u. Braess, H.-H. et al., Mensch-Auto-Zukunft - Teil 1, 1986, S. 193.

nen (CO_2 - Emissionen)[99] getrennt zu betrachten. In ähnlicher Weise wird auch der Aspekt „Abhängigkeit von Rohölprodukten" behandelt. Damit ergibt sich ein vorläufiger Schwächenkatalog nach **Abbildung 2.1-2**.

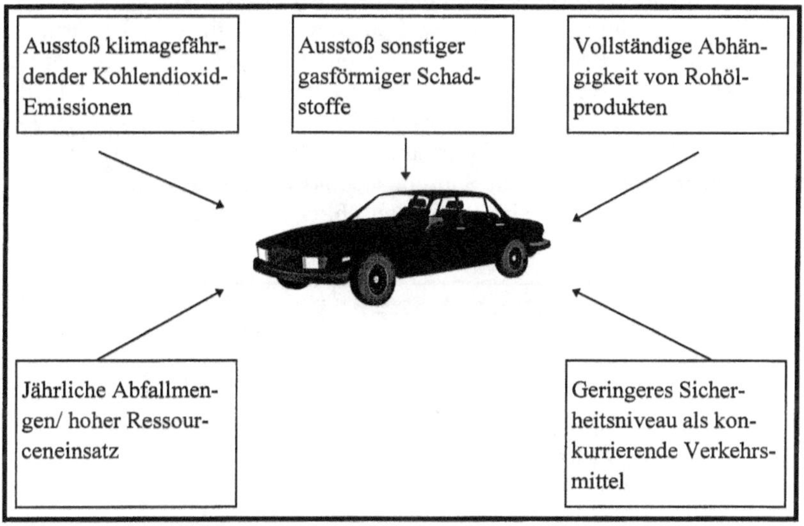

Abbildung 2.1-2: Schwachpunkte heutiger Pkw-Modelle und -Konzepte

Nach der Diskussion dieser Schwachpunkte werden in Abschnitt 2.1.3. hieraus die künftig relevanten Entwicklungsziele abgeleitet. Abschnitt 2.1.4 beschäftigt sich mit ihrem Stellenwert im Spiegel der öffentlichen Meinung und kommt zu einer Prioritätenfestlegung zwischen den einzelnen Zielen.

2.1.2 Beschreibung der festgestellten Schwächen

2.1.2.1 Schwäche 1: Ausstoß klimagefährdender Kohlendioxid-Emissionen

Die bei der Verbrennung kohlenstoffhaltiger Kraftstoffe erzeugten CO_2-Emissionen stehen im Verdacht, über den. sog. zusätzlichen oder anthropogenen Treibhauseffekt weltweite Klimaveränderungen auszulösen. Zum Verständnis dieses Zusammenhangs soll kurz auf den Kohlenstoffkreislauf sowie den natürlichen Treibhauseffekt eingegangen werden.

Das bei Raumtemperatur gasförmige[100] CO_2 zählt nicht zu den Schadgasen im engeren Sinne, sondern ist „im Gegenteil essentiell für den Aufbau der Biosphä-

---

[99] Im folgenden wird das chem. Kurzzeichen CO_2 im Text weiter verwendet.

re erforderlich und daher lebensnotwendig"[101]. Es ist das Bindeglied zwischen zwei großen Organismengruppen. Auf der einen Seite stehen die atmungsaktiven CO_2-Produzenten wie Tiere und Menschen, auf der anderen Seite die photosynthetisch tätigen CO_2-Konsumenten (Pflanzen). Neben dieser wichtigen Funktion führt es zusammen mit anderen Spurengasen[102] zu einer Erwärmung der Erdoberfläche über den sog. natürlichen Treibhauseffekt, der folgendermaßen abläuft:[103] Die kurzwellige Sonnenstrahlung kann fast ungehindert in die Erdatmosphäre eindringen und sorgt für eine Erwärmung des Erdbodens. Die hiervon ausgehende langwellige Wärmestrahlung (Infrarotstrahlung) wird von den in der Atmosphäre enthaltenen Spurengasen absorbiert, wodurch die Temperaturen auf der Erde erst in einen für menschliches Leben erträglichen Bereich kommen.[104]

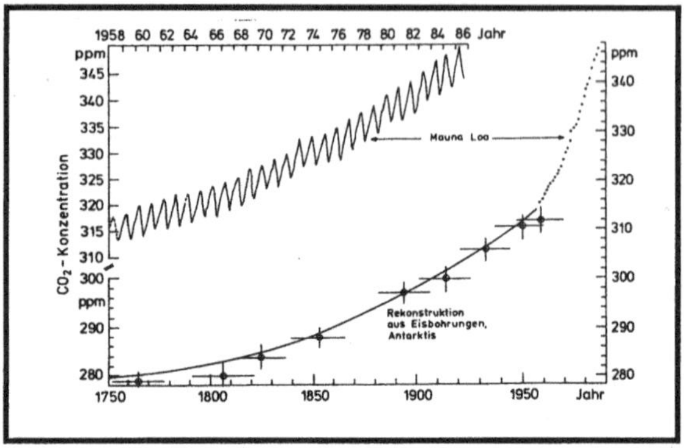

Abbildung 2.1-3: Der atmosphärische Kohlendioxidgehalt ab 1750 bis 1986, gemessen am Mauna Loa, Hawaii
Quelle: Kirstein, W. et al., Klimaänderung und Treibhauseffekt, 1992, S. 36

Bedingt durch den Verbrauch kohlenstoffhaltiger Energieträger stieg der CO_2-Anteil in der Erdatmosphäre seit 1750 beständig an. Wie **Abbildung 2.1-3**

---

100 Erst bei einer Temperatur unter - 78,5 °C geht CO_2 in den festen Zustand über; vgl. Brockhaus-Enzyklopädie, Bd. 12, 1990, S. 148.

101 Schleser, G. H. et al., Der Einfluß des atmosphärischen Kohlendioxid-Anstiegs auf die Biosphäre, 1992, S. 60.

102 Unter Spurengasen versteht man solche Gase, die nur in sehr geringen Konzentrationen in der Atmosphäre vorkommen; vgl. Brockhaus-Enzyklopädie, Bd. 20, 1993, S. 730.

103 vgl., auch im folgenden, Kirstein, W. et al., Klimaänderungen und Treibhauseffekt, 1992, S.30 ff.

104 Die mittlere Temperatur beträgt in Erdbodennähe +15°C, ohne die absorbierende Wirkung der Erdatmosphäre würde sie bei -18°C liegen. Vgl. Reglitzky, A. A. et al., Chancen zur Emissionsminderung, 1992, S. 2 f.

(vorhergehende Seite) zeigt, hat sich dieser Anreicherungsprozeß seit 1950 deutlich beschleunigt. Zusätzlich zu diesen Emissionen verursacht der Mensch den Ausstoß weiterer Spurengase, die ebenfalls temperaturerhöhend wirken (vgl. **Tabelle 2.1-1**). Im Vergleich zu den anderen anthropogenen Treibhausgasen besitzt CO_2 zwar ein relativ geringes Wirkpotential, macht aber wegen der hohen emittierten Mengen den größten Anteil am zusätzlichen Treibhauseffekt aus.[105] Der Anteil dieses zusätzlichen Effekts wird auf z.Zt. rd. 10% des Gesamteffekts geschätzt.[106] Als Folge davon wird ein Ansteigen der durchschnittlichen Temperaturen um 1,5 bis 4° C in den nächsten 50 bis 100 Jahren prognostiziert.[107]

	CO_2	CH_4	FCKW-11	FCKW-1	N_2O	O_3
Konzentration vorindustr.	280	0,79	0	0	288	5 - 15
1991	355	1,74	280	484	311	40-50
Lebensdauer in der Atmosphäre (Jahre)	50-250	10	65	130	130-150	0,1
Erwärmungspotential im Verhältnis zu CO_2	1	58	3970	5750	206	1800
Anteil am gesamten Absorptionseffekt (1980-1990) (in %)	50	13	17 (alle FCKW's)		5	7

Tabelle 2.1-1: Anthropogene Treibhausgase
Quelle: Reglitzky, A.A. et al., Chancen zur Emissionsminderung durch konventionelle und alternative Kraftstoffe, 1992, S. 3

Eine solche Erhöhung der durchschnittlichen Temperaturen könnte weitreichende Folgen mit sich bringen: Ein möglicher Anstieg des Meeresspiegels, der nach Modellrechnungen bis zu 50 cm betragen kann,[108] könnte zu einer permanenten Überflutung von fruchtbaren, teilweise dichtbesiedelten Niederungsge-

[105] Die gesamten anthropogenen Emissionen dieses Gases werden weltweit mit 26 Mrd. t angesetzt und erreichen damit nur einen Anteil von rd. 3,5% an den Gesamtemissionen, die vor allem durch die natürlichen Emissionen von rd. 770 Mrd. t bestimmt werden. Diese Größenverhältnisse zeigen, wie leicht das natürliche Gleichgewicht in der Erdatmosphäre gestört werden kann, vgl. Lenz, Hans Peter et al., Emissionen, Immissionen und Wirkung von Abgaskomponenten, 1993, S. 21 ff. u. FAZ v. 12.12.1997, Das „dreckige“ halbe Dutzend, S. 7.

[106] vgl. Kirstein, W. et al., Klimaänderungen und Treibhauseffekt, 1992, S.32.

[107] vgl. Schneider, Horst, Auto und Umwelt. Perspektiven für das Jahr 2000 - Teil 1, 1991, S. 357; FAZ v. 21.02.1995, Ein Fingerabdruck der Klimaentwicklung, S. 9 u. FAZ v. 28.03.1995, Es ist noch nicht zu spät, S. B3.

[108] vgl. Bundesministerium für Umwelt, Naturschutz und Reaktorsicherheit (Hrsg.), Umweltpolitik - Klimaschutz in Deutschland, 1993, S. 26 ff. u. Braess, H.-H., Mensch-Auto-Zukunft - Teil 1, 1986, S. 190.

bieten an Küsten führen.[109] Plötzliche Wetteränderungen könnten zunehmen.[110] Derartige klimatische Verschiebungen könnten auch zu bedeutenden ökonomischen Folgewirkungen führen.[111]

Ob die hier beschriebenen Auswirkungen auf Meeresspiegel und Wetter eintreten, ist in der wissenschaftlichen Diskussion jedoch umstritten und kann zum gegenwärtigen Zeitpunkt nicht bewiesen werden.[112] Als Gegenargument werden verschiedene Ausgleichsmechanismen angeführt. Einer könnte darin bestehen, daß der höhere Kohlendioxidanteil ein verstärktes Pflanzenwachstum auslöst.[113] Eine größere Pflanzenmasse benötigt höhere CO_2-Mengen für die Photosynthese und könnte damit die anthropogenen Zusatzemissionen „verarbeiten".[114] Auf diesen ausgleichenden Effekt durch zusätzliches Pflanzenwachstum setzen z.B. auch das deutsche Programm zur Reduzierung der CO_2-Emissionen[115] oder japanische Forschungsarbeiten.[116] Andere Wissenschaftler betonen, daß ein Teil des Kohlendioxids in den Ozeanen gespeichert wird und deren Beitrag als sog. CO_2 Senke bislang nicht ausreichend berück-

---

[109] vgl. Bundesministerium für Umwelt, Naturschutz und Reaktorsicherheit (Hrsg.), Umweltpolitik - Klimaschutz in Deutschland, 1993, S. 27.

[110] vgl. Bundesministerium für Umwelt, Naturschutz und Reaktorsicherheit (Hrsg.), Umweltpolitik - Klimaschutz in Deutschland, 1993, S. 28.

[111] vgl. VDI - Nachrichten v. 24.03.1995, Finanzkollaps kommt vor der Ökokatastrophe, S. 2 u. FAZ v. 30.12.1997, „Große Schäden durch Klimaveränderung", S. 11.

[112] vgl. z.B. FAZ v. 28.03.1995, Es ist noch nicht zu spät, S. B3; FAZ v. 12.04.1995, Unsichtbare Hand lenkt Klimaforschung, S. N1 u. VDI - Nachrichten v. 20.08.1993, Wasserdampf als große Unbekannte, S. 16.

[113] vgl. Schleser, G. H. et al., Der Einfluß des atmosphärischen Kohlendioxid-Anstiegs auf die Biosphäre, 1992, S. 74 ff. u. Die Zeit v. 11.02.1994, Bäume als Endlager, S. 41. Nach einer Untersuchung amerikanischer Forscher hat sich wegen des höheren Kohlendioxidgehalts die Wachstumsperiode der Pflanzen auf der Nordhalbkugel um 7 Tage verlängert; vgl. FAZ v. 24.07.1996, Pflanzen im Norden wachsen länger, S. N2. Kritisch dazu: FAZ v. 06.10.1993, Mehr Wachstum im Treibhaus? Düngereffekt des Kohlendioxyds fraglich, S. N1.

[114] vgl. FAZ v. 03.06.1996, Bäume gegen den Treibhauseffekt, S. B4 der Verlagsbeilage „Umwelt und Technik" u. FAZ v. 03.07.1996, Die hungrigen Wälder des Nordens, S. N1/N2.

[115] vgl. Bundesministerium für Umwelt, Naturschutz und Reaktorsicherheit (Hrsg.), Umweltpolitik - Klimaschutz in Deutschland, 1993, S. 93 ff. In Deutschland werden von 57 Mio. Kubikmeter nachwachsendem Holz nur 35 Mio. genutzt, wodurch der Holzvorrat ständig steigt; vgl. FAZ v. 03.07.1997, Forstwirtschaft für Klimaschutz, S. 14.

[116] vgl. VDI - Nachrichten v. 03.02.1995, High-Tech gegen Treibhausgas, S. 12.

sichtigt wird.[117] Eine signifikante Änderung der Durchschnittstemperaturen war darüber hinaus in den letzten Jahrzehnten nicht zu beobachten.[118]

Trotz des letztlich fehlenden Beweises werden angesichts der denkbaren Auswirkungen vorbeugende Gegenmaßnahmen verlangt,[119] die sich wegen des hohen CO_2-Anteils am zusätzlichen Treibhauseffekt vor allem auf dessen Reduzierung konzentrieren. Die Bundesrepublik Deutschland hat sich zum Ziel gesetzt, bis zum Jahr 2005 eine 25- bis 30prozentige CO_2-Reduzierung gegenüber dem Jahr 1987 zu erreichen,[120] europaweit wird eine Reduzierung um 15% bis zum Jahr 2010 angestrebt.[121]

---

[117] vgl. VDI-Nachrichten vom 22.10.1993, Wie kommt CO_2 ins Meer?, S. 19; FAZ v. 06.10.1993, Kohlendioxyd gesucht, S. N2 u. FAZ v. 04.01.1995, Loch im Kohlenstoffhaushalt, S. N3.

[118] vgl. FAZ v. 25.11.1993, Kein Hinweis auf Klima-Änderungen, S. 10 u. FAZ v. 17.05.1995, Treibhauseffekt noch nicht meßbar, S. N1.

[119] Gerdes, Albert, Katastrophe oder Psychose, 1994, S. 65. Die Bundesregierung spricht in diesem Fall von „vorbeugendem Umweltschutz" (vgl. FAZ v. 28.03.1995, Deutschland mit voller Kraft voraus, Interview mit Bundesumweltministerin Angela Merkel, S. B3); vgl. auch VDI - Nachrichten v. 30.05.1997, Klima im Kühlhaus, S. 15.

[120] Beschluß der Bundesregierung vom 7.11.1990; vgl. Presse- und Informationsamt der Bundesregierung (Hrsg.), Umweltpolitik - Chancen für unsere Zukunft, 1993, S. 9 und FAZ v. 17.05.1994, Zwei Jahre nach Rio, S. B1/B2 in der Verlagsbeilage „Umwelt und Technik". Auf der Klimanachfolgekonferenz von Berlin wurde als Bezugsjahr das Jahr 1990 angegeben, wodurch sich das notwendige Reduzierungsvolumen leicht erhöht hat (vgl. FAZ v. 27.04.1995, Koalition und Opposition weiter uneins über Energiepolitik, S. 1/2). Die Zusage der Bundesregierung bezieht sich auf eine durchschnittliche Reduktion, bei der unterdurchschnittliche Reduzierungen in einem Bereich durch stärkere in einem anderen Bereich ausgeglichen werden. Berücksichtigt man allein den Verkehrsbereich, erscheint das Reduzierungsziel aufgrund des weiter wachsenden Verkehrsaufkommens nicht realisierbar; vgl. hierzu auch FAZ v. 21.12.1992, Zu früh zuviel versprochen?, S. T1; VDI - Nachrichten v. 12.07.1996, Verkehrssektor liegt bei CO_2-Reduktion hinter Zielvorgaben weit zurück, S. 1; o. V., CO_2-Senkung um 25% unrealistisch, 1997, S. 254 u. FAZ v. 22.11.1997, Esso: Energieverbrauch geht weiter zurück, S. 16.

[121] vgl. FAZ v. 04.03.1997, Die EU will Vorreiterin beim Umweltschutz sein, S. 13. Im Protokoll der Klimakonferenz von Kyoto wurden erstmals völkerrechtlich verbindliche Reduzierungsziele vereinbart. Die EU-Staaten müssen ihre Emissionen der 6 wichtigsten Gase mit Treibhauspotential bis zum Jahr 2010 um 8 Prozent reduzieren , für Japan und die USA gelten mit 6 bzw. 7 Prozent Reduzierung weniger scharfe Grenzwerte. (vgl. FAZ v. 12.12.1997, Klimakompromiß von Kyoto angenommen, S. 7) Innerhalb der EU wurden unterschiedlich hohe Beiträge der Einzelstaaten zu diesem Gesamtbetrag festgesetzt, Deutschland hält an seinem Ziel einer 25%igen Reduzierung fest. (vgl. FAZ v. 17.12.1997, EU-Umweltminister wollen Abgase aus dem Schwerverkehr drosseln, S. 19) Angesichts einiger noch strittiger Punkte wie z.B. der Handelbarkeit von Emissionsrechten muß sich aber erst zeigen, ob diese Vereinbarung wirklich zu den verabredeten Einsparungen führen wird (vgl. FAZ v.

Abbildung 2.1-4 zeigt die Hauptverursacher des deutschen CO_2-Ausstoßes. Die umfangreichsten Emissionen resultieren aus dem Einsatz fossiler Energieträger für die Wärme- und Stromerzeugung. Durch den Straßenverkehr wurden im Jahr 1994 18,2% der CO_2-Emissionen verursacht. Die Verkehrsemissionen stellen somit einen wichtigen, keineswegs aber den größten Anteil an den Gesamtemissionen.

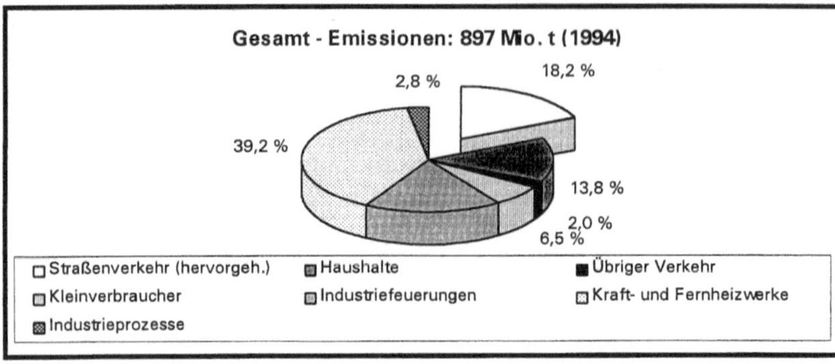

Abbildung 2.1-4: Kohlendioxidemissionen in Deutschland 1994 (aus Energieverbrauch und Industrieprozessen mit Klimarelevanz; Zuordnung im Uhrzeigersinn)
Quelle: Stat. Bundesamt (Hrsg.), Stat. Jahrbuch für die Bundesrepublik Deutschland, 1996, Stat. 26.9, S. 706 f.

Um die im bundesdeutschen CO_2-Minderungsprogramm festgelegte Reduzierung bis zum Jahr 2005 zu erreichen, sind für alle Verbrauchsbereiche Zielwerte festgelegt worden.[122] Für den Bereich des Straßenverkehrs gilt die Forderung, den durchschnittlichen Kraftstoffverbrauch von Pkws auf 5-6 Liter/100 km im Jahr 2005 zu senken.[123] Demgegenüber steht die Selbstverpflichtung der Auto-

11.12.1997, In Kyoto bis zuletzt Streit über Handelsklauseln für Treibhausgase, S. 1 u. VDI-Nachrichten v. 19.12.1997, Klimaschutz á la Kioto: „Kaufe CO_2, biete Devisen", S. 12).

[122] Für Ansatzpunkte in den übrigen Bereichen vgl. etwa FAZ v. 28.03.1995, Klimakonferenz in Berlin: Wie Technik das Kohlendioxid vermindern helfen könnte, S. T1 u. FAZ v. 22.03.1995, Drei Säulen des Klimaschutzes, S. 3.

[123] vgl. Bundesministerium für Umwelt, Naturschutz und Reaktorsicherheit (Hrsg.), Umweltpolitik - Klimaschutz in Deutschland, 1993, S. 117. Angesichts der technischen Problematik ist bereits eine Fristverlängerung für dieses Ziel auf das Jahr 2010 (europäische Ebene) in der Diskussion; vgl. FAZ v. 27.06.1996, Fünf-Liter-Auto wohl erst im Jahr 2010, S. 14. Dieser Grenzwert korrespondiert mit einer entsprechenden Festlegung der EU-Kommission; vgl. FAZ v 21.12.1995, Europäische Kommission will das Fünf-Liter-Auto, Nr. 297, S. 13.

mobilindustrie, den Verbrauch bis zum Jahr 2005 um 25% auf durchschnittlich 5,9 Liter/100 km zu senken.[124]

	Immissionsrelevante Einstufung	(0 - 5)
Mensch	CO	0
	NO	0
	NO_2	>0
	O_3 (Ozon)	>0
	Rußpartikel	1-2
	SO_2	>0
	Rußpartikel + SO_2	4
Pflanze	CO	0
	NO	0 (+1) *
	NO_2	>0 (+1) *
	O_3 (Ozon)	>0
	Rußpartikel	1-2
	SO_2	0
	Rußpartikel + SO_2	5
Bauwerke	CO	0
	NO	> 0 (Verkarstung)
	NO_2	>0
	O_3 (Ozon)	2
	Rußpartikel	1 (ästh. Aspekte)
	SO_2	3
	Rußpartikel + SO_2	4

Abbildung 2.1-5: Immissionsrelevante Einstufung der Spurenstoffe
Quelle: Lenz, Hans Peter et al., Emissionen, Immissionen und Wirkung von Abgaskomponenten, 1993, S. 93

2.1.2.2 Schwäche 2: Ausstoß sonstiger gasförmiger Schadstoffe

Neben den Emissionen von CO_2 produzieren Fahrzeuge mit Verbrennungsmotor eine Reihe weiterer schädlicher Stoffe, die durch z.T. komplexe chemische Vorgänge Mensch, Tier oder Bauwerke beschädigen können. Lenz et al. [125] haben die einzelnen Schadstoffe untersucht und von ihrer Gefahrenwirkung her beurteilt. Für die Bewertung greifen sie auf eine sechsziffrige Skala zurück,

---

[124] vgl. FAZ v. 24.03.1995, Autoindustrie will Benzinverbrauch senken, S. 19.

[125] Lenz, Hans Peter et al., Emissionen, Immissionen und Wirkung von Abgaskomponenten, 1993, S. 1.

wobei mit Ziffer fünf ein hohes, mit Ziffer Null ein nicht vorhandenes Gefährdungspotential beschrieben wird (vgl. **Abbildung 2.1-5**, vorhergehende Seite).

Obwohl durch die Einführung des geregelten Katalysators bereits eine deutliche Reduzierung der Schadstoffemissionen erreicht werden konnte,[126] fordern die Autoren eine weitere Verringerung des Schwefelausstoßes sowie der Emission von Kohlenwasserstoffen (HC).[127]

Diese Forderungen gehen in die Formulierung künftiger Grenzwerte für die Schadstoffemissionen ein, die für die Zulassung eines Fahrzeugs nicht überschritten werden dürfen. In der Europäischen Union werden diese nach einem einheitlichen Testverfahren ermittelt.[128] Die Grenzwerte wurden zuletzt zum 1. Januar 1996 gesenkt, weitere Reduzierungsschritte sind für die Jahre 2000 und 2005 festgelegt worden.[129]

Fahrzeugkategorie		HC	NO_x	CO
low emission	g/100 km	4,7	12,5	
ultra low emission	g/100 km	2,5	12,5	106
zero emission	g/100 km	0	0	0

Tabelle 2.1-2: Amerikanische Definition einzelner Fahrzeugkategorien nach Schadstoffausstoß
Quelle: Veba AG (Hrsg.), Das Elektroauto - Fakten und Argumente, 1992, S. 8

---

126 Der geregelte Katalysator sorgt für eine Schadstoffreduzierung bis 90% gegenüber dem Ausgangsniveau; vgl. Schneider, Horst, Auto und Umwelt. Perspektiven für das Jahr 2000 - Teil 1, 1991, S. 358 u. Braess, H.-H., et al., Mensch-Auto-Zukunft - Teil 1, 1986, S. 189.

127 vgl. Lenz, Hans Peter et al., Emissionen, Immissionen und Wirkung von Abgaskomponenten, 1993, S. 95 ff.

128 Dieses Testverfahren sieht eine Stadtfahrt mit vorgegebenen Beschleunigungs- und Verzögerungsphasen nach dem bisherigen ECE - Stadtzyklus sowie eine konstante Fahrt mit einem Tempo bis 120 km/h vor und trägt die Bezeichnung MVEG Testverfahren. Vgl. Volkswagen AG (Hrsg.), Kraftstoffeinsparung durch Fahrzeugtechnik, ohne Jahresangabe, S. 22; Bosch GmbH (Hrsg.), Kraftfahrtechnisches Taschenbuch, 1987, S. 443 f. u. Brockhaus-Enzyklopädie, Bd. 6, 1988, S. 86.

129 vgl. VDI - Nachrichten v. 01.04.1994, Ab 1996 werden Neu-PKW sauberer, S. 4 u. Blumenstock, Klaus-Ulrich, Auto und Umwelt: Abgasgesetzgebung, 1994, S. 86 ff u. FAZ v. 20.06.1996, 70 Prozent weniger Autoabgase bis 2010, S. 15 u. FAZ v. 21.06.1997, EU-Umweltminister beschließen schärfere Abgasgrenzwerte, S. 6.

Die weltweit strengsten Grenzwerte gelten in Kalifornien und anderen amerikanischen Bundesstaaten.[130] Die hier gültige Richtlinie, der US Clean Air Act, unterscheidet drei Fahrzeugklassen nach dem Schadstoffausstoß (Low emission, ultra low emission und zero emission; vgl. **Tabelle 2.1-2**, vorhergehende Seite). Die Hersteller müssen dafür sorgen, daß für jede Emissionsgruppe bestimmte Mindestanteile an der Gesamtheit aller zugelassenen Fahrzeuge erreicht werden. Die vorgeschriebenen Anteile der strengeren Kategorien steigen bis zum Jahr 2003.[131]

Nach dem heutigen Stand der Technik können lediglich Elektrofahrzeuge die Anforderungen der Kategorie „zero emission“ erfüllen.[132] Aus diesem Grund gab die kalifornische Gesetzgebung neue Impulse für die weitere Entwicklung derartiger Fahrzeuge und zeigt damit die Bedeutung dieses Ziels auf. Mittlerweile hat sich jedoch gezeigt, daß der ursprünglich vorgesehene Stufenplan für die Einführung emissionsfreier Fahrzeuge aufgrund von Problemen mit der Batterietechnik zeitlich gestreckt werden muß.[133]

2.1.2.3 Schwäche 3: Vollständige Abhängigkeit von Rohölprodukten

Erdöl ist der wichtigste Primärenergieträger in der Bundesrepublik Deutschland und erreichte im Jahr 1995 einen Anteil von etwa 40% am gesamten Primärenergieverbrauch.[134] Der Pkw-Verkehr wiederum ist nahezu vollständig

---

[130] Diese strenge Abgasgesetzgebung galt zunächst nur in Kalifornien, wurde aber mittlerweile von weiteren zwölf amerikanischen Bundesstaaten übernommen. Vgl. FAZ v. 03.02.1994, Amerikaner wollen das Elektroauto einführen, S. 11.

[131] vgl. Veba AG (Hrsg.), Das Elektroauto - Fakten und Argumente, 1992, S. 8 u. Mikulic, Leopold et al., Elektrofahrzeuge der Zukunft - Lösungsansätze und Technologie, 1994, S. 450 f.

[132] In diesem Zusammenhang werden lediglich die direkten Fahrzeugemissionen (lokale Schadstoffemissionen) betrachtet. In einer vollständigen Rechnung müssen jedoch auch diejenigen betrachtet werden, die bei der Produktion der elektrischen Energie in Kraftwerken entstehen.

[133] Nach der neuen Vorschrift sollen die Elektrofahrzeuge zunächst nur auf freiwilliger Basis angeboten werden, erst im Jahr 2003 sollen 10% der verkauften Fahrzeuge Elektroantrieb besitzen (vgl. FAZ v. 09.04.1996, Aufschub für Elektroautos, S. T6). Entsprechende Vorbehalte waren von den Herstellern seit einiger Zeit vorgebracht worden (vgl. VDI - Nachrichten v. 08.10.1993, Kalifornien will Elektroautos, S. 32 u. FAZ v. 03.02.1994, Amerikaner wollen das Elektroauto einführen, S. 11).

[134] Der gesamte Primärenergieverbrauch von 486 Mio. t Steinkohleeinheiten wurde mit 195,2 Mio. t durch Erdöl gedeckt (40,1%); auf Stein- und Braunkohle entfällt ein Anteil von 27,1% (131,8 Mio. t), auf Erdgas 19,7% des Gesamtverbrauchs (95,5 Mio. t SKE). Der verbleibende Rest wird vornehmlich durch Kernenergie und Wasserkraft gedeckt; vgl. FAZ v. 01.03.1996, Verbleites Benzin weiterhin auf dem Rückzug, S. 16.

vom Rohöl abhängig, da sich alternative Energieträger bislang nicht durchsetzen konnten. Eine langfristige Studie der Prognos AG mit einem Untersuchungszeitraum bis zum Jahr 2020 kommt zu dem Ergebnis, daß sich an dieser Mischung der Energieträger nur wenig ändern wird.[135]

Die hohe Abhängigkeit von diesem Energieträger birgt Risiken. Abgesehen von den ökologischen Problemen bei der Verbrennung kohlenstoffhaltiger Energieträger[136] sind es die begrenzte Reichweite des Rohöls, seine einseitige regionale Verteilung sowie die finanziellen Aufwendungen für seinen Import, die eine absolute Reduzierung des Erdölverbrauchs oder zumindest eine Verkleinerung seines Versorgungsanteils notwendig machen.

Die sicher gewinnbaren Rohölreserven[137] erreichten zum 1. Januar 1997 einen Umfang von 138,4 Mrd. t.[138] Stellt man diesem nachgewiesenen Bestand die im Jahr 1996 geförderte Menge von 3,3 Mrd. t gegenüber, läßt sich eine theoretische Reichweite von 41,9 Jahren errechnen.[139] Unter Berücksichtigung von heute noch nicht genutzten Ressourcen wie Schwerölen und Teersänden[140] erhöht sich die Reichweite auf rd. 64 Jahre.[141] Andererseits wird eine Erhöhung des jährlichen Verbrauchs, von der wegen der weltweiten Motorisierungs- und Industrialisierungsbestrebungen auszugehen ist,[142] diese Vorratszeit weiter verkürzen. Auf längere Sicht muß daher nach Alternativen gesucht werden.

---

135 vgl. FAZ v. 12.12.1995, Der Energieverbrauch steigt nur wenig, S. 15.

136 Da sich die beiden vorangegangenen Abschnitte ausführlich mit diesen Problemen beschäftigen, können diese Punkte im weiteren ausgeklammert werden.

137 Hierunter fallen alle Vorkommen, die mit den heute zur Verfügung stehenden technischen Mitteln gefördert und vermarktet werden können; vgl. VDI - Nachrichten v. 09.08.1996, Mehr Erdöl gefunden als gefördert, S. 1.

138 vgl., auch im folgenden, Aral AG (Hrsg.), Verkehrstaschenbuch 1997/98, 1997, S. E 356 ff. u. VDI - Nachrichten v. 05.09.1997, Erdöl und Gas: mehr verbraucht, aber noch mehr neu entdeckt, S. 1.

139 Frühere Angaben zur Reichweite der Ölvorräte lagen bei einem Wert von 43 Jahren; vgl. FAZ v. 08.10.1994, Die bekannten Ölreserven reichen für 43 Jahre, S. 11. Dieser Wert hat sich in den letzten Jahren kaum verändert, da die jährlich neu entdeckten Erdöllagerstätten den Verbrauch übertrafen; vgl. VDI - Nachrichten v. 09.08.1996, Mehr Erdöl gefunden als gefördert, S. 1.

140 Ihre Förderkosten liegen über denen konventionellen Rohöls, weshalb sie erst bei steigenden Ölpreisen wirtschaftlich gewonnen werden können; vgl. FAZ v. 22.11.1996, Erdgas und Erdöl wichtigste Energieträger, S. 18.

141 vgl. FAZ v. 18.10.1996, Die Zeiten des billigen Öls sind vorbei, S. 20 u. VDI - Nachrichten v. 15.11.1996, Erdöl geht allmählich zur Neige, S. 38.

142 Nach einer Prognose der Internationalen Energieagentur muß die tägliche Ölförderung von derzeit 68 Mio. Barrel (159 Liter Faß) auf über 90 Mio. Barrel im Jahr 2010, d.h. um rd.

Problematisch ist darüber hinaus die geographische Verteilung der Reserven. Wie **Abbildung 2.1-6** zeigt, verfügt mit Saudi-Arabien ein einziges Land über rd. ein Viertel der gesamten Reserven, im Bereich des Mittleren Ostens lagern mehr als 50% der Vorräte. In Zukunft wird daher die Abhängigkeit vom politisch eher instabilen Mittleren Osten wieder wachsen.[143]

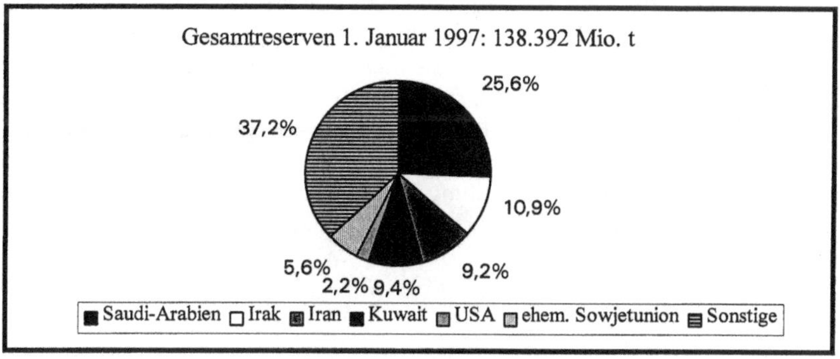

Abbildung 2.1-6: Rohölreserven der Welt, Stichtag: 1.1.1997
Quelle: Aral AG, Verkehrstaschenbuch 1997/98, 1997, S. E 356

Ungeachtet der Versorgungssicherheit führt diese Verteilung dazu, daß Staaten ohne eigene Vorkommen z.T. hohe Devisenausgaben für den Erdölimport aufwenden müssen. Besonders in Zeiten mit hohen Ölpreisen wie z.B. zu Beginn der 80er Jahre erreichten die Rohölimporte einen beträchtlichen Anteil an den Gesamtimporten und führten zu hohen Ausgaben.[144] Nicht alle Volkswirtschaften sind jedoch in der Lage, umfangreiche Energieimporte zu finanzieren; dieses Problem wird in Zukunft angesichts steigender Rohölpreise an Schärfe gewinnen.[145] Brasilien hat bspw. aus diesem Grund ein breit angelegtes Programm

ein Drittel steigen, um den dann erwarteten Verbrauch zu decken; vgl. VDI-Nachrichten v. 19.05.1995, Weltweiter Energiebedarf steigt weiter an, S. 25.

143 1996 kamen die umfangreichsten deutschen Rohöleinfuhren aus Rußland und Norwegen; der OPEC-Anteil lag nur noch bei rd. 31% (eigene Berechnung nach Aral AG, Verkehrstaschenbuch 1997/98, 1997, S. E 364). In Zukunft wird dieser wegen der in Europa zurückgehenden Vorräte jedoch wieder zunehmen; vgl. hierzu z.B. VDI - Nachrichten v. 15.11.1996, Erdöl geht allmählich zur Neige, S. 38; FAZ v. 13.08.1996, Die Briten finden immer weniger Öl und Gas in der Nordsee, S. 12; FAZ v. 11.09.1996, Die Abhängigkeit von Öl aus dem Persischen Golf nimmt zu, S. 18; FAZ v. 25.06.1997, Am Ölmarkt herrscht auch vor der Opec-Sitzung Ruhe, S. 14 u. FAZ v. 01.12.1997, Opec erhöht die Förderquote für Erdöl, S. 17.

144 Eine umfangreichere Betrachtung dieses Aspekts findet sich in Kap. 2.5.5.1.

145 vgl. FAZ v. 18.10.1996, Die Zeiten des billigen Öls sind vorbei, S. 20 u. VDI - Nachrichten v. 15.11.1996, Erdöl geht allmählich zur Neige, S. 38.

für alternative Kraftstoffe auf Alkoholbasis beschlossen, die im eigenen Land hergestellt werden können.[146]

2.1.2.4 Schwäche 4: Jährliche Abfallmengen/ hoher Ressourceneinsatz

Die Rahmenbedingungen für Industrie- und Dienstleistungsbetriebe werden hinsichtlich dieses Problemkreises durch die nationale Gesetzgebung vorgegeben. Im Mittelpunkt steht das „Abfall- und Kreislaufwirtschaftsgesetz", das nach Billigung durch den Bundesrat am 8.7.1994 zum 7. Oktober 1996 in Kraft getreten ist.[147] Bereits in der Namengebung dieses Regelungswerks kommt der Grundgedanke der künftigen Abfallpolitik zum Ausdruck: Sie wird geprägt durch die Zielhierarchie: - Vermeidung - Verwertung und Entsorgung - , die jedoch an den technischen und wirtschaftlichen Rahmenbedingungen der einzelnen Wege zu messen ist.[148]

---

[146] vgl. Heinrich H. et al., Alternative Kraftstoffe - Chancen und Risiken aus der Sicht von Volkswagen, 1992, S. 57.

[147] Das Gesetz war am 15.4.1994 zunächst vom Bundestag angenommen worden. Die zweite parlamentarische Hürde, den Bundesrat, nahm das Gesetz erst am 8. Juli in einer vom Vermittlungsausschuß vereinbarten Version. Die Überwachungsregeln für das neue Gesetz werden allerdings schrittweise bis zum 1. Januar 1999 in Kraft treten. Vgl. FAZ v. 15.04.1994, Der Bundestag beschließt ein neues Abfallrecht u. FAZ v. 09.07.1994, Mammutprogramm im Bundesrat: Mehr als 130 Themen an einem einzigen Tag, S. 12 u. FAZ v. 15.08.1996, Nachweis anstelle von Genehmigung, S. 1 f.

[148] Die einzelnen Begriffe werden in dieser Arbeit nach folgenden Definitionen abgegrenzt:
„Recycling ist die erneute Verwendung oder Verwertung von Produkten oder Teilen von Produkten in Form von Kreisläufen." VDI (Hrsg.), VDI-Richtlinie 2243, Konstruieren recyclinggerechter technischer Produkte, 1993, S. 3.
Verwendung: Recyclingalternative unter (weitgehender) Beibehaltung der Produktgestalt.
Verwertung: Recyclingverfahren, das die Produktgestalt auflöst.
Die Unterscheidung zwischen den Begriffen Weiter- und Wieder-, deren Gebrauch sowohl in Kombination mit Verwertung als auch mit Verwendung möglich ist, ergibt sich daraus, ob im Recyclingprozeß eine gleichartige oder geänderte Produktion durchlaufen wird.
Vgl. VDI (Hrsg.), VDI-Richtlinie 2243, Konstruieren recyclinggerechter technischer Produkte, 1993, S. 5.
„Abfall sind beliebige Sachen, deren sich der Besitzer entledigen will oder deren geordnete Entsorgung zur Wahrung des Wohls der Allgemeinheit, insbesondere des Schutzes der Umwelt, geboten ist". (Begriffsbestimmung nach § 1(1) Abfallgesetz vom 27.08.1986)
Rückstandsmengen: Sämtliche Reststoffe einschließlich Abfall.
Abfallvermeidung: „Maßnahmen[.], die auf die Verringerung der Abfallmengen gerichtet sind". (Fleischer, Günter, Abfallvermeidung in der Metallindustrie, 1989, S. 2). Man unterscheidet weiter zwischen Primär- und Sekundärabfallvermeidung. Primärabfallvermeidung ist in diesem Zusammenhang „die umweltverträgliche Erfüllung von Bedürfnissen und Funktionen .. mit einem Minimum an Verbrauch von Rohstoffen und Energie", Sekundärabfallvermeidung hingegen „..ist das Verhindern, daß Produkte, Produktionsreststoffe und Altstoffe

Den Herstellern wird grundsätzlich die Verantwortung für die von ihnen erzeugten Produkte übertragen. Erzeugnisse sind so zu gestalten, daß sie „umweltverträglich verwertet oder beseitigt werden können“[149]. Großbetriebe müssen Abfallwirtschaftsberichte erstellen, Klein- u. Mittelbetriebe müssen Nachweise über eine geordnete Entsorgung führen.[150]

Rückstandsmenge (in Mio. t)	BRD	Westeuropa	Welt
Shreddermüll davon Kunststoffe	0,6 0,2	2,6 0,9	7,0 2,6
Reifen	0,3	1,3	3,8
Betriebsstoffe	0,07	0,3	0,8
Rückstände aus Reparatur u. Wartung	0,3	1,5	4,0
Summe	1,27	5,7	15,6

Tabelle 2.1-3: Rückstandsmengen aus der Altautoverwertung (1993)
Quelle: Voy, Christian et al., Automobilrecycling - Quo vadis?, 1994, S. 148

Eine weitere Konkretisierung dieses Gesetzes ergibt sich für die Kfz-Produzenten durch die mittlerweile verabschiedete Altautoverordnung.[151] Diese enthält Mindestquoten für die Verwertung von Fahrzeugen und schreibt Standards für Verwerterbetriebe vor. Weiter regelt sie, daß eine Verschrottung des Fahrzeugs künftig nur bei anerkannten Verwerterbetrieben erfolgen darf und nur mit einer von diesen ausgestellten Bestätigung eine gebührenreduzierte Abmeldung möglich wird. Darüber hinaus hat sich die Automobilindustrie dazu verpflichtet, Fahrzeuge, die nicht älter als 12 Jahre sind, kostenfrei zu verwerten.[152]

Abfall werden oder bleiben“. (Fleischer, Günter, Abfallvermeidung in der Metallindustrie, 1989, S. 3).

149 FAZ v. 09.07.1994, Mammutprogramm im Bundesrat: Mehr als 130 Themen an einem einzigen Tag, S. 12.

150 vgl. VDI - Nachrichten v. 29.04.1994, Mit Marktwirtschaft gegen Müllberge, S. 2

151 vgl. hierzu, auch im folgenden, FAZ v. 17.05.1997, Der Bundesrat billigt die Altautoverordnung, S. 14 u. VDI - Nachrichten v. 30.05.1997, Selbstverpflichtung bremst Altautoverwertung, S. 4.

152 vgl. FAZ v. 26.06.1995, Schrottautos sollen besser verwertet werden, S. 11.

Die Hersteller sind somit in Zukunft gezwungen, die Abfallproblematik während der Produktion, des Betriebs sowie der späteren Verschrottung des Fahrzeugs zu berücksichtigen. **Tabelle 2.1-3** (vorhergehende Seite) gibt einen Hinweis auf die während der einzelnen Phasen anfallenden Rückstandsmengen. Den größten Mengenanteil nimmt der bei der Verschrottung entstehende Shreddermüll ein (etwa 47 Gewichts-%), dahinter liegen die Anteile von Altreifen sowie von Rückständen aus Reparatur und Wartung (je 23,6%).

Das dringendste Problem stellt somit die Behandlung des Shreddermülls und damit die Entsorgung von Altfahrzeugen dar. In der Bundesrepublik Deutschland müssen momentan etwa 2 Mio. Fahrzeuge pro Jahr entsorgt werden, für das Jahr 2000 wird mit einem Aufkommen von etwa 2,2 bis 2,4 Mio. Autowracks gerechnet.[153]

2.1.2.5 Schwäche 5: Geringeres Sicherheitsniveau als konkurrierende Verkehrsmittel

Der Begriff der Fahrsicherheit wird in der Fahrzeugtechnik mehrdimensional verwendet. Buschmann/Koessler verlangen Fahrsicherheit in doppeltem Sinne: Sicherheit heißt, „zuverlässig das Fahrziel und die Gebrauchsdauer zu erreichen und Insassen, Ladegut und andere Verkehrsteilnehmer nicht zu gefährden.“[154] In der heutigen Zeit haben sich die Gewichte eindeutig in Richtung des zweiten Teils der Definition verschoben. Im folgenden wird deshalb lediglich dieser Aspekt betrachtet.

Die Sicherheit im Straßenverkehr ist von vielen Faktoren abhängig und kann nur indirekt bestimmt werden. Die wichtigsten Kenngrößen sind die durchschnittlich zurückgelegten Fahrzeugkilometer pro getöteter bzw. verletzter Person. Sie wird ermittelt, indem man die Gesamtzahl der getöteten bzw. verletzten Personen in Bezug zur Fahrleistung des betreffenden Zeitraums setzt.[155] Ein numerisches Ansteigen beider Kenngrößen in den letzten 25 Jahren belegt die positive Entwicklung im Straßenverkehr (vgl. **Abbildung 2.1-7**, folgende Seite). Besonders deutlich ist die Verbesserung hinsichtlich der Zahl der Todesopfer; der entsprechende Wert hat sich auf mehr als das Sechsfache verbessert. Weniger prägnant sind die Veränderungen bei den schweren und leichten Ver-

---

[153] vgl. Härdtle, Georg, Vermeidung, Verwertung und Entsorgung von Abfällen aus Altautos, 1989, S. 203 u. Buchta, Bernhard, Demontieren vor Shreddern, 1992, S. 35.

[154] Buschmann, H. et al. (Hrsg.), Handbuch der Kraftfahrzeugtechnik, Bd. 2, 1976, S. 615.

[155] vgl. Seiffert, Ulrich, Fahrzeugsicherheit - Personenwagen, 1992, S. 31.

letzungen im Straßenverkehr, diese Werte stiegen auf das rd. vierfache bzw. mehr als doppelte.[156]

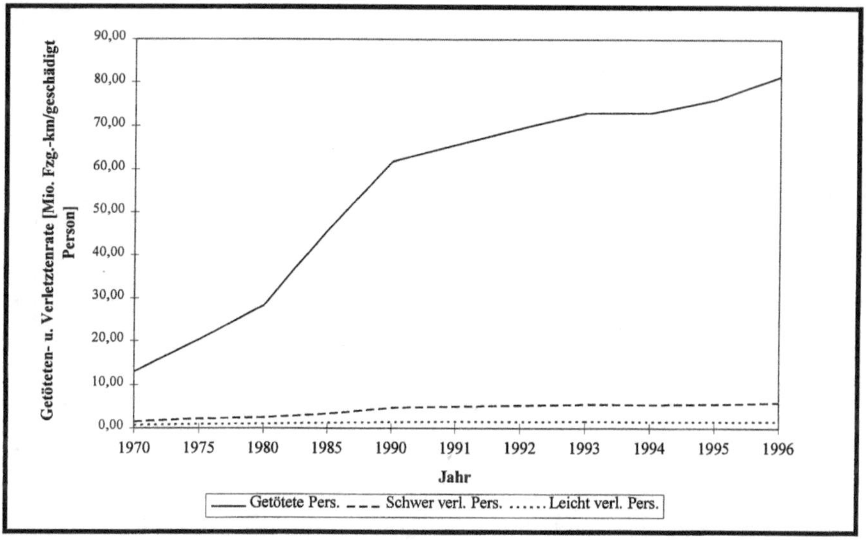

Abbildung 2.1-7: Entwicklung der Getöteten- u. Verletztenrate im Straßenverkehr in der Bundesrepublik Deutschland seit 1970 (ab 1990 jährliche Darstellung)[157]
Quelle: eigene Berechnung nach Stat. Bundesamt (Hrsg.), Verkehr, FS 8, Reihe 7, versch. Jahrgänge, Tab. 1 u. Aral AG (Hrsg.): Verkehrstaschenbuch, versch. Jahrgänge, S. A 168

Eine Bewertung dieser Ergebnisse muß durch einen Vergleich mit den entsprechenden Kenngrößen anderer Verkehrsmittel ergänzt werden. **Abbildung 2.1-8** (folgende Seite) belegt, daß der Bus hinsichtlich der Getötetenrate das mit Abstand sicherste Verkehrsmittel ist. Schienen- und Luftverkehr weisen gegenüber dem Bus zwar geringere Zahlen bei den Verletzten auf, ihre Werte für getötete Fahrgäste liegen aber deutlich über denen des Busses. Aus diesem Verhältnis

---

156 Unter Leichtverletzte fallen Personen, die nach einem Unfall ambulant behandelt werden müssen, unter Schwerverletzte diejenigen, die länger als 24 Stunden stationär im Krankenhaus aufgenommen werden. Als Verkehrstote zählen nur diejenigen, die innerhalb von 30 Tagen nach dem Unfall sterben. Vgl. Die Zeit v. 26.02.1993, Verunglückte Statistik, S. 85.

157 Diese positive Tendenz hat sich auch in den ersten zehn Monaten des Jahres 1997 fortgesetzt. Gegenüber dem entsprechenden Vorjahreszeitraum nahm die Zahl der Verkehrstoten um 3,5% ab, die Zahl der Verletzten stieg hingegen um 2%; vgl. FAZ v. 18.12.1997, Zahl der Todesopfer im Straßenverkehr gesunken, S. 11.

lassen sich Rückschlüsse auf die Schwere der Unfälle ziehen: Unfälle im Luft- und Schienenverkehr sind einerseits zwar seltener (geringe Zahl von Verletzten), andererseits führen sie aber zu deutlich schwereren Schädigungen bei den betroffenen Personen (hohe Zahl von Getöteten).

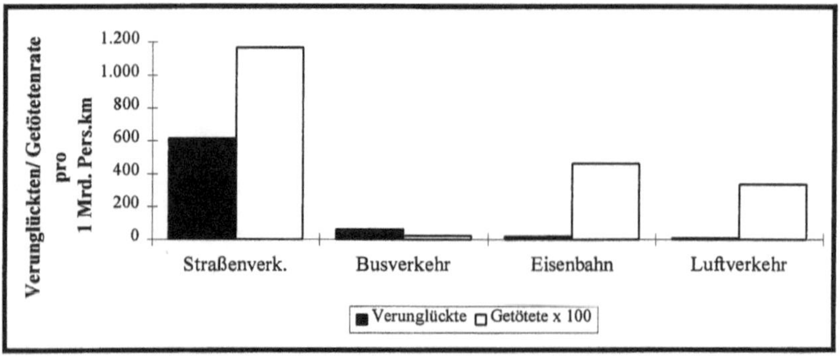

Abbildung 2.1-8: Unfallrisiken bei verschiedenen Verkehrsmitteln im Jahr 1994

Quelle: Stat. Bundesamt (Hrsg.), Stat. Jahrbuch für die Bundesrepublik Deutschland, 1996, Tab. 13.1, 13.25 u. VDA (Hrsg.), Tatsachen und Zahlen aus der Kraftverkehrswirtschaft, 1996, S. 262

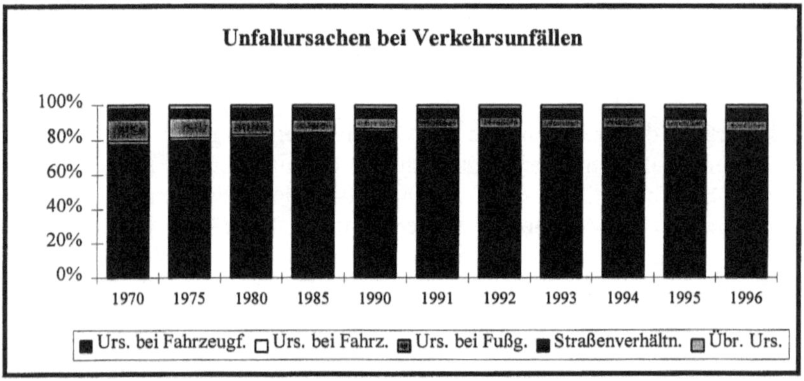

Abbildung 2.1-9: Unfallursachen bei Verkehrsunfällen (ab 1991 alte und neue Bundesländer, ab 1990 jährliche Darstellung)

Quelle: nach Stat. Bundesamt (Hrsg.), Verkehr, FS 8, Reihe 7, versch. Jahrgänge, Tab. 4

Der um den Busverkehr bereinigte Straßenverkehr, der übrige Straßenverkehr im Sinne der Abbildung, weist sowohl bei der Verletzten- als auch bei der Getötetenrate ein deutlich höheres Niveau auf. Die Verbesserungen der letzten Jahrzehnte waren somit nicht ausreichend, die Sicherheit im Pkw-Verkehr auf das Niveau der übrigen Verkehrsmittel zu bringen.[158] Insbesondere die Zahl der Verletzten im Straßenverkehr übersteigt die entsprechenden Zahlen von Schienen- und Luftverkehr bei weitem.

Angesichts dieser Tatsachen muß eine weitere Verbesserung der Sicherheitssituation im Straßenverkehr erreicht werden. Um Ansatzpunkte für diese notwendige Verbesserung ableiten zu können, ist es notwendig, sich mit den Ursachen von Verkehrsunfällen zu beschäftigen.

Abbildung 2.1-9 (vorhergehende Seite) offenbart, daß überwiegend individuelle Fehler der Fahrzeugführer zu Unfällen führen. Der Anteil dieser Ursachenart ist bis zum Jahr 1980 gestiegen und hat sich seitdem auf einen Wert von etwa 85% eingependelt. Mit einem deutlichen Abstand liegen Fußgänger als Unfallverursacher auf dem zweiten Rangplatz (deutliche Verringerung des Wertes von 12,2% im Jahr 1970 auf 5,3% 1996). Im Vergleich zu diesen beiden Punkten ist der Anteil der fahrzeugbedingten Ursachen sehr klein. Er hat sich von einem sehr niedrigen Niveau ausgehend seit 1970 nahezu halbiert und betrug im Jahr 1996 0,9%.

Trotz dieser eindeutig vom Fahrer ausgehenden Gefahrenpotentiale verlangt der Gesetzgeber eine Verbesserung der Fahrzeugsicherheit. Daneben erscheint es jedoch wichtig, auch die vom Menschen als Fahrzeugführer ausgehenden Schwächen zu verringern.

2.1.3 Formulieren der künftigen Entwicklungsziele

Die Analyse der Schwachpunkte heutiger Pkw-Konzepte zeigt, daß sich die Hersteller mit jedem der aufgeführten Punkte bei Neuentwicklungen auseinandersetzen müssen. Unabhängig von der Wertigkeit der einzelnen Punkte ist es daher notwendig, aus allen fünf aufgezeigten Schwachpunkten Entwicklungsziele für künftige Fahrzeuge abzuleiten. Im einzelnen ergeben sich damit folgende Ansatzpunkte:

---

[158] Hiermit wird der These von Seiffert widersprochen, der angesichts dieses Vergleiches von einem Angleichung der Verkehrssicherheit der unterschiedlichen Verkehrsmittel spricht. Vgl. Seiffert, Ulrich, Fahrzeugsicherheit - Personenwagen, 1992, S. 32.

Entwicklungsziel 1: Reduzierung der CO_2 Emissionen
Entwicklungsziel 2: Reduzierung der Emission sonstiger gasförmiger Schadstoffe
Entwicklungsziel 3: Reduzierung der Abhängigkeit von Rohölprodukten
Entwicklungsziel 4: Verminderung der Abfallmengen/Ressourcenschonung
Entwicklungsziel 5: Erhöhung des Sicherheitsniveaus

2.1.4 Stellenwert der Entwicklungsziele im Spiegel der öffentlichen Meinung

Die Diskussion über den Stellenwert der hier formulierten Entwicklungsziele nimmt in der Öffentlichkeit einen breiten Raum ein. Zahlreiche Fachpublikationen sowie empirische Untersuchungen beschäftigen sich mit der Zielwertigkeit.

Seiffert kommt zu dem Schluß, daß am Ende der 90er Jahre das Thema Sicherheit eine wichtige Rolle spielt.[159] Dieses Thema könnte allerdings seiner Meinung nach vom Aspekt des Energieverbrauchs von Fahrzeugen überlagert werden, wenn sich die Befürchtungen über die weltweiten Klimaveränderungen bestätigen sollten.

Zu einem ähnlichen Ergebnis kommt auch Böcker. Für ihn werden die Kriterien Sicherheit und Schadstoffreduzierung die bestimmenden Faktoren der künftigen Entwicklung sein.[160] Innerhalb dieses Kriteriums sieht er die höchste Priorität für eine Verringerung der Kohlendioxidemissionen. Diese Einschätzung wird auch dadurch gestützt, daß sich die Bundesregierung dazu verpflichtet hat, diese Emissionen in Deutschland deutlich zu reduzieren.[161]

In einer älteren Veröffentlichung von Braess kommt zum Ausdruck, daß die Themen Umweltverträglichkeit, Sicherheit und Kraftstoffwirtschaftlichkeit die weitere Entwicklung bestimmen werden.[162]

Diese von Fachleuten gesetzten Zielprioritäten korrespondieren mit dem Ergebnis einer Befragung von heutigen Neuwagenkäufern, die gebeten wurden, zehn mögliche Entwicklungsziele für künftige Fahrzeuge nach ihrer Wichtigkeit zu klassifizieren (vgl. **Abbildung 2.1-10**, folgende Seite).

---

[159] vgl., auch im folgenden, Seiffert, Ulrich, Automobiltechnik der Zukunft, 1989, S. 230 ff.
[160] vgl. Böcker, Günter, Zukunftspersepktiven: Schadstoffe und Verkehrsprobleme erzwingen neue Automobilkonzepte, 1992, S. 20 ff.
[161] vgl. hierzu den vorherigen Abschnitt.
[162] vgl. Braess, Hans-Hermann et al., Mensch - Auto - Zukunft - Teil 1 u. Teil 2, 1986, S. 181 ff. u. S. 319 ff., bes. S. 324.

Die Sicherheit eines Fahrzeugs sowie seine Umweltverträglichkeit werden auch von dieser Gruppe als die wichtigsten künftigen Entwicklungsziele angesehen. Nach Ansicht von Berger/Servatius wird diese Grundeinstellung die Bereitschaft erhöhen, in Zukunft auch einen Mehrpreis für umweltverträgliche Ausstattungsdetails zu akzeptieren.[163] Ein kundenorientierter Anbieter darf sich über diese Wünsche nicht hinwegsetzen und muß seine eigene Entwicklungstätigkeit hierauf ausrichten.

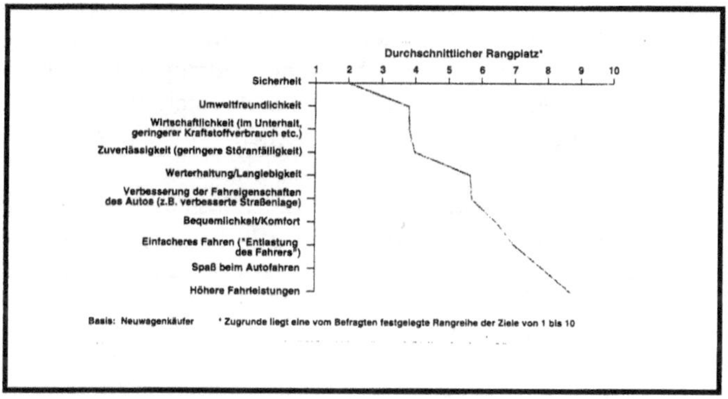

Abbildung 2.1-10: Ergebnis einer Befragung heutiger Fahrzeugkäufer nach den künftigen Zielsetzungen in der Pkw-Entwicklung
Quelle: Berger, Roland et al., Die Zukunft des Autos hat erst begonnen, 1994, S. 60

In der aktuellen öffentlichen Diskussion nehmen damit vor allem das allgemeine Ziel der Sicherung der natürlichen Umwelt sowie eine Erhöhung der Sicherheit für die Verkehrsteilnehmer die dominante Position ein. Die oben abgeleiteten Entwicklungsziele 1,2 und 4 (Sicherung der natürlichen Umwelt) sowie 5 (höhere Sicherheit für Verkehrsteilnehmer) sind damit von hoher Wichtigkeit.

Angesichts der gegenwärtig entspannten Lage auf den Weltrohölmärkten ist die Substitution von Rohöl als nahezu alleinigem Energieträger für den Pkw-Verkehr derzeit von geringerer Bedeutung. Andererseits zeigte die sog. Ölkrise am Beginn der 70er Jahre, wie schnell sich die Marktbedingungen verändern können.[164] In einer längerfristigen Betrachtung könnte dieses Entwicklungsziel aufgrund der zur Neige gehenden Ölvorräte an Bedeutung gewinnen.

---

[163] vgl. Berger, Roland, et al., Die Zukunft des Autos hat erst begonnen, 1994, S. 61.
[164] vgl. Seiffert, Ulrich, Automobiltechnik der Zukunft, 1989, S. 230.

2.2 Zusammenstellen der technischen Lösungsmöglichkeiten

2.2.1 Entwicklungsziel: Reduzierung der CO_2-Emissionen

2.2.1.1 Ansatzpunkte zur Zielerreichung

Eine Verringerung der CO_2-Emissionen kann grundsätzlich auf zwei unterschiedlichen Wegen erreicht werden. Neben einer Verringerung des Verbrauchs unter Beibehaltung der heutigen Energieträger bietet sich alternativ die Substitution durch solche mit geringeren oder keinen CO_2-Emissionen an (vgl. **Tabelle 2.2-1**).

Entwicklungsziel	Teilziel	Instrumentalziel
1. Reduzierung d. CO_2-Emissionen	1.1.Verringerung d. Energieverbrauchs	1.1.1. Verringerung d. Leistungsbedarfs
		1.1.2. Erhöhung d. Wirkungsgrads
	1.2. Einsatz alt. Energieträger für Fahrzeugantriebe	1.2.1. Alt. flüssige Kraftstoffe
		1.2.2. Alt. gasförmige Kraftstoffe
		1.2.3. Elektrotraktion
		1.2.4. Wasserstoffantrieb

Tabelle 2.2-1: Ansatzpunkte zur Reduzierung der CO_2-Emissionen

Zur Reduzierung des Energieverbrauchs kann man entweder den Leistungsbedarf eines Fahrzeugs durch eine Verkleinerung der auftretenden Widerstände verringern oder den Wirkungsgrad[165] der gesamten Antriebseinheit verbessern. Hierdurch kann die für die Bewegung des Fahrzeugs notwendige Leistung mit einem geringeren Energieeinsatz gedeckt werden. (vgl. Kap. 2.2.1.2)

Als zweiter grundsätzlicher Weg bietet sich die Einführung alternativer Kraftstoffe an, bei deren Produktion und Umsetzung keine oder zumindest verringerte CO_2-Mengen freigesetzt werden. Neben dieser Eigenschaft muß untersucht werden, inwieweit diese Alternativen hinsichtlich ihrer übrigen Charakteristika für den mobilen Einsatz geeignet sind. (vgl. Kap. 2.2.1.3)

---

[165] Die physikalische Größe Wirkungsgrad beschreibt das Verhältnis von Nutzarbeit zu zugeführter Arbeit. Der Gesamtwirkungsgrad eines Systems ergibt sich als Produkt der Teilwirkungsgrade. Vgl. Rumpel, G. et al., Mechanik, 1987, S. B26.

2.2.1.2 Teilziel 1: Verringerung des Energieverbrauchs

2.2.1.2.1 Maßnahmen zur Reduzierung des Leistungsbedarfs

Grundlegende Ansatzpunkte

Der Gesamtwiderstand eines Fahrzeugs setzt sich aus den vier Komponenten Luft-, Roll-, Beschleunigungs- und Steigungswiderstand zusammen.[166] Er läßt sich nach Aufsummierung der Teilwiderstände nach **Gleichung 2.2-1** berechnen:

$$F_{W,\,Ges} = m * g * (f_r + \sin ß_{St} + (\ddot{y} * e_m)/g) + A_w * c_w * v_{rel}2*(Rho)^2/2$$

mit: A_w = Projektionsfläche eines Kfz in Fahrzeuglängsrichtung
v_{rel} = Relativgeschwindigkeit (v_{rel}=v+/-v_{Wind})
c_w = Luftwiderstandsbeiwert[167] (Rho) = Luftdichte
m = Fahrzeugmasse; g = Erdbeschleunigung
$\sin ß_{St}$ = Steigungswinkel; f_R = Rollwiderstandsbeiwert
e_m = Massefaktor; $\ddot{y}$ = Fahrzeugbeschl. in Längsricht.

Gleichung 2.2-1: Formel zur Berechnung des Fahrzeuggesamtwiderstands
Quelle: Bosch GmbH (Hrsg.), Kraftfahrtechnisches Taschenbuch, 1987, S. 256 f.

Der Gesamtwiderstand setzt sich aus zwei Summanden zusammen. Der erste Summand umfaßt die masseabhängigen Anteile (Roll-, Beschleunigungs- und Steigungswiderstand), der zweite den von der Fahrgeschwindigkeit (bzw. der Relativgeschwindigkeit zwischen Fahrzeug und Umgebungsluft) bestimmten Teil (Luftwiderstand).

Für den Fahrzeugkonstrukteur ergeben sich nach dieser Gleichung vier Ansatzpunkte, um den Leistungsbedarf eines Fahrzeugs durch eine Reduzierung der zu überwindenden Fahrwiderstände zu verkleinern. Er kann die Masse des Fahr-

---

[166] vgl. Bosch GmbH (Hrsg.), Kraftfahrtechnisches Taschenbuch, 20. Auflage 1987, S. 256. Eine Ableitung der Einzelwiderstände ist im Anhang der Arbeit enthalten.

[167] Der Luftwiderstandsbeiwert ist ein dimensionsloser, fahrzeugspezifischer Kennwert, der die aerodynamischen Qualitäten der Karosserie beschreibt. Er muß durch Versuche ermittelt werden, vgl. Brockhaus Enzyklopädie, Bd. 13, 1990, S. 602; Eine Übersicht über typische Werte dieses Kennwerts findet sich bei Bosch GmbH (Hrsg.), Kraftfahrtechnisches Taschenbuch, 20. Auflage 1987, S. 258.

zeugs reduzieren, den Rollwiderstand verkleinern sowie den Luftwiderstand über eine Reduzierung von Luftwiderstandsbeiwert oder Projektionsfläche verringern.

Diese Maßnahmen wirken sich je nach Fahrsituation unterschiedlich stark auf den Energieverbrauch aus. **Abbildung 2.2-1** zeigt auf, daß der Luftwiderstand bei konstanten Fahrgeschwindigkeiten den Gesamtwiderstand maßgeblich bestimmt. Da die gefahrene Geschwindigkeit mit ihrem Quadrat in die Formel eingeht und damit zu einem starken Anstieg dieses Einzelwiderstands führt, dominiert der Luftwiderstand bei hohen Geschwindigkeiten den Gesamtwiderstand. Nur eine Reduzierung seines Anteils kann unter diesen Umständen zu einer nennenswerten Reduzierung des Gesamtwiderstands führen.

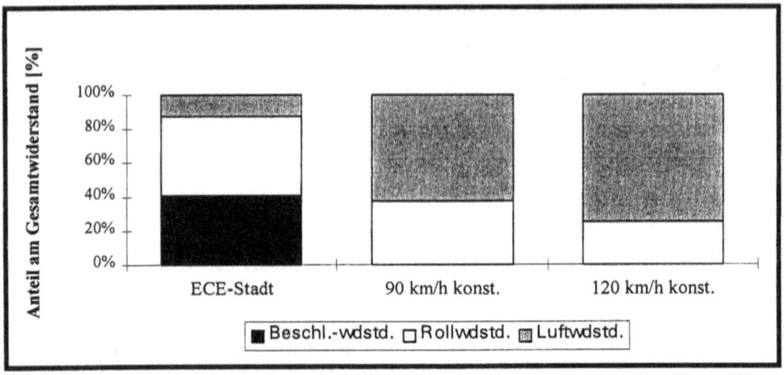

Abbildung 2.2-1: Anteil unterschiedlicher Fahrwiderstände am Beispiel eines VW Golf unter den Bedingungen der Verbrauchsmessung nach der „Economic Comission for Europe" (ECE)
Quelle: Volkswagen AG (Hrsg.), Kraftstoffeinsparung durch Fahrzeugtechnik, ohne Jahresangabe, S. 22

Gänzlich andere Verhältnisse ergeben sich bei Fahrzeugen, die häufig beschleunigt und abgebremst werden bzw. Steigungen überwinden müssen (vergleichbar mit den Verhältnissen im Stadtzyklus in **Abbildung 2.2-1**). Bei diesen Gegebenheiten machen sich die masseabhängigen Widerstände wie Beschleunigungs- und Rollwiderstand stärker bemerkbar.

Der reale Pkw-Betrieb ist durch eine Mischung unterschiedlicher Fahrzustände gekennzeichnet. In Abhängigkeit von ihren Anteilen wirken sich die Einzelwiderstände entsprechend stark aus. Bei einem häufig im Stadtverkehr eingesetzten Fahrzeug muß der Konstrukteur damit vor allem die Fahrzeugmasse reduzieren, bei einem hohen Anteil von schnellen Autobahnfahrten muß dem Luftwiderstand eine höhere Bedeutung beigemessen werden.

Reduzierung der Fahrzeugmasse

In den letzten 20 Jahren stieg das Gesamtgewicht der Fahrzeuge in der Bundesrepublik Deutschland stetig an.[168] **Abbildung 2.2-2** zeigt diese Zunahme am Beispiel von VW Golf, BMW 3er Reihe und Mercedes S-Klasse auf. Mit Ausnahme des Mercedes-Modellwechsels im Jahr 1979 erhöhten sich die Gewichte mit jeder Neuerscheinung. Die heutigen Fahrzeuge übertreffen ihre Vorgänger aus dem Jahr 1975 im Gewicht um 16 (BMW und Mercedes) bis 30% (VW Golf).

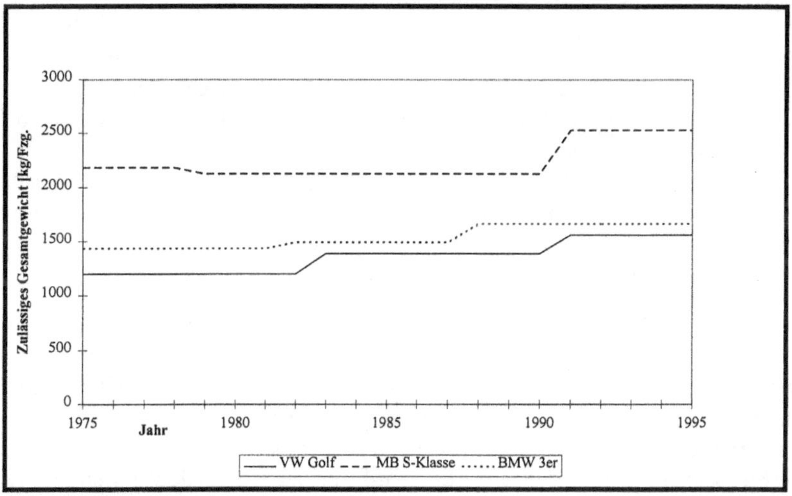

Abbildung 2.2-2: Anstieg des zulässigen Gesamtgewichts bei Modellen unterschiedlicher Jahrgänge und Hersteller
Quelle: Eigene Darstellung nach Canzler, Weert et al, Das Ende des Automobils, 1994, S. 59 f.
Die jeweiligen zulässigen Gesamtgewichte wurden als Mittelwert über die unterschiedlich motorisierten Modelle einer Reihe berechnet und sind nicht volumengewichtet.

Grundsätzlich bieten sich unterschiedliche Wege für eine Reduzierung der Fahrzeugmasse an. Ein erster Ansatz besteht in der Verkleinerung der Fahrzeugausmaße, was auch als „Downsizing“[169] bezeichnet wird. Dieses Verfahren wurde vor allem in den USA angewandt, wo Fahrzeugabmessungen und -gewichte infolge sehr geringer Energiepreise besonders stark angewachsen waren.

---

168 vgl. z.B. Braess, Hans-Hermann, „Nichts steigt so schnell wie Ansprüche“ - Gedanken zur weiteren Entwicklung des Personenwagens, 1993, S. 454 f.
169 Steed, Diane, Automotive Fuel Economy: How far should we go?, 1993, S. 10.

Seit Mitte der 70er Jahre konnte dort das durchschnittliche Fahrzeuggewicht um rd. 500 kg bei gleichzeitiger Verringerung des Radstands um 25 cm reduziert werden.[170] Andererseits setzen die Ansprüche an Raumangebot und Sicherheitsniveau eines Fahrzeugs dem Downsizing eine untere Grenze.

Weitere Potentiale liegen in konstruktiven Verbesserungen der Fahrzeuge. Moderne EDV-Anlagen erlauben es, die im Bauteil auftretenden Belastungen genau zu bestimmen und damit seine Dimensionierung zu optimieren. Auch die konstruktive Zusammenfassung von unterschiedlichen Funktionen in einem einzigen Bauteil kann zur Gewichtsreduzierung beitragen, da durch diese Verdichtung andere Bauteile eingespart werden können.[171] Ein zusätzlicher Vorteil ergibt sich, wenn ein geringerer Montageaufwand und eingesparte Bauteilkosten die Mehrkosten für das funktionsintegrierte Bauteil kompensieren.[172] Massereduzierungen verspricht weiterhin das sog. „Bio-Design“[173]. Bei diesem Verfahren werden natürliche Wachstumsvorgänge und Konstruktionsprinzipien auf Bauteile übertragen. Auf diese Weise sollen ebenfalls Überdimensionierungen vermieden werden.[174] Alle aufgeführten Methoden, die zusammenfassend auch als „konstruktiver Leichtbau“[175] bezeichnet werden, können aber nur bis zu einem bestimmten Grad zur Masseverringerung beitragen.

Darüber hinaus bietet sich der stoffliche Leichtbau an. Beim stofflichen Leichtbau geht es darum, bestimmte Werkstoffe durch andere mit einem geringeren Gewicht zu ersetzen. Unter diesem Gesichtspunkt erweisen sich Kunststoffe als ideale Konstruktionswerkstoffe. Sie verfügen über eine geringe Dichte, lassen sich kostengünstig verarbeiten, sind korrosionsbeständig und haben ein hohes Dämpfungsvermögen.[176] Diese Gründe führten zu einem deutlichen Ansteigen des durchschnittlichen Kunststoffanteils in den Fahrzeugen von 3% im Jahr

---

[170] vgl. Steed, Diane, Automotive Fuel Economy: How far should we go?, 1993, S. 10.

[171] Ein Beispiel hierfür ist die Zusammenfassung von Generator und Anlasser in einem Bauteil, die neben weiteren Vorteilen eine deutliche Gewichtsreduzierung mit sich bringt; vgl. VDI - Nachrichten v. 10.10.1997, Neuling räumt im Motorraum auf, S. 24.

[172] vgl. Rion, C., Aluminiumguß, eine Perspektive in der Sitzentwicklung?, 1988, S. 92 u. Schulz, V., Sitzschienen aus stranggepreßten Aluminiumprofilen, 1988, S. 95.

[173] Becker, Clauspeter, Konstruktionen nach dem Vorbild der Biologie: Die ganz natürliche Technik, 1995, S. 56.

[174] vgl. Becker, Clauspeter, Konstruktionen nach dem Vorbild der Biologie: Die ganz natürliche Technik, 1995, S. 57 ff.

[175] vgl. Razim, C.: Möglichkeiten und Grenzen der Anwendung von Aluminium im Starßenfahrzeugbau, 1988, S. 21.

[176] vgl. Pohl, E. et al., Recycling von Kunststoff-Verbundwerkstoffen, 1992, S. 356 f. u. Weber, Anton, Die Kunststoffe und das Automobil, 1995, S. 589 ff.

1970 auf über 10% im Jahr 1991.[177] Trotz der Recyclingproblematik - die Kunststoffe gelten hier als die „Problemkinder“[178] - wird aufgrund ihres Leichtbaupotentials mit einem weiteren Ansteigen ihres Anteils auf ca. 15 Gewichts-% im Jahr 2000 gerechnet.[179]

Neben den Kunststoffen können Reduzierungen des Fahrzeuggewichts durch den Einsatz von Leichtmetallen erreicht werden. Die Dichte des am häufigsten eingesetzten Leichtmetalls, des Aluminiums, beträgt nur etwa ein Drittel des entsprechenden Werts von Eisenwerkstoffen.[180] Dieser Vorteil führt zu unterschiedlichen Einsatzgebieten im Fahrzeug.

Im Bereich des Fahrwerks wird Aluminium als Werkstoff für Achsen und Felgen eingesetzt. Beispiele für die Verwendung von Aluminium im Achsbereich geben der neue Porsche 911 (Hinterachse mit Aluminiumlenkern)[181] die Mercedes S-Klasse[182] oder die neueste Generation des 5er BMW, dessen Fahrwerk komplett aus Aluminium besteht.[183] Ein neuartiges Schmiederad weist gegenüber einem herkömmlichen aus Stahl einen Gewichtsvorteil von 4 kg (pro Stück) auf und kann zusätzlich wegen eines optimierten Fertigungsverfahrens kostengünstig hergestellt werden.[184] Es wurde 1994 von der Audi AG in die Serienproduktion eingeführt, weitere Fahrzeughersteller haben bereits ihr Interesse angemeldet.[185] Eher für den Massenmarkt sind die sog. Aluminiumbandräder geeignet, deren Fertigungsverfahren dem konventioneller Stahlfelgen ähnelt und trotzdem Reduzierungspotentiale von 35 bis 40% bieten.[186]

---

[177] vgl. Stark, B. et al., Mercedes-Benz Recycling - im Tandem mit dem Zulieferer, 1994, S. 319 f.

[178] vgl. FAZ v. 26.04.1994, Mühsamer Weg zum Auto-Recycling, S. T8.

[179] vgl. Pohl, E. et al., Recycling von Kunststoff-Verbundwerkstoffen, 1992, S. 357.

[180] Aluminium besitzt eine Dichte von 2,7 kg/dm^3, Stahlblech eine von 7,86 kg/dm^3. Dieser Vergleich läßt das Interesse der Fahrzeugingenieure für dieses Material erkennen; vgl. Timm, H. et al., Karosseriekonzepte in Aluminium und deren Auswirkungen, 1992, S. 340,

[181] vgl. Berkefeld, Volker et al., Die LSA-Hinterradaufhängung des neuen Porsche 911 Carrera, 1994, S. 348 ff. u. VDI - Nachrichten v. 10.05.1996, Leichtmetall macht Druck beim Guß, S. 21.

[182] vgl. Farnschläder, Franz, Fahrwerkslenker aus Aluminium-Strangpressprofilen, 1991, S. 105.

[183] vgl. z.B. Bauer, Jürgen et al., Leichtbau im Antriebsstrang der neuen BMW 5er Baureihe, 1997, S. 256 ff. u. Elberth, Claus-Peter, Technik: Analyse des neuen Fünfer BMW, 1995, S. 16 ff.

[184] vgl. Döhmann, Lars, Das Light-Rad, 1994, S. 128 f.

[185] vgl. FAZ v. 25.10.1994, Schmiede-Leichtrad: Fuchs hilft sparen, S. T3.

[186] vgl. hierzu VDI - Nachrichten v. 15.11.1996, Leichtbau-Felgen rollen in den Rädermarkt, S. 33.

Weitere Einsatzgebiete für Aluminium sind Motor und Antriebsstrang, wo vor allem Aluminiumgußlegierungen eingesetzt werden. Beispiele hierfür sind neue Motoren von BMW (Gewichtseinsparung 31,5 kg gegenüber dem Vorgänger),[187] Ford[188] und Mercedes-Benz.[189] Experten rechnen damit, daß sich der derzeitige Marktanteil von Aluminium im Bereich des Motorblocks von rund 20% innerhalb der nächsten zehn Jahre verdoppeln kann.[190] Daneben wird der Aluminiumeinsatz an den Kraftübertragungselementen untersucht.[191]

Den geringsten durchschnittlichen Aluminiumanteil weist z. Zt. die Karosserie auf. Bezogen auf die Gesamtmasse der Karosserie liegt er bei etwa 1%.[192] Dieser Anteil verteilt sich in erster Linie auf bestimmte Anbauteile wie etwa die Dachreling bei Kombifahrzeugen,[193] das feste Winterdach bei Cabriolets[194]

---

[187] vgl. o.V., Kurz notiert: Der BMW 328i, 1994, S. 9 u. VDI - Nachrichten v. 26.09.1997, Motorenbau läuft auf Aluminiumkurs, S. 26.

[188] vgl. VDI - Nachrichten v. 17.06.1994, Leichtmetallaggregat ersetzt den „Eisenmotor“, S. 22 u. VDI - Nachrichten v. 25.03.1994, Fabrik für Aluminium - Motorblöcke spart Nachbearbeitungsschritte, S. 20.

[189] Die neue Generation von Sechs- und Achtzylindermotoren mit Aluminium-Kurbelgehäusen zeichnet sich durch eine Gewichtsreduzierung von 10% bis 25% gegenüber den heute verwendeten Aggregaten aus; vgl. VDI - Nachrichten v. 17.05.1996, Schwere Entscheidung zum leichten Pkw, S. 14. Auch die neu konstruierte A-Klasse wird mit vollständig aus Aluminium hergestellten Motoren ausgeliefert; vgl. FAZ v. 01.07.1997, Die A-Klasse von Mercedes-Benz, S. T1 u. VDI - Nachrichten v. 26.09.1997, Motorenbau läuft auf Aluminiumkurs, S. 26.

[190] vgl. VDI-Nachrichten v. 09.12.1994, Motorblöcke aus Aluminium, S. 14. Andere Autoren sehen gar ein langfristiges Potential von bis zu 70%, vgl. VDI - Nachrichten v. 17.06.1994, PKW-Teile bald ein Drittel leichter, S. 6. Kritisch dazu: Röhrig, Klaus et al., Aluminium - der Werkstoff von morgen im Motorenbau?, 1997, S. 14 ff.

[191] vgl. Trommer, Jörg, Längswelle aus Aluminium - Eine Zielsetzung der GKN-Leichtbaustrategie, 1995, S. 778 ff.

[192] Weitere Gewichtsanteile: Antriebsbereich etwa 15%, Fahrwerk/Räder etwa 8%. Andere Komponenten etwa 2%. Alle Angaben basieren auf dem Jahr 1992 und entstammen einer mündlichen Information von Herrn Jäger, Fa. Hoogovens.

[193] Die Dachreling ist eine fest auf dem Dach montierte Profilkonstruktion, die ein sicheres Befestigen von Dachträgersystemen gewährleisten soll. Sie soll bei einer geringen Eigenmasse eine Dachlast von bis zu 100 kg sicher aufnehmen können und für sich alleine keine negativen Auswirkungen auf den Luftwiderstandsbeiwert des Fahrzeugs haben; vgl. Schweissgut, J., Dachreling aus Aluminium für Kombinationskraftwagen, 1988, S. 83 ff.

[194] Für ein uneingeschränktes Betreiben von offenen Cabriolets während der Wintermonate ist ein leicht aufsetzbares, festes Coupé - Dach notwendig. Wegen des für die leichte Handhabung erforderlichen geringen Gewichts wird bei vielen Herstellern Aluminium als Material hierfür verwendet; vgl. etwa Huber, G. et al., Der neue Mercedes Benz Roadster, 1989, S. 227 ff.

oder im Stoßfängerbereich.[195] Die Möglichkeiten eines verstärkten Einsatzes im Karosseriebereich, durch den eine Masseverringerung von bis zu 50% erreicht werden kann,[196] werden wir in dieser Arbeit detailliert untersuchen.

Leichtbaumaßnahmen können nicht nur zu direkten Einsparungen (primäre Wirkungen) führen, sondern können indirekte Folgewirkungen haben. Fallen die primären Einsparerfolge sehr umfangreich aus, können auch an anderen Bauteilen gewichtssparende Veränderungen vorgenommen werden. So kann bspw. das Bremssystem eines Fahrzeugs kleiner und leichter werden, das Tankvolumen kann angepaßt, ein leichterer Motor eingebaut werden usw.[197] Derartige Folgewirkungen werden unter dem Begriff sekundäre Wirkungen zusammengefaßt. In der Praxis muß man jedoch davon ausgehen, daß die beschriebenen sekundären Wirkungen erst ab einer bestimmten primären Einsparung möglich werden. Sekundäre Wirkungen stellen sich damit sprungartig ein und können nicht durchgängig als prozentuale Aufschläge auf die primären Massereduzierungen ausgedrückt werden.

Verminderung des Rollwiderstands

Die Größe des Rollwiderstands wird durch die Paarung Reifen/Fahrbahn bestimmt, wobei die Fahrzeugtechnik lediglich auf die Gestaltung des Reifens einwirken kann. Durch eine neuartige Zusammensetzung der Gummimischung sowie eine geänderte Profilierung konnten Reifen mit einem geringeren Rollwiderstand auf den Markt gebracht werden.[198] Damit ausgerüstete Fahrzeuge weisen gegenüber herkömmlich bereiften einen Verbrauchsvorteil von bis zu 6 % auf.[199] Nach Expertenangaben ist damit aber der Optimierungsspielraum ausge-

---

[195] Moderne Fahrzeugkonstruktionen besitzen im Bug- und Heckbereich mehrstufige, sich bei Kollisionen kontrolliert verformende Schutzsysteme. Bei derartigen Systemen übernehmen einzelne Teile in Abhängigkeit von der Kollisionsstärke den Energieabbau. Die Prallflächen an Front- und Heckbereich bilden die erste Stufe des Systems. Sie bestehen heute in der Regel aus einem stranggepreßten Aluminium-Grundträger, der nach außen mit einem Kunststoffüberzug versehen ist. Derartige Systeme "verdauen" Kollisionen bis zu 8 km/h ohne bleibende Verformung; vgl. etwa Pfanzeder, Rolf Dieter, et al., Der neue BMW 7'- Teil 3, 1987, S. 360. Sonstiger Einsatz: vgl. z.B. o. V., Alcoa liefert Aluminiumstoßstangen für Toyota, 1994, S. 22 u. FAZ v. 01.07.1997, Die A-Klasse von Mercedes-Benz, S. T1.

[196] vgl. hierzu auch Kap. 2.3.2.4.

[197] vgl. Reitzle, Wolfgang, Neue Entwicklungen in der Blechverarbeitung der Automobilindustrie, 1992, S. 1006.

[198] vgl. VDI - Nachrichten v. 11.09.1992, Leichtlaufreifen rollt auf nachwachsenden Kunststoffen, S. 32.

[199] vgl. Schulze, Th., Der Rollwiderstand von Reifen und seine Auswirkungen auf den Kraftstoffverbrauch von Pkw's, 1993, S. 182 ff. Dieser fahrpraktisch ermittelte Wert liegt deutlich

schöpft, da eine weitere Reduzierung des Rollwiderstands zu überproportionalen Einbußen bei anderen Kenngrößen führt.[200] Durch Nachrüstung mit diesen Reifen kann auch bei älteren Fahrzeugen eine Verbrauchsreduzierung erreicht werden.

Verkleinerung der angeströmten Fahrzeugstirnfläche

Eine Verkleinerung der Fahrzeugstirnfläche läßt sich in einem größeren Maßstab nur verwirklichen, wenn die grundsätzliche Bauart der Fahrzeuge verändert wird. Die heutigen Konstruktionsprinzipien sind gekennzeichnet durch eine parallele Anordnung von zwei Fahrzeugsitzen. Diese Konstellation, verbunden mit den durch die Größe des Menschen notwendigen Abmessungen für eine ausreichende Kopffreiheit (==> Höhe des Fahrzeugs) sowie Ellenbogenfreiheit (==> Breite des Fahrzeugs), führt zu einem Grenzwert in der Größenordnung von ca. 1,8 - 1,9 m^2 angeströmter Fahrzeugstirnfläche.[201] Würden die Fahrzeuginsassen jedoch hintereinander angeordnet, ließe sich eine Stirnfläche von ca. 1,2 m^2 realisieren und man erreichte eine Verringerung des Luftwiderstands von ungefähr 30%. Derartige Fahrzeuge weisen jedoch Probleme bei anderen Zielgrößen auf (etwa Kippstabilität in Kurven[202]), darüber hinaus ist die Marktakzeptanz einer solchen Anordnung der Insassen zweifelhaft. Außerdem ergab sich für Fahrzeuge mit längs angeordneten Fahrgästen ein nur geringer Verbrauchsvorteil (Verbrauch von 1,57 l/100 km im Vergleich zu 1,87 l/100 km bei einem 2-Sitzer mit quer angeordneten Sitzplätzen[203]). Die Verringerung der Stirnfläche sollte daher nicht vorrangiges Ziel der Autobauer sein.

Senkung des Luftwiderstandsbeiwerts (c_W-Wert)

Der Luftwiderstandsbeiwert von Pkws konnte seit Beginn der 70er Jahre deutlich reduziert werden. **Abbildung 2.2-3** (folgende Seite) zeigt, daß der Luftwiderstand bis ungefähr zum Jahr 1970 angesichts geringer Ölpreise ein untergeordneter Parameter war. Die Fahrzeuge wiesen im Durchschnitt einen c_w-Wert

---

über einem errechneten Wert von 2,7% (vgl. Risse, Hermann-Josef, Rollwiderstand und Kraftstoffverbrauch, 1986, S. 387 f.).

200 Negativ können z.B. die erreichte Laufleistung oder die Haftungseigenschaften beeinflußt werden; vgl. Lamour, J. P. et al., Reifen der neuen Generation mit geringerem Rollwiderstand, 1993, S. 190.

201 Der neue VW Polo (Kleinwagen) besitzt eine Stirnfläche von 1,93 m^2, der neue 7er BMW (Oberklassefahrzeug) weist einen Wert von 2,21 m^2 aus; vgl. hierzu Westrup, Klaus, Test VW Polo 45 Servo, 1995, S. 70 75 u. Fischer, Thomas, Test BMW 740i, 1995, S. 157.

202 vgl. Larsson, G. et al., Fahrzeugkonzepte im Verbrauchsvergleich - Grenzen und Machbarkeit, 1993, S. 29 ff.

203 vgl. Larsson, G. et al., Fahrzeugkonzepte im Verbrauchsvergleich - Grenzen und Machbarkeit, 1993, S. 29 ff.

von ca. 0,45 auf. Dieser sank in den folgenden Jahren kontinuierlich; im Jahr 1983 wurde erstmals ein Wert von 0,3 erreicht.

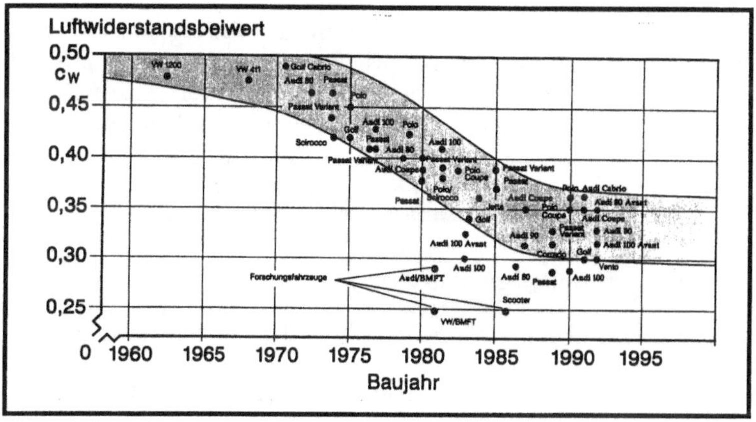

Abbildung 2.2-3: Entwicklung des Luftwiderstandsbeiwerts von Fahrzeugen aus dem VW-Konzern
Quelle: Larsson, G. et. al., Fahrzeugkonzepte im Verbrauchsvergleich - Grenzen und Machbarkeit, S. 28

Die Grafik verdeutlicht aber auch, daß eine untere Grenze für den c_W-Wert im Bereich von ca. 0,25-0,3 liegt.[204] Dies liegt darin begründet, daß die konstruktiven Möglichkeiten weitgehend ausgeschöpft sind und eine weitere Reduzierung in Konflikt mit anderen Fahrzeuganforderungen steht. Zu nennen sind hier beispielsweise hohe Fahrzeugaufheizung infolge großer, aerodynamisch geformter und stark geneigter Glasflächen,[205] ein hohes Glasgewicht mit der Verschiebung des Schwerpunkts nach oben, eine höhere Seitenwindempfindlichkeit und beengte Motorraumverhältnisse durch flache Motorhauben.

---

[204] vgl., auch im folgenden, Seiffert, Ulrich, Betrachtungen über die Zukunft des Automobils, 1987, S. 510 u. FAZ v. 18.10.1994, Um Windkanäle ist es still geworden, S. T4.

[205] vgl. Razim, C., Möglichkeiten und Grenzen der Anwendung der Anwendung von Aluminium im Straßenfahrzeugbau, 1982, S. 21.

2.2.1.2.2 Maßnahmen zur Erhöhung des Gesamt-Wirkungsgrads

Grundlegende Ansatzpunkte

Der zweite Ansatzpunkt für die Reduzierung des Energiebedarfs ist der Gesamtwirkungsgrad des Fahrzeugantriebs. Er setzt sich multiplikativ aus den Wirkungsgraden des Motors sowie des Antriebsstrangs zusammen (vgl. **Gleichung 2.2-2**). Beide Anteile können fahrzeugtechnisch beeinflußt werden.

$$eta_{Gesamt} = eta_{Motor} * eta_{Antrieb}$$ [206]

mit: eta_{Gesamt} = Gesamtwirkungsgrad eta_{Motor} = Motorwirkungsgrad

$eta_{Antrieb}$ = Antriebswirkungsgrad[207]

Gleichung 2.2-2: Gleichung zur Bestimmung des Gesamtwirkungsgrads eines Fahrzeugs
Quelle: eigene Darstellung nach Rumpel, G. et al., Mechanik, 1987, S. B 26

Erhöhung des Motorwirkungsgrads

Der Motorwirkungsgrad erreicht in Abhängigkeit vom Motortyp (Diesel-/Ottomotor) sowie vom aktuellen Betriebszustand (Drehzahl, Lastwunsch des Fahrers etc.) sehr unterschiedliche Werte. Moderne Konstruktionen kommen auf maximale Wirkungsgrade von ca. 26-30% (Ottomotor), 33-37% (Diesel-Kammermotoren) bzw. 35-45% (Diesel-Direkteinspritzer).[208] Unter ungünstigen Bedingungen liegen die Wirkungsgrade deutlich niedriger. Die Motorenentwickler versuchen auf unterschiedlichen Wegen, diesen Wert zu erhöhen.

Beim Ottomotor setzte man auf eine exaktere Steuerung von Zündung und Gemischaufbereitung durch elektronische Bauteile. Weitere Verbesserungen können durch überarbeitete Brennraumformen sowie einen schnelleren Gaswechsel durch mehrventilige Motoren und optimierte Zylinderköpfe erreicht werden.[209] Andererseits stellt sich ein Zielkonflikt mit Entwicklungsziel zwei

---

[206] In der Naturwissenschaft steht der griech. Buchstabe „eta" als Zeichen für den Wirkungsgrad. Da er jedoch nicht dargestellt werden kann, wird er durch die deutsche Schreibweise ersetzt.

[207] Der Antriebswirkungsgrad umfaßt in dieser Gleichung die Einzelwirkungsgrade von Kupplung, Getriebe, Nebenaggregaten und Achsantrieb.

[208] vgl. o. V., Die Brennräume, ohne Jahrgangsangabe, S. 83.

[209] vgl. FAZ v. 29.11.1994, Die Hauptrolle spielt der Motor, S. T3; VDI - Nachrichten v. 01.09.1995, Umwelt-Prioritäten verändern Motorenbau, S. 20 u. Rechs, M. et al., Maßnahmen zur Verbrauchs- und Abgas- emissionsreduzierung auf Basis der Vierventiltechnologie, 1993, S. 42 ff.

ein, da eine Erhöhung des innermotorischen Wirkungsgrads zu einer Erhöhung der Produktion von Stickoxiden führt.[210] Ein hohes zukünftiges Reduktionspotential liegt auch in der direkten Benzineinspritzung; bei diesem Verfahren wird der Kraftstoff direkt in den Zylinder eingespritzt.[211] Dieses Konstruktionsprinzip wurde serienmäßig erstmals in japanischen Pkws angeboten,[212] andere Hersteller entwickeln allerdings auch derartige Aggregate.[213]

Auch beim Dieselmotor kann eine deutliche Reduzierung des Verbrauchs durch einen direkteinspritzenden Motor erreicht werden.[214] Das Einsparpotential von bis zu 15% gegenüber einem herkömmlichen Dieselmotor[215] läßt in den nächsten Jahren trotz der bestehenden Probleme (höhere Bauaufwand, Laufverhalten, Geräuschentwicklung) eine intensive Beschäftigung mit diesem Motorkonzept erwarten.

Darüber hinaus geht ähnlich wie beim Ottomotor auch bei den Dieselmotoren der Trend hin zu mehrventiligen Motoren mit einem beschleunigten Gasaustausch[216] sowie zu einer exakteren Steuerung durch elektronische Bauteile.[217]

Verminderung der Antriebsverlustleistung

Der Antriebswirkungsgrad liegt in einer Größenordnung von ca. 75%, hängt aber von der Ausrüstung des Fahrzeugs ab (handgeschaltetes Getriebe oder automatisches Getriebe, elektr. Anlage, Allradantrieb etc.).[218]

Zur Verringerung dieser Verluste sind zwei große Entwicklungsrichtungen zu

---

210 vgl. FAZ v. 16.07.1996, Den TDI von VW im Visier, S. T3; FAZ v. 26.11.1996, Die magere Lösung für die Zukunft, S. T4 u. Pucher, Ernst, Zielkonflikte in der Motorenentwicklung bei der Reduzierung von Abgas-emissionen, 1996, S. 230 ff.

211 Für techn. Einzelheiten vgl. z.B. Fraidl, Günter Karl et al., Direkteinspritzung bei Ottomotoren: Aktuelle Trends und zukünftige Strategien, 1997, S. 82 ff u. VDI - Nachrichten v. 02.05.1997, Ottomotor lernt nun vom Diesel das Sparen, S. 16.

212 vgl. o.V., Zweiter japanischer Ottomotor mit Direkteinspritzung in Serie, 1997, S. 126.

213 vgl. VDI - Nachrichten v. 16.04.1993, Direkteinspritzung führt zu erheblich sparsameren Ottomotoren, S. 31; FAZ v. 20.08.1996, Mitsubishi bringt den direkteinspritzenden Ottomotor, S. T3 u. VDI - Nachrichten v. 04.10.1996, Motoren sollen effizient werden, S. 27.

214 vgl. Förster, Hans Joachim, Entwicklungsreserven des Verbrennungsmotors zur Schonung von Energie und Umwelt - Teil 2, 1991, S. 348; FAZ v. 15.12.1992, Der Dieselmotor ist umweltverträglich, S. T4 u. FAZ v. 04.05.1993, Der Diesel duftet nach Zukunft, S. T3 u. VDI - Nachrichten v. 04.10.1996, Motoren sollen effizient werden, S. 27.

215 vgl., auch im folgenden, FAZ v. 04.05.1993, Der Diesel duftet nach Zukunft, S. 13.

216 vgl. FAZ v. 16.07.1996, Den TDI von VW im Visier, S. T3.

217 vgl. z.B. VDI - Nachrichten v. 18.06.1993, Diesel für "feinere" Kreise, S. 19 u. FAZ v. 04.05.1993, Der Diesel duftet nach Zukunft, S. 13.

218 vgl. o. V., Wirkungsgrad, ohne Jahrgangsangabe, S. 52 f.

erkennen. Auf der einen Seite wird versucht, den Leistungsbedarf von Nebenaggregaten wie Lichtmaschine, Servopumpe oder Wasserpumpe zu reduzieren. Für alle Nebenaggregate existieren entsprechende Entwicklungsideen.[219]

Auf der anderen Seite wird intensiv an neuen Getrieben gearbeitet. Im Bereich der handgeschalteten Getriebe werden die ersten 6-Ganggetriebe in Serienfahrzeugen angeboten.[220] Diese Getriebe weisen zwar keinen besseren mechanischen Wirkungsgrad als solche mit einer geringeren Zahl von Übersetzungsstufen auf, es ist aber eher möglich, den Motor im optimalen Drehzahlbereich zu betreiben.

Der gleiche Effekt soll durch neuartige Automatikgetriebe erreicht werden. Ausführungen mit einer variablen Übersetzungsanpassung ermöglichen es, den Motor im optimalen Betriebspunkt zu halten. Bislang wurden diese Modelle in erster Linie in Fahrzeugen der Kompaktklasse angeboten; 1993 wurden auch Ausführungen für höhere Motorleistungen vorgestellt.[221] Andere Entwicklungen beschäftigen sich mit automatisierten Stufengetrieben.[222]

2.2.1.3 Teilziel 2: Einsatz alternativer Energieträger für Fahrzeugantriebe

2.2.1.3.1 Überblick über mögliche Alternativen

Alternative flüssige Kraftstoffe

Für den Einsatz in Ottomotoren eignen sich flüssige Kraftstoffe auf der Basis von Alkoholen, wie z.B. Methanol und Ethanol. Methanol ist der am einfachsten aufgebaute Alkohol, der sowohl durch die Vergasung von Biomasse als

---

219 Eine allg. Darstellung dieses Themenbereichs findet sich bei Voß, B. et al, Bedarfsorientierte Nebenaggregate, 1993, S. 137 ff u. in FAZ v. 28.01.1997, Wenn die Pumpe völlig unnötig pumpt, S. T4. Detaillierte Informationen zum Einsparungspotential bei Lenkungssystemen gibt Köpf, B., Energieeinsparungen bei Neben-aggregaten am Beispiel des Lenksystems, 1993, S. 167 ff.; für das Einsparungspotential beim Generator vgl. FAZ v. 27.06.1995, Die Lichtmaschine von morgen muß effizienter arbeiten, S. T3; weitere Informationen zur Kraftstoffpumpe und Kühlmittelpumpe in VDI - Nachrichten v. 05.09.1997, Benzinpumpe liefert nur noch bei Bedarf, S. 32 u. in FAZ v. 08.09.1997, Schritt für Schritt zum Drei-Liter-Mobil, S. B15.

220 Diese werden bspw. serienmäßig im Audi A8 2,5 TDI oder im Opel Calibra Turbo angeboten; vgl. o.V., Audi A8 2,5 TDI: Flüster Diesel, 1997, S. 6 u. Fischer, Thomas, Opel Calibra Turbo: Sanfte Gewalt, 1993, S. 77.

221 vgl. VDI - Nachrichten v. 24.09.1993, Automatik spart Kraftstoff, S. 35.

222 vgl. FAZ v. 07.06.1994, Elektrohydraulik statt Hand und Fuß, S. T4.

auch auf der Basis von Kohle oder Erdgas gewonnen werden kann.[223] Motorenentwickler heben hervor, daß Methanol „ein hervorragender Kraftstoff für Verbrennungsmotoren“[224] sei. In laufenden Versuchsreihen werden sowohl Kraftstoffe auf reiner Methanolbasis (M 100) als auch Mischungen von Methanol mit Benzin auf Rohölbasis (wie z.B. M 85[225]) getestet. Die Mischungen von Methanol und konventionellem Kraftstoff führen zu einem besseren Kaltstartverhalten des Motors gegenüber der reinen Methanolanwendung.[226] Darüber hinaus laufen Untersuchungen, Fahrzeuge mit einer Brennstoffzelle auf Methanolbasis anzutreiben.[227]

Ethanol kann aus zucker- (Zuckerrohr, -rübe), stärke- (Getreide, Kartoffel) oder zellulosehaltigen Pflanzen (Holz)[228] hergestellt werden und ist von seinen Eigenschaften her ähnlich wie Methanol zu bewerten. Breite Erfahrungen mit diesem Kraftstoff konnten in Brasilien gesammelt werden, wo aus Zuckerrohr hergestelltes Ethanol eingesetzt wird.[229]

Für den Betrieb in Dieselmotoren eignen sich pflanzliche Öle unterschiedlicher Herkunft. In der Bundesrepublik wurden breite Versuche mit Rapsöl unternommen, in Ländern mit anderen klimatischen Bedingungen werden z.T. andere pflanzliche Öle als Ausgangsmaterial favorisiert.[230] Für eine Verbesserung der Verbrennungseigenschaften sollten pflanzliche Öle allerdings dem chemischen Prozeß der sog. Umesterung[231] unterworfen werden.[232] Wegen seiner ho-

---

223 Der Bundesminister für Forschung und Technologie (Hrsg.): Alternative Energien für den Straßenverkehr - Methanol, 1983, S. 11

224 Heinrich, H. et al., Alternative Kraftstoffe - Chancen und Risiken aus der Sicht von Volkswagen, 1992, S. 53.

225 Diese Kraftstoffmischung wird in den USA getestet und besteht zu 85% aus Methanol und zu 15% aus unverbleitem Superkraftstoff; vgl. Hüttebräucker, D. et al., Das Flexible-Fuel-Konzept von Mercedes-Benz, 1992, S. 115.

226 vgl. Richter, H., et al., Erfahrungen im Hause Porsche mit Methanolkraftstoffen, 1992, S. 133.

227 vgl. FAZ v. 16.04.1997, Volkswagen entwickelt Brennstoffzelle auf Methanolbasis, S. 20.

228 vgl. Heinrich, H. et al., Alternative Kraftstoffe - Chancen und Risiken aus der Sicht von Volkswagen, 1992, S. 56.

229 Das sog. „Proalcool“ - Programm weist eine Dauer von mittlerweile rund 15 Jahren in Brasilien auf; vgl. Syassen, Onno, Chancen und Problematik nachwachsender Kraftstoffe - Teil 2, 1992, S. 560.

230 Interessante Gesamtergebnisse bietet z.B. die Anpflanzung der Pugiernuß. Neben ihrer Eignung als Energielieferant leistet sie durch ihr schnelles Wachstum einen Beitrag zur Verhinderung von großflächigen Versteppungen. Deutsche Gesellschaft für Technische Zusammenarbeit (Hrsg.), Die Pugiernuß - Mehrzweckpflanze als Kraftstoffquelle der Zukunft, 1989, S. 1 ff. u. FAZ v. 30.10.1993, Nußöl treibt Motoren in Mali an, S. 8.

231 Chemischer Prozeß mit dem Ziel, ein Ester (Verbindung einer Säure und eines Alkohols unter Wasseraustritt) herzustellen. Vgl. Brockhaus-Enzyklopädie, Bd. 6, 1988, S. 594.

hen Energiedichte weist Rapsölmethylester (umgeestertes Rapsöl, im folgenden RME genannt) hinsichtlich Leistungsausbeute und energetischem Verbrauch ähnliche Eigenschaften wie konventioneller Dieselkraftstoff auf.[233]

Mit den in Deutschland möglichen Anbauflächen und Hektarerträgen errechnet sich ein Substitutionspotential von 5-7%[234] des aktuellen jährlichen Dieselkraftstoffbedarfs, auf mittlere Sicht könnten unter Annahme einiger positiver Randbedingungen bis zu 30% erreicht werden.[235] Der Herstellungspreis von RME liegt z.Zt. allerdings deutlich über dem von Dieselkraftstoff. Eine Markteinführung von RME verbietet sich somit unter den herrschenden Kostenbedingungen. Eine Subventionierung ist aber aus wirtschafts- und wettbewerbspolitischen Gründen abzulehnen.[236]

Alternative gasförmige Kraftstoffe

Bei Kraftfahrzeugen wird der Einsatz von zwei unterschiedlichen Gasen diskutiert: auf der einen Seite Autogas (im folgenden: LPG),[237] auf der anderen Seite konventionelles Erdgas (im folgenden CNG).

LPG besteht normalerweise aus einer gleichen Mischung von Propan und Butan und kann - nach Ausrüstung mit Zusatzaggregaten - von konventionellen Ottomotoren verarbeitet werden. Zur Zeit besitzen rd. 4 Mio. Fahrzeuge Einrichtungen für den Betrieb mit LPG.[238] Hinsichtlich der CO_2-Emissionen stellt sich ge-

---

232 vgl. Weidmann, K. et al., Einsatz von Kraftstoffen aus nachwachsenden Rohstoffen im VW/Audi Dieselmotor, 1992, S. 163 u. Syassen, Onno, Chancen und Problematik nachwachsender Kraftstoffe - Teil 1, 1992, S. 514.

233 vgl. Weidmann, K. et al., Einsatz von Kraftstoffen aus nachwachsenden Rohstoffen im VW/Audi Dieselmotor, 1992, S. 150

234 vgl. Heinrich, H. et al., Alternative Kraftstoffe - Chancen und Risiken aus der Sicht von Volkswagen, 1992, S. 60.

235 vgl. Syassen, Onno, Chancen und Problematik nachwachsender Kraftstoffe Teil 1, 1992, S. 513.

236 vgl. Handelsblatt v 19.01.1993, Mit dem Öko-Argument soll nur ein neues Subventionsfaß angeschlagen werden, S. 5 u. FAZ v 13.01.1993, Subventionen für Illusionen, ohne Jahrgangsangabe, S. 13. Dieser Beitrag beschäftigt sich mit der grundsätzlichen Subventionsproblematik nachwachsender Rohstoffe.

237 LPG = liquified petroleum gas (flüssiges Gas, früher auch Treibgas genannt); CNG = comprimed natural gas (Komprimiertes Erdgas). Flüssiges Erdgas (LNG = liquified natural gas) spielt im Pkw - Bereich wegen seiner Speichereigenschaften keine Rolle. Vgl. Knorr, H., Komprimiertes Erdgas (CNG) - Ein Kraftstoff für Stadtbusse und Kommunal-Lkw's, 1992, S. 244.

238 vgl., auch im folgenden, Heinrich, H. et al., Alternative Kraftstoffe - Chancen und Risiken aus der Sicht von Volkswagen, 1992, S. 62. Dieser Fahrzeugbestand verteilt sich sehr ungleichmäßig auf die einzelnen Länder. Allein in den Niederlanden werden von 6,3 Mill. Kraft-

genüber Benzinfahrzeugen eine Reduktion von rd. 10% ein, die gesamten Treibhausgas-Emissionen nehmen um ca. 14% ab.[239]

CNG besteht im Unterschied zu LPG zu rd. 90% aus Methan[240] und gilt aufgrund seiner hohen Oktanzahl als attraktiver Kraftstoff. Ähnlich wie bei LPG ist auch mit CNG ein bivalenter Betrieb des Fahrzeugs möglich; die dadurch notwendige Kompromißlösung bei der Motorabstimmung schränkt jedoch mögliche Vorteile gegenüber einem optimierten Rein-Erdgasbetrieb ein.[241] Im Vergleich zu konventionellen Kraftstoffen liegen die CO_2-Emissionen um ca. 25% niedriger;[242] problematisch ist hingegen der Ausstoß von unverbranntem Methan mit seinem hohen Treibhauspotential.[243]

Elektrotraktion

Unter Elektrotraktion versteht man den Einsatz elektrischer Energie für den Fahrzeugantrieb. Durch zahlreiche Versuchsfahrzeuge konnte nachgewiesen werden, daß die eigentlichen Antriebseigenschaften denen eines Fahrzeuges mit Verbrennungsmotor überlegen sind. Durch die gleichmäßige Drehmomentabgabe von Elektromotoren kann in vielen Fällen auf Kupplung und Schaltgetriebe verzichtet werden,[244] es entstehen nahezu keine Lärmemissionen,[245]die An-

---

fahrzeugen (Stand 1995; vgl. Aral AG (Hrsg.), Verkehrstaschenbuch 1997/98, 1997, S. D 311) rd. 650.000 Fzge. mit Autogas betrieben (vgl. van der Weide, J. et al., Alternative Fuels in the Netherlands: backgrounds, demonstrations, new developments, 1992, S. 214).

239 Die Treibhausgase umfassen in dieser Zusammenstellung NO_x, HC, N_2O, CO und CO_2. Der Wert beruht auf einem umfangreichen Meßprogramm mit derartigen Fahrzeugen in den Niederlanden. (vgl. van der Weide, J. et al., Alternative Fuels in the Netherlands: backgrounds, demonstrations, new developments, 1992, S. 218 f.)

240 Der Methananteil des Erdgases schwankt je nach Förderort zwischen 81 und 98%; vgl. Knorr, H., Komprimiertes Erdgas (CNG) - Ein Kraftstoff für Stadtbusse und Kommunal-Lkw's, 1992, S. 249.

241 vgl. FAZ v. 06.04.1993, Gas geben - wörtlich genommen, S. T4.

242 vgl. Janach, W., et al., Der Erdgas-Magermotor für leichte Stadtautos, 1992, S. 270 u. FAZ v. 06.04.1993, Gas geben - wörtlich genommen, S. T4. Der Gesamteffekt des Erdgasfahrzeugs ist hingegen hinsichtlich der Treibhausgase positiv (vgl. FAZ v. 28.03.1995, Das Ende des Erdölzeitalters wird eingeläutet, S. B3)

243 vgl. Heinrich, H. et al., Alternative Kraftstoffe - Chancen und Risiken aus der Sicht von Volkswagen, 1992, S. 63 u. VDI - Nachrichten v. 21.08.1992, Bei alternativen Kraftstoffen häufen sich Fragezeichen, S. 5. Umstritten ist darüber hinaus, welcher Anteil des geförderten Gases bereits auf dem Transport zu den Verbrauchern verloren geht. In Rußland, einem wichtigen Gasexporteur, werden hohe Verluste durch Pipelineleckagen befürchtet.

244 Ein genereller Verzicht auf Getriebe ist im Hinblick auf zufriedenstellende Wirkungsgrade nicht möglich. Der Einsatz von z.B. 2-stufigen Getrieben ermöglicht einen Betrieb des Motors im Bereich des optimalen Wirkungsgrads, vgl. Mikulic, Leopold et al., Elektrofahrzeuge der Zukunft - Lösungsansätze und Technologie, 1994, S. 455 f.

triebseinheit ist kompakter und leichter als bei Fahrzeugen mit Verbrennungsmotor und es ist mit einem relativ geringen Aufwand möglich, bei Bremsmanövern Energie zurückzugewinnen.[246]

	Energiedichte [Wh/kg]	Leistungsdichte [W/kg]	Wirkungsgrad [%]	Zyklenlebensdauer	Selbstentladung [%/d]	Kosten [DM/kWh]
Blei	30-50	70-130	>80	300-1.500	0,4	200-300
Blei-Vlies	31	108	75-90	600	-.	200
Nickel/Cadmium	45-65	200	65-85	bis 2000	1	1.000-2.000
Nickel/Metallhydr.	60-70	150-200	65-85	bis 2.000	2	1.000
Na./Nickelchlorid	90-130	60-130	80	800	*	*
Natrium/Schwefel	100-140	130-180	85	200-1000	0,1	300-800
Lithium-Ionen	120	150	-	> 1000	-	500

Tabelle 2.2-2: Datenübersicht über mögliche Akkumulatorsysteme für Elektrofahrzeuge
Quelle: eigene Zusammenstellung nach Ledjeff, K., Batterien für Elektrofahrzeuge im Vergleich, 1992, S. 339; aktualisiert nach FAZ v. 20.05.1997, Die Feinde der E-Mobile sind die alten Gewohnheiten, S. T6

Bei den Elektrofahrzeugen stellt die Energiespeicherung in Batterien/Akkumulatoren[247] das größte Problem vor einer möglichen Serieneinführung dar.[248] Z. Zt. sind lediglich der Blei-, der Nickel/Cadmium- sowie der Natrium/Nickelchlorid-Akkumulator kommerziell verfügbar, erst nach der Jahrhundertwende kann mit dem Serieneinsatz weiterer Systeme gerechnet werden.[249]

245 vgl. Mikulic, Leopold et al., Elektrofahrzeuge der Zukunft - Lösungsansätze und Technologie, 1994, S. 451 u. FAZ v. 20.05.1997, Die Feinde der E-Mobile sind die alten Gewohnheiten, S. T6.

246 vgl. Knoth, J., Ford Elektrofahrzeuge in den neunziger Jahren, 1992, S. 367 f.

247 Im Gegensatz zu Batterien sind Akkumulatoren wiederaufladbar, d.h. der Entladungsprozeß ist reversibel. Bei Elektrofahrzeugen wird daher in erster Linie nach günstigen Akkumulator-Bauformen gesucht, die "an der Steckdose" nachgeladen werden können. Im allg. Sprachgebrauch sowie in der Literatur wird diese Trennung jedoch nicht immer beachtet. Vgl. Brockhaus Enzyklopädie, Bd. 1, 1986, S. 278 u. Bd. 2, 1987, S. 629 f.

248 vgl. FAZ v. 20.05.1997, Die Feinde der E-Mobile sind die alten Gewohnheiten, S. T6.

249 vgl., auch im folgenden, Mikulic, Leopold, et al., Elektrofahrzeuge der Zukunft - Lösungsansätze und Technologie, 1994, S. 454 f. u. Ledjeff, K., Batterien für Elektrofahrzeuge im Vergleich, 1992, S. 338 ff. sowie FAZ v. 20.05.1997, Die Feinde der E-Mobile sind die alten Gewohnheiten, S. T6. Die Autoren unterscheiden sich lediglich in der Einstufung der

Tabelle 2.2-2 (vorhergehende Seite) enthält Angaben zu wichtigen Akkumulator-Bauarten.

Probleme liegen in den hohen Speicherkosten, dem ungünstigen Verhältnis zwischen gespeicherter Energie und Volumen/Gewicht des Akkumulators, der teilweise mangelhaften Dauerfestigkeit, den bei manchen Batteriekonzepten bestehenden Recyclingproblemen sowie den längeren Aufladezeiten.[250]

Angesichts dieser bestehenden technischen Probleme sowie der nur schwer abschätzbaren Volumen- und Verkaufspreisgrößenordnung ist es nur durch die Schaffung günstiger Rahmenbedingungen durch den Staat möglich, einen Markt für Elektrofahrzeuge zu etablieren.[251] Wichtige Impulse dafür gehen von den kalifornischen Vorschriften zur Einführung von sog. ZEVs (Zero Emission Vehicles) aus.[252]

Um von den ungünstigen Speichereigenschaften der Batterien unabhängiger zu werden, wird der Einsatz sog. Hybridfahrzeuge erprobt.[253] Darunter versteht man allgemein Fahrzeuge, die über unterschiedliche Antriebssysteme verfügen; in diesem Zusammenhang weisen sie eine Kombination von Verbrennungs- und Elektromotor auf.[254] Im Bereich der Personenwagen hat sich die parallele Lösung durchsetzen können. Bei derartigen Konzepten wirken Elektro- oder Verbrennungsmotor je nach Fahrzustand direkt auf die Antriebsachse ein.[255] Bei einem geringen Leistungsbedarf übernimmt ein Elektromotor den Fahrzeugantrieb, bei einem höheren wird ein Verbrennungsmotor mit der Antriebsaufgabe betraut. Auf diese Weise ergeben sich ähnliche Reichweiten wie bei konventio-

---

zeitlichen Verfügbarkeit der Natrium-Nickelchloridsysteme, die Mikulic im Gegensatz zu Ledjeff für einsatzbereit erklärt.

250 vgl. hierzu Reister, D. et al., Von der Änderung von Serienfahrzeugen zur zielgerichteten Entwicklung, 1992, S. 376 ff., Ledjeff, K., Batterien für Elektrofahrzeuge im Vergleich, 1992, S. 315 ff. u. FAZ v. 03.05.1994, Die Batterien sind die Achillesfersen der Elektrischen, S. T4.

251 vgl. hierzu übereinstimmend Mikulic, Leopold, et al., Elektrofahrzeuge der Zukunft - Lösungsansätze und Technologie, 1994, S. 459 u. VDI - Nachrichten v. 09.06.1995, Das E-Mobil braucht Förderung auf dem Weg zum Nischen-Einsatz, S. 15.

252 vgl. hierzu Kap. 2.1.2.2 u. VDI - Nachrichten v. 21.07.1995, Markt für E-Pkw in den USA, S. 17.

253 Ein weiterer Ansatzpunkt besteht darin, die für die Fortbewegung notwendige elektrische Energie durch Brennstoffzellen zu gewinnen. Diese Technik wird im folgenden Abschnitt (Wasserstoffantrieb) dargestellt. Vgl. z.B. VDI - Nachrichten v. 28.04.1995, Elektroautos für den Nischeneinsatz, S. 22.

254 Vgl. Schneider, Horst, Auto und Umwelt, Perspektiven für das Jahr 2000 - Teil 2, 1991, S. 450.

255 Kalberlah gibt eine Übersicht über die unterschiedlichen Hybrid-Systeme. Vgl. Kalberlah, A., Hybrid drive systems for cars, 1991, S. 17 ff.

nellen Fahrzeugen. Nachteilig wirkt sich jedoch der erhöhte Bauaufwand mit den damit verbundenen Kosten aus.[256]

Wasserstoffantrieb

Wasserstoff ist wegen seiner Kohlenstofffreiheit als Antriebsenergie interessant. Er „verbrennt" im Motor mit Luftsauerstoff zu Wasser, das überwiegend als unsichtbarer Wasserdampf freigesetzt wird.[257] CO_2-Emissionen entstehen dabei nicht, womit die weitere Anreicherung dieses Stoffs in der Atmosphäre gestoppt wäre. Andererseits verursacht auch Wasserdampf selbst eine Treibhauswirkung, die von manchen Wissenschaftlern für gefährlicher als der durch CO_2-Emissionen bedingte Erwärmungseffekt eingestuft wird.[258]

In einer Emissionsbilanz dieses Kraftstoffs muß allerdings das Herstellungsverfahren berücksichtigt werden. Wasserstoff kann auf unterschiedliche Weise gewonnen werden. Einige Verfahren basieren auf der Verwendung herkömmlicher Primärenergieträger wie z.B. Erdgas: die CO_2-Gesamtemissionen liegen bei derart hergestelltem Wasserstoff höher als bei vergleichbaren Benzinen auf Rohölbasis.[259] Zur Zeit werden rd. 80% der gesamten Weltproduktion auf diese Weise gewonnen.[260]

Ein zukunftsträchtiges Verfahren ist hingegen die Elektrolyse von Wasser mit elektrischer Energie, die beispielsweise solar oder durch Kernspaltung CO_2-frei erzeugt werden könnte.[261] Die weltweit erste großtechnische Herstellung von Wasserstoff durch Solarstrom wurde in der arabischen Wüste aufgenommen.[262] Dieses Herstellungsverfahren wird aufgrund des hohen Einflusses der Strompreise auf die Herstellkosten erst dann wirtschaftlich bedeutend, wenn sich der

---

256 vgl. Seiffert, Ulrich, Automobiltechnik der Zukunft, 1989, S. 198 f.

257 vgl. Projektbegleitung Kraftfahrzeuge u. Straßenverkehr, TÜV Rheinland e.V. (Hrsg.), Alternative Energien für den Straßenverkehr - Wasserstoffantrieb in der Erprobung, 1989, S. 23 u. FAZ v. 13.05.1997, Erfrischendes Abgas: Wasserdampf, S. B5.

258 vgl. FAZ v. 25.1.1994, Mit Wasserstoffantrieb vom Regen in die Traufe?, S. T3 u. VDI - Nachrichten v. 20.08.1993, Wasserdampf als große Unbekannte, S. 16.

259 vgl. Shell Technischer Dienst (Hrsg.), Chancen alternativer Kraftstoffe unter dem besonderen Aspekt der Umweltverträglichkeit, S. 12.

260 Dieser Wert bezieht sich auf das Jahr 1989; vgl. Projektbegleitung Kraftfahrzeuge u. Straßenverkehr, TÜV Rheinland e.V. (Hrsg.), Alternative Energien für den Straßenverkehr- Wasserstoffantrieb in der Erprobung, 1989, S. 6.

261 vgl. VDI - Nachrichten v. 09.02.1996, Wasserstoff marsch, S. 24.

262 vgl. FAZ v. 06.07.1994, Solare Wasserstoffgewinnung, S. N2. Die Speicherfähigkeit des Wasserstoffs unterstützt den Transport auch über längere Strecken und ermöglicht damit die Einbindung der Wüsten in den globalen Energiehaushalt; vgl. VDI - Nachrichten v. 24.03.1995, Wasserstoff revolutioniert die Energietechnologie, S. 4.

Solarstrom wesentlich billiger gewinnen läßt.[263] Erste Hochrechnungen lassen jedenfalls erkennen, daß die Wüsten- und Ödlandflächen der Erde ausreichen würden, den Weltenergiebedarf durch photovoltaisch erzeugten Wasserstoff zu decken.[264]

Für die Verbrennung von Wasserstoff kann ein angepaßter Ottomotor verwendet werden. Zur Zeit sind jedoch nicht alle mit der Umstellung verbundenen Probleme optimal lösbar. In diesem Zusammenhang sei vor allem auf das Problem der unregelmäßigen Verbrennungsabläufe durch Rückzündungen verwiesen.[265] Neben der Verbrennung in Ottomotoren bietet sich für den Einsatz im Fahrzeug die Verstromung in Brennstoffzellen an, wodurch Elektromotoren für den Fahrzeugantrieb gespeist werden können.[266] Entsprechende Prototypen wurden bereits in der Öffentlichkeit vorgestellt,[267] mit einer Serienreife ist nach Angaben der Hersteller frühestens ab dem Jahr 2000 für Omnibusse,[268] für andere Fahrzeuge noch später zu rechnen.[269] Zu klären bleibt allerdings, ob diese neue Technologie auch von der Kostenseite her konventionelle Antriebe substituieren kann.[270]

Ein weiteres Problem ist ähnlich wie bei der Elektrotraktion die Aufbewahrung im Fahrzeug.[271] Zur Zeit existieren drei unterschiedliche Verfahren mit spezifi-

---

[263] vgl. Ad-hoc-Ausschuß beim Bundesminister für Forschung und Technologie (Hrsg.), Solare Wasserstoff-energiewirtschaft - Gutachten und wissenschaftliche Beiträge, 1988, S. 51 ff.; FAZ v. 06.07.1994, Solare Wasserstoffgewinnung, S. N2. u. VDI - Nachrichten v. 10.03.1995, Solar-Wasserstoff in weiter Ferne, S. 23.

[264] vgl. Seiffert, Ulrich, Automobiltechnik der Zukunft, 1989, S. 182.

[265] Solche Rückzündungen sind auf die geringe Zündenergie des Wasserstoffs zurückzuführen (rd. 10% derjenigen von Kohlenwasserstoffen): bereits heiße Stellen oder Restgase genügen, das Gemisch zu entzünden; vgl. Heinrich, H. et al., Alternative Kraftstoffe - Chancen und Risiken aus der Sicht von Volkswagen, 1992, S. 65.

[266] vgl. Seiffert, Ulrich, Automobiltechnik der Zukunft, 1989, S. 190 f.; VDI - Nachrichten v. 24.05.1996, Gezähmtes Knallgas, S. 17; FAZ v. 02.07.1996, Fahren und Heizen ohne Kohlenstoff, S. T1 u. FAZ v. 13.05.1997, Erfrischendes Abgas: Wasserdampf, S. B5.

[267] vgl. FAZ v. 21.05.1996, Mit Wasserdampf-Fähnchen in die Zukunft, S. T3 u. VDI - Nachrichten v. 24.05.1996, Auto mit Brennstoffzelle emittiert keine Schadstoffe, S. 17 u. VDI - Nachrichten v. 30.05.1997, Linienbus mit Null-Emissionen, S. 9.

[268] vgl. FAZ v. 27.05.1997, Die Brennstoffzelle wird serienreif, S. T4.

[269] vgl. FAZ v. 21.05.1996, Mit Wasserdampf-Fähnchen in die Zukunft, S. T3 u. FAZ v. 16.09.1997, Die A-Klasse mit Brennstoffzelle, S. T5.

[270] vgl. z.B. FAZ v. 05.09.1997, Noch sind die Brennstoffzellen für Autos zu teuer und zu unsicher, S. 29.

[271] vgl. Schneider, Horst, Auto und Umwelt, Perspektiven für das Jahr 2000 - Teil 2, 1991, S. 450.

schen Vor- und Nachteilen.[272] Für einen möglichen Serieneinsatz wird derzeit die Speicherung von tiefgekühltem, flüssigem Wasserstoff favorisiert.[273]

Die Wasserstofftechnologie weist insgesamt ein hohes Potential für die künftige Anwendung auf, steckt andererseits aber in vielen Teilbereichen noch im Forschungsstadium. Trotzdem werden in Norwegen die ersten vier Wasserstoffbusse als Versuchsträger eingesetzt,[274] auch in Deutschland werden entsprechende Entwicklungsanstrengungen unternommen.[275] Mit einer breiten Serieneinführung wird aber nicht vor Mitte des nächsten Jahrhunderts gerechnet.[276] In vielen Ländern wird die weitere Erforschung staatlich gefördert.[277]

2.2.1.3.2 Bewertung der Alternativen hinsichtlich der CO_2-Emissionen

Abbildung 2.2-4 (folgende Seite) zeigt eine Übersicht über die CO_2-Freisetzungsmengen bei den vorgestellten Alternativen. Als Bezugswert dient konventioneller Ottokraftstoff (Bewertungsziffer 1). Dies bedeutet, daß lediglich Kraftstoffe mit einem Wert unter 1 eine bessere CO_2 Bilanz erreichen als konventioneller Motorentreibstoff.

Zu einer deutlichen Erhöhung der Emissionen führen Kraftstoffe auf Grundlage des Primärenergieträgers Steinkohle. Auf Kohlebasis hergestelltes Methanol weist innerhalb dieser Gruppe den günstigsten Wert auf (rel. Emissionsfaktor 2,4), ein Elektrofahrzeug, das mit Kohlestrom betrieben wird, den schlechtesten (5,12).

---

272 vgl., auch im folgenden, Projektbegleitung Kraftfahrzeuge u. Straßenverkehr, TÜV Rheinland e.V. (Hrsg.), Alternative Energien für den Straßenverkehr - Wasserstoffantrieb in der Erprobung, 1989, S. 7.

273 vgl. FAZ v. 13.05.1997, Erfrischendes Abgas: Wasserdampf, S. B5.

274 vgl. VDI - Nachrichten v. 03.05.1996, Erste Wasserstoffbusse gehen an den Start, S. 1.

275 Mehrere Unternehmen sind eine Partnerschaft zur gemeinsamen Entwicklung eines Wasserstoffbusses eingegangen, die staatlich gefördert wird; vgl. hierzu FAZ v. 05.03.1997, Partnerschaft für Wasserstoffbus gegründet, S. 24; FAZ v. 27.05.1997, Die Brennstoffzelle wird serienreif, S. T4; VDI - Nachrichten v. 07.03.1997, Bayerische Industriegruppe startet Brennstoffzellenbus-Projekt, S. 21 u. FAZ v. 07.10.1997, Erste öffentliche Wasserstoff-Tankstelle, S. T1.

276 Ein ähnliches Ergebnis findet sich in mehreren Beiträgen: FAZ v. 25.01.1994, Mit Wasserstoffantrieb vom Regen in die Traufe, S. T3; Heinrich, H. et al., Alternative Kraftstoffe - Chancen und Risiken aus der Sicht von Volkswagen, 1992, S. 65; Projektbegleitung Kraftfahrzeuge u. Straßenverkehr, TÜV Rheinland e.V. (Hrsg.), Alternative Energien für den Straßenverkehr - Wasserstoffantrieb in der Erprobung, 1989, S. 64 ff. u. VDI - Nachrichten v. 28.06.1996, Weiter Weg zum Wasserstoff, S. 3.

277 vgl. z.B. VDI - Nachrichten v. 19.07.1996, Wasserstoff auf japanisch, S. 20.

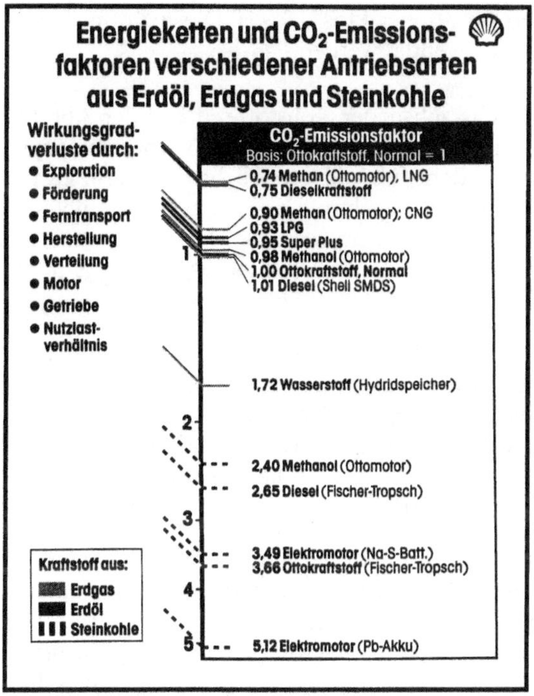

Abbildung 2.2-4: CO_2-Emissionsfaktoren unterschiedlicher Kraftstoffe
Quelle: Reglitzky, A.A., et al., Chancen zur Emissionsminderung durch konventionelle und alternative Kraftstoffe, 1992, S. 9

Ein besseres Emissionsverhalten weisen Fahrzeugantriebe auf Erdgasbasis auf. Der geringste CO_2-Ausstoß wird durch die direkte Verwendung von Erdgas als Fahrzeugantrieb erreicht (Faktor 0,74). Unberücksichtigt bleibt hier allerdings das Treibhauspotential des unverbrannt ausgestoßenen Methans. Der Einsatz von aus Erdgas hergestelltem Wasserstoff führt zu einem deutlich höheren Emissionsniveau.

Bei den konventionellen Kraftstoffen auf Erdölbasis fällt der günstige Wert für Dieselkraftstoff auf (0,75). Im Vergleich zu konventionellen Ottokraftstoffen bringt der Dieseleinsatz eine deutliche Entlastung. Ein positiver Beitrag kann durch die Verwendung von Kraftstoffen mit einer höheren Oktanzahl[278] erreicht

[278] Die Oktanzahl ist ein Maß für die Klopffestigkeit von Benzin. Eine niedrige Klopffestigkeit kann zu Motorfehlzündungen führen. Um diese auszuschließen, muß die Motorverdichtung zurückgenommen werden, wodurch sich wiederum seine Energiebilanz verschlechtert. Vgl. Brockhaus-Enzyklopädie, Bd. 16, 1991, S. 155.

werden (vgl. Wert für „Super Plus“, 0,95). Diese Kraftstoffe können im Motor energetisch besser verwendet werden.[279]

Die CO_2-Bilanz nachwachsender Rohstoffe, die in der Abbildung nicht enthalten sind, ist bei einer reinen Betrachtung des Verbrennungsprozesses ausgeglichen. Sie können nur den während der Wachstumsphase gespeicherten Kohlenstoff freisetzen.[280] Diese Betrachtung beinhaltet jedoch nicht den zur Feldarbeit, Umwandlung, Transport usw. notwendigen Energieinput. Aus der Berücksichtigung dieses Anteils resultieren zurechenbare CO_2-Emissionen.

In einer vom Umweltbundesamt erstellten Ökobilanz für den Kraftstoff RME wird eine Reduzierung der CO_2-Emissionen um 2/3 errechnet, bei Betrachtung aller klimarelevanten Spurengase verringert sich dieser Vorsprung jedoch auf ein Drittel.[281] Angesichts der mit der Einführung von RME verbundenen Mehrkosten kommt die Studie zu dem Schluß, daß eine höhere Reduzierung der Treibhausemissionen erreicht werden könnte, wenn diese Mittel für alternative Techniken zur CO_2-Verminderung eingesetzt würden.

Die Alkoholkraftstoffe erfordern bei ihrer Herstellung aus Biomasse einen sehr hohen Energieaufwand, der teilweise über dem Energieinhalt der späteren Produkte liegt.[282] Bei einem höheren Energieeinsatz in der Produktion ist ihr Einsatz nicht sinnvoll. Ausnahmen davon machen lediglich die Verwendung von Zuckerrohr für die Ethanol- sowie von Holz für die Methanolproduktion.

Elektrofahrzeuge stoßen zwar lokal kein CO_2 aus,[283] die Gesamtemissionen werden aber bestimmt von der Art der Stromerzeugung. Werden hierzu überwiegend fossile Energieträger eingesetzt, können die Gesamtemissionen über denen von Fahrzeugen mit Verbrennungsmotor liegen.[284]

---

279 vgl. Reglitzky, A. A. et al., Chancen zur Emissionsminderung durch konventionelle und alternative Kraftstoffe, 1992, S. 8.

280 vgl. Syassen, Onno, Chancen und Problematik nachwachsender Kraftstoffe Teil 1, 1992, S. 514.

281 vgl., auch im folgenden, VDI - Nachrichten v. 09.10.1992, Nur selten lohnt der Raps im Tank, S. 9; VDI-Nachrichten v. 29.01.1993, Biodiesel fällt in der Ökobilanz durch, S. 2; VDI - Nachrichten v. 25.10.1996, Dieselmotor arbeitet rein mit Biokost, S. 24 u. Die Zeit v. 05.02.1993, Rapsöl contra Diesel, S. 36.

282 Bei dieser Betrachtung bleibt der Energieinhalt möglicher, bei der Herstellung anfallender Nebenprodukte unberücksichtigt. Vgl., auch im folgenden, Reglitzky, A.A. et al., Chancen zur Emissionsminderung durch konventionelle und alternative Kraftstoffe, 1992, S. 21.

283 vgl. z.B. FAZ v. 18.03.1997, Rügen: Viel Strom für wenig Erkenntnis, S. T1.

284 vgl. z.B. VDI - Nachrichten, 30.05.1997, Antriebskonzepte im Vergleich, S. 9; VDI - Nachrichten v. 07.03.1997, Batterien im Antrieb brauchen höhere Leistung, S. 24 u. o. V.,

2.2.2 Entwicklungsziel: Reduzierung der Emission sonstiger gasförmiger Schadstoffe

2.2.2.1 Ansatzpunkte zur Zielerreichung

Für die Reduzierung der übrigen gasförmigen Schadstoffemissionen bieten sich verschiedene Ansatzpunkte an. Ein erster ist die Verringerung des Energieverbrauchs, wodurch bei sonst gleichen Randbedingungen auch die Schadstoffemissionen zurückgehen (vgl. **Tabelle 2.2-3**).

Im nächsten Schritt kann versucht werden, die Entstehung von Luftschadstoffen während des Verbrennungsvorgangs zu verhindern bzw. zu vermindern und damit die Rohemissionen zu senken. Dieses Ziel kann auch durch die Verwendung optimierter Kraftstoffe erreicht werden.

Entwicklungsziel	Teilziel	Instrumentalziel
2. Reduzierung d. Emission gasförmiger Schadstoffe	2.1.Verringerung d. Energieverbrauchs	2.1.1. Verringerung d. Leistungsbedarfs
		2.1.2. Wirkungsgraderhöhung
	2.2. Verringerung d. Rohemissionen b. konv. Antriebe	2.2.1. Optimierung d. Verbrennung
		2.2.2. Optimierung konventioneller Kraftstoffe
	2.3. Reduzierung der Schadstoffmenge im Abgas	2.3.1. Einsatz von Abgaskatalysatoren
	2.4. Einsatz alt. Energieträger für Fahrzeugantriebe	2.4.1. Alt. flüssige Kraftstoffe
		2.4.2. Alt. gasförmige Kraftst.
		2.4.3. Elektrotraktion
		2.4.4. Wasserstoffantrieb

Tabelle 2.2-3: Ansatzpunkte zur Reduzierung gasförmiger Schadstoffe im Abgas

---

Klimatische Differenzen, 1997, S. 24 ff. In Ländern mit einem hohen Anteil CO_2-freier Stromerzeugung (z.B. in Frankreich) können Elektrofahrzeuge hingegen einen Beitrag zur Reduzierung der CO_2 Emissionen leisten; vgl. VDI - Nachrichten v. 15.07.1994, E-Mobile sind eine Zukunftsinvestition, S. 14.

Wenn das Potential dieser Maßnahmen ausgeschöpft ist, bleibt als nächster Ansatzpunkt nur die nachträgliche Umwandlung der Abgasbestandteile in weniger schädliche durch den Einsatz von Katalysatoren.[285]

Ein letzter Ansatzpunkt ist der Einsatz alternativer Kraftstoffe. Diese weisen gegenüber den konventionellen Kraftstoffen ein unterschiedliches Emissionsverhalten auf und werden in einem eigenen Punkt untersucht.

2.2.2.2 Teilziel 1: Verringerung des Energieverbrauchs

Die hier relevanten technischen Maßnahmen sind bereits im vorhergehenden Kap. eingehend beschrieben worden.[286] Das hierdurch mögliche, zur Senkung des Energieverbrauchs proportionale Reduktionspotential[287] ist gegenüber den Möglichkeiten durch den Katalysatoreinsatz deutlich kleiner.[288]

2.2.2.3 Teilziel 2: Verringerung der Rohemissionen

2.2.2.3.1 Optimierung der Verbrennung

Voraussetzung für eine Optimierung des innermotorischen Verbrennungsprozesses sind Kenntnisse über den genauen Verbrennungsablauf. Die hier z.T. noch bestehenden Wissenslücken können nur durch den Einsatz verbesserter Analyseverfahren wie z.B. der Laserspektroskopie geschlossen werden.[289] Auf Grundlage dieser neu gewonnenen Erkenntnisse können gezielte Maßnahmen zur Optimierung von Ein- und Auslaßkanälen,[290] des Brennraums usw. vorge-

---

285 Hierunter versteht man eigentlich einen Stoff, der die Geschwindigkeit einer chem. Reaktion erhöht, ohne dabei selbst verbraucht zu werden. Für die Umwandlung von Schadstoffkomponenten im Abgas werden vor allem die Edelmetalle Platin und Rhodium eingesetzt. Im allg. Sprachgebrauch hat sich aber der Begriff Katalysator für das komplette Bauteil, das die katalytisch wirkenden Schichten enthält, durchgesetzt. Vgl. Brockhaus, 19. Auflage, Band 11, S. 531.

286 vgl. Kap. 2.2.1.2.

287 Diese Aussage gilt nur für nicht motorbezogene Maßnahmen. Diese können u.U. zu einer Veränderung der Abgaszusammensetzung führen und müssen im Einzelfall daraufhin untersucht werden.

288 Der Katalysator sorgt, wie in Kap. 2.1.2.2 ausgeführt, für eine Reduzierung der Schadstoffe um bis zu 90%. Ein derartiges Potential liegt deutlich über den möglichen Reduzierungen des Kraftstoffverbrauchs.

289 vgl. VDI-Nachrichten v. 13.01.1995, Spektroskopie spürt Schadstoffe auf, S. 1; VDI - Nachrichten v. 12.07.1996, Mit Lasertechnik zu sparsamen und schadstoffarmen Motoren, S. 5 u. FAZ v. 17.07.1996, Der gläserne Motor im Laserlicht, N2.

290 vgl., auch im folgenden, o.V., Blick nach vorn, ohne Jahres- und Jahrgangsangabe, S. 46 f.

nommen werden.

2.2.2.3.2 Einsatz optimierter konventioneller Kraftstoffe

Die Schadstoffe im Abgas haben - mit Ausnahme der NO_x-Emissionen - ihren Ursprung im verwendeten Kraftstoff.[291] Aus diesem Grund wird versucht, mit geänderten Zusammensetzungen die Schadstoffemissionen zu reduzieren.[292]

Bei den Dieselkraftstoffen wurde insbesondere an einer Reduzierung des Schwefelgehalts gearbeitet. Nach einer Verschärfung der Grenzwerte durch das Bundeskabinett darf ab dem 1. Oktober 1996 nur noch Dieselkraftstoff mit einem maximalen Schwefelanteil von 0,05% verkauft werden.[293] Neben einer Verlängerung der Motorlebensdauer soll diese Maßnahme vor allem die Partikelemission senken.[294] Bei Dieselmotoren ohne Katalysatorreinigung wird eine Senkung von 7% erwartet, bei solchen mit Katalysator beträgt das Reduktionspotential rd. 15%.[295]

Bei den Ottokraftstoffen richten sich die Bemühungen auf die Reduzierung des Benzolgehalts; den hiervon ausgehenden Emissionen wird eine hohe karzinogene Wirkung nachgesagt.[296] Mittlerweile werden die ersten Benzinsorten mit einem reduzierten Benzolgehalt angeboten.[297] Durch die ersatzlose Streichung von bleihaltigen Kraftstoffen aus dem Verkaufsprogramm im Herbst 1996 wurden die Bleiemissionen gestoppt.[298]

---

291 vgl. Schneider, Horst, Auto und Umwelt. Perspektiven für das Jahr 2000 - Teil 2, 1991, S. 448 u. FAZ v. 02.03.1993, Das Abgas hängt vom Kraftstoff ab, S. T1.

292 Für die schädlichen Bestandteile im Kraftstoff werden Grenzwerte festgelegt; eine weitere Reduzierung ist für das Jahr 2000 beschlossen; vgl. VDI - Nachrichten v. 07.03.1997, Brüssel: Auto-Öl-Programm sorgt für dicke Luft, S. 9.

293 vgl. FAZ v. 26.09.1995, Schwefelärmerer Dieselkraftstoff von Oktober an, S. T1. Die Mineralölindustrie hat jedoch bereits vor diesem Stichtag den optimierten Kraftstoff angeboten; vgl. VDI - Nachrichten v. 06.10.1995, Diesel fährt auf Öko ab, S. 35. Die nächste Reduzierung ist für das Jahr 2000 mit einem Grenzwert von 300 ppm vorgesehen; vgl. VDI - Nachrichten v. 07.03.1997, Brüssel: Auto-Öl-Programm sorgt für dicke Luft, S. 9.

294 vgl. VDI - Nachrichten v. 07.05.1993, Dieselmotor zwischen Ökologie und Steuerschraube, S. 26.

295 vgl. o. V., Erfolg im Umweltschutz, 1994, S. 410 f.

296 vgl. FAZ v. 28.09.1994, Wissenschaftler warnen vor Zusatzstoffen in Benzin, S. 10.

297 vgl. FAZ v. 29.07.1995, Benzolarmer Kraftstoff kommt im September, S. 11 u. VDI - Nachrichten v. 11.08.1995, Weniger Benzol im Benzin, S. 3.

298 vgl. FAZ v. 17.07.1996, Von Herbst an soll es kein bleihaltiges Benzin mehr geben, S. 2; FAZ v. 04.10.1996, Die Bleizeit an den Tankstellen ist zu Ende gegangen, S. 18 u. FAZ v. 15.10.1996, Das schnelle Ende der Bleizeit, S. T1.

Alle Maßnahmen zum Angebot optimierter Kraftstoffe bieten den Vorteil, daß sie eine Reduzierung der Schadstoffemissionen auch bei sich bereits im Verkehr befindlichen Fahrzeugen ermöglichen.[299]

2.2.2.4 Teilziel 3: Reduzierung der Schadstoffmenge im Abgas

Für eine starke Verringerung der Emissionen wird eine Nachbehandlung der Abgase notwendig. Beim Ottomotor wird hierzu der sog. Dreiwege-Katalysator eingesetzt, der die Emissionen von Stickoxiden, Kohlenwasserstoffen und Kohlenmonoxid um bis zu 90% reduzieren kann.[300] Für ein einwandfreies Funktionieren benötigt er eine Mindest-Arbeitstemperatur sowie eine bestimmte Zusammensetzung des Abgases, was den Einsatz von aufwendigen, elektronisch gesteuerten Systemen bei Gemischaufbereitung und Zündung erforderlich macht. Die aktuellen Entwicklungsschwerpunkte betreffen ein schnelleres Ansprechen des Katalysators nach dem Kaltstart,[301] die Erhöhung seiner Betriebs- und Dauerfestigkeit mit Überwachung[302] sowie spezielle Anlagen für direkteinspritzende Ottomotoren.[303]

2.2.2.5 Teilziel 4: Einsatz alternativer Energieträger für Fahrzeugantriebe

Die alternativen Energieträger waren bereits im Rahmen der Diskussion des Entwicklungsziels „Reduzierung der CO_2-Emissionen" allgemein vorgestellt worden. Im folgenden wird daher nur untersucht, wie sich ihr Einsatz auf die Reduzierung der gasförmigen Schadstoffe auswirkt.

---

[299] vgl. FAZ v. 06.07.1993, Der Fortschritt heißt Diesel, S. T3.

[300] Vgl. hierzu, auch im folgenden, Bosch GmbH (Hrsg.), Kraftfahrtechnisches Taschenbuch, 1987, S. 439 ff.; Obst, Mathias, Katalysatoren: Chemische Fabrik im Auto, 1992, S. 32 ff.; Niggemeyer, Heinz, Reduzierung der Schadstoffemissionen bei Fahrzeugen mit Ottomotor, 1996, S. 189 ff. u. FAZ v. 09.03.1993, Sauberer Siegeszug mit Schwachpunkten, S. T4.

[301] Nach einem Kaltstart des Fahrzeugs benötigt ein konventioneller Katalysator etwa 75 Sekunden, bis er seine volle Konvertierungsrate und damit eine Schadstoffumwandlung erreicht. Abhilfemaßnahmen sind hier eine motornahe Anordnung des Katalysators, der Einsatz von Heizanlagen sowie eine Zwischenspeicherung der Abgase, bis die volle Arbeitsfähigkeit des Katalysators gegeben ist; vgl. Niggemeyer, Heinz, Reduzierung der Schadstoffemissionen bei Fahrzeugen mit Ottomotor, 1996, S. 191; FAZ v. 02.05.1995, Kat-Heizung für sauberen Kaltstart, S. T4 u. VDI - Nachrichten v. 24.09.1993, Kat auf dem Weg zu High-Tech, S. 11.

[302] vgl. FAZ v. 08.12.1992, Begleiter auf dem Weg zum "sauberen" Motor, S. T3; VDI-Nachrichten v. 05.05.1995, Auf dem Weg zum Super-Kat, S. 24 u. VDI - Nachrichten v. 30.06.1995, Onboard-Diagnose erhöht die Effektivität von Kat-Systemen, S. 15.

[303] Wegen des bei diesem Motortyps möglichen, mageren Gemischs entstehen Stickoxyde, die von herkömmlichen Katalysatoren nicht ausreichend umgesetzt werden können; vgl. FAZ v. 13.05.1997, Das Problem sind die Stickoxyde, S. T4.

Die Verwendung von Wasserstoff bringt in dieser Hinsicht eine deutliche Verbesserung. Da er frei vom Element Kohlenstoff ist, können durch den Verbrennungsvorgang keine Schadstoffe auf dieser Basis entstehen (Kohlenmonoxid, Kohlenwasserstoffe).[304] Wegen des in der Luft enthaltenen Stickstoffs kommt es allerdings zur Bildung von Stickoxiden (NO_x), deren Ausstoß aber durch technische Maßnahmen (Verbrennungssteuerung, Abgasnachbehandlung) begrenzt werden kann.[305]

Die Minderungspotentiale bei den übrigen Kraftstoffalternativen sind im Vergleich dazu geringer. Da sich in der Regel auch die Schadstoffzusammensetzung im Vergleich zu Ottokraftstoffen ändert, wird ein Abwägen zwischen unterschiedlichen Abgaskomponenten notwendig, was die Bewertung erschwert.

Beim Einsatz von Autogas (LPG) sind die Emissionen der „klassischen" Schadstoffe[306] gleich, positiv ist ein gegenüber Benzin um bis zu 30% reduziertes Ozonbildungspotential. Größere Vorteile ergeben sich durch die Verwendung von Erdgas mit seinem hohen Methananteil. Hierbei wird eine Reduzierung des Ozonbildungspotentials von bis zu 60% erreicht,[307] andererseits steigen die NO_x-Emissionen sowie der Ausstoß von unverbrannten Kohlenwasserstoffen gegenüber konventionellen Ottomotoren.

Hinsichtlich der limitierten Schadstoffemissionen weisen die Alkoholmotoren etwas günstigere Werte als Benzinmotoren auf.[308] Ein besonderes Problem stellen dagegen die Formaldehyd-Emissionen bei methanolbetriebenen Fahrzeugen dar.[309] Um die für diesen Stoff vorgeschriebenen Grenzwerte einhalten

---

304 vgl. Heinrich, H. et al., Alternative Kraftstoffe - Chancen und Risiken aus der Sicht von Volkswagen, 1992, S. 64.

305 vgl., auch im folgenden, Projektbegleitung Kraftfahrzeuge u. Straßenverkehr, TÜV Rheinland e.V. (Hrsg.), Alternative Energien für den Straßenverkehr - Wasserstoffantrieb in der Erprobung, 1989, S. 5.

306 Unter den Begriff der klassischen Abgasemissionen fallen die Schadstoffe Kohlenmonoxid (CO), unverbrannte Kohlenwasserstoffe (CH) sowie die Stickoxyde (NO_x). Die Bezeichnung rührt daher, daß die Abgasgesetzgebung zu ihrer Verminderung eingeführt worden ist. Vgl. Heinrich, H. et al., Alternative Kraftstoffe - Chancen und Risiken aus der Sicht von Volkswagen, S. 62.

307 vgl., auch im folgenden, Heinrich, H. et al., Alternative Kraftstoffe - Chancen und Risiken aus der Sicht von Volkswagen, S. 63.

308 vgl. Heinrich, H. et al., Alternative Kraftstoffe - Chancen und Risiken aus der Sicht von Volkswagen, 1992, S. 54.

309 vgl. VDI - Nachrichten v. 21.08.1992, Alternative Antriebe kommen nur langsam in Fahrt, S. 1.

zu können, ist ein besonderer Katalysator notwendig.[310] Die Verwendung von Pflanzenölestern (RME) führt bei vielen Schadstoffkomponenten zu einer deutlichen Verminderung (Kohlenwasserstoffe, Partikel), bei manchen jedoch zu einer als unkritisch beurteilten Erhöhung (bes. NO_x).[311]

Grundsätzlich zeigt sich durch diese Beurteilung, daß mit keiner der bislang diskutierten Alternativen ein deutlicher Vorteil gegenüber konventionellen Kraftstoffen erreicht werden kann.[312]

Bei der Bewertung der Elektrotraktion spielt wiederum das bei der Stromerzeugung eingesetzte Verfahren eine entscheidende Rolle.[313] Verschiedene Untersuchungen kommen daher je nach Wahl der Prämissen zu unterschiedlichen Ergebnissen. Unter der Annahme des Energiemixes der Bundesrepublik von vor 1989[314] errechnet Blümel[315] eine Erhöhung des CO-Ausstoßes um 50%, eine Erhöhung der SO_2-Emissionen auf das 10-fache und eine geringfügige Erhöhung des Ausstoßes von Stickoxiden. Birnbreier kommt hingegen zu einem wesentlich günstigeren Ergebnis und veröffentlicht bspw. eine Reduzierung der Kohlenmonoxidemissionen von 2,73 g/km (Benzinfahrzeug) auf 0,02 g/km (Elektrofahrzeug).[316]

Diese beiden extremen Ergebnisse machen die Schwierigkeiten bei der Schadstoffabschätzung deutlich. Unter Beibehaltung des aktuellen, von fossilen Energieträgern dominierten Kraftwerksparks in Deutschland ergibt sich keine nennenswerte Verbesserung der globalen Schadstoffsituation.[317] Reduzierungen sind erst nach einer Umorientierung hin zu Kernenergie oder regenerativen Energien mit ihren geringen Schadstoffemissionen zu erwarten.

---

310 vgl. Hüttebräucker, D. et al., Das Flexible-Fuel-Konzept von Mercedes-Benz, 1992, S. 117.

311 vgl. May, Hans et al., Vergleichende Emissionsuntersuchungen beim Betrieb verschiedener Dieselmotoren mit Dieselkraftstoff und Rapsölmethylester, 1997, S. 45 ff.

312 vgl. z.B. VDI - Nachrichten v. 07.10.1994, Benzin bleibt beim Auto erste Wahl, S. 32.

313 vgl. FAZ v. 20.05.1997, Die Feinde der E-Mobile sind die alten Gewohnheiten, S. T6.

314 Nach der Wiedervereinigung erhöhte sich der Anteil der aus fossilen Brennstoffen erzeugten elektrischen Energie stark, da die Stromversorgung der ehemaligen DDR einseitig auf Braunkohle ausgerichtet war. Vgl. Müller-Merbach, Heiner, Energiewirtschaft - eine Lektion des dynamischen Wandels, 1995, S. 40 ff u. Bundesministerium für Wirtschaft (Hrsg.), Energie Daten '91, 1992, S. 45 ff.

315 vgl. Blümel, H., Nur noch mit Batterie- oder Hybrid-Antrieb in die Städte, 1992, S. 79 ff.

316 vgl. Birnbreier, H., Vergleich des Primärenergieverbrauches und der CO_2-Emission eines Nahverkehrs-Pkw mit konventionellen und alternativen Antrieben, 1992, S. 69 ff.

317 vgl. hierzu z.B. FAZ v. 18.03.1997, Rügen: Viel Strom für wenig Erkenntnis, Nr. 65, S. T1 u. FAZ v. 20.05.1997, Die Feinde der E-Mobile sind die alten Gewohnheiten, S. T6.

2.2.3 Entwicklungsziel: Reduzierung der Abhängigkeit von Rohölprodukten

2.2.3.1 Ansatzpunkte zur Zielerreichung

Ein Ansatzpunkt (vgl. **Tabelle 2.2-4**) besteht in der rationelleren Verwendung dieses Energieträgers und der Nutzung der möglichen Einsparpotentiale. Darüber hinaus bietet sich der Einsatz alternativer Energieträger an.

2.2.3.2 Teilziel 1: Verringerung des Energieverbrauchs

Die möglichen Maßnahmen sowie das durch sie mögliche Reduktionspotential wurde bereits in den beiden vorangegangenen Kapiteln erörtert.

2.2.3.3 Teilziel 2: Einsatz alternativer Energieträger für Fahrzeugantriebe

Die generellen Eigenschaften der unterschiedlichen alternativen Energieträger wurden ebenfalls bereits vorgestellt. Im folgenden werden lediglich ihre Eigenschaften hinsichtlich der Reduzierung des Erdölverbrauchs erläutert.

Entwicklungsziel	Teilziel	Instrumentalziel
3. Reduzierung d. Abhängigkeit v. Rohölprodukten	3.1. Rationellerer Einsatz	3.1.1. Verringerung d. Leistungsbedarfs
		3.1.2. Wirkungsgraderhöhung
	3.2. Einsatz alt. Energieträger für Fahrzeugantriebe	3.2.1. Alt. flüssige Kraftstoffe
		3.2.2. Alt. gasförmige Kraftst.
		3.2.3. Elektrotraktion
		3.2.4. Wasserstoffantrieb

Tabelle 2.2-4: Ansatzpunkte zur Reduzierung der Abhängigkeit von Rohölprodukten

Alle alternativen Kraftstoffe können auch ohne die Verwendung von Erdöl hergestellt werden. Somit würde die Abhängigkeit von den begrenzten Vorräten vermindert werden. Andererseits werden durch die Alternativen neue Abhängigkeiten begründet, da die Bundesrepublik Deutschland nach dem derzeitigen Stand der Technik bei keinem Kraftstoff eine autarke Versorgungsposition erreichen könnte. Diese Abhängigkeiten bedürften einer eingehenden Untersuchung.

Entwicklungsziel	Teilziel	Instrumentalziel
4. Reduzierung d. Abfallmengen/Ressourcenschonung	4.1. Abfallvermeidung im Produktionsprozeß	4.1.1. Weiter- u. Wiederverwertung von Prod.-resten
	4.2. Abfallvermeidung während d. Betriebs d. Fahrzeugs	4.2.1. Verl. d. Wartungsintervalle/ Verr. der auszutauschenden Stoffmengen
		4.2.2. Verwend./Verwert. von ausgebauten Baut./Stoffen
		4.2.3. Erhöhung d. Bauteil-/ Fahrzeuglebensdauer
	4.3. Abfallvermeidung nach Betriebsdauer	4.3.1. Wieder-/ Weiterverwendung einzelner Bauteile
		4.3.2. Wieder-/ Weiterverwert. von Bauteilen/Mat.

Tabelle 2.2-5: Ansatzpunkte zur Abfallvermeidung bei Pkws

2.2.4 Entwicklungsziel: Verminderung der Abfallmengen/ Ressourcenschonung

2.2.4.1 Ansatzpunkte zur Zielerreichung

Durch die Produktion, den Betrieb und die Verschrottung von Fahrzeugen entstehen Rückstandsmengen, für die geeignete Recycling- und Entsorgungsmöglichkeiten gefunden werden müssen. Da in allen drei Bereichen unterschiedliche Maßnahmen anzusetzen sind, wird die Aufstellung von Teilzielen an dieser Einteilung ausgerichtet[318] (vgl. **Tabelle 2.2-5**). Als Produkt wird in diesem Abschnitt das gesamte Fahrzeug angesehen.[319]

---

[318] Diese Einteilung wurde übernommen aus der VDI-Richtlinie 2243, die sich mit der recyclinggerechten Produktgestaltung beschäftigt. Vgl. VDI (Hrsg.), VDI-Richtlinie 2243, Konstruieren recyclinggerechter technischer Produkte, 1993, S. 1 ff.

[319] Grundsätzlich wäre es auch möglich, die einzelnen Baugruppen oder Einzelteile eines Fahrzeugs als eigenständige Produkte anzusehen. Dies würde dazu führen, daß nach dem vorzeitigen Ausbau eines solchen Bauteils aus dem Fahrzeug nach der aufgestellten Systematik bereits der Punkt der Abfallvermeidung nach Produktlebensdauer berührt wird. Wenn man dagegen das Gesamtfahrzeug als Produkt einstuft, handelt es sich hierbei noch um einen Fall aus der Kategorie „Abfallvermeidung während der Produktlebensdauer". Die Produktdefinition führt demnach zu unterschiedlichen systematischen Einstufungen, materiell handelt es sich jedoch um die gleiche Problemstellung.

2.2.4.2 Teilziel 1: Verringerung der Abfallmengen im Produktionsprozeß

Die geringsten Probleme bereiten in der Abfallfrage die Produktionsrückstände, bei denen zwischen Kreislauf- und Neuschrott unterschieden werden muß.[320] Kreislaufschrott entsteht auf der Verarbeitungsstufe der rohstofferzeugenden Industrie[321] und verbleibt im Rohstoffkreislauf der Werke. Produktionsrückstände auf der Ebene der verarbeitenden Industrie werden als Neuschrott bezeichnet. Da sie in der Regel sortenrein und in relativ großen Mengen anfallen, können sie ohne großen Aufwand und Qualitätsverlust bei der Rohstofferzeugung wieder eingesetzt werden. Dieses produktionsinterne Recyclingverfahren ist bei den Metallen gängige Praxis[322] und wird zur Zeit auf Kunststoffe ausgedehnt.[323] Manche Hersteller setzen bereits Kunststoffteile ein, die aus recyclierten Produktionsrückständen anderer Komponenten bestehen.[324]

2.2.4.3 Teilziel 2: Verringerung der Abfallmengen während der Betriebsdauer des Fahrzeugs

Die Betriebsrückstände der Fahrzeuge können auf unterschiedlichen Wegen gesenkt werden. Ein Ansatz besteht darin, das Volumen bzw. die Menge der auszutauschenden Stoffe zu reduzieren. Dies kann dadurch geschehen, daß der unvermeidbare Verschleiß auf bestimmte Bauteile gelenkt wird, die sich leicht austauschen und verwenden bzw. verwerten lassen. Beispiele hierfür sind die Bremsklötze, die unabhängig vom Austausch der übrigen Komponenten der Bremsanlage aus dem Fahrzeug ausgebaut werden können.[325]

Darüber hinaus muß versucht werden, die Austauschintervalle der regelmäßig

---

320 vgl., auch im folgenden, VDI (Hrsg.), VDI-Richtlinie 2243, Konstruieren recyclinggerechter technischer Produkte, 1993, S. 8.

321 Typische Beispiele hierfür sind Angüsse, Steiger oder Walzenden, die sich aus fertigungstechnischen Gründen nicht vermeiden lassen.

322 Ein Beispiel hierfür ist der geschlossene Aluminiumkreislauf bei der Audi AG; vgl. ohne Verfasserangabe, Wiederverwertung von Aluminium-Neuschrott bei Audi, 1993, S. 14 f.

323 vgl., auch im folgenden, VDI (Hrsg.), VDI-Richtlinie 2243, Konstruieren recyclinggerechter technischer Produkte, 1993, S. 2.

324 Beispiele für solche Ansätze sind die Fertigung von Schmutzfängern, Fußmatten und Geräuschdämm-matten aus Produktionsresten. Vgl. Pohl, E. et al., Recycling von Kunststoff-Verbundwerkstoffen, 1992, S. 359 sowie Stark, B. et al., Mercedes-Benz-Recycling - im Tandem mit dem Zulieferer, 1994, S. 328 ff.

325 VDI (Hrsg.), VDI-Richtlinie 2243, Konstruieren recyclinggerechter technischer Produkte, 1993, S. 18.

zu erneuernden Stoffe bzw. Bauteile zu verlängern.[326] Die Fahrzeugteile, die nicht regelmäßig ausgetauscht werden müssen, sollen im abfallwirtschaftlichen Idealfall die gleiche Lebensdauer erreichen. Für den Fahrzeugingenieur bedeutet dies, daß einzelne Bauteile, die sich durch geringere Standzeiten auszeichnen, in ihrer Konstruktion optimiert werden müssen.

Für die unvermeidlich anfallenden Restmengen müssen stoffspezifische Entsorgungswege gefunden werden.[327]

2.2.4.4 Teilziel 3: Verringerung der Abfallmengen im Entsorgungsfall

Zur Erzielung geringer Abfallmengen empfiehlt sich eine Strategie, die zum einen auf das Prinzip der Wieder- u. Weiterverwendung einzelner Bauteile setzt und für den Fall, wo dies nicht möglich ist, auf eine möglichst umfassende Wieder- u. Weiterverwertung.

Gerade im Pkw-Bereich beschäftigen sich viele Betriebe mit der Aufarbeitung ausrangierter Komponenten aus Schrottfahrzeugen. Bevorzugte Baugruppen sind neben dem kompletten Antriebsmotor vor allem Getriebe sowie Anlasser und Lichtmaschinen.[328] Diese können als Austauschteile günstiger als entsprechende Neuteile angeboten werden und decken einen Teil der Entsorgungskosten ab.[329]

---

[326] Ein typisches Beispiel hierfür ist die Verlängerung der Ölwechselintervalle auf heute durchschnittlich 15.000 km; vgl. Obst, Mathias, Motorenöl: Wie geschmiert, 1991, S. 36. In Zukunft wird an einer weiteren Verlängerung auf 30.000 Kilometer gearbeitet; erste Motoren sollen hierfür ab 1998 ausgelegt sein. Folge hiervon ist ein prognostizierter Rückgang des Schmierölmarkts um 11% bis zum Jahr 2000. Vgl. FAZ v. 10.12.1996, Motoröl: Der Stoff, ohne den keine Maschine läuft, S. T1; o. V., Ölwechsel künftig seltener, 1996, S. 7 u. VDI - Nachrichten v. 18.07.1997, Altöl: Ein Kreislauf mit Macken, S. 14.

[327] Ein besonderes Problem stellen hier die Altreifen dar. Mittlerweile wurden dafür neben der Verbrennung in Zementfabriken weitere Aufarbeitungsverfahren entwickelt, die eine Rückgewinnung unterschiedlicher Stoffe ermöglichen. Vgl. hierzu FAZ v. 16.02.1993, "Altgummi verwerten statt deponieren", S. 15; VDI - Nachrichten v. 19.11.1993, Preiswerter Strom soll aus alten Reifen erzeugt werden, S. 23; VDI - Nachrichten v. 03.02.1995, Reifen rollen ins Recycling, S. 22;. o. V., Altreifen für Elektrizitätserzeugung, 1991, S. 498 u. Handelsblatt v. 03.03.1993, Technische Linie: Wertvolles Energiepotential nur unzureichend genutzt, S. 8.

[328] vgl., auch im folgenden, Bieger, Erhard et al., Die Altautoverordnung - Stand und weitere Entwicklung, 1991, S. 266.

[329] vgl. z.B., VDI - Nachrichten v. 16.08.1996, Zeitwertgerechte Reparatur mit Bauteilen aus dem Alt-Auto-Recycling, S. 11; FAZ v. 02.04.1996, Das Schlachtfest am Ende eines Autolebens, S. T3 u. FAZ v. 20.08.1996, Die moderne Fahrzeugverwertung nutzt die Ressourcen besser, S. 12.

Bei den übrigen Teilen sollte nach Möglichkeit der Verwertung der Vorzug gegeben werden. Hierzu hat sich ein Verfahren etabliert, das in erster Linie die Wiederverwertung der metallischen Werkstoffe - speziell der im Fahrzeug verbauten Stahlmengen - ermöglicht und nach folgendem Schema abläuft:[330] Wiederverwertungsbetriebe entfernen zunächst alle Betriebsflüssigkeiten aus dem Fahrzeug.[331] Danach werden die Teile ausgebaut, die getrennten Prozessen zugeführt werden müssen. Dies gilt z.B. für die Fahrzeugbatterie[332] oder den Abgaskatalysator.[333]

Das so vorbereitete Fahrzeug wird in einem Shredder in etwa faustgroße Stücke zerlegt,[334] die nach verschiedenen Trenn- und Sortiervorgängen in Stahlschrott, NE-Metallschrott und eine Leichtfraktion genannte Restmenge getrennt werden können. Die Metallschrotte werden recycelt, die Leichtfraktion, die vor allem aus verschiedenen Kunststoffen, Glas und Gummi besteht, muß deponiert werden.

Dieser etablierte Wiederverwertungsprozeß stößt an Grenzen: Der steigende Kunststoffanteil im Pkw führt zu einem relativen Anstieg der Leichtfraktion im Shredderoutput.[335] Die Folge davon sind höhere Deponiekosten für den Restmüll und geringere Erlöse aus dem Metallrecycling, so daß die Wirtschaftlichkeit dieses Verfahrens zurückgeht.[336] Darüber hinaus wird in einem dicht besiedelten Land wie der Bundesrepublik Deutschland der Deponieraum zur Aufnahme dieser steigenden Abfallmengen immer knapper, was bereits regional zu hohen Deponiekosten geführt hat.[337] Alternativ wird untersucht, ob die Leicht-

---

330 vgl. Zeranski, Peter, Neue Chancen durch Altauto - Verwertung, 1992, S. 534 f.

331 Bei diesem Vorgang, der auch als „Trockenlegung" bezeichnet wird, werden alle im Fahrzeug eingesetzen Öle, Kühl- und Bremsflüssigkeiten sowie der Kraftstoff entfernt, im Durchschnitt ca. 26 Liter pro Altfahrzeug. Vgl. Voy, Christian et al., Automobilrecycling - quo vadis, 1994, S. 149.

332 vgl. o.V., Aus Schrott mach' Blei, 1994, S. 59 f.

333 vgl. FAZ v. 17.05.1994, Aus alt mach neu, S. B9; FAZ v. 26.08.1994, Wertvolle Rohstoffe aus Auto-Katalysatoren, S. 20; VDI - Nachrichten v. 07.08.1992, Edelmetalle überleben den Kat, S. 15 u. VDI - Nachrichten v. 23.09.1994, Im Jahr 2000 fallen rund 6 Mio. Autokatalysatoren zum Recycling an, S. 25.

334 Einen detaillierten Überblick über dieses Verfahren gibt Härdtle, Georg, Vermeidung, Verwertung und Entsorgung von Abfällen aus Altautos, 1989, S. 3 ff.

335 Im Zeitraum von 1993 bis 2003 wird mit einem Ansteigen der Shredderleichtfraktion von 170 kg/Pkw auf 240 kg/Pkw, d.h. einem Anstieg um mehr als 40% gerechnet; vgl. VDI - Nachrichten v. 23.04.1993, Kreislaufwirtschaft am Beispiel Automobil, S. 7.

336 vgl. Bieger, Erhard et al., Die Altautoverwertung - Stand und weitere Entwicklung, 1991, S. 267 u. Voy, Christian et al., Automobilrecycling - Quo vadis?, 1994, S. 148.

337 Die Entsorgungskosten für eine Tonne Leichtfraktion stiegen von etwa 20 DM/t im Jahr 1987 auf rd. 100 DM/t im Jahr 1990; eine Einstufung als Sondermüll würde die gewichtsbe-

fraktion auch als Brennstoff in Hochöfen eingesetzt werden kann.[338]

Zur Lösung dieses Problems bieten sich grundsätzlich zwei Wege an:[339] man kann zum einen die Shredderrückstände aufarbeiten mit dem Ziel, bestimmte Stoffe einer weiteren Verwertung zuzuführen oder zum anderen bestimmte Bauteile bereits vor dem Shreddern ausbauen und so die Rückstandsmengen aus diesem Prozeß verringern. Da eine ausreichende Identifizierung und Sortierung der zerkleinerten Shredderrückstände, die zudem durch Öle, Schmierstoffe und Abfälle verunreinigt sind, kaum möglich ist,[340] wird in der Bundesrepublik ein Verwertungskonzept nach dem zweiten Grundsatz verfolgt. (vgl. **Abbildung 2.2-5**)

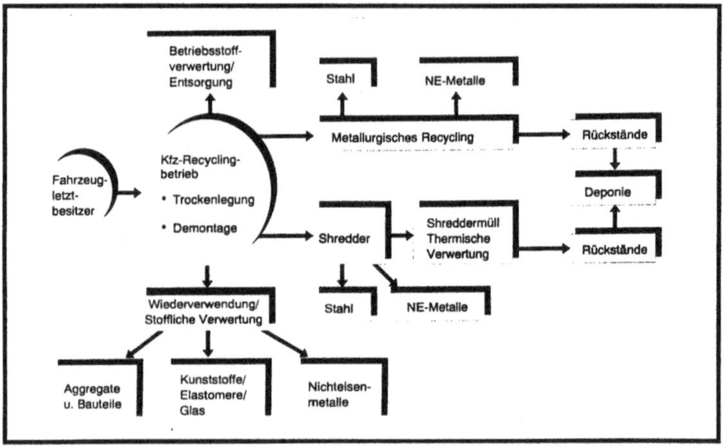

Abbildung 2.2-5: Konzept für die zukünftige Altautoverwertung
Quelle: Voy, Christian et al., Automobilrecycling - quo vadis?, 1994, S. 149

Dieses Modell geht grundsätzlich auf das bislang eingesetzte Verfahren zurück, auf der ersten Bearbeitungsstufe (Kfz-Recyclingbetrieb) sollen jedoch neben den Ersatzteilen noch weitere Komponenten zur direkten Weiterverwertung demontiert werden. Hierunter fallen bspw. Fahrzeugscheiben und große Kunst-

---

zogenen Entsorgungskosten auf bis zu 600 DM ansteigen lassen. Vgl. Sposta, Kurt, BMW-Konzept für die Entsorgung von Altfahrzeugen, 1990, S. 611 u. FAZ v. 27.09.1995, Shredderindustrie beklagt hohe Deponiekosten, S. 22.

[338] vgl. VDI - Nachrichten v. 01.09.1995, Altautos im Hochofen, S. 22.

[339] vgl. Voy, Christian et al., Automobilrecycling - Quo vadis?, 1994, S. 149.

[340] vgl. VDI - Nachrichten v. 07.05.1993, Kfz-Demontage nach industriellem Konzept, S. 24.

stoffteile.[341]

Die Fahrzeughersteller müssen bei der Konstruktion neuer Fahrzeuge dafür sorgen, daß sie problemlos nach diesem Grundkonzept entsorgt werden können.[342] Dafür sind folgende wichtige Hinweise und Gestaltungsregeln aus der VDI-Richtlinie 2243 zu beachten:

- In Fahrzeugen sollen nach Möglichkeit nur solche Materialien verwendet werden, die sich leicht wiederverwerten lassen und zur einfachen Identifizierung gekennzeichnet sind.[343] Dadurch werden Substitutionsprozesse ausgelöst und Materialien ohne ausreichendes Recyclingpotential verdrängt. Zur Sicherung einer ausreichenden Nachfrage sollen verstärkt bereits wiederverwertete Materialien im Fahrzeug eingesetzt werden. Auf diese Weise kann der Einstieg in eine Kreislaufwirtschaft gefunden werden.

- Nach Möglichkeit sollten in einem Fahrzeug Einstoffprodukte bzw. -teile verwendet werden. Ist dies nicht möglich, muß - besonders bei Kunststoffen - auf die Werkstoffverträglichkeit geachtet werden.[344] Dadurch entfallen aufwendige Sortiervorgänge, der gesamte Logistikaufwand wird reduziert und die höheren anfallenden Mengen pro Materialart machen die Recyclingverfahren wirtschaftlicher.

- Neben der Materialauswahl muß auf die Demontagefreundlichkeit der Komponenten geachtet werden.[345] Verbindungen sollten so ausgelegt sein, daß sie sich im Verwertungsfall leicht lösen lassen und einen getrennten Ausbau von Komponenten unterschiedlicher Materialien ermöglichen.

Vorläufige Schätzungen kommen zu dem Ergebnis, daß der abzulagernde Abfallanteil durch eine konsequente Befolgung dieser Regeln um ca. 30 bis 50 Gew.-% reduziert werden kann.[346] Dies wird sich wegen der notwendigen Vor-

---

341 vgl. z.B. VDI - Nachrichten v. 07.05.1993, Kfz-Demontage nach industriellem Konzept, S. 24 u. Voy, Christian et al., Automobilrecycling - Quo vadis?, 1994, S. 149.

342 vgl. VDI - Nachrichten v. 05.01.1996, Neue Autokonstruktionen integrieren zunehmend das Recycling, S. 15.

343 vgl. VDI (Hrsg.), VDI-Richtlinie 2243, Konstruieren recyclinggerechter technischer Produkte, 1993, S. 26.

344 vgl. VDI (Hrsg.), VDI-Richtlinie 2243, Konstruieren recyclinggerechter technischer Produkte, 1993, S. 26 f.

345 vgl. VDI (Hrsg.), VDI-Richtlinie 2243, Konstruieren recyclinggerechter technischer Produkte, 1993, S. 28 u. Voy, Christian et al., Automobilrecycling - Quo vadis?, 1994, S. 157.

346 vgl. Härdtle, Georg, Vermeidung, Verwertung und Entsorgung von Abfällen aus Altautos, 1989, S. 211. Es gilt das Ziel, im Jahr 2015 95% eines Fahrzeugs zu recyceln; vgl. VDI - Nachrichten 19.05.1995, Wiederverwertungsquote 95% lautet das ehrgeizige Ziel, S. 23.

laufzeit durch Konstruktion und Fahrzeugnutzung erst ab dem Jahr 2010 deutlich auswirken.[347]

Entwicklungsziel	Teilziel	Instrumentalziel
5. Erhöhung d. Sicherheitsstands	5.1. Erhöhung der aktiven Sicherheit	5.1.1. Systeme zur Bremsunterstützung 5.1.2. Allradantrieb 5.1.3. Autom. Fahrzeugbeeinflussung
	5.2. Erhöhung d. passiven Sicherheit	5.2.1. Rückhaltesysteme 5.2.2. Karosserieoptimierung

Tabelle 2.2-6: Ansatzpunkte zur Erhöhung des Sicherheitsstands

2.2.5 Entwicklungsziel: Erhöhung des Sicherheitsniveaus

2.2.5.1 Ansatzpunkte zur Zielerreichung

Zur Erhöhung der Fahrzeugsicherheit können unfallvorbeugende und unfallfolgenmindernde Ansätze verfolgt werden (von dieser Unterscheidung sind die Teilziele abgeleitet worden, vgl. **Tabelle 2.2-6**). Unter die erste Kategorie, die auch als aktive Sicherheit bezeichnet wird,[348] fallen Maßnahmen, die zur Verhinderung eines möglichen Unfalls beitragen können. In dieser Arbeit werden beispielhaft Bremskontrollsysteme, Allradantriebe sowie Systeme zur automatischen Fahrzeugbeeinflussung vorgestellt.

Im Falle eines Unfalls soll die Schadensschwere durch unfallfolgenmindernde Maßnahmen begrenzt werden (sog. passive Sicherheit[349]). Aus diesem Bereich werden die Ansatzpunkte Karosserieoptimierung sowie Rückhaltesysteme angesprochen. Im Rahmen dieser Arbeit können jedoch nicht alle relevanten Aspekte beider Teilgebiete dargestellt werden. Eine Übersicht über weitere Themenstellungen gibt **Abbildung 2.2-6** (folgende Seite).

Nach Möglichkeit sollten Maßnahmen zur Erhöhung der aktiven Sicherheit solchen zur Erhöhung der passiven Sicherheit vorgezogen werden. In vielen Fällen ist es jedoch noch unmöglich, entsprechende Systeme darzustellen. Aus diesem Grund konzentrieren sich die Hersteller zur Zeit auf die Verbesserung der passiven Sicherheitselemente. In der Zukunft wird allerdings mit Fortschritten bei

---

347 vgl. Sposta, Kurt, BMW-Konzept für die Entsorgung von Altfahrzeugen, 1990, S. 612.
348 vgl. Seiffert, Ulrich, Fahrzeugsicherheit - Personenwagen, 1992, S. 10.
349 vgl. Seiffert, Ulrich, Fahrzeugsicherheit - Personenwagen, 1992, S. 10.

der aktiven Sicherheit gerechnet.[350]

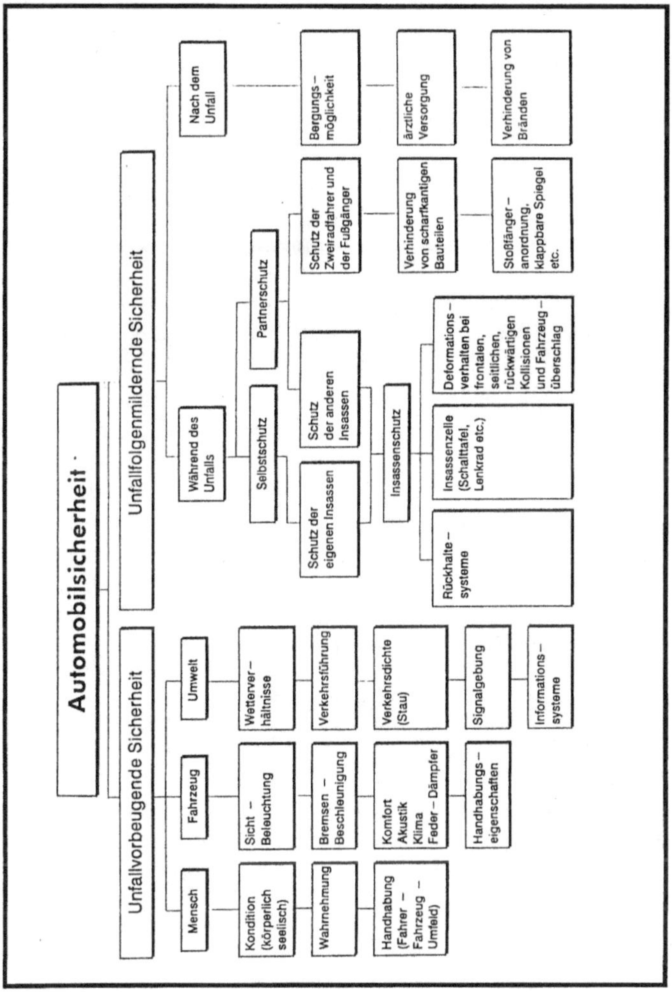

Abbildung 2.2-6: Teilgebiete der Fahrzeugsicherheit
Quelle: Seiffert, Ulrich, Fahrzeugsicherheit - Personenwagen, 1992, S. 11

Diese neuen Einrichtungen müssen dazu beitragen, den Fahrer zu unterstützen

[350] vgl. Leyrer, Götz, Sie werden Augen machen, 1994, S. 13 u. VDI - Nachrichten v. 29.08.1997, Mikrosysteme lassen Autos wahrnehmen und handeln, S. 12.

und Fehler zu vermeiden.[351] Idealerweise muß ein System gefordert werden, das Fahrfehler rechtzeitig erkennt und so in den Entscheidungsspielraum des Fahrers eingreift, daß ein Unfall vermieden werden kann. Fraglich ist, inwieweit derartige Systeme von den Fahrern akzeptiert werden.[352]

2.2.5.2 Teilziel 1: Erhöhung der „aktiven Sicherheit"

Zur Verbesserung der Bremseigenschaften wurde das sog. ABS (Anti-Blockier-System) entwickelt.[353] Dieses System überwacht die Raddrehzahl während des Bremsvorgangs und reduziert in dem Moment, in dem das Rad zu blockieren droht und damit keine Lenkkräfte mehr übertragen kann, selbständig die Bremskraft. Auf dieses Weise können auch von ungeübten Fahrern kurze Verzögerungswege bei voller Lenkbarkeit des Fahrzeugs realisiert werden.

Das ABS wurde wegen seiner Mehrkosten zunächst nur in Fahrzeugen der Oberklasse angeboten. Aufgrund der mittlerweile erreichten Kostensenkungen durch Verbesserungen der Elektronik und Mechanik[354] sowie durch die Produktion in höheren Stückzahlen hat es sich bis hin zur Kompaktklasse durchsetzen können.[355] Marktstudien prognostizieren, daß um die Jahrhundertwende ca. 80% der Neufahrzeuge mit ABS-Systemen ausgerüstet sein werden.[356] Eine Weiterentwicklung ist der sog. Brems-Assistent.[357] Diese Einrichtung erkennt an der Geschwindigkeit der Pedalbetätigung eine starke Bremsung und stellt den maximal möglichen Bremsdruck bereit.

Ein ähnlicher Markterfolg blieb den Allradantrieben bislang versagt.[358] Bei dieser technischen Lösung wird die Antriebskraft auf beide Fahrzeugachsen ver-

---

[351] vgl. VDI - Nachrichten v. 04.11.1994, Elektronik führt Auto der Zukunft, S. 27. Beispiele hierfür geben ein automatischer Abstandhalter (VDI - Nachrichten v. 21.07.1995, Pkw hält automatisch sicheren Abstand zum Vordermann, S. 17), Nachtsichteinrichtungen (VDI - Nachrichten v. 05.04.1996, Frontscheibe als Display zeigt auch, was im Dunkeln liegt, S. 20) u. elektronisch gestützte Einrichtungen zum Führen eines Fahrzeugs (vgl. VDI - Nachrichten v. 05.04.1996, Elektronischer Chauffeur im Test, S. 21):

[352] In diesem Zusammenhang wird eine „Entmündigung" des Autofahrers befürchtet. Vgl. etwa Windpassinger, Gerhard, Auto denkt, Fahrer lenkt, 1994, S. 8 ff.

[353] Eine detaillierte Beschreibung dieses Systems gibt Seiffert. Vgl. Seiffert, Ulrich, Fahrzeugsicherheit - Personenwagen, 1992, S. 23 ff.

[354] vgl. z.B. Obst, Mathias, Antiblockiersystem: Sicherheit für alle, 1993, S. 32.

[355] vgl. FAZ v. 29.06.1993, Schleudern - bald nicht mehr Autofahrers Alptraum?, S. T4.

[356] vgl. FAZ v. 26.10.1992, Bosch erwartet bei ABS kräftiges Wachstum, S. 20.

[357] vgl., auch im folgenden, FAZ v. 11.10.1994, Ein Assistent für besseres Bremsen, S. T5.

[358] 1994 wurden in Deutschland insgesamt 105.177 Fahrzeuge mit Allradantrieb neu zugelassen, was bei Gesamtzulassungen von 3,209 Mill. Pkws einem Marktanteil von lediglich 3,2% entspricht; vgl. FAZ v. 31.01.1995, Der Allrad-Markt schrumpft, S. 15.

teilt und somit die pro Rad zu übertragende Leistung verkleinert; dadurch wird auch bei schwierigen Straßenverhältnissen eine sichere Beschleunigung möglich.[359] Zur Zeit werden unterschiedliche Ausführungen angeboten, die sich vor allem durch die Schaltbarkeit (Permanente Systeme und zuschaltbare Systeme) sowie ihre Flexibilität (konstante Kraftverteilung oder Regelung in Abhängigkeit von den jeweils übertragbaren Kräften) unterscheiden.[360]

Die Nachteile dieser Systeme liegen vor allem im gestiegenen Fahrzeuggewicht und dem erhöhten Leistungsbedarf dieses Antriebs, was zusammen zu einem Mehrverbrauch an Kraftstoff gegenüber Parallelmodellen mit nur einer Antriebsachse führt.[361] Darüber hinaus wird befürchtet, daß manche Fahrer - ähnlich wie beim ABS - die Sicherheitsvorteile durch eine riskante Fahrweise überkompensieren.[362]

Der nächste Entwicklungsschritt führt zu einer umfassenden elektronischen Fahrwerksregelung. Die Aufgabe dieser Systeme besteht darin, das Drehen oder Schleudern des Fahrzeugs innerhalb der gegebenen physikalischen Grenzen zu verhindern.[363] Die Serieneinführung erfolgte in Fahrzeugen der Oberklasse;[364] z.Zt. wird an einfacheren Versionen gearbeitet, die den Sicherheitsgewinn auch in preisgünstigere Pkw-Klassen bringen sollen.[365]

2.2.5.3 Teilziel 2: Erhöhung der „passiven Sicherheit"

Voraussetzung für eine Erhöhung der passiven Sicherheit ist das intensive Studium typischer Unfallsituationen und ihres Ablaufs.[366] Dies beinhaltet statisti-

---

[359] vgl. Seiffert, Ulrich et al., Automobiltechnik der Zukunft, 1989, S. 67 ff.

[360] vgl. FAZ v. 20.04.1993, Das Vier-mal-Vier gehört zum Einmaleins der Sicherheit, S. T1 u. Obst, Mathias, Technik Report: Allradantrieb, 1992, S. 36 ff.

[361] vgl. FAZ v. 20.04.1993, Das Vier-mal-Vier gehört zum Einmaleins der Sicherheit, S. T2.

[362] vgl. Windpassinger, Gerd, Auto denkt, Fahrer lenkt, 1994, S. 9 u. FAZ v. 17.05.94, Der Einsatz von Technik erhöht die Verkehrssicherheit, S. T1.

[363] vgl. VDI-Nachrichten v. 04.06.1993, Sicherheitstechnik im Auto rettet Menschenleben, S. 18. Zur Funktionsweise des neuen Systems vgl. z.B. Deger, Christian, Auf ABS und ASR folgt ESP: Anti-Schleuder-Kommando, 1995, S. 28 ff.

[364] vgl. z.B. Deger, Christian, Auf ABS und ASR folgt ESP: Anti-Schleuder-Kommando, 1995, S. 28.

[365] vgl. FAZ v. 02.07.1996, Der automatische Nothelfer greift ein, S. T4. Eine schnelle Verbreitung dieser Systeme könnte auch durch ihr serienmäßiges Angebot in der Mercedes A-Klasse gefördert werden. Als Reaktion auf Fahrwerksprobleme hat die Daimler-Benz AG bekanntgegeben, künftig alle Fahrzeuge dieses Typs mit ESP auszurüsten; vgl. o. V., Mercedes A-Klasse: Die neue Lösung, 1997, S. 6 u. o. V., ESP in der A-Klasse, 1997, S. 26.

[366] Die Fahrzeughersteller haben z.T. spezielle Teams eingerichtet, die reale Unfälle dokumentieren und analysieren. Der schwedische Hersteller Volvo erfaßt bspw. seit 1970 alle Un-

sche Untersuchungen über die Häufigkeit einzelner Unfallarten sowie die Messung der Kräfte, die auf den Menschen bis zum Auftreten von Schädigungen oder dem Eintreten des Todes einwirken können.[367] Aufbauend auf diese Erkenntnisse können das Fahrzeug sowie entsprechende Ausrüstungsdetails optimiert werden.

Im Mittelpunkt der Bemühungen steht der Insassenschutz. Grundvoraussetzung dafür ist eine Sicherheitskarosserie, die aus einem steif ausgelegten Fahrgastraum und nachgiebigen Deformationszonen, den sog. Knautschzonen, im Front- und Heckbereich besteht.[368] Diese haben die Aufgabe, die im Crashfall freiwerdende Bewegungsenergie abzubauen und dadurch den Überlebensraum für die Insassen zu erhalten.

Die Vorkehrungen gegen Seitenkollisionen bereiten bei der Karosseriegestaltung besondere Probleme. Da hier nur die Türbreite als Verformungsweg für den Abbau der Crashenergie zur Verfügung steht, sind die Schädigungen gravierender.[369] Verstrebungen und energieabsorbierende Bereiche in den Türen sowie Verstärkungen in Türsäulen und Bodengruppe sollen für mehr Widerstandsfähigkeit sorgen.

Die karosserieseitigen Vorkehrungen werden ergänzt durch Rückhaltesysteme für die Insassen. Wichtigster Bestandteil des Gesamtsystems ist der Sicherheitsgurt.[370] Seine Schutzwirkung wird durch den Einsatz von sog. Airbags (engl., „Luftsack")[371] ergänzt. Im Fall einer Kollision wird in Sekundenbruchteilen ein Luftkissen aufgeblasen, das die Insassen sanft abfängt.[372] Der Einsatz

---

fälle mit Personenschäden in einem Umkreis von 100 km um Göteborg und analysiert Hergang und Verletzungsschwere. Die hierdurch gewonnenen Erkenntnisse fließen in die Konstruktion neuer Sicherheitseinrichtungen ein; vgl. VDI-Nachrichten v. 29.04.1994, Mehr Schutz mit Seitenairbag, S. 20.

[367] Einen Überblick über wichtige Verfahren zur Bestimmung derartiger Werte sowie Ergebnisse gibt Seiffert; vgl. Seiffert, Ulrich, Fahrzeugsicherheit - Personenwagen, 1992, S. 37 ff.

[368] Das Grundkonzept dieser Karosserie geht auf ein Patent des Daimler-Benz Mitarbeiters Béla Barényi aus dem Jahr 1951 zurück; vgl. Daimler-Benz AG (Hrsg.), Daimler-Benz, Die Technik, 1986, S. 179.

[369] Insgesamt gehen nur 22% aller Unfallverletzungen auf Seitenunfälle zurück, der Anteil an den schwer verletzten Fahrzeuginsassen liegt jedoch bei 34%, vgl. o. V., Passive Sicherheit, ohne Jahrgangsangabe, S. 19.

[370] vgl. z.B. FAZ v. 25.11.1997, Der künftige Airbag kann unterscheiden, S. T4.

[371] vgl. Brockhaus-Enzyklopädie, Bd. 1, 1986, S. 263.

[372] Nähere Informationen geben z.B. Seiffert, Ulrich et al., Automobiltechnik der Zukunft, 1989, S. 44 f.; Olbrich, Chr., Forschung und Entwicklung: Airbag auf Wunsch, 1991, S. 33; FAZ v. 30.11.1993, Airbags am wichtigsten für Kleinwagen, S. 17 u. FAZ v. 18.01.1995, Airbag verändert Verletzungsmuster, S. N3.

von Airbags im Fahrzeug begann zunächst auf der Fahrerseite, später wurden auch Beifahrerairbags angeboten. Mittlerweile steigt die Ausrüstung von Fahrzeugen mit einem Airbag für den Seitenaufprall beständig an,[373] weitere Airbagsysteme sind bereits in der Entwicklung.[374]

---

373 Das erste mit einem Seitenairbag erhältliche Fahrzeug kam von Volvo (vgl. FAZ v. 06.09.1994, Der erste Seiten-Airbag kommt von Volvo, S. T3). Mittlerweile werden immer weitere Baureihen serienmäßig bzw. gegen Aufpreis mit Seitenairbags angeboten; vgl. Sander, Rudolf, Sidebags auf dem Vormarsch: Auf der sicheren Seite, 1997, S. 72.

374 vgl. VDI - Nachrichten v. 20.12.1996, Multi-Bag-Systeme schützen rundum, S. 21.

2.3 Technische Informationen zur aluminiumintensiven Karosserie, Bewerten ihres Potentials und Ableiten einer Ziel-/Mittel-Matrix

2.3.1 Aluminium - Gewinnung, Verarbeitung, Einsatzgebiete und Recycling

2.3.1.1 Allgemeines

Aluminium ist ein silberweiß glänzendes Metall[375] und zählt auf Grund seines geringen spezifischen Gewichts von durchschnittlich 2,7 g/cm^3 zur Gruppe der Leichtmetalle.[376] Es läßt sich als Reinmetall gut verformen, da es sehr weich ist und nur eine geringe mechanische Festigkeit besitzt. Diese Eigenschaften können durch Zulegieren[377] weiterer Materialien entsprechend der Einsatzerfordernisse verändert werden: Bestimmte Aluminiumlegierungen erreichen z.B. Festigkeiten, die denen von Stahl nahe kommen. Die Zahl der gebräuchlichen Legierungen ist hoch.

Reinaluminium überzieht sich an der Luft mit einer Oxidschicht, die für eine hohe Schutzwirkung gegenüber Sauerstoff, Luftfeuchtigkeit und häufig eingesetzten Stoffen wie z.B. Essig, Obstsäuren u.ä. sorgt. Darüber hinaus besitzt es eine hohe elektrische Leitfähigkeit. Der entsprechende Wert liegt bei rund 2/3 des Potentials von Kupfer, das nach Silber der beste elektrische Leiter ist. Da Aluminium jedoch ein wesentlich geringeres spezifisches Gewicht aufweist, sind Aluminiumteile bei gleicher Leitfähigkeit rd. 50% leichter als entsprechende Kupferteile.

Weiterhin ist Aluminium ein guter Wärmeleiter und unmagnetisch. Aufgrund seiner gesundheitlichen Unbedenklichkeit und Geschmacksneutralität wird es häufig bei der Verpackung von Lebensmitteln eingesetzt. Weitere günstige Eigenschaften sind die gute Umformbarkeit sowie die Vielzahl der möglichen Fügeverfahren. **Tabelle 2.3-1** (folgende Seite) gibt einen Überblick über wichtige Eigenschaften dieses Materials im Vergleich zu Eisen bzw. Stahl.

---

[375] Die allgemeinen Aussagen in Kap. 2.3.1.1 stammen - wenn nicht besonders gekennzeichnet - aus Grabow- von Dahlen, Barbara Maria, Das Kartell der bauxitproduzierenden Staaten, 1987, S. 67 - 180, bes. S. 139 - 153 u. Greven, Emil, Werkstoffkunde - Werkstoffprüfung, 1986, S. 142 - 148.

[376] Hierunter fallen Metalle mit einem spez. Gewicht von unter 4,5 g/cm^3, vgl. Brockhaus-Enzyklopädie, Bd. 13, 1990, S. 230.

[377] Unter Legierungen versteht man Werkstoffe metallischen Charakters, die aus zwei oder mehreren Elementen bestehen von denen mindestens eines metallischen Ursprungs sein muß; vgl. Brockhaus-Enzyklopädie, Bd. 13, 1990, S. 209.

	Aluminium	Eisen/Stahl (unleg., niedr. leg)
Ordnungszahl	13	26
rel. Atommasse	26,98	55,847
Häufigkeit in Erdrinde [Gew.-%]	8,6	4,7
Dichte [g/cm^3]	2,6 - 2,8	7,87
Schmelzpunkt [°C]	660,37	1536/1460
Siedepunkt [°C]	2.467	2750/2500
Schmelzwärme [kJ/kg]	396,1	205
Wärmeleitfähigkeit [W/cm*K]	2,3	0,048 - 0,058
Elektr. Leitfähigkeit [m/ *mm^2]	37,74	7,15
E-Modul	70.000	210.000

Tabelle 2.3-1: Vergleich spezifischer Grunddaten von Stahl und Aluminium

Die kommerzielle Nutzung von Aluminium setzte jedoch erst relativ spät ein: 1825 entdeckte Orstedt das Element in unreiner Form, die erste elektrolytische Darstellung gelang Bunsen 1854. Das noch heute für die Produktion wichtige Verfahren der Schmelzflußelektrolyse wurde 1886 entwickelt; die industrielle Gewinnung begann um die Jahrhundertwende. In den Folgejahren erreichte die Aluminiumproduktion jedoch Wachstumsraten, die deutlich über denen anderer Metalle sowie des allg. Wirtschaftswachstums lagen.[378] Diese schnelle Entwicklung basiert in erster Linie auf dem Einsatz in gewichtssensiblen Produkten. Im Flugzeugbau ist Aluminium heute bspw. das dominierende Material, das seine Vormachtstellung nach Einschätzung von Experten trotz der Konkurrenz durch neuartige Werkstoffe behalten wird.[379] Aluminium wurde wegen seiner physikalischen und technischen Vorteile zum bedeutendsten Vertreter der Leichtmetalle und es ist heute "nach Stahl [das] am häufigsten verwendete Metall"[380]. Das Material wird heute als Neuware aus aluminiumhaltigen Erzen (Primäraluminium) oder durch das Recycling von aluminiumhaltigen Schrotten gewonnen (Sekundäraluminium).

---

[378] vgl. Aluminium Zentrale e.V. (Hrsg.), Aluminium - Taschenbuch, 14. Aufl., 1988, S. 1 f.

[379] Der Aluminiumanteil beim Airbus A 300 liegt bspw. bei rd. 70%; nachfolgende Baumuster wie A 320 oder A 340 weisen etwas geringere Anteile von rd. 65% auf; vgl. Loechelt, E. Übersichtsvortrag: Leichtbau in der Luft- u. Raumfahrt, 1994, S. 463 u. Peters, M. et al., Das Potential metallischer Werkstoffe in der Luft- und Raumfahrt, 1994, S. 483.

[380] Aluminium Zentrale e.V. (Hrsg.), Aluminium - Taschenbuch, 14. Aufl., 1988, S. 1.

2.3.1.2 Vorkommen und Gewinnung von Aluminium und Aluminiumlegierungen

2.3.1.2.1 Rohstoffbasis und -reichweite von Aluminium

Aluminium ist das in der Erdkruste am häufigsten vorkommende Metall. Sein Anteil beträgt 8,1 Gewichtsprozent[381] und liegt damit hinter Sauerstoff (46,6 Gew.-%) und Silizium (27,7 Gew.-%) auf dem dritten Rang noch deutlich vor Eisen (5,0 Gew.-%). Es kommt in der Natur allerdings nicht elementar sondern nur in Verbindung mit anderen Elementen vor.

Der wichtigste Rohstoff für die Aluminiumgewinnung ist der Bauxit, auf den rd. 97% der Aluminiumprimärproduktion entfallen.[382] Er entsteht bei Verwitterungsprozessen von aluminiumhaltigen Eruptiv-Sedimentgesteinen sowie metamorphen Gesteinen unter tropisch-wechselfeuchten Klimaeinwirkungen.[383]

Die speziellen lokalen Formationen und Gegebenheiten führen zu verschiedenen Bauxitarten, die sich unterschiedlich gut für die Weiterverarbeitung eignen.[384] Das wichtigste Kriterium hierfür ist der Anteil an Aluminiummineralen. Ein höherer Gehalt bedeutet eine größere Aluminiumausbeute aus einer Tonne Bauxit und beeinflußt damit entscheidend die Wirtschaftlichkeit der Weiterverarbeitung. In den 40er Jahren konnten nur Erze mit einem Al_2O_3-Gehalt von über 55% wirtschaftlich weiterverarbeitet werden, heutige Anlagen arbeiten auch bei einem Gehalt von 35% bereits kostendeckend.[385]

Ähnlich wie bei anderen Rohstoffen war auch bei Bauxit die Entwicklung zu beobachten, daß die nachgewiesenen Vorkommen im Laufe der Zeit deutlich zunahmen. Im Jahr 1966 wurden die sicheren Weltbauxitvorräte mit 5,96 Mrd. t angesetzt und die potentiellen auf 9,58 Mrd. t geschätzt;[386] im Jahr 1981 belie-

---

[381] Alle Prozentangaben entnommen aus Brockhaus-Enzyklopädie, Bd. 1, 1986, S. 457.

[382] Die übrigen eingesetzten Mineralien sind Nephelin und Aluniut; vgl. Grabow-van Dahlen, Barbara Maria, Das Kartell der bauxitproduzierenden Staaten, 1987, S. 69 f.

[383] vgl. Cissarz, A., Untersuchungen über Angebot und Nachfrage metallischer Rohstoffe, 1973.

[384] Einteilungskriterien sind neben der Lage der Bauxitschichten vor allem sein Eisengehalt sowie die Art und die Zusammensetzung der enthaltenen Aluminium- u. Silikatminerale. Einen Überblick über die Bauxitqualifizierung gibt Bárdossy, G. et al., An assessment of world bauxite deposits as sources for greenfield alumina plant developments, 1993, S. 889.

[385] Grabow-van Dahlen, Barbara Maria, Das Kartell der bauxitproduzierenden Staaten, 1987, S. 90.

[386] vgl. Cissarz, A., Untersuchungen über Angebot und Nachfrage metallischer Rohstoffe, 1973.

fen sich allein die nachgewiesenen Vorräte auf 32,32 Mrd. t.[387] Aktuelle Untersuchungen berichten von nachgewiesenen Reserven in Höhe von 43,3 Mrd. t zzgl. Spekulationen über 15 bis 20 Mrd. t.[388]

Stellt man den nachgewiesenen Vorräten die aktuelle Bauxitproduktion von rd. 110 Mio. t (Stand 1991) gegenüber, ergibt sich eine Reichweite von knapp 400 Jahren. Selbst unter Berücksichtigung eines weiter steigenden Bauxitverbrauchs und der Notwendigkeit, in Zukunft auch weniger aluminiumhaltige Erze abbauen zu müssen,[389] kann die Rohstoffsituation damit als günstig eingestuft werden.

Eine wichtige Rolle bei der Beurteilung der künftigen Versorgungssicherheit spielt die geographische Verteilung der nachgewiesenen Vorräte. Die heutigen Abbaugebiete liegen über nahezu alle Kontinente verteilt und zeigen keine einseitigen geographische Ungleichgewichte.[390] Neben Australien verfügen Brasilien, Venezuela und Guinea über die umfangreichsten Vorkommen.[391]

Aufgrund der günstigen Lage der Bauxitschichten, die in den meisten Fällen nur wenige Meter unter der Erdoberfläche verlaufen, kann der Abbau zu rd. 90% im kostengünstigen Tagebau erfolgen.[392]

2.3.1.2.2 Primäraluminium

Primäraluminium wird großtechnisch in einem 2-stufigen indirekten Verfahren gewonnen, bei dem im ersten Schritt aus Bauxit reines Aluminiumoxid isoliert wird.[393] Hierzu bedient man sich in der Regel des sog. Bayer-Verfahrens:[394]

---

[387] vgl. Hill, V. G. et al., The Bauxite Supply Potential for the aluminum industry, 1981, S. 130.

[388] vgl. Bárdossy, G. et al., An assessment of world bauxite deposits as sources for greenfield alumina plant developments, 1993, S. 888.

[389] Der Abbau von weniger aluminiumhaltigen Erzen führt dazu, daß zur Gewinnung der gleichen Aluminiummenge eine größere Bauxitproduktion notwendig ist und damit die Vorräte schneller zur Neige gehen.

[390] vgl. Bárdossy, G. et al., An assessment of world bauxite deposits as sources for greenfield alumina plant developments, 1993, S. 892.

[391] vgl. Bárdossy, G. et al., An assessment of world bauxite deposits as sources for greenfield alumina plant developments, 1993, S. 888.

[392] vgl., auch im folgenden, Grabow-van Dahlen, Barbara Maria, Das Kartell der bauxitproduzierenden Staaten, 1987, S. 80 ff.

[393] Manche Autoren beziehen den Erzabbau als eigene Produktionsstufe in den Prozeß mit ein und sprechen daher von einem 3-stufigen Verfahren, vgl. Grabow-van Dahlen, Barbara Maria: Das Kartell der bauxitproduzierenden Staaten, 1987, S. 67. In dieser Untersuchung wird hin-

Unter Zugabe von Natronlauge entsteht in einem Zwischenschritt zunächst Aluminiumlaminat, das über die Zwischenstufe Aluminiumhydroxid zu Aluminiumoxid weiterverarbeitet wird (Al_2O_3). Je nach verwendetem Bauxittyp fallen bei diesem Verfahren pro Tonne Aluminiumoxid zwischen 0,3 und 2,5 t des nicht toxischen Rotschlamms an, der sich aus den im Bauxit enthaltenen Begleitstoffen zusammensetzt und normalerweise deponiert werden muß. Versuche, diesen Abfall als Füllstoff im Straßenbau zu verwenden, sind bislang an wirtschaftlichen Problemen gescheitert.[395]

Im anschließenden zweiten Schritt wird aus Aluminiumoxid in einer elektrolytischen Reduktion (Hall-Héroult-Prozeß)[396] bei einer Temperatur von 950 bis 970°C Hüttenaluminium gewonnen, das eine Reinheit von 99,5 bis 99,8% aufweist. In diesem Verfahrensabschnitt müssen pro erschmolzener Tonne Aluminium etwa 15 MWh elektrischer Energie eingesetzt werden.[397] Obwohl damit seit 1950 eine Reduzierung um ca. 30% erreicht werden konnte,[398] liegt der Energieeinsatz bei der Aluminiumprimärproduktion deutlich höher als z.B. bei Eisen.[399]

2.3.1.2.3 Sekundäraluminium/ Recyclingpotential des Werkstoffs

Unter dem Begriff "Sekundäraluminium" faßt man sämtliche Formen von wiederverwendetem Aluminium zusammen. Die Rohstoffquelle für diesen Recyclingprozeß sind das Abfall- und Schrottaufkommen.[400]

---

gegen der Bauxitabbau nicht als eigenständige Prozeßstufe angesehen, vgl. Greven, Emil, Werkstoffkunde und Werkstoffprüfung 1986, S. 142.

394 Dieses Verfahren erhielt seinen Namen nach seinem Entdecker, dem österreichischen Chemiker Karl-Josef Bauer; vgl. Brockhaus-Enzyklopädie, Bd. 2, 1987, S. 678.

395 vgl. Grabow-van Dahlen, Barbara Maria: Das Kartell der bauxitproduzierenden Staaten, 1987, S. 109 und Altenpohl, Dietrich, Aluminium von innen, 1994, S. 10.

396 Für weitere Einzelheiten vgl. Altenpohl, Dietrich, Aluminium von innen, 1994, S. 12 ff.

397 vgl. Bundesminister für Wirtschaft, Antwort der Bundesregierung auf die Große Anfrage der Abgeordneten Dr. Jürgen Rochlitz, Michaele Hustedt, Gila Altmann (Aurich), Albert Schmidt (Hitzhofen) und der Fraktion Bündnis 90/ Die Grünen, 1997, S. 7.

398 vgl. Bundesminister für Wirtschaft, Antwort der Bundesregierung auf die Große Anfrage der Abgeordneten Dr. Jürgen Rochlitz, Michaele Hustedt, Gila Altmann (Aurich), Albert Schmidt (Hitzhofen) und der Fraktion Bündnis 90/ Die Grünen, 1997, S. 7.

399 Bei der Aluminiumprimärproduktion ist - bei gleicher Masse des produzierten Metalls - ein etwa 7-fach höherer Energieeinsatz notwendig; vgl. Koewius, Alexander, Energiebilanzvergleich bei Metallen im Lichte physikalisch orientierter Betrachtungsweisen, 1995, S. 19 f.

400 vgl. Institut für Kraftfahrwesen Universität Hannover (Hrsg.): Aluminium, Automobil und Recycling, 1994, S. 11.

Spezielle Schmelzhütten nehmen diese Stoffe, die unterschiedliche Aufarbeitungsstufen notwendig machen, an und stellen nach Zwischenschaltung verschiedener Sortierungs- und Trennvorgänge Grundstoffe vor allem für Gußstücke her.[401]

Aus technischer Sicht muß ein Recyclingprozeß unterschiedlichen Anforderungen gerecht werden. Wichtig ist, daß die wiedergewonnenen Materialien die gleichen Eigenschaften wie der Ursprungswerkstoff aufweisen. Dieses Recycling ohne Qualitätsverlust ermöglicht die Etablierung geschlossener Stoffkreisläufe, in die kein Neumaterial eingebracht werden muß. (sog. „Closed loop Recycling"[402]). Weitere Forderungen an einen vorteilhaften Recyclingprozeß sind eine günstige Energiebilanz sowie das Fehlen umweltgefährdender Emissionen.

	Angestrebte Recyclinglegierung				
Schrottbest.	2008	6111	6009	2036	5182
2008	100 %	88,8 % (Cu)	43,8 % (Cu)	53,1 % (Si)	4,3 % (Cu)
6111	58,3 % (Mn)	100 %	49,4 % (Cu)	46,0 % (Si)	5,4 % (Cu, Si)
6009	31,8 % (Mn)	54,5 % (Mn)	100	43,3 % (Si)	5,8 % (Si)
2036	35,7 % (Cu)	31,7 % (Cu)	15,7 % (Cu)	100 %	1,6 % (Cu)
5182	7,6 % (Mg)	13,1 % (Mg)	10,9 % (Mg)	10,9 % (Mg)	100

Tabelle 2.3-2: Recycling-Kompatibilität unterschiedlicher Aluminiumlegierungen
Quelle: o. V., Design for aluminum recycling, 1993, S. 67

Lesebeispiel: Wenn man die Legierung 6111 aus Schrott herstellen will, darf darin ein Anteil von bis zu 54,5% von 6009 sein, aber maximal 13,1% von 5182. Alle Zahlenangaben gelten für ein Schrottgemisch aus je 2 Legierungen (eigene Legierung und Fremdlegierung!). In der jeweiligen Unterzeile steht das störende Element.

---

401 Eine Übersicht über die hierzu notwendigen Verfahrensschritte findet sich bei Altenpohl, Dietrich, Aluminium von innen, 1994, S. 20 ff. u. Institut für Kraftfahrwesen Universität Hannover (Hrsg.): Aluminium, Automobil und Recycling, 1994, S. 28 ff.
402 o.V., Design for aluminum recycling, 1993, S. 66.

Grundsätzlich sind geschlossene Kreisläufe bei Aluminiumwerkstoffen unter bestimmten Voraussetzungen möglich. Besteht der Aluminiumschrott aus einer einzigen Legierung und weist er keine Verunreinigungen auf, kann das Material direkt wieder eingeschmolzen werden.

Vermischungen von Aluminiumschrott mit anderen Stoffen bewirken einen Qualitätsverlust der Recyclingware. Vor allem Verunreinigungen durch Eisen wirken sich negativ aus; liegt der Eisenanteil im Schrott über 0,5% lassen sich daraus nur noch einfache Gußlegierungen herstellen.[403]

Ein weiteres Hindernis für den Recyclingprozeß sind Aluminium-Mischschrotte mit Materialanteilen unterschiedlicher Legierungszusammensetzungen.[404] Höhere Anteile bestimmter Legierungen schränken die Einsatzmöglichkeiten für das Sekundärmaterial ein. Für die einzelnen Legierungen sind hierzu Kompatibilitätstabellen aufgestellt worden, aus denen die maximalen Anteile fremder Bestandteile abgelesen werden können (vgl. **Tabelle 2.3-2**, vorhergehende Seite).

Aus dieser Einschränkung ergibt sich die Notwendigkeit, Aluminiumlegierungen nach Möglichkeit getrennt zu sammeln bzw. vermischten Schrott zu sortieren. Hierfür werden Anlagen entwickelt, die ein Separieren bis auf die Ebene einzelner Legierungen ermöglichen.[405] Darüber hinaus muß bereits bei der Konstruktion von Produkten auf die Auswahl kompatibler Verbindungen geachtet werden.

Diesen Einschränkungen steht als ein wichtiger Vorteil der geringe Energiebedarf des Aluminium-Recyclingprozesses gegenüber. Im Vergleich zur Primärerzeugung werden nur ca. 5% der Energie benötigt.[406]

---

403 vgl. o.V., Design for aluminum recycling, 1993, S. 67.

404 vgl. FAZ v. 26.04.1994, Der schwere Weg zur Sortenreinheit, S. T8.

405 vgl. o. V., Automatische Sortierung von Nichteisenmetallen, 1993, S. 26 u. o. V., Metallsortieranlage erkennt zwölf NE - Metalle gleichzeitig, 1994, S. 197 f. Einen umfassenden Überblick über die unterschiedlichen Verfahren findet sich in Institut für Kraftfahrwesen Universität Hannover (Hrsg.), Aluminium, Automobil und Recycling, 1994, S. 62 ff.

406 Dieser Vergleichswert bezieht sich auf die Produktionsstufe des wiedereinsatzfähigen Metalls und setzt gleiche Primärenergieträger bei der Energieerzeugung voraus; vgl. etwa Bald L. et al, Primärenergieverbrauch - ein ökologischer Indikator, 1990, S. 416; Altenpohl, Dietrich, Aluminium von innen, 1994, S. 396 u. VDI - Nachrichten v. 19.01.1996, Aluminiumschrott ist Energiespeicher, S. 17.

Bezeichnung		Nominelle Zusammensetzung in Gew.-%						Festigkeitseigenschaften				Fließfiguren-neigung	Falz-typ	Anwendungs-bereiche
DIN 1725	Internat.	Si	Cu	Mn	Mg	Cr	Zn	R_m	$R_{p0,2}$	A_5	r			
Gruppe 1: Alu., unleg.														
Al99,5	1050-0	- Mindestgehalt 99,5% Aluminium -						80	40	40	0,85	keine	NF	*
Gruppe 2: AlMg(Mn,Cr) (nicht aushärtbar)														
AlMg2,5	5052-0	-	-	-	2,5	0,2	-	190	90	28	0,68	(A), B	NF	Kar.-innenteile
AlMg3	5742-0	-	-	0,2	3,0	0,1	-	210	100	28	0,75	A, B	NF	"
AlMg5Mn	5182-0	-	-	0,4	4,5	-	-	280	140	30	0,75	A, B	NF	"
Gruppe 3: AlMgSi(Cu,Mn) (aushärtbar)														
-	6009 - T4	0,8	0,4	0,5	0,6	-	-	230	125	27	0,7	keine	NF	Innen/ Außen
-	6010 - T4	1,0	0,4	0,5	0,8	-	-	290	170	24	0,7	"	TF	Außen
(AlMg0,4Si1,2)	6016 - T4	1,2	-	-	0,4	-	-	240	120	28	0,65	"	(NF)	"
-	6111 - T4	0,9	0,7	0,2	0,7	-	-	275	160	28	0,56	"	TF	"
Gruppe 4: AlCuMg(Si) (nicht aushärtbar)														
-	2002 - T4	0,6	2,0	-	0,8	-	-	330	180	26	0,63	keine	TF	Außenteile
-	2008 - T4	0,7	0,9	-	0,4	-	-	250	140	28	0,58	"	"	"
-	2036 - T4	-	2,6	0,3	0,5	-	-	340	190	24	0,7	"	"	"
-	2038 - T4	0,8	1,3	0,3	0,7	-	-	320	170	25	0,7	"	-	"
Gruppe 5: AlMgCu(Zn) (aushärtbar ?)														
-	GZ45/30-30	-	0,4	-	4,5	-	1,5	300	155	30	0,68	(B)	NF	Innen/ Außen
-	KS5030 - T4	-	0,4	-	4,5	-	-	275	135	30	0,65	(B)	NF	"

Tabelle 2.3-3: Einteilung und Zusammensetzung von Aluminiumlegierungen (* = Nummernschilder u. Wärmeabschirmung)

Quelle: Ostermann, Friedrich, Aluminium-Werkstoffe für den Automobilbau, 1992, S. 16 - 18, eigene Darstellung

2.3.1.2.4 Aluminiumlegierungen

Die Eigenschaften des Grundmetalls können durch die Beifügung unterschiedlicher Zusatzstoffe in einem weiten Rahmen verändert und den spezifischen Einsatzanforderungen angepaßt werden.

Als Beispiel hierfür seien die Legierungen mit einem hohen Anteil von Magnesium und Silizium angeführt (6000er-Reihe, Gruppe 3, vgl. **Tabelle 2.3-3**, vorhergehende Seite). Gegenüber dem weichen Reinaluminium weisen sie eine um bis zu vierfach höhere Festigkeit auf, verlieren aber an Zähigkeit (erkennbar an der Bruchdehnung A5, die um rd. ein Drittel abfällt). Diese Bandbreiten lassen erkennen, daß für viele Einsatzzwecke optimierte Legierungen hergestellt werden können.

Nach der Eignung für unterschiedliche Wege der Weiterverarbeitung unterscheidet man grundsätzlich zwischen Guß- und Knetlegierungen.[407] Knetlegierungen werden zur Halbzeugherstellung verwendet, während Gußlegierungen der Produktion von Formgußstücken dienen.[408] Zu ihrer Unterscheidung erhalten die Gußlegierungen Vorsatzbuchstaben, die einen Hinweis auf das verwendete Gießverfahren geben.[409]

Die Legierungseigenschaften werden durch die maßgebenden Bestandteile beeinflußt, weshalb eine weitere Unterteilung in Gruppen nach diesen vorgenommen wird. In **Tabelle 2.3-3** werden ausgewählte, im Fahrzeugbau häufig verwendete Materialien mit ihrer Zusammensetzung, typischen Kennwerten sowie ihren Einsatzmöglichkeiten vorgestellt.

Neben den Werkstoffeigenschaften spielt bei der Auswahl der geeigneten Legierung der jeweilige Preis eine wichtige Rolle. Gegenüber dem Reinmetall müssen Aufschläge einkalkuliert werden, die vor allem vom Gewicht und dem Preis der zugefügten Metalle bestimmt werden.

2.3.1.3 Hauptanwendungsgebiete von Aluminiumwerkstoffen

Eine Untersuchung der metallurgischen Anwendungen von Aluminium[410] zeigt

---

[407] vgl. Greven, Emil, Werkstoffkunde und Werkstoffprüfung, 1986, S. 144 ff.

[408] Die Möglichkeiten der Weiterverarbeitung von Aluminium werden in den folgenden Kapiteln behandelt.

[409] Man unterscheidet: GK für Kokillenguß, GC für Druckguß und G für Sandguß.

[410] Neben den metallurgischen Anwendungen existieren Verwendungsmöglichkeiten für Bauxite und Aluminiumoxid, auf die im Rahmen dieser Darstellung jedoch nicht weiter ein-

einen deutlichen Schwerpunkt im Verkehrsbereich (27,0% des Gesamtverbrauchs, vgl. **Abbildung 2.3-1**).

Diesen hohen Anteil verdankt Aluminium neben seinem Einsatz im Straßenfahrzeugbau einer dominierenden Stellung im Flugzeugbau und einer - vor allem in den letzten Jahren - ausgebauten Marktposition im Eisenbahnbereich.[411] In Deutschland wurde z.B. der Hochgeschwindigkeitszug ICE unter Verwendung von Aluminiumprofilen aufgebaut.[412] Neben den bereits vorgestellten Anwendungen im Pkw wird der Werkstoff auch bei Nutzfahrzeugen eingesetzt.[413]

Im Bereich des Bauwesens konnte sich Aluminium aufgrund seiner Witterungsbeständigkeit Anteile sichern.[414] Darüber hinaus wird es vor allem für die Verpackung von Lebensmitteln in unterschiedlichen Formen eingesetzt.

Die Elektroindustrie setzt Aluminium in erster Linie wegen seiner günstigen elektrischen Leitfähigkeit ein. Darüber hinaus findet das Metall auch Anwendung bei der Gehäuse- und Gerätekonstruktion.[415]

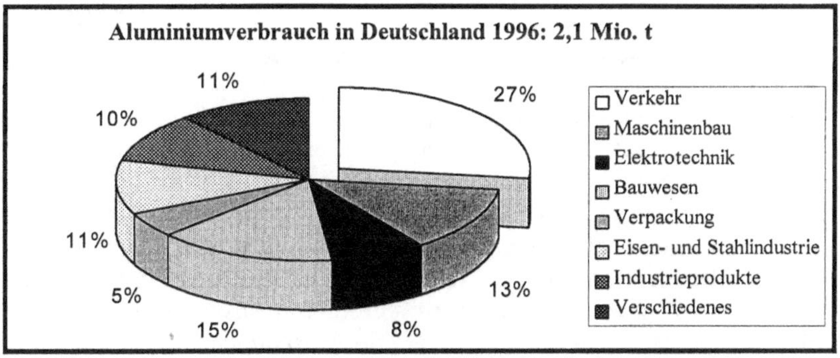

Abbildung 2.3-1: Aluminiumverbrauch in Deutschland im Jahr 1996
Quelle: VDI-Nachrichten v. 11.04.1997, Aluminium als Allrounder, S. 13

---

gegangen werden kann. Einen Überblick hierüber findet man bei Bielfeldt, K., et al., Aluminiumverbindungen, 1983, bes. S. 7 ff. und S. 26.

411 Taschner zeigt einige Beispiele für die weltweite Verwendung von Aluminium im Bereich des Eisenbahnfahrzeugbaus auf.; vgl. Taschner, Wolfgang, Mit Aluminium auf die Schiene, 1993, S. 52 f.

412 vgl. Hielscher, U., Gewichtsreduzierung durch Aluminiumguß, 1990, S. 356 ff.

413 vgl. z.B. Wähling, H.-G., Karosseriebauteile aus Aluminium-Strangpreßprofilen, S. 51.

414 vgl. Grabow-van Dahlen, Barbara Maria: Das Kartell der bauxitproduzierenden Staaten, 1987, S. 145.

415 vgl. Grabow-van Dahlen, Barbara Maria: Das Kartell der bauxitproduzierenden Staaten, 1987, S. 145.

2.3.2 Anforderungen, Konzeptionen und Ausführungen von Pkw-Karosserien

2.3.2.1 Abgrenzung der Begriffe „Karosserie“ und „aluminiumintensive Karosserie“

Der Begriff "Karosserie" geht über den Umweg der französischen Sprache auf das lat. Wort „carrus“ zurück[416], was im Deutschen soviel wie Wagen bedeutet. Der Begriff beschreibt den Aufbau des Fahrzeugs, der neben der Außenhaut einschließlich Türen und Hauben auch seinen Unterboden sowie die Strukturteile umfaßt.

Eine aluminiumintensive Karosserie setzt einen hohen Gewichtsanteil von Aluminium voraus, der allerdings nicht einheitlich festgelegt ist.[417] In der vorliegenden Untersuchung wird der Mindestwert auf 10 Gewichtsprozent (bezogen auf das Karosseriegesamtgewicht) festgesetzt. Erst oberhalb dieser Schwelle wird von einer aluminiumintensiven Karosserie gesprochen.

2.3.2.2 Anforderungen an eine Fahrzeugkarosserie

Die Anforderungen an eine Fahrzeugkarosserie sind sehr vielschichtig und werden in **Abbildung 2.3-2** (folgende Seite) dargestellt. Braess unterscheidet in seinem Ansatz neben dem kundenrelevanten Bereich den herstellerrelevanten sowie den sog. übergeordneten Bereich.[418] Viele Anforderungen können zwei, teilweise sogar allen drei Bereichen zugeordnet werden. Ein Beispiel dafür ist die Wirtschaftlichkeit einer Karosserie, die - in unterschiedlicher Ausprägung - in allen Bereichen genannt wird. Diese Anforderungsliste ist ein Hinweis auf die Komplexität des Teilsystems Karosserie. Zusammenfassend kann festgestellt werden:

a) Das Teilsystem Karosserie hat einen entscheidenden Einfluß auf das gesamte Fahrzeug: Sein Charakter wird beim Betrachter zunächst nur durch die Karosserie geprägt.[419] Darüber hinaus werden wichtige Kenndaten des Fahrzeugs durch die Karosserie entscheidend beeinflußt: die aerodynamischen Eigenschaften der Karosserie wirken sich z.B. auf Fahrleistungen, Fahreigenschaften und

---

416 vgl. Brockhaus-Enzyklopädie, Bd. 11, 1990, S. 490.
417 Mündliche Information durch Herrn Dr. Wagner, Audi AG, am 6. Mai 1994.
418 Braess, H.-H., Die Karosserie - typisches Beispiel für Zielkonflikte und Zielkonfliktlösungen für Automobile, 1992, S. 4.
419 vgl. Braess, H.-H., Die Karosserie - typisches Beispiel für Zielkonflikte und Zielkonfliktlösungen für Automobile, 1992, S. 1.

Fahrkomfort aus, die Karosserieform bestimmt Transportmöglichkeiten und Zuladung usw. Braess kommt daher bei einer Untersuchung des Einflusses einzelner Teilsysteme auf das Gesamtsystem "Fahrzeug" zu dem Schluß, daß es "heute nur noch wenige Eigenschaften des Gesamtfahrzeugs [gibt], bei denen die Karosserie nicht beteiligt ist."[420]

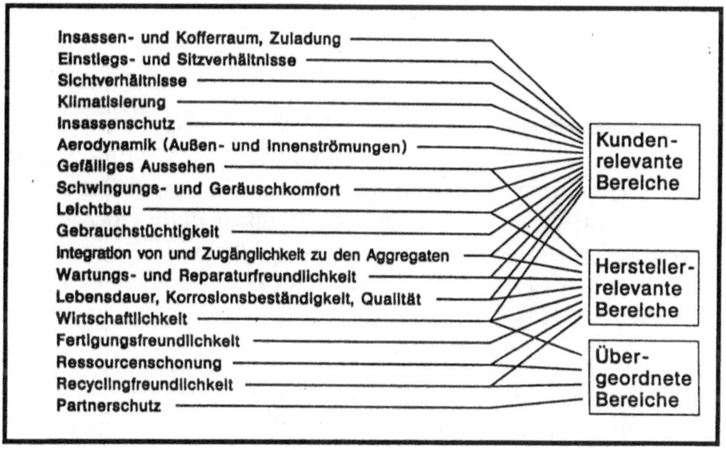

Abbildung 2.3-2: Wichtige Anforderungen an Pkw-Karosserien
Quelle: Braess, H.-H., Die Karosserie - typisches Beispiel für Zielkonflikte und Zielkonfliktlösungen für Automobile, 1992, S. 4

b) Diese differierenden Anforderungen werden von verschiedenen Seiten erhoben und müssen damit unterschiedlich gewichtet werden. Verbindlich sind die in Form von Gesetzen und Verordnungen vorliegenden Anforderungen. Hierdurch aufgestellte Mindeststandards - etwa im Bereich der Crashsicherheit[421] - müssen zwingend eingehalten werden, ihre Nichterfüllung führt zu einem Scheitern des Projekts. Interne Vorgaben der Automobilhersteller, die in vielen Fällen durch den anvisierten Kundenkreis vorgegeben werden, ergänzen die gesetzlichen Normen. Beide Arten von Vorgaben müssen bereits bei der Aufstellung eines Lastenhefts für ein neues Fahrzeugprojekt mehrere Jahre vor Serien-

---

[420] Braess, H.-H., Die Karosserie - typisches Beispiel für Zielkonflikte und Zielkonfliktlösungen für Automobile, 1992, S. 1.

[421] In diesem Bereich machen sich die weltweit abweichenden Anforderungen aufwandssteigernd bemerkbar; hierdurch werden unterschiedliche Lösungen und Tests notwendig, die die Entwicklungskosten erhöhen; vgl. z.B. VDI - Nachrichten v. 28.06.1996, Crash-Sicherheit im Vergleich, S. 15 u. FAZ v. 09.04.1996, Nun endlich auch europäische Normen für Aufpralltests, S. T4.

anlauf festgestellt und berücksichtigt werden.[422]

c) Die einzelnen Anforderungen stehen untereinander teilweise in einem Zielkonflikt, teilweise auch in einer positiven Abhängigkeit. Beim Auftreten von Zielkonflikten muß ein Kompromiß zwischen den unterschiedlichen Parametern gefunden werden.[423]

2.3.2.3 Grundlegende Karosseriekonzeptionen

Ein wichtiges Unterscheidungsmerkmal einzelner Karosseriekonzeptionen ist die Art und Weise, wie die im Fahrbetrieb auftretenden Kräfte (statische, quasistatische und dynamische Kräfte[424]) in das Fahrzeug eingeleitet werden. Eine Möglichkeit besteht darin, einen separaten Rahmen dafür vorzusehen.[425] An diesem zentralen Fahrzeugelement werden die anderen Teilsysteme angebaut: auch die Karosserie wird als ein Teilsystem auf diesen Rahmen aufgesetzt und nur durch einen Teil der Kräfte belastet.

Andere Konzeptionen sehen eine stärkere Beteiligung des Fahrzeugaufbaus an der Tragfunktion vor. Je nach dem Umfang dieser Übernahme spricht man von einer mittragenden Karosserie (die noch mittragende Rahmenteile besitzt)[426] oder einer selbsttragenden Karosserie,[427] bei der eine separate Rahmenkonstruktion nicht mehr erforderlich ist. Das Prinzip der selbsttragenden Stahlblechkarosserie dominiert heute den Pkw-Bau. Im folgenden werden dieses

---

[422] In der Regel muß bei einer Fahrzeug-Neukonstruktion mit einer Entwicklungszeit von ca. 3-4 Jahren zwischen Projektbeginn und Produktionsbeginn gerechnet werden, die Modelllaufzeit beträgt im Durchschnitt ca. 5 Jahre. Da die Wünsche späterer Kunden vor allem in die grundsätzliche Fahrzeugkonzipierung einfließen müssen, läßt sich ein Zeitraum von 3 bis 9 Jahren als Projektionsfrist für spätere Kundenwünsche errechnen. Vgl. auch Sander, Rudolf, Technik bei Opel - Diskussion mit Cheftechniker Peter H. Hanenberger, 1992, S. 139.

[423] vgl. hierzu auch Kap. 1.2.2.3.

[424] Als einleitende Kräfte können in Abhängigkeit von ihrer zeitlichen Einwirkung statische (Eigengewicht und Zuladung, Radwechsel, Herstellung und Reparaturen), quasistatische (Seitenkräfte bei Kurvenfahrt, Brems- und Beschleunigungskräfte) sowie dynamische (bei welliger Fahrbahn, freie Massenkräfte der Aggregate und der Nutzlast) unterschieden werden; vgl. Fiala, E., Kraftfahrzeugtechnik, 1987, S. Q13.

[425] vgl. Pippert, Horst, Karosserietechnik, 1989, S. 231.

[426] Die Aluminium Space-frame Karosserie ist ein Beispiel für die mittragende Karosserie. Die mit dem Rahmen verbundenen Außenbleche übernehmen einen Teil der Tragaufgabe; vgl. Paefgen, Franz-Josef et al., Der neue Audi A8, 1994, S. 204.

[427] Dieses Bauprinzip hat sich als Standard im Stahlkarosseriebau etablieren können. Aus tiefgezogenen Karosserieteilen (Blechhohlkörper) wird ein Tragwerk zusammengeschweißt, das alle Kräfte im Fahrbetrieb aufnimmt; vgl. Bosch GmbH, Kraftfahrtechnisches Taschenbuch, 1987, S. 544 f.

sowie Konzepte aluminiumintensiver Karosserien vorgestellt.

2.3.2.4 Ausführungen von Pkw-Karosserien

2.3.2.4.1 Selbsttragende Ganz-Stahlkarosserie

Ausgangsmaterial dieser Bauform sind kaltgewalzte Stahlbleche, die auf mehrstufigen Pressenstraßen zu Karosserieteilen umgeformt werden. Diese Einzelteile werden über die Zwischenstufe von Unterbaugruppen zur Rohkarosserie zusammengesetzt. Dominierendes Fügeverfahren ist das Punktschweißen, daneben kommen auch mechanische Fügeverfahren, wie z.B. das Druckfügen,[428] Klebeverfahren oder andere Schweißverfahren[429] zum Einsatz. Die wesentlichen Vorteile dieser Bauform liegen zum einen im preisgünstigen Ausgangsmaterial und zum anderen in der hohen Automatisierbarkeit des Produktionsprozesses.

Die mangelnde Korrosionsbeständigkeit des verwendeten Materials muß durch geeignete Gegenmaßnahmen ausgeglichen werden. Konstruktive Vorkehrungen wie das Vorsehen von Wasserablaufflächen oder das Versiegeln von Hohlräumen sollen dazu beitragen, Feuchtigkeitsansammlungen zu vermeiden.[430] Ein anderer Weg ist das Aufbringen von Schutzschichten auf das Blech. Gute Ergebnisse bringen Zinkschichten, die sich beim Kontakt mit korrosiven Medien selbst „opfern" und damit das darunterliegende Stahlblech schützen.[431]

Ein großes Handicap der Stahlkarosserie ist ihre hohe Masse aufgrund des spezifischen Gewichts des Ausgangswerkstoffs. Aus diesem Grund wird intensiv nach Möglichkeiten gesucht, dieses Gewicht zu reduzieren. Hierzu bieten sich

---

[428] Das Druckfügen wird auch im konventionellen Stahl-Karosseriebau eingesetzt. Larsson beschreibt Vor- und Nachteile dieser Fügetechnik und ihre künftigen Einsatzpotentiale im Karosserierohbau; vgl. Larsson J. K., et al., Rationalisierung des Karosseriebauprozesses mit umweltverträglicher Druckfügetechnik, 1994, S. 111 ff.

[429] Manche Hersteller setzen bei der Verbindung von beidseitig verzinkten Blechen sowie an kritischen Stellen, wie z.B. im Dach-/ Seitenwandbereich, auf Laserschweißanwendungen. Diese bieten gegenüber Punktschweißverbindungen insbesondere ein höheres Festigkeitspotential und benötigen keine Schweißflansche (Gewichtsreduzierungen); vgl. Klein, R., et al., Aspekte des Laserstrahlschweißens von Komponenten für den Automobilbau, 1994, S. 127 ff. u. Kallina, I., et al., Intelligente Leichtbauweise - Das Leichtbaukonzept für die Karosserie-Rohbauentwicklung bei der Mercedes Benz AG, 1994, S. 14.

[430] Weinberger beschreibt in einem Aufsatz unterschiedliche konstruktive Möglichkeiten zum Korrosionsschutz und die Integration dieses Aspekts in den allgemeinem Konstruktionsprozeß; vgl. Weinberger, K., Korrosionsschutz im Automobilbau - Stand der Technik und Weiterentwicklungen, 1992, S. 533 ff.

[431] vgl. Pippert, Horst, Karosserietechnik, 1989, S. 66 f.

Maßnahmen auf unterschiedlichen Ebenen an:

a) Optimierung der Karosseriestruktur: Durch den Einsatz computergestützter Berechnungsverfahren kann die Dimensionierung einzelner Bauteile oder Baugruppen optimiert werden. Fachleute sehen hier ein Reduzierungspotential von bis zu 10%.[432]

b) Einsatz höherfester Stähle: Höherfeste Stähle weisen gegenüber konventionellem Material höhere Festigkeitskennwerte bei gleichem Gewicht auf.[433] Dadurch können - bei gegebenen Festigkeitsanforderungen - geringere Materialdicken eingesetzt und damit das Gewicht der Konstruktion reduziert werden.[434] Die Nachteile dieser Bleche sind ihre höheren Materialkosten, schlechtere Umformungseigenschaften und teilweise aufwendigere Reparaturmaßnahmen.

c) Einsatz von Tailored blanks: Unter „Tailored blanks" versteht man maßgeschneiderte Blechplatinen, die sich aus Teilabschnitten unterschiedlicher Dicke zusammensetzen.[435] Die Teilbleche werden vor dem Tiefziehen durch Laser- oder Quetschnahtschweißen verbunden und anschließend wie ein homogenes Blech weiterverarbeitet. Ihr wesentlicher Vorteil liegt in der beanspruchungsgerechten Dimensionierung der Teilbereiche. An Stellen mit einer höheren Bauteilbelastung können gezielt dickere Blechabschnitte eingesetzt werden; in den übrigen Bereichen kann ein dünnerer Blechquerschnitt verwendet werden, wodurch sich das Gesamtgewicht des Bauteils reduziert.[436] Obwohl diesem Vorteil Probleme in der Umformbarkeit sowie gestiegene Produktkosten gegenüberstehen, wird diese Technik bereits im Serienbau eingesetzt.[437]

d) Neuartige Fügetechniken: Weitere Gewichtsreduzierungen können durch den Einsatz neuartiger Fügetechniken erreicht werden. Durch die Verwendung

---

[432] vgl. VDI - Nachrichten v. 10.09.1993, Stahl behält gute Chancen beim Leichtbau, S. 26.

[433] Die Zugfestigkeit, wichtigster Indikator für die gesamten Festigkeitseigenschaften eines Materials, erreicht bei „normalem" Karosserieblech einen Wert von etwa 190 N/mm², höherfeste Stähle liegen bei ca. 350 N/mm²; vgl. Damschen, Karl, Karosserie-Instandsetzung, 1992, S. 147.

[434] vgl., auch im folgenden, Schwethelm, K. J., et al., Verstärkter Einsatz höherfester Stähle zur Reduzierung des Fahrzeuggewichts, 1994, S. 71 ff. u. Engl B., et al., Höherfeste Stähle zur Gewichtsoptimierung im Automobilbau, 1994, S. 35 ff.

[435] vgl., auch im folgenden, Bleck, W. et al., Leichtbau mit intelligenten Stahllösungen, 1994, S. 32 f.; Kallina, I. et al., Intelligente Leichtbauweise - Das Leichtbaukonzept für die Karosserie-Rohbauentwicklung bei der Mercedes-Benz AG, 1994, S. 14 u. o. V., Tailored steel, 1993, S. 16.

[436] vgl. Hillmann, J. et al., Der schwierige Weg zum Leichtbau, 1996, S. 460 f.

[437] vgl. VDI - Nachrichten v. 19.07.1996, Tailored blanks verschweißt aus unterschiedlichen Blechgüten, S. 15.

von Laserverschweißungen, die als linienförmige Verbindung eine höhere Festigkeit gegenüber punktgeschweißten Verbindungen aufweisen, können Flanschbereiche entfallen und damit Gewicht eingespart werden.[438]

Mehrere Entwicklungsgruppen unter Beteiligung von Werkstofflieferanten und Automobilherstellern arbeiten an der Untersuchung des Einsparungspotentials durch die beschriebenen Möglichkeiten. Beispiele hierfür sind das europäische Projekt „Mosaic“[439] sowie ein Projekt unter Beteiligung von Stahlherstellern und Porsche-USA (Projektname „ULSAB“).[440]

2.3.2.4.2 Stahlkarosserie mit Aluminium-Anbauteilen

Bei dieser Konzeption besteht die Struktur der Karosserie aus einer Stahlblechkonstruktion, die durch bestimmte Bauteile aus Aluminiumwerkstoffen komplettiert wird. Typische Substitutionsteile sind in erster Linie bewegliche Teile wie Kofferraumdeckel, Motorhaube oder Türen[441], die auch als sog. "Hang-on-parts"[442] bezeichnet werden. Primäres Ziel ist die Verringerung des Fahrzeuggewichts.

Diese Karosseriekonzeption bietet dem Hersteller die Möglichkeit, den Großserieneinsatz von Aluminium an einer begrenzten Zahl von Bauteilen zu testen (etwa Lackierbarkeit, Handhabung u.ä.). Die übliche Verschraubung dieser An-

---

438 vgl. Kallina, I. et al., Intelligente Leichtbauweise - Das Leichtbaukonzept für die Karosserie-Rohbauentwicklung bei der Mercedes-Benz AG, 1994, S. 14; Hillmann, J. et al., Der schwierige Weg zum Leichtbau, 1996, S. 460 f.; Hornig, J., Laser - strahlende - Zukunftsaussichten beim Schweißen im Karosseriebau, 1996, S. 149 ff. u. VDI - Nachrichten v. 02.10.1992, Strahltechnik setzt im Karosseriebau neue Maßstäbe, S. 32.

439 Im Mosaic-Projekt (Mosaic = Matériaux Optimisé pour une Structure Automobile Innovant en Conception: optimierte Werkstoffe für ein innovatives Konzept der Automobilstruktur) arbeiteten 70 Forscher im Rahmen eines EU - Programms an Leichtbauvarianten in Stahl, Kunststoff und Aluminium; vgl. VDI-Nachrichten v. 10. 02. 1995, Leichtbau mit Varianten in Stahl, Kunststoff und Aluminium, S. 16 u. o. V., Karosseriewerkstoffe im Wettbewerb, 1995, S. 56 f.

440 Die Projektergebnisse sollen auf der Genfer Automobilausstellung im März 1998 vorgestellt werden. Vgl. VDI-Nachrichten v. 16.09.1994, 25 Stahlhersteller und Porsche-USA entwickeln ultraleichte Pkw-Karosserie, S. 24; VDI - Nachrichten v. 17.11.1995, Ultralight steel auto body wird international entwickelt, S. 15; VDI - Nachrichten v. 08.11.1996, „Macht Ihr den Stahl, wir bauen die Autos“ - das läuft nicht mehr, S. 11 (Fortschrittsbericht) u. FAZ v. 21.10.1997, Materialschlacht um die Karosserie, S. T4.

441 vgl. z.B. VDI - Nachrichten v. 18.06.1993, Aluminiumprofil stärkt die Autotür von morgen, S. 18.

442 Springe, Gerd, Durchbruch der Aluminium-Anwendung beim Bau von Automobil-Karosserien, 1992, S. 1038.

bauteile mit der Karosserie verhindert große Probleme in der ansonsten komplexen Verbindungstechnik zwischen Aluminium und Stahl[443] und zwingt den Hersteller nicht zu einer grundsätzlichen Veränderung der Produktionsanlagen (Punktschweißstraßen). Außerdem bietet sich durch den Fremdbezug dieser Teile die Möglichkeit, die eigene Fertigungstiefe zu verringern.[444] Schließlich ergeben sich auch in Kundenhand nach einem Unfall keine Probleme, da diese Teile leicht ausgetauscht werden können.

In der Serienproduktion wird diese Ausführung überwiegend bei Fahrzeugen der höheren Preisklasse eingesetzt. In den USA wurden bspw. bislang über 300.000 Fahrzeuge mit einer Motorhaube aus Aluminium hergestellt;[445] in Europa finden sich entsprechende Beispiele bei Fahrzeugen von Aston Martin,[446] Ferrari[447] sowie dem neuen Audi A6.[448]

2.3.2.4.3 Selbsttragende Ganz-Aluminiumkarosserien

Die selbsttragende Aluminiumkarosserie in Schalenbauweise ist das Ergebnis einer direkten Werkstoffsubstitution: Stahlbleche werden durch solche aus Aluminium ersetzt. Bei diesem Austausch muß auf die spezifischen Eigenheiten des Werkstoffs Aluminium Rücksicht genommen werden.[449] Besonders bei Bauteilen, deren Auslegung nach Steifigkeitskriterien erfolgt, müssen Querschnitte und Dickenvorgaben entsprechend angepaßt werden.

Im Bereich der Fügetechnik kann das für das Verbinden von Aluminiumwerkstoffen weniger gut geeignete Punktschweißen durch Klebeverbindungen oder kombinierte Verfahren (z.B. Punktschweißen u. Kleben, Durchsetzfügen u. Kleben)[450] abgelöst werden. Trotz dieser werkstoffspezifischen Veränderungen können die Fertigungseinrichtungen aus der Produktion von Stahlkarosserien -

---

443 vgl. Leuschen, B. et al., Fügen von Stahl, Aluminium und deren Kombinationen - Karosserie-Fügeverfahren im Vergleich, 1996, S. 115.

444 vgl. VDI - Nachrichten v. 08.10.1993, Aluminium-Anwendung soll verstärkt werden, S. 24.

445 vgl. Springe, Gerd, Durchbruch der Aluminium-Anwendung beim Bau von Automobil-Karosserien, 1992, S. 1036.

446 vgl. Leyrer, Götz, Alle Achtung: Test Aston Martin Virage, 1992, S. 99.

447 vgl. FAZ v. 23.07.1996, Der totale Abschied vom Testarossa, S. T3.

448 vgl. Kittler, Eberhard, Audi A6: Technik und Design, 1997, S. 54. Der Gesamtanteil von Aluminium liegt mit 155 kg bei diesem Fahrzeug sehr hoch.

449 vgl. Thull, W., Konstruktion und Erprobung eines Pkw mit selbsttragender Ganzaluminium-Karosserie, 1988, S. 41.

450 vgl. Rösch, Fritz, Aluminium - Leicht und deshalb besonders geeignet - Leistungsfähigkeit von Aluminium-Automobilstrukturen, 1993, S. 348.

mit gewissen Einschränkungen - übernommen werden.[451]

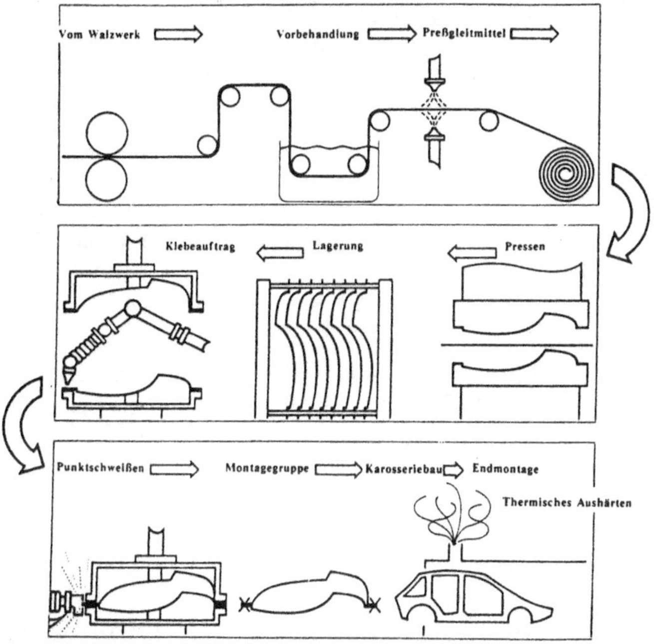

Abbildung 2.3-3: Das ASV-Fertigungssystem
Quelle: Sheasby, Peter Geoffrey et al., Überblick über die Technologie von Aluminiumkonstruktionen im Fahrzeugbau, 1990, S. 260

Ein solches auf die bisherigen Produktionseinrichtungen abgestimmtes Karosseriekonzept ist der ASV-Ansatz (**A**luminium **S**tructured **V**ehicle) der Firma Alcan.[452] Bei diesem Verfahren werden oberflächenbehandelte Bleche aus Aluminium-Magnesium Legierungen verwendet. Nach dem Pressen der Teile wird an den Fügestellen ein Spezialkleber aufgetragen, der während einer späte-

---

451 vgl. Ostermann, Friedrich, Aluminium-Werkstoffe für den Automobilbau, 1992, S. 12 u. Rösch, F., Aluminium - Leicht und deshalb besonders geeignet - Leistungsfähigkeit von Aluminium-Automobilstrukturen, 1993, S. 348. Bei einem Großversuch an einem amerikanischen Ford-Modell konnten 90% der Blechteile mit den konventionellen Stahl-Werkzeugen hergestellt werden; vgl. Rösch, Fritz, Die Automobilkarosserie in Blechschalenbauweise, 1995, S. 61

452 Eine ausführliche Darstellung dieses Fertigungssystems geben Sheasby, Peter Geoffrey et al., Überblick über die Technologie von Aluminiumkonstruktionen im Fahrzeugbau, 1990, S. 263 u. Rösch, F., Aluminium - Leicht und deshalb besonders geeignet - Leistungsfähigkeit von Aluminium-Automobilstrukturen, 1993, S. 347 ff. Vgl. auch VDI - Nachrichten v. 24.02.1995, Aluminium geschweißt und geklebt, S. 16.

ren Wärmebehandlung die geforderte Festigkeit erreicht. Um die Karosserieteile bereits vor diesem Aushärteprozeß zu befestigen und außerdem an bestimmten Fügestellen die Verbindungsfestigkeit zu erhöhen, werden die Teile in einem Zwischenschritt punktgeschweißt. Der gesamte Fertigungsprozeß ist in **Abbildung 2.3-3** (vorhergehende Seite) zusammenfassend dargestellt.

Darüber hinaus weist dieses Verfahren genügend Flexibilität auf, neben Aluminiumblechen auch Strangpreßprofile und Gußstücke in den Fertigungsablauf zu integrieren. Dabei wird zunächst mit dem ASV-Verfahren ein Aluminiumtragrahmen aufgebaut, an dem die Außenhaut, die aus unterschiedlichen Materialien bestehen kann, befestigt wird. Eine solche Karosserie weist bereits Gemeinsamkeiten mit dem im folgenden Kap. beschriebenen Space-frame Konzept auf.

In Zusammenarbeit mit mehreren Automobilherstellern wurden Testfahrzeuge entwickelt und gebaut.[453] Hierbei wurden in der Regel konventionelle Karosserien auf Aluminiumbauweise umgestellt, wodurch das Gewicht um 33 bis 47% sank.[454] Theoretisch sind primäre Massereduzierungen bis zu 50% möglich.[455]

Das erste Serienfahrzeug mit selbsttragender Aluminiumkarosserie wird von Honda produziert. Der Sportwagen Honda NS-X besitzt eine überwiegend punktgeschweißte Karosserie aus Blechformteilen, die aus einer Aluminium-Magnesium-Silizium Legierung hergestellt sind.[456] Wegen der geringen jährlichen Stückzahlen (geplant: ca. 6.000 Fahrzeuge pro Jahr) erfolgt das Punktschweißen von Hand. Die Außenhautteile sind überwiegend angeschraubt, wodurch sich nötige Karosseriereparaturen besser durchführen lassen. Gegenüber einer Stahlkarosserie ermöglicht diese Bauweise bei einem Gewicht von 210 kg eine Ersparnis von 140 kg, woraus sich eine primäre Gewichtsreduzierung von rd. 40% ergibt.

2.3.2.4.4 Karosserie mit Aluminium Space-frame Technologie

Grundlegendes Merkmal dieser Karosseriekonzeption ist, daß die Aufnahme

---

453 vgl. hierzu Rösch, Fritz, Die Automobilkarosserie in Blechschalenbauweise, 1995, S. 61.

454 Dieser Wert bezieht sich nur auf die primären Einsparungen an der Karosserie. Vgl. Sheasby, Peter Geoffrey et al., Überblick über die Technologie von Aluminiumkonstruktionen im Fahrzeugbau, 1990, S. 262 ff.

455 vgl. Rösch, Fritz, Die Automobilkarosserie in Blechschalenbauweise, 1995, S. 58.

456 vgl., auch im folgenden, Yamaguchi, Jack, Anatomy of Honda NSX, 1991, S. 35 ff.; Yamaguchi, Jack: Building aluminum super-cars, Honda´s NSX factory, 1991, S. 46 ff u. o. V., "All aluminum car", 1991, S. 21 ff.

der Kräfte ganz[457] oder zu einem überwiegenden Teil[458] von einer speziellen, dreidimensionalen Rahmenstruktur übernommen wird (vgl. **Abbildung 2.3-4**). Von diesem räumlichen Rahmengebilde leitet sich auch die Bezeichnung der Karosseriebauweise ab.[459]

Für diese Rahmenstruktur werden derzeit zwei unterschiedliche Baumuster angeboten:[460] Auf der einen Seite steht ein Ansatz unter Einbeziehung von Gußknoten (Lösung Alcoa/Audi), auf der anderen Seite eine reine Profilkonstruktion ohne Gußteile als Verbindungselemente (Lösung Firma Hydro).

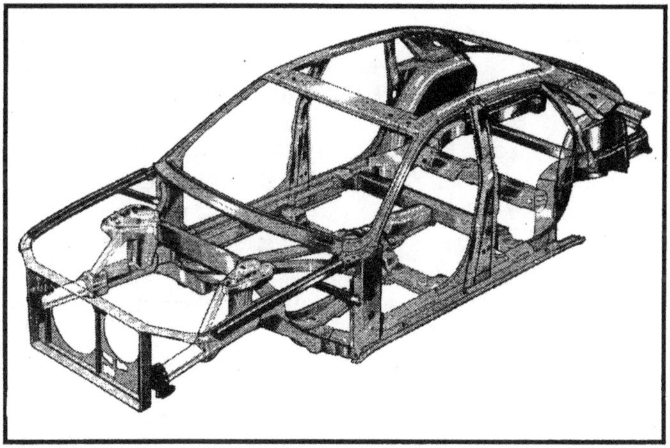

Abbildung 2.3-4: Konstruktionsbeispiel für eine Space-frame Karosserie (im Bild: Audi A8)
Quelle: FAZ v. 13.4.1994, Quantensprung in der Automobiltechnik, S. T1

Das Konzept der Firmengruppe Alcoa/Audi sieht zum überwiegenden Teil Strangpreßprofile vor, die aus Steifigkeitsgründen nach Möglichkeit hohl und

---

[457] vgl. o.V., Interesse an Space-Frame-Konstruktionen, 1994, S. 284.

[458] vgl. Paefgen, Franz-Josef, et al., Der neue Audi A8 - Teil 1, 1994, S. 204.

[459] vgl. Timm, H., et al., Karosseriekonzepte in Aluminium und deren Auswirkungen, 1992, S. 342.

[460] Manche Autoren sehen diese beiden Baumuster als eigene Karosseriekonzeptionen an und stellen sie deshalb getrennt dar (vgl. etwa Wurl, W., Stand der Entwicklung von Aluminium-Karosserien für Kraftfahrzeuge, 1994, S.60 f.). In dieser Arbeit werden beide Ansätze als Ausprägungen einer Karosseriekonzeption unter besonderer Berücksichtigung von Aluminiumprofilen angesehen und damit in einem Abschnitt behandelt (vgl. hierzu etwa Timm, H., et al, Karosseriekonzepte in Aluminium und deren Auswirkungen, 1992, S. 341 ff. u. Springe, Gerd, Durchbruch der Aluminium-Anwendung beim Bau von Automobil-Karosserien, 1992, S. 1038).

geschlossen ausgeführt werden.[461] Diese Profilbauweise wird ergänzt durch den Einsatz von gegossenen Bauteilen, den sog. Gußknoten. In bestimmten Karosserieabschnitten werden sie zur Verbindung der Aluminiumprofile eingesetzt. Sie bieten den Vorteil, daß sie wegen des höheren Gestaltungsspielraums beim Gießen eine an die Einbauposition angepaßte Geometrie annehmen können. Damit soll die Konstruktion eine hohe Gestaltungsfreiheit sowie ein hohes Steifigkeitsniveau erreichen.[462] Der gravierende Nachteil dieses Ansatzes besteht darin, daß durch die in der Herstellung aufwendigen Gußteile eine zusätzliche Legierung in das Fahrzeug gebracht wird, wodurch sein späteres Recycling erschwert wird.[463] Diese Nachteile führten bereits dazu, daß bei der zweiten Space-frame Konstruktion des Herstellers, des als Prototyp vorgestellten Audi AL_2, die Zahl der Gußknoten deutlich reduziert worden ist und damit die Unterschiede zum konkurrierenden Baumuster geringer geworden sind.[464]

Dieses sieht nämlich eine Rahmenkonstruktion vor, die ausschließlich aus Profilen aufgebaut ist. An den Verbindungsstellen werden diese Profile nach Möglichkeit so gestaltet, „daß sie [..] formschlüssig und damit möglichst auch kraftschlüssig zusammengesteckt und dann verbunden werden können“[465]. Neben den günstigeren Recyclingeigenschaften werden als weitere Vorteile eine vereinfachte Verbindungstechnik sowie eine Verbesserung der Energieaufnahme im Crashfall angeführt.[466]

Die weitere Aufrüstung der Karosserie erfolgt bei beiden Baumustern nach dem gleichen Schema. Auf den tragenden Rahmen wird eine Außenbeplankung aufgebracht, die aus unterschiedlichen Materialien bestehen kann. Neben Karosserieblechen aus Aluminium sind auch Ausführungen mit Kunststoffanwendungen möglich. Zur Zeit werden beide Space-frame Konzepte mit unterschiedlichen Außenbeplankungen in der Serienproduktion bzw. im Prototypenstatus eingesetzt.

Die Space-frame Konzeption zeichnet sich durch mehrere Vorteile aus: Zunächst ist es relativ einfach möglich, die Karosserieaußenhaut abzuwandeln. Ohne konstruktionsaufwendige Eingriffe in die Tragstruktur können die Au-

---

[461] vgl. Paefgen, Franz-Josef et al., Der neue Audi A8 - Teil 1, 1994, S. 204.
[462] vgl. Birch, Stuart, Aluminum space frame technology, 1994, S. 71.
[463] vgl. o.V., Interesse an Space-Frame-Konstruktionen, 1994, S. 284.
[464] o.V., Aktuell: Der kleine Alu-Audi, 1997, S. 10.
[465] Joliet, Hans, Mit Aluminium leichter zum Ziel, 1994, S. 421.
[466] vgl. Joliet, Hans, Mit Aluminium leichter zum Ziel, 1994, S. 421 f.

ßenhautteile an einen veränderten Designgeschmack angepaßt werden.[467] Darüber hinaus wird eine einfache Realisierung unterschiedlicher Karosserieformen wie Kombi- oder Cabriofahrzeuge möglich. Hierfür wird ein modular aufgebauter Rahmen eingesetzt, der nur in den betroffenen Abschnitten verändert werden muß.[468] Darüber hinaus ist eine Space-frame Karosserie aus weniger Teilen aufgebaut und erlaubt die Einbeziehung von Zulieferern.[469]

Der wichtigste Vorteil von Karosserien nach dem Space-frame Konzept ist ihre Gewichtsreduzierung gegenüber herkömmlichen Ganzstahlkarosserien. In Abhängigkeit von der konkreten Ausführung liegt das direkte Reduktionspotential im Bereich von 40 bis 50%.[470]

Von der Fügetechnik her gesehen bereitet die Karosseriekonzeption Probleme. Die kostengünstige Punktschweißtechnik aus dem Stahlkarosseriebau eignet sich aufgrund der hohen Wärmeleitfähigkeit von Aluminium sowie der Unzugänglichkeit von Profilen und Gußknoten von innen[471] nicht für einen großflächigen Einsatz.[472] Als Ersatz stehen unterschiedliche Fügetechniken zur Auswahl. Im Bereich der Schweißverfahren wird das linienförmige MIG-Schweißen am häufigsten eingesetzt. Daneben befinden sich auch Laseranwendungen in der Erprobung, die sich wegen ihres konzentrierten Energieeintrags gut für Aluminiumverbindungen eignen.[473] Für die Anbindung der Außenhautteile an den Tragrahmen werden mechanische Techniken wie Stanznieten und Clinchen sowie Klebeverbindungen eingesetzt.

---

[467] vgl., auch im folgenden, Dörner, Karl-Heinz, Aluminium und Automobil - eine Partnerschaft mit Perspektive, 1988, S. 219 u. Wallentowitz, H. et al., Einsatzpotential von Space-Frame-Strukturen aus Faserverbundkunststoffen im Karosseriebau, 1996, S. 481.

[468] Das nach dem Aluminium Space-frame Konzept aufgebaute Studienfahrzeug Opel Maxx kann ohne großen Änderungsaufwand in unterschiedlichen Karosserievariationen angeboten werden; vgl. VDI - Nachrichten v. 17.03.1995, Automobile als „Verwandlungskünstler", S. 32.

[469] vgl. VDI - Nachrichten v. 25.03.1994, Leichtbau verändert industrielle Strukturen, S. 17.

[470] vgl. Sheasby, Peter Geoffrey et al., Überblick über die Technologie von Aluminiumkonstruktionen im Fahrzeugbau, 1990, S. 263.

[471] Für die korrekte Ausführung einer Punktschweißverbindung ist für die Schweißelektroden ein beidseitig freier Zugang zur Verbindungsstelle notwendig.

[472] vgl., auch im folgenden, Paefgen, F.-J., et al., Audi Space Frame - ASF. Ein neues Rohbaukonzept in Aluminium, 1994, S. 43.

[473] vgl. VDI - Nachrichten v. 16.12.1994, Laser schweißt Aluminium, S. 12 u. Rapp, J. et al., Laserschweißen von Aluminiumwerkstoffen - neues fertigungstechnisches Potential im Leichtbau, 1994, S. 147 ff.

Beispiele für Serienfahrzeuge und Prototypen

Das erste Serienfahrzeug mit einer Space-frame Karosserie brachte die Audi AG in Zusammenarbeit mit dem Aluminiumhersteller Alcoa auf den Markt.[474] Im Sommer 1994 begann die Serienproduktion des Oberklassefahrzeugs Audi A8, das eine Space-frame Konstruktion mit einer mittragenden Außenhaut aus Aluminiumblechen besitzt. Der Space-frame ist aus Profilen und Gußknoten aufgebaut. Wie **Abbildung 2.3-5** (folgende Seite) zeigt, entfallen auf ihn 35 Gew.-% des gesamten Karosseriegewichts. Den größten Anteil am Gesamtgewicht besitzen die Blechteile (Anteil rd. 65 Gew.-%). Im Vergleich zum kleineren Vorgängerfahrzeug mit einer konventionellen Stahlkarosserie konnte das Karosseriegewicht primär um 40% reduziert werden.[475]

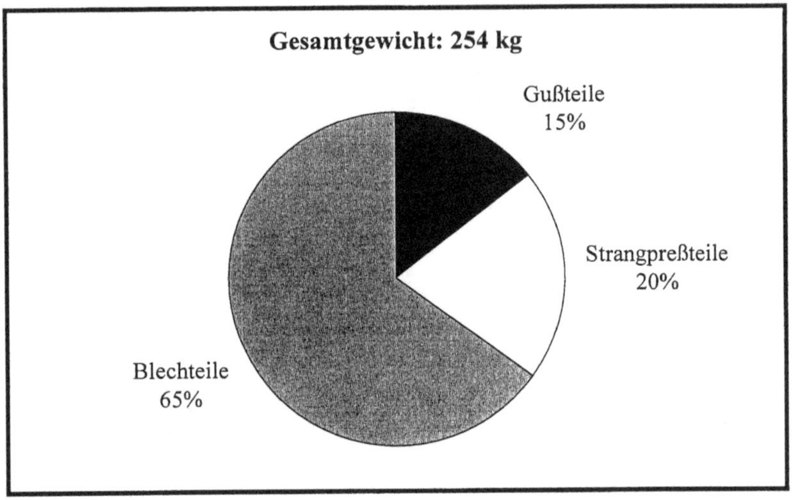

Abbildung 2.3-5: Gewichtsanteile unterschiedlicher Baugruppen am Karosseriegesamtgewicht (Audi A8)
Quelle: Paefgen, Franz-Josef et al., Der neue Audi A 8 - Teil 1, 1994, S. 202

Das Elektrofahrzeug EV-1 aus dem GM-Konzern, das seit dem Herbst 1996 in Serie produziert wird, besitzt eine selbsttragende Aluminiumkarosserie mit einem 130 kg schweren, tragenden Rahmen.[476] Über diesen wird eine Beplankung aus Aluminium- und Kunststoffwerkstoffen aufgebracht.

---

474 vgl. Birch, Stuart, Frankfurt Motor Show, 1993, S. 27 ff.

475 vgl. Paefgen, Franz-Josef et al., Der neue Audi A8 - Teil 1, 1994, S. 202.

476 vgl. FAZ v. 24.09.1996, Ein unauffälliges Stück Technik für Kaliforniens Straßen, S. T7 u. VDI - Nachrichten v. 19.01.1996, GM setzt auf Elektroauto „EV 1“, S. 18.

Andere Hersteller haben Möglichkeiten und Entwicklungspotential dieser Konzeption anhand von Prototypen und Versuchsfahrzeugen untersucht. Die BMW AG hat beispielsweise zwei Kompaktwagenstudien vorgestellt, die Typen E1 und Z13. Sie besitzen einen aus stranggepreßten Aluminiumprofilen zusammengesetzten Rahmen, der die tragende Struktur des Fahrzeugs bildet und Fahrwerk sowie Motor aufnimmt. Die Außenhaut besteht komplett aus Aluminium (BMW Z13)[477] oder aus einer gemischten Kunststoff/Aluminium Beplankung (BMW E1).[478]

Die Adam Opel AG stellte im März 1995 das Studienfahrzeug „Maxx" mit einer Rahmenstruktur aus Aluminiumprofilen vor.[479] Die modulare Bauweise erlaubt unterschiedliche Karosserievariationen ohne Anfertigung teurer Werkzeuge.[480] Bei einer Außenlänge von knapp 3 m bietet die kürzeste Ausführung Platz für 2 Personen. Ihr Gewicht liegt trotz Ausrüstung mit Sicherheitstechnik unter 600 kg.[481]

Von einem norwegischen Firmenkonsortium wurde das Konzept eines kleinen City-Fahrzeugs vorgestellt. Das PIV (Personal Independent Vehicle) genannte Fahrzeug[482] bietet bei kompakten Abmessungen (Länge: 2,8 m) Platz für 2 Personen. Durch die Verwendung eines Aluminium Space-frames, der mit einer Außenhaut aus thermoplastischen Kunststoffen versehen ist, konnte ein Leergewicht von 400 kg realisiert werden.

Auch von japanischen Herstellern sind entsprechende Untersuchungen bekannt. Toyota stellte den Prototyp AXV IV in der Öffentlichkeit vor, bei dessen Entwicklung die Reduzierung des Fahrzeuggewichts im Vordergrund stand.[483] Er verfügt über einen Aluminiumrahmen, der aus stranggepreßten und gegossenen Bauteilen aufgebaut ist. Daneben wurde in diesem Fahrzeug der Einsatz von weiteren Leichtbaumaterialien wie Magnesium (Türen) sowie Kunststoffen (Außenhaut) getestet. Das Gesamtgewicht des 3,4 m langen und 1,6 m breiten Fahrzeugs beträgt 450 kg.

---

477 vgl. o.V., Z13: Neue Studie von BMW, 1993, S. 138.

478 vgl. BMW AG (Hrsg.), Eine Alternative der Zukunft: BMW E1, 1991, S. 8.

479 vgl. hierzu ausführlich Kaiser, A. et al., Der Opel Maxx als Beispiel für ein neuartiges Fahrzeugkonzept, 1996, S. 1 ff u. o. V., Opel Maxx, 1996, S. 27.

480 vgl. Bernhardt, Wolfgang, Strammer Max, 1995, S. 33, o. V., Mäxchen und MAXX, 1995, S. 6 u. o. V., Opel Maxx, 1996, S. 27.

481 VDI - Nachrichten v. 17.03.1995, Automobile als „Verwandlungskünstler", S. 32.

482 vgl. o. V., Studie aus Norwegen, 1994, S. 488.

483 vgl., auch im folgenden, Yamaguchi, Jack, Global viewpoints: Tokyo motor show, 1992, S. 109 f.

2.3.2.4.5 Sonstige Baumuster aluminiumintensiver Karosserien

Auf großflächige Aluminiumprofile setzt die Firma Hoogovens bei ihrem Versuchsfahrzeug, einem Cabriolet.[484] Bei offenen Fahrzeugen muß die durch den Wegfall des Dachs reduzierte Karosseriesteifigkeit durch Verstärkungsmaßnahmen ausgeglichen werden. Bislang wurde dies in der Regel durch Stahlverstärkungen im Bereich des Unterbodens erreicht, die zu einer Erhöhung des Gesamtgewichts führen. Eine andere Möglichkeit bietet der Einsatz großflächiger Aluminiumprofile. Der Unterboden eines Versuchsfahrzeugs besteht aus einer zusammengeschweißten Aluminiumplattform. Sie zeichnet sich - bei vergleichbaren Festigkeitseigenschaften - durch ein gegenüber den Stahlverstärkungen um rd. 70 kg reduziertes Gewicht aus.[485]

2.3.3 Vergleich unterschiedlicher Karosseriekonzeptionen

Die vorgestellten Karosseriekonzeptionen werden im folgenden hinsichtlich der Kriterien Herstellkosten, Crashsicherheit, Reparaturmöglichkeiten und Gesamtenergieverbrauch verglichen. Eine zusammenfassende Bewertung wird in Kap. 2.3.3.5. vorgenommen.

2.3.3.1 Herstellungskosten

Die Herstellungskosten eines neuen Karosserietyps sind ein wichtiges Kriterium für die Entscheidung über eine mögliche Serienproduktion. Es ist allerdings schwierig, über die Kostensituation der unterschiedlichen aluminiumintensiven Karosserien ein exaktes Bild zu erhalten. Dies liegt zum einen daran, daß ihre Entwicklung noch nicht den Stand konventioneller Stahlkarosserien erreicht hat. In der Zukunft ist bei einer Verfolgung dieser Richtung mit neuen Lösungen zu rechnen, die einen positiven Einfluß auf die Kostenbilanz nehmen können.[486] Zum anderen werden Kostenangaben als Geschäftsgeheimnisse behandelt, die nicht oder nur allgemein veröffentlicht werden.[487] Im folgenden kön-

---

[484] vgl., auch im folgenden, o.V., Leichtbau-Cabriolet, 1994, S. 211; van Schaik, Marcel, XMple - Ein Cabriolet-Chassis-Konzept aus Stahl und Aluminium, 1995, S. 50 ff. u. o.V., Leichtbau im Verbund, 1993, S. 64.

[485] van Schaik, Marcel, XMple - Ein Cabriolet-Chassis-Konzept aus Stahl und Aluminium, 1995, S. 52.

[486] vgl. Koewius, A., Aluminium-Spaceframe-Technologie: Der Leichtbau des Serienautomobils erreicht eine neue Dimension, Teil 1, 1994, S. 46 f.

[487] Die Audi AG, die wegen der Serienproduktion des A8 über sehr gute Informationen verfügt, veröffentlicht bspw. vorerst keine Kostengrößen; Aussage von W. Leitermann während seines Vortrags auf der VDI-Tagung „Entwicklungen im Karosseriebau“ am 5./6. Mai 1994 in Hamburg.

nen zu diesem wichtigen Punkt daher nur allgemeine Überlegungen und Zusammenhänge dargestellt werden.

Der konventionelle Stahlkarosseriebau eignet sich von seiner Kostenstruktur her für die Massenproduktion. Die für die Blechteilherstellung benötigten Werkzeuge sind sehr aufwendig und erfordern einen hohen Kapitaleinsatz.[488] Ähnliches gilt für die Produktionsstraßen: wenn die hohe Verfahrensautomatisierbarkeit genutzt wird, resultiert hieraus eine weitere Erhöhung der Fixkosten. Demgegenüber stehen nur geringe Materialaufwendungen. Über den Effekt der Fixkostendegression ergibt sich die Eignung für hohe Produktionsstückzahlen.

Im Vergleich dazu ergibt sich für den Einsatz von Aluminiumbauteilen folgendes:

- Grundsätzlich nehmen die Materialkosten durch Aluminiumeinsatz deutlich zu: gegenüber Stahl weist Primäraluminium bei gleichem Gewicht einen bis zu 6-fach höheren Materialpreis auf;[489] selbst unter Berücksichtigung des möglichen Gewichtsreduktionspotentials liegen die Materialkosten somit mindestens um den Faktor drei über denen eines Stahlfahrzeugs. Dieser Nachteil kann durch den Einsatz von Sekundärmaterial verringert werden.[490]

- Die mit unterschiedlichen Produktionsverfahren hergestellten Aluminiumbauteile erreichen unterschiedliche Stückkosten. Aufgrund der hohen Qualitätsanforderungen liegen die Herstellkosten gegossener Bauteile über denen der Profile; tiefgezogene Bleche erreichen - bei entsprechender Stückzahl - die günstigsten Werte (vgl. **Abbildung 2.3-6**, folgende Seite).

- Deutliche Unterschiede ergeben sich bei den Werkzeugkosten. Sie liegen für Guß- und Profilbauteile deutlich unter dem Preisniveau der Tiefziehwerkzeuge für die Blechherstellung.[491] Diese Kosten sind unabhängig davon, ob Aluminium- oder Stahlteile hergestellt werden sollen. Als Vorteil weisen die Tiefziehwerkzeuge dafür in der Regel wesentlich längere Standzeiten als die

---

[488] International Iron and Steel Institute (Hrsg.), Competition between Steel and Aluminium for the passenger car, 1994, S. 113 f.

[489] vgl. Koewius, A., Aluminium-Spaceframe-Technologie: Der Leichtbau des Serienautomobils erreicht eine neue Dimension, Teil 1, 1994, S. 47. Da Aluminium an der Börse gehandelt wird, kann dieser Faktor stark variieren.

[490] vgl. Reitzle, Wolfgang, Neue Entwicklungen in der Blechverarbeitung der Automobilindustrie, 1992, S. 1006 f.

[491] vgl., auch im folgenden, Koewius, A., Aluminium-Spaceframe-Technologie: Der Leichtbau des Serienautomobils erreicht eine neue Dimension, Teil 1, 1994, S. 46 f. u. International Iron and Steel Institute (Hrsg.), Competition between Steel and Aluminium for the passenger car, 1994, S. 113 f.

Werkzeuge für Gußteil- oder Profilherstellung auf.[492]

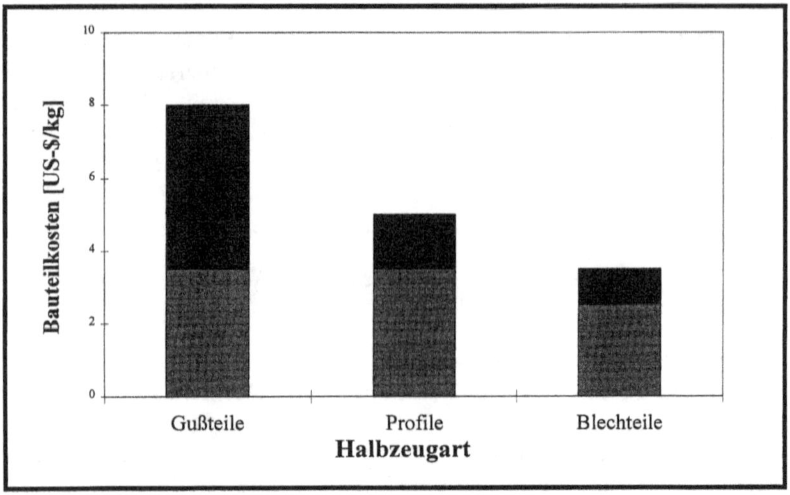

Abbildung 2.3-6: Herstellkosten für Aluminiumbauteile aus unterschiedlichen Produktionsverfahren (Spannweiten)
Quelle: International Iron and Steel Institute (Hrsg.), Competition between Steel and Aluminium for the passenger car, 1994, S. 113

Als Folge hiervon ergeben sich für die dargestellten Karosseriekonzeptionen unterschiedliche Kostenstrukturen. Vergleicht man zunächst die beiden Aluminiumkarosseriekonzeptionen, erkennt man die Eignung des Space-frame Ansatzes für kleinere Produktionsvolumina. Die geringeren Werkzeugfixkosten gleichen die höheren Herstellkosten für Profil- und Gußteile aus und führen insgesamt zu geringeren Herstellkosten. Dieser unterschiedliche Kostenverlauf in Abhängigkeit von der Stückzahl ist in **Abbildung 2.3-7** (folgende Seite) dargestellt. Bei einer Serienstückzahl unterhalb von n_{KG} (Stückzahl für Kostengleichheit, KG) liegen die Stückkosten der Space-frame Lösung günstiger (Kurvenzug 1), bei einer Stückzahl darüber kommt die Aluminiumkarosserie in konventioneller Bauweise auf einen geringeren Wert (Fixkostendegression).

Die Space-frame Karosserie soll diesen Kostenvorteil bei geringen Stückzahlen auch gegenüber einer konventionellen Stahlkarosserie behalten. Hier wirken sich die kleinere Anzahl der Teile sowie die geringeren Werkzeugkosten positiv aus. Es finden sich jedoch unterschiedliche Angaben darüber, bei welcher jähr-

---

492 International Iron and Steel Institute (Hrsg.), Competition between Steel and Aluminium for the passenger car, 1994, S. 112 f.

lichen Stückzahl ein Kostengleichstand erreicht wird. Für den heutigen Stand der Technik werden Werte um 25.000 Karosserien pro Jahr genannt.[493] Wegen der gleich hohen Werkzeug- aber deutlich höheren Materialkosten liegen die Herstellkosten für eine Aluminiumkarosserie in Blechbauweise immer oberhalb der Werte einer ähnlichen Karosserie in Stahlbauweise.

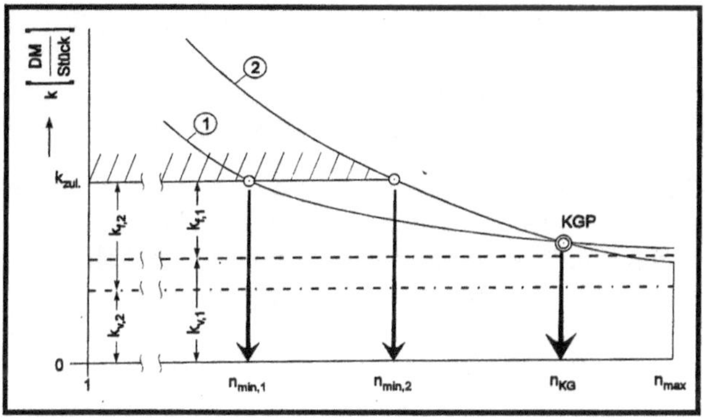

Abbildung 2.3-7: Karosseriestückkosten bei unterschiedlichen Produktionsvolumina
Quelle: Koewius, A., Aluminium-Spaceframe-Technologie: Der Leichtbau des Serienautomobils erreicht eine neue Dimension - Teil 1, 1994, S. 45

2.3.3.2 Crashsicherheit

Im Crashfall hat die Karosserie die Aufgabe, die kinetische Energie des Fahrzeugs aufzunehmen. Die hierfür vorgesehenen Knautschzonen sollten so ausgelegt sein, daß selbst bei höheren Kollisionsgeschwindigkeiten der Innenraum nicht verkleinert wird.

Durch Blechverstärkungen, höherwertige Verschweißungen u.ä. wurden konventionelle Stahlkarosserien auf diese Anforderungen hin optimiert. Dies führt dazu, daß moderne Fahrzeugkonstruktionen in Crashtests deutlich besser als ihre Vorgänger abschneiden[494] und mittlerweile auch Kleinwagen eine hohes Sicherheitspotential bieten.

Fahrzeuge mit einer Aluminiumkarosserie sind im Vergleich zu konventionel-

---

[493] vgl. o.V., Nachgefragt; Interview mit Dr. Christoph Schneider, Thyssen AG, 1994, S. 28 u. International Iron and Steel Institute (Hrsg.), Competition between Steel and Aluminium for the passenger car, 1994, S. 115. Die letzte Quelle beschreibt 25.000 Karosserien pro Jahr jedoch als Obergrenze für einen Kostengleichstand.
[494] vgl. Hack, Gert, Gute Besserung, ohne Jahrgangsangabe, S. 13.

len Fahrzeugen zunächst durch ihr geringeres Gewicht im Vorteil. Da die im Crashfall abzubauende kinetische Energie proportional vom Fahrzeuggewicht abhängt, muß ihre Struktur - bei gleicher Unfallgeschwindigkeit - eine geringere Energie aufnehmen.[495] Unter sonst gleichen Bedingungen führt dies zu kürzeren plastischen Deformationswegen.

Weitergehende Untersuchungen zur Crashsicherheit sind bislang vor allem für Space-frame Fahrzeuge veröffentlicht. Ihr Profilrahmen ermöglicht eine hohe Energieaufnahme und damit eine gute Schutzwirkung,[496] die durch Crashversuche an unterschiedlichen Fahrzeugen nachgewiesen werden konnte.[497]

Zu einem ähnlichen Ergebnis führte ein von einer unabhängigen Autozeitschrift durchgeführter Crashversuch mit dem neuen Audi A8.[498] In dem Test, der unter standardisierten Randbedingungen bereits mit anderen Fahrzeugen durchgeführt worden ist, wurde dem Audi A8 ein niedriges Verletzungsrisiko bescheinigt. Die Tester kamen zu dem Schluß, daß „seine Karosserie ein Maximum an Überlebensraum bei einem Minimum an verletzungsträchtigen Intrusionen“[499] bietet. Als Fazit bleibt festzuhalten, daß die Crashsicherheit eines Space-frame Fahrzeugs mindestens auf dem gleichen Niveau liegt wie die eines vergleichbaren Stahlfahrzeugs.

2.3.3.3 Reparaturmöglichkeiten und -kosten

Die Reparatur von Automobilen mit einer Stahlkarosserie stellt sich heute aufgrund der langen Erfahrung einfach und relativ kostengünstig dar. In vielen Fällen kann auf sog. Richtbänken eine Rückverformung beschädigter Karosseriebereiche vorgenommen werden.[500] Sollte dies nicht mehr möglich sein, können die schadhaften Abschnitte durch Neuteile ersetzt werden, die in den Karosserieverbund eingeschweißt werden.

Die Reparaturfähigkeit von beschädigten Aluminiumkarosserien wird hingegen von vielen Autoren als kritisch beurteilt und als wichtiges Argument gegen die-

---

[495] vgl. Volkswagen AG (Hrsg.), Kraftstoffeinsparung durch Fahrzeugtechnik, ohne Jahresangabe, S. 9 u. Paefgen, F.-J. et al., Aluminium Space Frame - Ein neuer Weg im Pkw - Bau, 1993, S. 370.
[496] FAZ v. 20.12.1994, Kampf um weniger Gewicht und mehr Sicherheit, S. T4.
[497] vgl. Robberstad, Finn, Der Space-Frame und die Unfallsicherheit, 1994, S. 604.
[498] vgl. Hack, Gert: Crashtest Audi A8 4,2: Hart wie Stahl, 1994, S. 34 ff.
[499] Hack, Gert: Crashtest Audi A8 4,2: Hart wie Stahl, 1994, S. 38.
[500] Einen Überblick über die Möglichkeiten einer Karosseriereparatur gibt Damschen; vgl. Damschen, Karl, Karosserie-Instandsetzung, 1992, S. 50 ff.

se Konzeption angeführt.[501] Mittlerweile liegen durch die Markteinführung des Audi A8 Ergebnisse vor, die eine differenziertere Beurteilung dieses Sachverhalts notwendig machen.

Die Karosserie des Audi A8 wurde auf eine gute Reparaturfähigkeit hin ausgelegt. Im Falle einer Kollision übernehmen einzelne Teile des Verbunds unterschiedliche Aufgaben. Nach Angaben des Herstellers absorbieren spezielle Pralldämpfer Stöße bis acht (Frontbereich) bzw. bis fünfzehn km/h (Heckbereich) ohne daß Reparaturarbeiten notwendig werden.[502] Bei höheren Kollisionsgeschwindigkeiten übernehmen einzelne Bauteile, wie z.B. der vordere Teil des Längsträgers, den weiteren Energieabbau. Dahinter steckt die Konstruktionsphilosophie, die Schädigung am Fahrzeug auf wenige, nach Möglichkeit durch Schraubverbindungen leicht austauschbare Karosserieteile zu beschränken. Auf diese Weise soll es nach einer Schätzung des Unternehmens möglich werden, daß rd. 95% der Unfallreparaturen von jedem Reparaturbetrieb durchgeführt werden können.[503] Wegen der Gefahr der Kontaktkorrosion müssen für die Reparatur von Aluminiumfahrzeugen allerdings eigene Werkzeuge angeschafft werden,[504] manche Autoren empfehlen auch die Einrichtung eigener Arbeitsbereiche.[505]

Schäden, die über diese Karosserieabschnitte hinausgehen und die geschweißte Struktur des Fahrzeugs betreffen, können nur bei Reparaturbetrieben mit einer speziellen Ausstattung behoben werden. Die Anschaffung der nötigen Schweißausrüstung erfordert Investitionen bis zu 200.000 DM pro Betrieb;[506] darüber hinaus müssen die Mitarbeiter durch spezifische Weiterbildungsmaßnahmen auf ihre Tätigkeit vorbereitet werden.[507] Unter diesen Umständen können die Reparaturkosten um bis zu 40% über denen eines vergleichbaren Stahlfahrzeugs liegen,[508] die grundsätzliche Reparaturfähigkeit ist jedoch gegeben.[509]

---

501 vgl. hierzu etwa Zetsche, Dieter, Contra Stellungnahme bei „Pro und Contra: Aluminium - der Wunderwerkstoff für die Zukunft?“, 1993, S. 69.

502 vgl. Paefgen, Franz-Josef et al., Der neue Audi A8 - Teil 1, 1994, S. 198.

503 vgl. Langkabel, Gönke-Iris, Crash ist nicht gleich Crash, Interview mit Anton Hünnerkopf, 1994, S. 15.

504 vgl. o.V., Instandsetzen von Aluminium-Karosserien, 1991, S. 2054.

505 vgl. Damschen, Karl, Reparaturhinweise für Aluminium-Karosserien, 1994, S. 161.

506 ohne Verfasserangabe, Ein Strauß Blumen, 1994, S. 101 u. FAZ v. 21.03.1995, Karosseriereparatur: Schwieriger Audi A8, S. T6.

507 Die Audi AG verlangt bspw., daß Reparateure vor der Ausführung von Schweißarbeiten an der Struktur des neuen A8 einen 40-stündigen Spezial-Schweißkurs mit TÜV - Abschlußprüfung absolvieren müssen; vgl. Damschen, Karl, Reparaturhinweise für Aluminium-Karosserien, 1994, S. 161.

508 vgl. FAZ v. 05.10.1993, Neues Alu-Auto von Audi: Leichter und exklusiv, S. T3.

Diese Aussage wird ebenfalls durch die Einstufung des A8 in der Fahrzeug-Kaskoversicherung unterstützt, die neben der fahrzeugindividuellen Unfall- und Diebstahlhäufigkeit vor allem auf dem Reparaturaufwand basiert, der für die Behebung bestimmter Unfallschäden benötigt wird.[510] Der Audi A8 ist in der Vollkaskoversicherung in die Klasse 24 (A8 2,8) eingestuft,[511] die Vergleichsfahrzeuge 7er BMW (728i) in Klasse 27 und Mercedes S 280 in Klasse 34. Diese Einstufung belegt, daß sich die Reparaturkosten des Fahrzeugs im Rahmen seiner Klasse bewegen.

2.3.3.4 Gesamtenergieverbrauch von Fahrzeugen mit Stahl- und Aluminiumkarosserie

Ein wichtiges Kriterium für die Bewertung unterschiedlicher Karosseriematerialien ist der mit ihrem Einsatz verbundene Gesamtenergieverbrauch. Als Hilfsmittel zu seiner Bestimmung bietet sich das Aufstellen einer sog. Energiebilanz an; sie dient dazu, „die Gesamtenergien zweier, für den angestrebten Verwendungszweck technisch gleichwertiger Werkstoffe zu vergleichen“[512]. Dieser Vergleich erfolgt auf der Basis der Primärenergien,[513] die für die Herstellung des Produkts sowie seinen Einsatz während der Lebensdauer aufgewendet werden müssen.[514] Die Energiebilanz wird somit zum Endpunkt der Gebrauchsfähigkeit eines Produkts abgeschlossen.

Durch diese Definition bleiben die Energiemengen, die im Rahmen eines Recyclingprozesses zurückgewonnen werden können oder eingesetzt werden müssen, unberücksichtigt. Damit soll eine Doppelzählung vermieden werden, die bei einer Wiederverwendung des Materials in gleicher Funktion auftreten könnte. Der für das Recycling notwendige Energieeinsatz wird dem neu entste-

---

509 vgl. FAZ v. 27.09.1994, Aluminium-Audi: Problemlos reparabel, S. T3.

510 Für die Ermittlung dieses sog. Typschadens wird das Fahrzeug einem Frontalcrash (15 km/h, 50% Überdeckung) und einem Heckcrash (15 km/h, 34% Überdeckung) unterzogen und anschließend nach Herstellerangaben mit Originalteilen repariert. (Vgl. Paefgen, F.-J., et al., Audi Space Frame - ASF; Ein neues Rohbaukonzept in Aluminium, 1994, S. 63 ff.). Neben der Reparaturfähigkeit des Fahrzeugs spielt die Diebstahlhäufigkeit des Typs eine Rolle.

511 vgl. o.V., Katalogteil: Alle Autos in Deutschland, 1997, S. 92 ff.

512 Koewius, Alexander, Energiebilanz bei substituierender Verwendung von Aluminium in Fahrzeugen, 1983, S. 83.

513 Unter Primärenergie versteht man diejenige Energie, die in den natürlichen Trägern wie Kohle, Erdöl oder Erdgas sowie in Wasser, Wind und anderen Trägern von Alternativenergie enthalten ist und durch Umwandlung in Sekundärenergie überführt wird. Vgl. Brockhaus, Bd. 6, S. 369.

514 vgl. Koewius, Energiebilanz bei substituierender Verwendung von Aluminium in Fahrzeugen, 1983, S. 83.

henden Material zugerechnet und geht somit als Herstellenergie in eine (neue) Energiebilanzbetrachtung ein.

Die Energiebilanz des Produkts „Pkw“ wird von zwei Energiegrößen bestimmt: der Herstellenergie während des Produktionsprozesses sowie der im Fahrbetrieb benötigten Energiemenge.[515] Hierauf aufbauend hat Koewius die in **Gleichung 2.3-1** dargestellte Berechnungsformel für den Vergleich unterschiedlicher Materialien im Pkw-Bau abgeleitet.

$$D\,E_{ges} = E_{ges}^{\#} - E_{ges}$$

$$= (m^{\#} * e^{\#} - m * e) + \frac{H_u}{eta_B} * \frac{dB}{dm} * L_n * (m^{\#} - m)$$

mit: E = Energie

\# = Kennzeichen für den Substitutionswerkstoff

m = Masse des eingesetzten Werkstoffs [kg]

e = Energieinhalt dieses Werkstoffs [MJ/kg]

H_u = Unterer Heizwert des Kraftstoffs [MJ/Liter]

eta_B = Wirkungsgrad bei der Kraftstoffherstellung [%]

L_n = während der Nutzungsdauer zurückgelegte Fahrstrecke [km]

dB/dm = von der Fahrzeugmasse abh.r Kraftstoffverbrauch [L/km*kg]

Gleichung 2.3-1: Grundgleichung für die Aufstellung einer Energiebilanz bei Pkws
Quelle: Koewius, Alexander, Energiebilanz bei substituierender Verwendung von Aluminium in Fahrzeugen, 1983, S. 83.

Für die einzelnen Variablen dieser Gleichung müssen die gültigen Zahlenwerte eingesetzt werden. Hierbei stellt sich das Problem, daß für die wichtigsten Einflußgrößen nur Wertebereiche, nicht aber exakte Einzelzahlen angegeben werden können. Der Energieinhalt von Primäraluminium hängt davon ab, auf welche Weise die für die Elektrolyse benötigte elektrische Energie erzeugt wird. Nach **Abbildung 2.3-8** (folgende Seite) weist Hydroenergie den geringsten Primärenergiebedarf auf, eine auf fossilen Energieträgern beruhende Stromerzeugung den höchsten. Die Schwankungsbreite zwischen beiden Eckwerten be-

---

515 vgl. z.B. Reitzle, Wolfgang, Neue Entwicklungen in der Blechverarbeitung der Automobilindustrie, 1992, S. 1005.

trägt annähernd 50%.

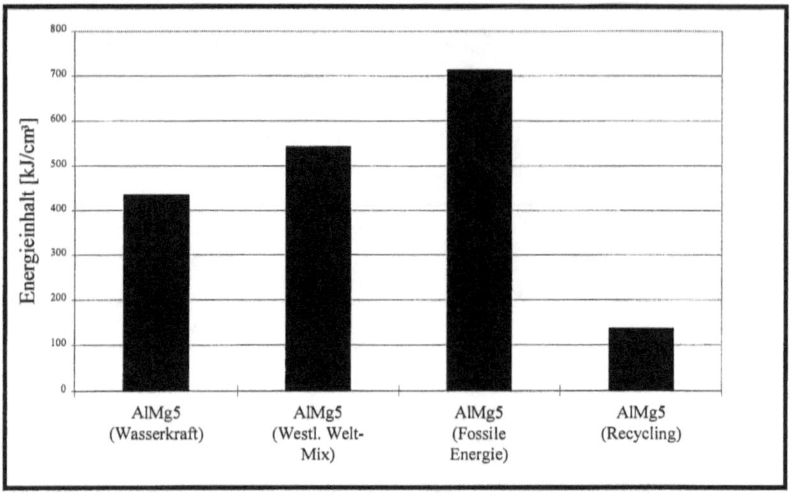

Abbildung 2.3-8: Energieinhalt von Aluminium nach unterschiedlichen Herstellprozessen
Quelle: Haldenwanger, Hans Günther et al., Öko-/Energiebilanzierung im Pkw-Bau mit verschiedensten Werkstoffen, 1994, S. 149

Ähnliche Unterschiede gelten für die im Fahrbetrieb realistischen, gewichtsinduzierten Minderverbräuche. Bei Fahrten mit konstanten Geschwindigkeiten bestimmt der masseunabhängige Luftwiderstand des Pkws den Gesamtverbrauch, im Stadtverkehr mit seinen höheren Beschleunigungs- und Verzögerungsphasen spielt das Fahrzeuggewicht eine wichtige Rolle. Im ersten Fall ergibt sich ein geringer Wert für den Einspareffekt durch Gewichtsverringerung, im zweiten Fall ein deutlich höherer.[516]

Durch die Kombination unterschiedlicher Zahlenwerte für die beiden dominierenden Einflußgrößen lassen sich unterschiedliche Ergebnisse für die Energiebilanz ableiten. Im folgenden soll daher versucht werden, das grundlegende Ergebnis qualitativ darzustellen:

---

516 vgl. zu diesem Kap. auch die ausführliche Darstellung und Diskussion des Fahrzeuggesamtwiderstands im Anhang der Arbeit.

Grundsätzlich gilt, daß bei einem konventionellen Fahrzeug der Energieeinsatz während der Betriebsphase den Gesamtenergieverbrauch dominiert. Reitzle[517] nennt als Anhaltswert, daß bei einem Fahrzeug der oberen Mittelklasse etwa 88% des Gesamtverbrauchs auf die Betriebsphase entfallen. Für die Aufbereitung der Rohstoffe werden etwa 7% benötigt, auf die unmittelbare Fahrzeugherstellung entfallen etwa 5%.[518]Der bei der Primärerzeugung von Aluminium notwendige, hohe Energieeinsatz führt dazu, daß ein Fahrzeug mit Aluminiumkarosserie einen deutlich höheren Energieaufwand in der Herstellung erfordert. Dieser Mehreinsatz kann - nach überwiegendem Ergebnis der Studien - durch den gewichtsinduzierten Minderverbrauch während der Betriebsphase egalisiert werden. Die für das Aluminiumfahrzeug günstigste Studie kommt zu dem Ergebnis, daß nach einer Fahrstrecke von 55.000 km ein Patt in der Energiebilanz erreicht ist; bei höheren Fahrleistungen verbessert sich die Energiesituation für das Leichtmetallfahrzeug. Auf der anderen Seite steht eine Überschlagsrechnung, die erst nach einer Fahrstrecke von 200.000 km einen Gleichstand der Gesamtenergien errechnet hat. Wie die Übersicht über die Ergebnisse derartiger Studien in **Tabelle 2.3-4** (folgende Seite) zeigt, liegen die errechneten Mindestfahrleistungen zur Erreichung eines Energiegleichstands überwiegend zwischen 60.000 und 80.000 km.

Ein anderes Ergebnis der Energiebilanz ergibt sich für den Fall, daß in der Karosserie ausschließlich oder teilweise Sekundäraluminium eingesetzt wird; dies ist durch die guten Recyclingmöglichkeiten dieses Metalls ohne Qualitätsverlust möglich. Wegen des geringeren Energieeinsatzes im Rückgewinnungsprozeß liegen derartige Fahrzeuge im Herstellungsprozeß günstiger als solche mit Primäraluminium. In der Literatur finden sich Angaben, daß bei einem Sekundäranteil von etwa 70-75% ein energetischer Gleichstand mit Stahlfahrzeugen erreicht wird.[519] Wegen des geringeren Einsatzes in der Betriebsphase ergibt sich unter diesen Bedingungen eine günstigere Gesamtenergiebilanz.

---

[517] vgl. Reitzle, Wolfgang, Neue Entwicklungen in der Blechverarbeitung der Automobilindustrie, 1992, S. 1005.

[518] Zu einem ähnlichen Ergebnis kommt die VW AG bei einer Energiebilanzaufstellung für den VW Golf: Nach diesen Berechnungen liegt der Verbrauchsanteil der Betriebsphase bei 90% (incl. 10% für die Benzinherstellung), 6% werden für Zulieferteile und Werkstoffe benötigt und 4% während der Produktion verbraucht; vgl. FAZ v. 19.11.1996, Besser, sicherer, leiser und trotzdem leichter, S. T4 u. FAZ v. 02.12.1997, Volkswagen will den Flottenverbrauch weiter senken, S. 23.

[519] vgl. hierzu etwa Reitzle, Wolfgang, Neue Entwicklungen in der Blechverarbeitung der Automobilindustrie, 1992, S. 1007; Paefgen, Franz-Josef, et al., Der neue Audi A8 - Teil 1, 1994, S. 205; Haldenwanger, Hans Günther, et al., Öko-/Energiebilanzierung im Pkw-Bau mit verschiedensten Werkstoffen, 1994, S. 140 ff. Abweichend hiervon Drewes, Ernst-Jürgen, Neue Ansätze zur Gewichts- und Verbrauchsreduzierung bei Automobilen aus der Sicht eines Systemlieferanten, 1994, S. 43 f.

Fahrstrecke bis Energiegleichstand [km]	Anmerkungen	Quelle
60.000	Verwendung von 100% Primärmaterial	Paefgen, Franz-Josef et al., Der neue Audi A8 Teil 1, 1994, S. 205.
57.000	100% Primäraluminium	Furrer, P. et al., Erfolg dank gezielter Oberflächenoptimierung, 1993, S. 1.
140.000 > 200.000 100.000	100% Primäralu, konv. Stahlkar. 100% Primäralu, optim. Stahlkarosserie mit 25% Gewichtsverringerung Einsatz von 70% Sekundäraluminium	Drewes, Ernst-Jürgen, et al., Neue Ansätze zur Gewichts- und Verbrauchsreduzierung bei Automobilen aus der Sicht eines Systemlieferanten, 1994, S. 43 f.
ca. 75.000	100% Primäralu., Masseersparnis 40%, akt. Schrottsammelgrade	Koewius, A., Energiebilanz bei substituierender Verwendung von Aluminium in Fahrzeugen, 1983, S. 127.
55.000 - 79.000	100% Primäraluminium	o.V., Auf dem Weg zum Dreiliter-Auto, 1994, S. 394.
60.000	100% Primäraluminium	Demel, Herbert, Pro Stellungnahme bei „Pro und Contra: Aluminium - der Wunderwerkstoff für die Zukunft?“, 1993, S. 68.
> 100.000	100% Primäraluminium	Zetsche, Dieter, Contra Stellungnahme bei „Pro und Contra: Aluminium - der Wunderwerkstoff für die Zukunft?“, 1993, S. 69.

Tabelle 2.3-4: Zusammenstellung unterschiedlicher Fahrstreckenergebnisse zur Erreichung eines energiewirtschaftlichen Patts zwischen Stahl- und Aluminiumfahrzeug
Quelle: eigene Zusammenstellung, Darstellung der Einzelquellen in jeder Zeile

2.3.3.5 Zusammenfassung der Bewertung

In der folgenden **Tabelle 2.3-5** (vgl. folgende Seite) sind die Ergebnisse des Karosserievergleichs in den vorhergehenden Abschnitten zusammengefaßt. Man erkennt deutlich die Vorteile der konventionellen Stahlkarosserie, die vor allem im wirtschaftlichen und fertigungstechnischen Bereich liegen. Ihre gravierendsten Nachteile sind das nur sehr beschränkt vorhandene Gewichtsreduzierungspotential sowie die hohe Zahl der benötigten Bauteile.

Weitere Gewichtsreduzierungen werden möglich, wenn eine Stahlkarosserie mit geschraubten „Hang-on" Parts aus Aluminium ausgerüstet wird. Die bestehenden Fertigungsprozesse sowie das grundlegende Fahrzeugkonzept müssen hierfür nicht verändert werden, andererseits ist das erzielbare Reduktionspotential begrenzt. Hier liegt der große Vorteil der beiden dargestellten Space-frame Karosserievarianten. Sie bieten ein Gewichtsreduzierungspotential von bis zu 50% und weisen eine geringere Teilevielfalt auf. Beide Konzeptionen erfüllen grundsätzlich die an eine Karosserie gestellten Anforderungen, weisen jedoch im Bereich des Fertigungsprozesses und der Fügetechnik noch einen Nachholbedarf auf. Dies gilt vor allem für die Version unter Einbeziehung von Gußknoten. Die dadurch mögliche, höhere Konstruktions- und Gestaltungsfreiheit des Fahrzeugs wird durch Nachteile beim Recycling (höhere Zahl von Legierungen im Schrott), in der Fügetechnik (Verbindung von Gußknoten und Profilen) sowie im Fertigungsprozeß (Gießtechnologie) gegenüber der reinen Profillösung erkauft. Die fertigungstechnischen Probleme wurden auch während der Anlaufphase des Audi A8 deutlich.[520] Der gravierendste Nachteil beider Konzeptionen sind die - bei größeren Produktionsstückzahlen - höheren Kosten gegenüber der Stahlkarosserie. Wegen dieser Kostenstruktur werden sich Space-frame Konzeptionen zunächst im Kleinserienbau mit geringen jährlichen Produktionsstückzahlen durchsetzen können.[521] Erst wenn es gelingt, die Fertigungstechnik weiter zu optimieren und dadurch die Herstellkosten zu senken oder das

---

[520] Probleme bereitete insbesondere die weiche Oberfläche des Metalls und die Aushärtung der Rohkarosserien. Als Folge hiervon konnte die angepeilte Tagesstückzahl von 75 Fahrzeugen nicht wie geplant erreicht werden. Vgl. Wieland, Bernd, Produktion: Audi A8-Anlauf - Preß-Wehen, 1994, S. 136 ff u. Fischer, Thomas, Audi Programm bis 1998, Das Maß aller Ringe, 1995, S. 11 f.

[521] Vgl. Springe, Gerd, Der Aluminiumkarosserie ist der Durchbruch gelungen, 1994, S. 255.

	Schalenbauweise		Stahlstruktur mit	Space-frame Karosserie	
	Stahl	Aluminium	Alu.-Hang on-T.	Mit Gußknoten	Profilbauweise
Gewichtsreduzierungspotential	--	++	+/-	++	++
Einfluß auf Gesamtfahrzeugkonzept	++	++	++	+	-
Passive Sicherheit	+	-	+	+/++	++
Anzahl der Bauteile	-	-	-	+	++
Fügetechnik	++	-	+	-	+
Fertigungsprozeß	++	-	++	-	+
Recycling	++	++	-	+	+
Kosten	++	-	+/-	++/-*	++/-

Tabelle 2.3-5: Bewertung der unterschiedlichen Karosseriekonzeptionen
Quelle: eigene Darstellung in Anlehnung an Wurl, W., Stand der Entwicklung von Aluminium-Karosserien für Kraftfahrzeuge, 1994, S. 63.
Erklärungen: ++ sehr gut + gut - ausreichend -- nicht ausreichend
* in Abhängigkeit von der Produktionsstückzahl

geringere Gewicht in einen höheren Verkaufspreis umzusetzen, ergibt sich auch bei Fahrzeugen mit höheren jährlichen Produktionsstückzahlen ein Substitutionspotential.

Bei Fahrzeugbaureihen mit hohen Produktionsstückzahlen liegen auch die Einsatzchancen von Fahrzeugen mit einer Aluminium-Blechschalenbauweise.[522] Bei einem ähnlichen Gewichtsreduktionspotential wie bei Space-frame Fahrzeugen eignet sich ihre Kostenstruktur (höhere Investitionen durch teure Blechwerkzeuge, günstigere Bauteilkosten durch Blechbearbeitung) für den Einsatz in der Großserienproduktion. Andererseits müssen noch einige technische Probleme im Bereich des Fertigungsprozesses sowie der Fügetechnik gelöst werden. Hierbei könnten auch Konstruktionsprinzipien aus der Space-frame Technik übernommen werden (günstige Profilbauweise), so daß die Grenzen beider Konzeptionen verschwimmen.[523]

2.3.4 Erreichbarkeit der Entwicklungsziele durch die aluminiumintensive Karosserie

2.3.4.1 Vorbemerkungen zur Ergebnisdarstellung

Die Interdependenzen zwischen einem verstärkten Aluminiumeinsatz im Karosseriebereich sowie den übrigen Zielsetzungen werden in **Tabelle 2.3-6** (folgende Seite) dargestellt.

Grundsätzlich können sich drei Interdependenzbeziehungen ergeben.[524] Neben positiven oder negativen Korrelationen ist der Fall der Unabhängigkeit möglich. Die zur Charakterisierung der einzelnen Fälle verwendeten Symbole sind unterhalb der Matrix erläutert.

In der Matrix wurde eine positive Korrelation vermerkt, wenn der Aluminiumeinsatz auch die Erreichung dieses Zieles fördert. Wird die Verfolgung eines Instrumentalzieles hingegen nicht von der Wahl des Karosseriematerials beeinflußt, wird in der Tabelle „Unabhängigkeit“ eingetragen. Dies gilt auch für den Fall, daß ein bestimmtes Instrumentalziel zwar auch mit einer aluminiumintensiven Karosseriebauweise erreicht werden kann, andererseits aber durch dieses

---

522 vgl. Springe, Gerd, Der Aluminiumkarosserie ist der Durchbruch gelungen, 1994, S. 255.
523 Mündliche Aussage durch F. J. Paefgen, Tagung in Wolfsburg am 25. November 1993.
524 Wie bereits in Kap. 1.2.2.3. dargestellt sprechen manche Autoren von fünf Interdependenzbeziehungen, wenn sie Zielgleichheit oder -gegensätzlichkeit als eigenständige Zusammenhänge betrachten; vgl. Kap. 1.2.2.3.

die Gewichtsreduzierung durch eine aluminiumintensive Karosserie teilweise kompensiert wird.

Instrumentalziele	Alu.-einsatz im Kar.-bau
1.1.1. Verringerung d. Leistungsbedarfs	++
1.1.2. Erhöhung d. Wirkungsgrads	**o**
1.2.1. Alt. flüssige Kraftstoffe	**o**
1.2.2. Alt. gasförmige Kraftstoffe	**o**
1.2.3. Elektrotraktion	**o**
1.2.4. Wasserstoffantrieb	**o**
2.2.1. Optimierung d. Verbrennung	**o**
2.2.2. Optimierung konventioneller Kraftstoffe	**o**
2.3.1. Einsatz von Abgaskatalysatoren	**o**
4.1.1. Weiter- u. Wiederverwertung von Prod.-resten	++
4.2.1. Verl. d. Wartungsintervalle/ Verr. der auszutauschenden Stoffmengen	**o**
4.2.2. Verwend./Verwert. von ausgebauten Baut./Stoffen	**o**
4.2.3. Erhöhung d. Bauteil-/ Fahrzeuglebensdauer	**o**
4.3.1. Wieder-/ Weiterverwendung einzelner Bauteile	**o**
4.3.2. Wieder-/ Weiterverwert. von Bauteilen/Mat.	++
5.1.1. Systeme zur Bremsunterstützung	**o**
5.1.2. Allradantrieb	**o**
5.1.3. Autom. Fahrzeugbeeinflussung	**o**
5.2.1. Rückhaltesysteme	**o**
5.2.2. Karosserieoptimierung	**u.U.**

Tabelle 2.3-6: Interdependenzen zwischen dem Mittel „Aluminiumeinsatz in der Karosserie" und anderen Instrumentalzielen der Pkw-Entwicklung

Erklärungen: Ein „o" bedeutet keine Interdependenzen, ein „-" entspricht einem schwachen Zielkonflikt, „—" steht für einen starken Zielkonflikt.

+ - Zeichen stehen entsprechend für positive Zielbeiträge (ebenfalls schwach/stark). Hängt die Korrelation jedoch von der konkreten Ausführung der aluminiumintensiven Karosserie ab, wurde „u.U." (unter Umständen) vermerkt. Weitere Details hierzu finden sich bei der Beschreibung der Interdependenzbeziehungen.

Ein Beispiel hierfür ist das Instrumentalziel 5.2.1, die Einführung von Rückhaltesystemen. Diese können auch in Fahrzeugen mit einer aluminiumintensiven Karosseriebauweise eingesetzt werden (vermerkte Interdependenzbeziehung: Unabhängigkeit), führen aber andererseits zu einem höheren Gewicht des Fahrzeugs und konterkarrieren damit das mit dem Aluminiumeinsatz angestrebte Primärziel.

Derartige Zusammenhänge werden im folgenden ebenfalls vorgestellt, fließen aber nicht in die hier durchgeführte Beurteilung ein.

Würde man jedoch eine Beurteilung auf der Ebene der Entwicklungsziele vornehmen, sähe das Ergebnis anders aus. Da die Einführung zusätzlicher Rückhaltesysteme immer mit einer Gewichtserhöhung verbunden ist, ergäbe sich bei dieser Betrachtung ein Zielkonflikt.

Alle in der Tabelle verwendeten Numerierungen entsprechen der in Kap. 2.2. eingeführten Klassifikation.

2.3.4.2 Erläuterung der bestehenden Interdependenzen

Zielidentität besteht zu Instrumentalziel 1.1.1., der Verringerung des Leistungsbedarfs, da der Aluminiumeinsatz im Karosseriebereich mit dem primären Ziel erfolgt, über eine Reduzierung des Fahrzeuggewichts den Leitungsbedarf zu reduzieren.

Im Instrumentalziel 1.1.2. werden alle Maßnahmen zur Erhöhung des Antriebswirkungsgrads zusammengefaßt. Da diese unabhängig vom eingesetzten Karosseriematerial verfolgt werden können, ergeben sich hier keine Interdependenzbeziehungen.

Ein ähnliches Bild ergibt sich auf für die Teilziele 1.2.1. bis 1.2.4., die die Einführung unterschiedlicher, alternativer Kraftstoffe beschreiben. Alle Optionen sind unabhängig von der Wahl des Karosseriematerials.

Andererseits wird das Fahrzeuggewicht aufgrund der ungünstigen Speichereigenschaften mancher alternativer Kraftstoffe negativ beeinflußt wird (vgl. **Abbildung 2.3-9**, folgende Seite). Lediglich die flüssigen Alternativen liegen im Bereich der konventionellen Kraftstoffe. Bei den übrigen muß wegen des höheren Gewichts der gespeicherten Energiemenge mit mäßigen (gasförmige Kraftstoffe und Wasserstoff) bzw. starken (Elektrotraktion) Erhöhungen des Gesamtgewichts und damit des Leistungsbedarfs gerechnet werden.

In Bezug auf die Instrumentalziele 2.2.1. (Optimierung der Verbrennung), 2.2.2. (Optimierung konventioneller Kraftstoffe) und 2.3.1. (Einsatz von Abgaskatalysatoren) ergeben sich keine Beziehungen. Alle Maßnahmen sind ebenfalls unabhängig von der Wahl des Karosseriematerials. Beim Instrumentalziel 2.3.1. ist jedoch anzumerken, daß zusätzliche Bauteile in das Fahrzeug gebracht werden und damit das Leergewicht ansteigt.

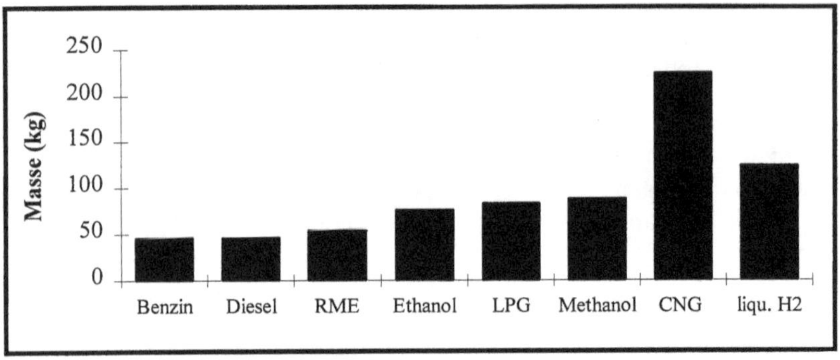

Abbildung 2.3-9: Speicherkennwerte verschiedener Energiearten bei gleichem Energieinhalt
Quelle: Heinrich, H. et al., Alternative Kraftstoffe - Chancen und Risiken aus der Sicht von Volkswagen, 1992, S. 48

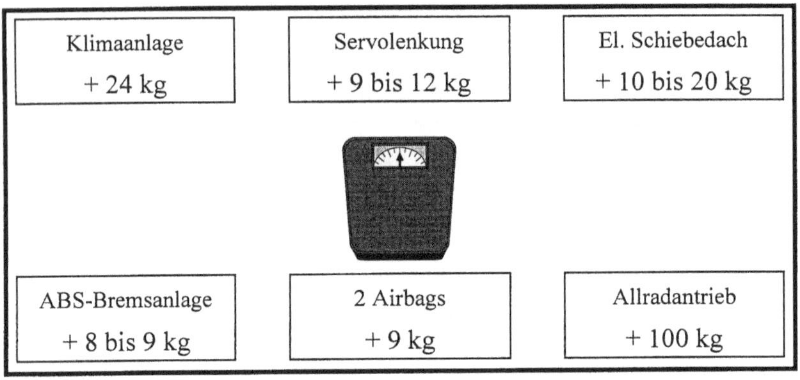

Abbildung 2.3-10: Fahrzeugmehrgewicht durch sicherheitsrelevante Zusatzausstattungen
Quelle: Eigene Darstellung nach König, Wolfgang, Schwere Not, 1993, S 62/63

Das übergeordnete Entwicklungsziel der Abfallvermeidung (Entwicklungsziel vier) hat Auswirkungen auf alle Teilsysteme eines Fahrzeugs. Zur Abfallvermeidung und Ressourcenschonung werden für jedes Teilsystem eigene Strategien entwickelt, die unabhängig von der Wahl des Karosseriematerials verfolgt werden können. Aus diesem Grund ergeben sich keine Interdependenzen zu den Teilzielen 4.1.2. bis 4.3.1. Wegen der guten Recyclingeigenschaften des Aluminiums ergeben sich positive Korrelationen zu den Teilzielen 4.1.1. (Weiter- u. Wiederverwertung von Produktionsresten) und 4.3.2. (Wieder-/ Weiterverwert. von Bauteilen/Material).

Die Erreichung der Instrumentalziele 5.1.1. bis 5.2.1 ist unabhängig von der Wahl des Karosseriematerials. Andererseits ergibt sich hier wiederum - wegen des erhöhten Bauaufwands - überwiegend eine Erhöhung des Fahrzeuggewichts und damit des Leistungsbedarfs.[525] **Abbildung 2.3-10** (vorhergehende Seite) enthält eine Übersicht über das Zusatzgewicht einiger sicherheitsrelevanter Ausstattungsdetails. Die Abbildung enthält neben den oben dargestellten Ausstattungen (ABS und Allradantrieb) auch indirekt wirkende Sicherheitsausrüstungen. Eine Klimaanlage z.B. erhöht das Wohlbefinden und die Konzentrationsfähigkeit des Fahrers an heißen Tagen und kann daher zur Vermeidung von Unfällen beitragen,[526] eine Servolenkung ermöglicht wegen ihrer geringeren Bedienungskräfte schnelle Ausweichmanöver im Gefahrenfall.[527]

Die Möglichkeiten der Karosserieoptimierung hängen von der eingesetzten Bauart aluminiumintensiver Karosserien ab. In diesem Zusammenhang sei auf die Ausführungen in Kapitel 2.3.2.4. verwiesen.

---

[525] vgl. VDI - Nachrichten v. 16.10.1992, Sparsame PKW sind nur langsam auf dem Vormarsch, S. 5.

[526] vgl. FAZ v. 09.05.1995, Sicherheit als Temperaturfrage, S. T4.

[527] Diese Zusammenstellung macht noch einmal die breite Palette von Handlungsmöglichkeiten zur Erhöhung der aktiven Sicherheit deutlich. Vgl. Seiffert, Ulrich, Fahrzeugsicherheit - Personenwagen, 1992, S. 11 ff.

2.4 Perspektiven des Einsatzes von Aluminium im Karosseriebereich

2.4.1 Determinanten für den Einsatz von Aluminium im Karosseriebereich

Die Einführung von aluminiumintensiven Karosserien hängt von einer Vielzahl von Faktoren ab, die unterschiedliche Teilaspekte der neuen Technik berühren. Relevante Determinanten sind z.B.:

- Produktionskosten u. -möglichkeiten (d.h. z.B. Entwicklung des Aluminiumpreises)
- Markt- und Produktionsstrategien der Automobilhersteller
- Preis alternativer Karosseriematerialien
- Umweltdenken in der Bevölkerung
- Kaufverhalten der Pkw-Besitzer
- Einsparungspotentiale bei technischen Alternativen
- Zuverlässigkeit der Konstruktion im Praxiseinsatz
- Entwicklung des Kraftstoffpreises (d.h. Entwicklung des Rohölpreises und der Mineralölsteuer, mögliche Einführung einer zusätzlichen CO_2- bzw. Energiesteuer)
- Entwicklung der sonstigen Betriebskosten von Fahrzeugen mit aluminiumintensiver Karosserie (d.h. Versicherungseinstufung, Reparaturkosten, Kraftstoffeinsparungspotential)
- Entwicklung der Recyclingtechnik- und möglichkeiten
- Preise für Aluminium- und Stahlschrott

Wir wollen im folgenden nicht alle hier genannten Determinanten explizit berücksichtigen, sondern nur diejenigen Einflußgrößen in unsere Perspektivbetrachtung einbeziehen, von denen wir erwarten, daß sie die künftige Entwicklung maßgeblich bestimmen. Im folgenden sollen diese aus der Gesamtzahl der Determinanten herausgearbeitet werden.

Die Darstellung und Diskussion der technischen Eigenschaften der aluminiumintensiven Karosserien in Kap. 2.3 hat gezeigt, daß diese den an sie gestellten Anforderungen weitgehend gerecht werden. Bei einem deutlich reduzierten Gewicht bietet diese Bauform ein ebenso hohes Sicherheitsniveau für die Insassen wie vergleichbare Stahlkonstruktionen. Der Ausgangswerkstoff verfügt über günstige Recyclingeigenschaften und es wurden akzeptable Reparaturkonzepte entwickelt. Die Betrachtung der Energiebilanz hat gezeigt, daß aluminiumintensive Karosserien Vorteile aufweisen, die mit einem verstärkten Einsatz von recyceltem Material weiter zunehmen. Darüber hinaus zeigt die Einführung des Space-frame Konzepts in die Serienproduktion (Audi A8) sowie die Ankündigung weiterer Fahrzeugprojekte mit größeren Produktionsvolumina,[528] daß die Voraussetzungen für eine Serienproduktion gegeben sind und die technischen Probleme gelöst werden können.[529]

Die weitere Einführung von aluminiumintensiven Karosserien in die Serienproduktion hängt unserer Auffassung nach von den wirtschaftlichen Überlegungen der Produzenten und Fahrzeugnutzer, den strategischen Planungen der Hersteller sowie den zu erwartenden Vorgaben durch die Politik ab. Im folgenden werden zunächst die Überlegungen der Anbieter (Punkt A in der folgenden Darstellung), sowie der Nachfrager (Punkt B) getrennt analysiert. Daran schließt sich eine Betrachtung des politischen Bereichs an (Punkt C).

A., Anbieterseite: Bei der Entwicklung neuer Fahrzeuggenerationen müssen die Hersteller ein besonderes Augenmerk auf eine Reduzierung des Kraftstoffverbrauchs legen.[530] Dazu bieten sich alternative Lösungsmöglichkeiten an, für die unterschiedliche Erhöhungen der Herstellkosten in Kauf genommen werden müssen. Beschränkt man die zur Auswahl stehenden Alternativen auf den Kreis der gewichtssparenden Maßnahmen,[531] läßt sich eine Hierarchie nach dem Quotienten „Mehrkosten zu Masseersparnis“ (vgl. **Gleichung 2.4-1**, folgende Seite) aufstellen. Die Alternative mit dem günstigsten Verhältnis hat die höchste Realisierungschance.[532] In der unternehmerischen Praxis liegen die derzeit

---

[528] Die Audi AG hat die Einführung eines weiteren Modells mit einer aluminiumintensiven Karosserie in einer jährlichen Stückzahl von 50.000 Fahrzeugen bis zur Jahrtausendwende angekündigt. Vgl. FAZ v. 07.04.1995, Audi fährt schneller als erwartet in die Gewinnzone zurück, S. 16 u. o. V., Märkte und Modelle: Audi, 1995, S. 10.

[529] vgl. hierzu auch Koewius, Alexander, Aluminium-Spaceframe-Technologie: Der Leichtbau des Serienautomobils erreicht eine neue Dimension - Teil 1, 1994, S. 42.

[530] Die deutsche Automobilindustrie hat angekündigt, gegenüber dem Basisjahr 1990 den „durchschnittlichen Kraftstoffverbrauch der von ihr hergestellten und in Deutschland abgesetzten Pkw bis zum Jahr 2005 um 25% zu senken“ (VDI Nachrichten v. 18.08.1995, Die schnelle Markteinführung des 3-l-Diesel bleibt umstritten, S. 3). Gleichzeitig sollen besonders sparsame Fahrzeuge eingeführt werden.

[531] Daneben bieten sich als weitere Handlungsfelder zur Senkung des Verbrauchs eine Reduzierung des Luftwiderstands, die Verringerung des Rollwiderstands sowie die Erhöhung der Wirkungsgrads an. (vgl. hierzu auch Kap. 2.2.1.)

[532] Dieser Quotient unterstellt, daß lediglich die mögliche Kraftstoffersparnis über die Vorteilhaftigkeit einer Alternative entscheidet. Aufgrund des komplexen Systems Fahrzeug müssen hier aber noch weitere Kriterien in Betracht gezogen werden wie Zuverlässigkeit, Repara-

akzeptierten Mehrkosten bei etwa 7,- bis 11,- DM pro Kilogramm, in Zukunft wird mit einer weiteren Erhöhung dieses Grenzwerts gerechnet.[533] Alternativen mit massebezogenen Mehrkosten unterhalb dieser Schwelle werden in der Serienproduktion eingesetzt bzw. hinsichtlich ihrer Einsatzmöglichkeiten untersucht. Aluminiumintensive Karosseriebauweisen müssen sich diesem Vergleich ebenso stellen.

$$k_i = \frac{K_{Zusatz\ Herstell,i}}{e_{Masse,i}}$$

mit: k_i = Relative Mehrkosten der Alternative i [DM/kg]
$K_{Zusatz\ Herstell,\ i}$ = Mehrkosten in der Herstellung für Alternative i [DM]
$e_{Masse,\ i}$ = Mögliche Masseeinsparung bei Einführung von i (Def.: Masseeinsparung ergibt positiven Wert) [kg]

Gleichung 2.4-1: Berechnung des Quotienten „Mehrkosten" zu „Masseersparnis"

Wie bereits in Abschnitt 2.4 dargestellt wurde, hängen die Herstellkosten einer Aluminiumkarosserie vom verfolgten Konstruktionsprinzip sowie der Stückzahl ab. Bei geringen Produktionsvolumina liegen die Gesamtkosten einer Spaceframe Karosserie unter denen von konventionellen Schalenkarosserien in Aluminium- oder Stahlausführung. Die Grenzstückzahl für den Kostengleichstand liegt nach dem heutigen Konstruktionsstand bei ca. 25.000 Fahrzeugen pro Jahr; bei höheren Produktionsziffern ergeben sich Mehrkosten für die Hersteller.[534] Andererseits könnten Entwicklungsfortschritte in der Technik aluminiumintensiver Karosserien diesen Grenzwert in Zukunft steigen lassen.[535] Aus diesem Grund empfiehlt sich die Auswahl der Grenzstückzahl als Schlüsselfaktor für die Anbieterseite. Sie ermöglicht eine gute Abbildung der relativen Kostensituation im Vergleich zu heutigen Karosserietechniken und kann andererseits für die Beschreibung künftiger Entwicklungen benutzt werden.

---

turmöglichkeiten, Nachrüstmöglichkeiten usw. Bewertet man die Alternativen nach einem umfangreichen Scoring-Modell, könnte man einen Quotienten „Herstellkosten zu Punktwert" aufstellen, der sicher umfangreicher über die Vorteilhaftigkeit einzelner Alternativen informiert. Andererseits spielt die Kraftstoffersparnis eine dominierende Rolle bei künftigen Fahrzeugen, so daß dieser Quotient hohe Beachtung finden dürfte.

533 vgl. VDI-Nachrichten v. 16.12.1994, Aramidgürtel reduziert Reifengewicht um bis zu 30%, S. 19.

534 vgl. o.V., Nachgefragt; Interview mit Dr. Christoph Schneider, Thyssen AG, 1994, S. 28 u. International Iron and Steel Institute (Hrsg.), Competition between Steel and Aluminium for the passenger car, 1994, S. 115.

535 vgl. hierzu Kap. 2.3.3.1.

Daneben ermöglicht der Schlüsselfaktor „Grenzstückzahl" eine Berücksichtigung von grundlegenden Markt- und Produktionsstrategien der Hersteller. Zu ersteren gehört es beispielsweise, neue technische Entwicklungen zunächst in Fahrzeugen der gehobenen Preisklasse anzubieten.[536] Die besonderen Ausstattungsmerkmale demonstrieren die technische Kompetenz des Herstellers und sorgen für zusätzliche Kaufanreize; zudem sind ihre Käufer bereit und in der Lage, hohe Mehrpreise hierfür zu bezahlen. Erst im Laufe der Zeit werden die neuen Optionen - zu teilweise deutlich reduzierten Preisen - auch Käufern in kleineren Fahrzeugklassen zugänglich gemacht. Beispiele für diese Vorgehensweise geben das Antiblockiersystem und der Airbag. Beide wurden zunächst nur in den Oberklassefahrzeugen der Mercedes-Benz AG gegen Mehrpreis angeboten; mittlerweile sind sie zum Serienstand in kleineren Klassen geworden.[537] Eine ähnliche Entwicklung könnte auch die Herstellung von Fahrzeugen mit aluminiumintensiven Karosserien nehmen. Nach einer Einführung im Segment der Luxusfahrzeuge (wie z.B. Audi A8) würden sie später auch in preisgünstigeren Klassen eingesetzt werden.

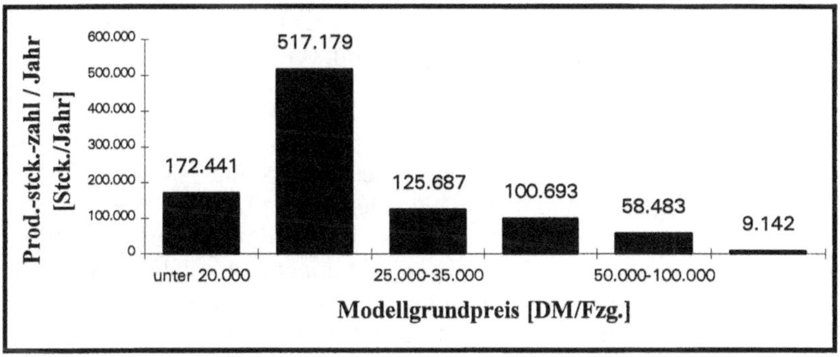

Abbildung 2.4-1: Zusammenhang von durchschnittlicher Produktionsstückzahl und Modellgrundpreis bei Fahrzeugen deutscher Hersteller

Quelle: eigene Darstellung nach VDA (Hrsg.), Tatsachen und Zahlen aus der Kraftverkehrswirtschaft, versch. Jahrgänge, Abschnitt 3

Anmerkungen: Die dargestellten Stückzahlen entsprechen dem Mittelwert der Jahre 1985 bis 1995 und schließen ausländische Produktion deutscher Hersteller ein. Die angegebenen Preise sind Verkaufspreise in der Bundesrepublik Deutschland einschließlich MWSt. für das jeweilige Grundmodell der Baureihe; Stand: 1. Januar 1997.

---

[536] vgl. z.B. VDI - Nachrichten v. 09.02.1996, Fiskus schwächt Pkw-Fortschritt, S. 4.

[537] vgl. o.V., Immer etwas Be-S-onderes, 1995, S. 19; FAZ v. 29.06.1993, Schleudern - bald nicht mehr Autofahrers Alptraum?, S. T4 u. FAZ v. 26.10.1992, Bosch erwartet bei ABS kräftiges Wachstum, S. 20.

Abbildung 2.4-1 (vorhergehende Seite) zeigt am Beispiel aller deutschen Pkw-Hersteller, daß zwischen dem Verkaufspreis eines Fahrzeugs und seinen jährlichen Produktionsstückzahlen grundsätzlich ein reziprokes Verhältnis besteht. Je teurer ein Fahrzeug angeboten wird, desto geringer sind die absetzbaren Stückzahlen. Dieser Zusammenhang macht es möglich, die beschriebene Marktstrategie näherungsweise durch eine Entwicklung der Grenzstückzahl auszudrükken. Zunächst werden die teuren, in kleinen Stückzahlen hergestellten Fahrzeuge mit der neuartigen Technik gefertigt. Im Anschluß daran wird sie auch in unteren Klassen mit entsprechend höheren Stückzahlen eingesetzt. Dies führt im Zeitablauf zu einer kontinuierlichen Erhöhung der Grenzstückzahl, bis zu der neuartige Techniken eingesetzt werden.

Ein weiteres Merkmal der Marktstrategie vieler Hersteller besteht darin, die Akzeptanz neuartiger Entwicklungen zunächst bei Fahrzeugen mit einer geringen Produktionsstückzahl zu testen.[538] Bei einer positiven Marktresonanz werden später auch Modellreihen mit großen Stückzahlen umgerüstet. Auch dieser Zusammenhang könnte bei Fahrzeugen mit aluminiumintensiver Karosserie gelten und würde - eine entsprechende Marktakzeptanz vorausgesetzt - ebenfalls zu einem Ansteigen der Grenzstückzahl im Zeitablauf führen.

Eine ähnliche Entwicklung für die Grenzstückzahl wird durch die in der Automobilindustrie verfolgten Produktionsstrategien bestimmt. Danach setzen die Fahrzeughersteller neuartige Produktionstechniken - nach Möglichkeit - zunächst bei Fahrzeugen mit kleinen Stückzahlen ein.[539] Hierbei können wertvolle Erfahrungen gewonnen werden, die später in die Produktion mit wesentlich höheren Tagesstückzahlen eingebracht werden können. Mögliche Anlaufschwierigkeiten haben geringere Folgewirkungen für das Unternehmen, da eine kleinere Zahl von Fahrzeugen betroffen ist. Überträgt man diese Strategie auf die Entwicklung der Grenzstückzahlen, ergibt sich wiederum eine im Zeitablauf ansteigende Kurve.

Aufgrund dieser Zusammenhänge wird die Grenzstückzahl als Schlüsselfaktor zur Beschreibung der Anbieterseite ausgewählt. Hierdurch lassen sich in einer Kenngröße unterschiedliche, interdependente Einzeldeterminanten aus der Aufzählung am Beginn des Abschnitts zusammenfassen.

B., Nachfrageseite: Ein wichtiges Kaufkriterium für einen potentiellen Kunden sind die Unterhaltskosten eines Fahrzeugs, die von vielen Parametern abhängen. Wichtige Einflußfaktoren sind darunter der Anschaffungspreis, die jährlichen

---

[538] vgl. hierzu Koewius, Alexander, Der Leichtbau des Serienautomobils erreicht eine neue Dimension, Teil 1, 1994, S. 47.

[539] vgl. Handelsblatt v. 8.3.1995, Bau von leichteren Autos kann teuer werden, S. 38.

Fixkosten sowie die laufenden Kraftstoffkosten.

Ein rational handelnder Käufer vergleicht Anschaffungs- und Unterhaltskosten eines Fahrzeugs und ist u.U. bereit, für einen Pkw mit günstigeren Unterhaltskosten einen höheren Anschaffungspreis zu entrichten. Dies läßt sich beispielhaft an Fahrzeugen mit Dieselmotor belegen, bei denen die geringeren Kraftstoffkosten mit einem Preisaufschlag bei der Anschaffung sowie höheren jährlichen Fixkosten erkauft werden müssen.[540]

Fahrzeuge mit aluminiumintensiver Karosserie zeichnen sich vor allem durch einen günstigeren Kraftstoffverbrauch und damit geringere Unterhaltskosten aus. Die Höhe dieses Vorteils hängt von den Kraftstoffpreisen ab und nimmt mit ihrer Erhöhung ebenfalls zu. Bei steigenden Kraftstoffpreisen können die Hersteller daher auch solche technische Maßnahmen zur Verbrauchsreduzierung in Fahrzeugen anbieten, deren Mehrkosten über dem derzeit akzeptierten Grenzwert liegen. Der gestiegene Herstellaufwand kann durch einen höheren Verkaufspreis an den Kunden weitergegeben werden, da dieser Vorteile bei den laufenden Aufwendungen hat. Die Kraftstoffpreise sind damit ein Schlüsselfaktor für den künftigen Einsatz kraftstoffsparender Techniken.[541]

Darüber hinaus können sich in dieser Größe auch weitere Einflußfaktoren aus der allgemeinen Aufstellung am Beginn dieses Kapitels widerspiegeln. Manche gesellschaftliche Gruppen bzw. Parteien fordern, durch umweltpolitisch bedingte Erhöhungen der Mineralölsteuer das Verkehrsaufkommen zu lenken.[542] Auf diese Weise werden umweltrelevante Determinanten im Kraftstoffpreis und damit in der Untersuchung berücksichtigt.

C., Politischer Bereich: Über die bereits heute bestehenden Vorschriften hinaus zeichnet sich in Zukunft eine weitere Erhöhung der Regulierungsdichte für den Straßenverkehr und den Pkw ab. Die zunehmenden Bemühungen um eine Reduzierung des Energieverbrauchs werden insbesondere zu einer Vorgabe von

---

540 Der Grund für ihre höheren jährlichen Fixkosten liegt vor allem in den höheren Steuer- und Versicherungskosten dieser Fahrzeuge. Vgl. bspw. o. V., Betriebskosten: Auto auf Heller und Pfennig, 1995, S. 86.

541 Der künftige Kraftstoffpreis wird in manchen Beiträgen als die Schlüsselgröße für den Markterfolg sparsamer Fahrzeuge angesehen, vgl. z.B. Die Zeit v. 11.08.1995, Knackpunkt Spritpreis, S. 15.

542 Der grundsätzlich gegenläufige Zusammenhang zwischen der Höhe der Mineralölsteuer und dem durchschnittlichen Benzinverbrauch konnte durch einen länderübergreifenden Vergleich gezeigt werden (FAZ v. 08.03.1994, Benzinsteuer-Erhöhung wirkt, S. 13). Umstritten ist hingegen, ob derartige Lenkungswirkungen in Deutschland durch eine Erhöhung des Benzinpreises zu erreichen sind (vgl. FAZ v. 07.09.1994, RWI: Benzinpreise ohne Einfluß, S. 17 oder FAZ v. 23.02.1994, Fachleute plädieren für höhere Mineralölsteuer, S. 3)

Verbrauchsobergrenzen bzw. durchschnittlichen Verbräuchen führen. Die Bundesregierung hat in einem Kabinettsbeschluß ein Limit von 5-6 Litern pro 100 km im Jahr 2005 gefordert.[543] Über diesen Richtwert hinaus werden im 3. Bericht der Enquete-Kommission „Vorsorge zum Schutz der Erdatmosphäre" Grenzwerte für den Kraftstoffverbrauch nach Größenklassen in die Diskussion eingebracht.[544]

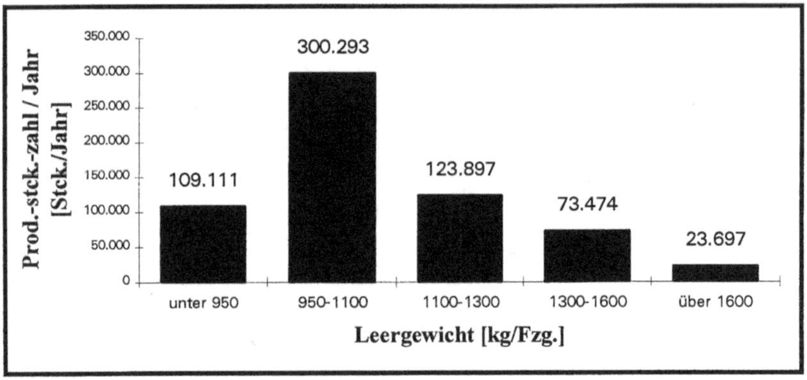

Abbildung 2.4-2: Durchschnittliche jährliche Produktionsstückzahlen von Fahrzeugen unterschiedlicher Gewichtsklassen
Quelle: eigene Darstellung nach VDA (Hrsg.), Tatsachen und Zahlen aus der Kraftverkehrswirtschaft, versch. Jahrgänge, Abschnitt 3
Anmerkungen: Die dargestellten Stückzahlen entsprechen dem Mittelwert der Jahre 1985 bis 1995 und schließen ausländische Produktion deutscher Hersteller ein. Die angegebenen Leergewichte gelten für das jeweilige Basisfahrzeug einer Modellreihe ohne Sonderausstattungen in der Bundesrepublik Deutschland; Stand: 1. Januar 1997.

Derartige Forderungen haben zur Folge, daß vor allem für Fahrzeuge mit hohem Leergewicht intensive Bemühungen zur Reduzierung des Kraftstoffverbrauchs notwendig werden; aluminiumintensive Karosserien hätten damit in dieser Klasse ein höheres Realisierungspotential. Wie **Abbildung 2.4-2** zeigt, lassen sich die über das Leergewicht definierten Fahrzeugklassen näherungs-

---

543 Kabinettsbeschluß vom 11.12.1992; vgl. Bundesministerium für Umwelt, Naturschutz und Reaktorsicherheit (Hrsg.), Umweltpolitik-Klimaschutz in Deutschland, 1993, S. 117.

544 vgl. Bundesministerium für Umwelt, Naturschutz und Reaktorsicherheit (Hrsg.), Umweltpolitik - Synopse von CO_2- Minderungs-Maßnahmen und -Potentialen in Deutschland, 1993, S. 39; vgl. hierzu auch einen Vorschlag der SPD in FAZ v. 08.07.1997, „Kohlendioxid-Ausstoß der Autos begrenzen", S. 14.

weise über die durchschnittlichen Produktionsziffern beschreiben.[545] Aluminiumintensive Karosserien hätten damit bei Fahrzeugen mit kleineren Produktionsstückzahlen ein höheres Realisierungspotential, weshalb durch den ausgewählten Schlüsselfaktor „Grenzstückzahl" auch Entscheidungen im pol. Bereich abgebildet werden.

Darüber hinaus ist die Mineralölsteuer und damit der Kraftstoffpreis die wichtigste Einflußgröße, mit Hilfe derer der politische Bereich Einfluß nehmen kann. Dies unterstützt damit die Auswahl des Kraftstoffpreises als zweiten dominierenden Einflußfaktor.

A. bis C. zusammenfassend können daher die

* durchschnittliche jährliche Produktions-/ Grenzstückzahl sowie der

* Kraftstoffpreis in der Bundesrepublik Deutschland
  (Zusammenfassung von Rohölpreis und Mineralölsteuer)

als dominierende Einflußfaktoren ausgewählt werden.

2.4.2 Entwicklungspotential der dominierenden Einflußgrößen

Eine exakte Prognose der Entwicklung der dominierenden Einflußfaktoren ist natürlich nicht möglich. Wir können deshalb im folgenden lediglich plausible Entwicklungslinien sowohl für die Grenzstückzahl als auch für den Kraftstoffpreis entwerfen.

a) Produktions- bzw. Grenzstückzahl: Die künftige Entwicklung wird von den Veränderungen der Herstellkosten aluminiumintensiver Karosserien, den Markt- und Produktstrategien der Hersteller sowie den allgemeinen Bemühungen zur Reduzierung des Kraftstoffverbrauchs bestimmt.

Wegen des hohen Materialkostenanteils aluminiumintensiver Karosserien nehmen die künftigen Veränderungen des Aluminiumpreises einen starken Einfluß auf die Entwicklung der Herstellkosten. In den letzten Jahren waren bei diesem Material ausgeprägte Preisbewegungen zu beobachten, die man beim Werkstoff Stahl in dieser Breite nicht gewohnt war.[546] **Abbildung 2.4-3** (folgende Seite) spiegelt die Marktverhältnisse anhand der Preisnotierungen an der Londoner

---

545 Ausschlaggebend für das höhere Leergewicht sind neben den größeren Fahrzeugabmessungen vor allem der Einbau leistungsstarker Antriebsaggregate sowie der serienmäßige Einbau einer Komfortausstattung.

546 vgl. hierzu auch Vondran, Ruprecht, Haben private europäische Unternehmen eine Chance auf den Stahlmärkten der Zukunft?, 1995, S. 51.

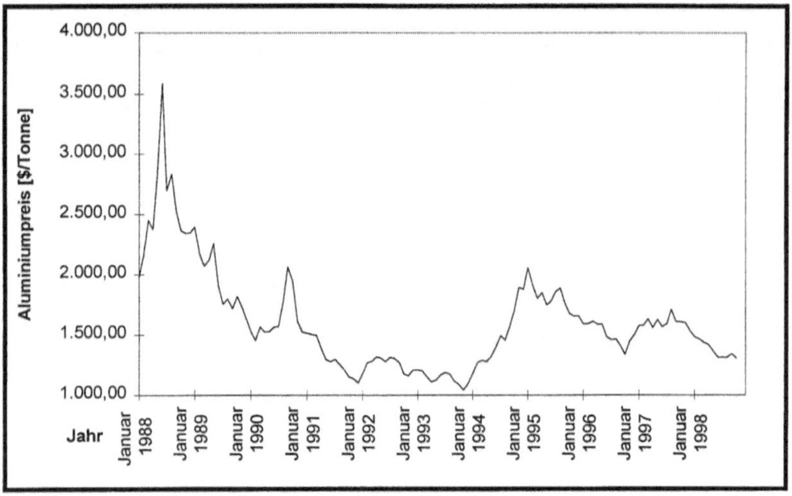

Abbildung 2.4-3: Entwicklung des Aluminiumpreises seit Januar 1988
Quelle: Metallgesellschaft AG (Hrsg.), Metallstatistik 1982-1992, 1993, S. 467 u. FAZ, tägliche Kursseite; eigene Darstellung
Anmerkung: Alle Kurse sind Kassakurse an der London Metal Exchange (LME). Die Werte wurden als Monatsdurchschnitte errechnet; die Werte für das Jahr 1988, als die Notierungen noch in Pfund geführt wurden, wurden über den Jahresmittelkurs Pfund/ Dollar umgerechnet.

Warenbörse (LME) seit Januar 1988 wider. Der Preishöhepunkt wurde im Juni 1988 mit annähernd 3.600 US-$ pro Tonne Aluminium erreicht. In der Folgezeit stellte sich ein starker Preisrückgang ein, der vor allem durch überhöhte Exporte der GUS-Staaten ausgelöst worden war.[547] Abgesehen von einem Zwischenhoch im Jahr 1990 (Spitzenwert im September über 2.000 US-$) stieg der Preis erst im Jahr 1994 wieder stärker an.[548] Innerhalb eines Jahres hatte sich

---

[547] Zwei Gründe sind für diese Exporttätigkeit ausschlaggebend: Auf der einen Seite ging der Inlandsverbrauch an Aluminium wegen der schrumpfenden Wirtschaftsleistung zurück, woraus sich ein entsprechender Produktionsüberhang entwickelte. Da andererseits Deviseneinnahmen dringend benötigt wurden, boten diese Staaten ihre vorhandenen Überschußmengen auf dem Weltmarkt an. Wegen der auch hier rückläufigen Nachfrage führten sie zu einem deutlichen Preisverfall. (vgl. FAZ v. 17.11.1992, GUS-Aluminium stört die westlichen Märkte, S. 20; FAZ v. 28.06.1993, Aluminium aus Rußland überschwemmt den Weltmarkt, S. 17 u. Seebauer, Hansgeorg, The aluminium industry in a Unified Europe, 1993, S. 396 ff.). Westliche Produzenten waren wegen dieser Entwicklung gezwungen, ihre eigene Produktion zu drosseln (vgl. FAZ v. 23.10.1992, VAW Aluminium AG, Berlin/Bonn, S. 20).

[548] In der Zwischenzeit wurde mit den GUS-Staaten ein Selbstbeschränkungsabkommen abgeschlossen, das Obergrenzen für die Exportmengen festlegt. Zusammen mit der wieder steigenden Aluminiumnachfrage führte dies zu einem Preisanstieg (vgl. FAZ v. 10.08.1993, EG

der Preis von Januar 1994 bis Januar 1995 wiederum verdoppelt. Längerfristige Prognosen sind in diesem spekulativen Umfeld kaum möglich; eine weitere Erhöhung in der Zukunft würde jedoch die Herstellkosten erhöhen und die Grenzstückzahl zu kleineren Werten verschieben.

Ein weiterer Einflußfaktor auf die Grenzstückzahl sind Fortschritte bei der Reduktion der Produktionskosten. Die Aluminiumkarosserietechnik steht im Gegensatz zur Stahlbauweise erst am Anfang ihrer Entwicklung. Wenn aufgrund der zunehmenden Anwendungserfahrung die Produktionskosten sinken, könnte die Grenzstückzahl entsprechend ansteigen. Hinzu kommt, daß die Herstellkosten der weiterentwickelten Stahlkarosserien wegen des Einsatzes höherfester Stähle oder sog. Tailored blanks ebenfalls steigen werden.

Betrachtet man daher rein die Kostenseite, könnte sich die heute gültige Grenzstückzahl[549] auf rd. 50.000 Einheiten pro Jahr erhöhen. Hierbei ist insbesondere berücksichtigt, daß in Zukunft verstärkt kostengünstiges Recyclingmaterial eingesetzt wird, das aus verschrotteten Fahrzeugen wiedergewonnen werden kann. Faßt man dies als untere Grenze der künftigen Entwicklung auf, würden lediglich Fahrzeuge der Luxusklasse sowie der gehobenen Mittelklasse (Verkaufspreise ab 50.000 DM, vgl. **Abbildung 2.4-1**) auf aluminiumintensive Karosserien umgestellt werden.

Andererseits sind die Hersteller, wie dargestellt, bereit, für verbrauchsreduzierende Maßnahmen eine Erhöhung der Herstellkosten in Kauf zu nehmen und derartige Techniken schrittweise auch in kleineren Fahrzeugklassen einzuführen. Unter diesen Umständen würden sich die Grenzwerte entsprechend erhöhen. Berücksichtigt man die oben dargestellten Stückzahlgrenzen zwischen den einzelnen Klassen, könnten sich Grenzstückzahlen von 200.000 Einheiten bzw. 400.000 Einheiten ergeben.

b) Kraftstoffpreis: Die realen Kraftstoffpreise[550] werden durch die Komponenten Rohölnotierungen und Steuerbelastung bestimmt. Nach einer Studie der Internationalen Energie-Agentur wird der Rohölpreis kontinuierlich steigen und

---

beschränkt Import von GUS - Aluminium, S. 11 u. VDI - Nachrichten v. 20.08.1993, Weniger Aluminium-Importe aus der GUS, S. 2).

549 Die heute gültige Grenzstückzahl wird von Experten mit ca. 25.000 Einheiten angegeben; vgl. hierzu auch Kap. 2.3.3.1., in dem die Herstellkosten der unterschiedlichen Konzepte ausführlich diskutiert werden.

550 Im folgenden wird bei Preis- und Kostenangaben mit realen Größen gearbeitet. Hierdurch müssen keine inflatorischen Wirkungen berücksichtigt werden.

im Jahr 2005 einen Wert von 28 Dollar pro Barrel erreicht haben.[551] Danach soll dieses Niveau konstant bleiben. Hierdurch ergäbe sich nur eine geringe Erhöhung der Kraftstoffpreise.

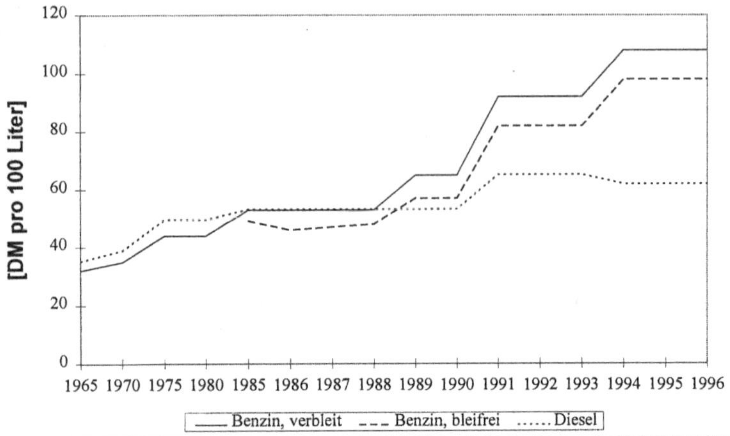

Abbildung 2.4-4: Die Entwicklung der Mineralölsteuer seit 1965 (ab 1985 jährl. Darst.)

Quelle: eigene Darstellung nach Aral AG (Hrsg.), Verkehrstaschenbuch 1997/98, 1997, S. E 387 ff.

Anmerkungen: Mineralölsteuer jeweils zum 1.7. d. Jahres. Eine gesonderte Mineralölsteuer für bleifreien Kraftstoff wurde erst zum 1. April 1985 eingeführt, vorher erfolgte die gleiche Besteuerung wie bei verbleitem Kraftstoff.

Die stärkere Beeinflussung des Abgabepreises für Kraftstoffe wird jedoch - ähnlich wie in der Vergangenheit - von steuerlichen Auswirkungen ausgehen. Wie **Abbildung 2.4-4** zeigt, traten besonders seit Beginn der 90er Jahre starke Erhöhungen der Mineralölsteuer in Kraft. Aktuell wird je nach Kraftstoffart eine Literabgabe zwischen 0,63 DM (Dieselkraftstoff) und 0,99 DM (bleifreier Ottokraftstoff) fällig.[552] Diese in erster Linie fiskalpolitisch begründeten Erhö-

---

551 Erdöl wird international in der Mengeneinheit „Barrel" gehandelt, die 159 Litern entspricht; alle Angaben in Preisen von 1993; vgl. FAZ v. 13.04.1994, Energieverbrauch steigt bis 2010 um die Hälfte, S. 15.

552 In beiden Fällen ist bereits die Erdölbevorratungsabgabe eingerechnet; vgl. hierzu Aral AG, Verkehrstaschenbuch 1997/98, 1997, S. E 387. Die Mineralölsteuer für verbleiten Ottokraftstoff lag mit einem Wert von 1,08 DM/Liter noch höher, sie spielt aber seit dem Verkaufsstopp für diese Kraftstoffart keine Rolle mehr; vgl. hierzu z.B. FAZ v. 04.10.1996, Die Bleizeit an den Tankstellen ist zu Ende gegangen, S. 18.

hungen könnten in Zukunft ergänzt werden durch umwelt- und verkehrspolitisch motivierte Anhebungen über das inflationäre Maß hinaus.

Die Zielvorstellungen für die künftige Höhe der Mineralölsteuer gehen jedoch weit auseinander. Auf der einen Seite steht eine moderate Position, wie sie etwa vom Bundesminister für Verkehr vertreten wird. Seiner Ansicht nach dürfen Erhöhungen bei der Mineralölsteuer über die durchschnittliche Senkung des Fahrzeugverbrauchs nicht hinausgehen.[553] Für die jeweils neuesten Fahrzeugmodelle ergibt sich damit eine konstante Steuerbelastung; für ältere Pkws mit ihrem höheren Verbrauch würde die Belastung entsprechend steigen.[554]

Auf der anderen Seite stehen Forderungen nach einer drastischen Erhöhung dieser Steuer. Der Sachverständigenrat für Umweltfragen empfiehlt beispielsweise eine nominale Anhebung der Kraftstoffpreise auf ein Niveau von vier bis fünf DM im Jahr 2005. Auf heutiger Basis entspricht dies einem Preis von etwa 2,50 DM (bei einem Betrag von 4 DM im Jahr 2005).[555] Andere Gruppierungen befürworten einen noch schnelleren Anstieg der Mineralölsteuer[556]; eine entsprechende Aussage fand auch Eingang in das Wahlprogramm der Partei „Bündnis 90/Die Grünen“ für die Bundestagswahl 1998.[557]

Faßt man die dargestellten Entwicklungsperspektiven zusammen, ergibt sich nur eine geringe Erhöhung des Kraftstoffpreises durch die Rohölpreise. Nach den Prognosen der Internationalen Energie-Agentur wird sich der Einstandspreis für Rohöl auf ca. 30 Pf. erhöhen. Bei der Mineralölsteuer muß als untere Grenze für die nahe Zukunft der aktuelle Wert von 0,98 DM/Liter angesetzt werden. Alle Erklärungen deuten auf eine Erhöhung dieses Werts hin. Unter Vernachlässigung der Inflationsrate könnte eine untere Grenze hierfür bei 1,10 DM im Jahr 2010 liegen, die obere Grenze bei etwa 1,50 DM. Zusammen mit

---

553 Diese Stellungnahme wurde im Jahr 1994 für einen Zeitraum von 20 Jahren abgegeben; vgl. FAZ v. 09.05.1994, Autofahren soll erschwinglich bleiben, S. 1.

554 Die deutsche Autoindustrie hat sich verpflichtet, den durchschnittlichen Kraftstoffverbrauch der von ihr hergestellten und in Deutschland abgesetzten Pkw bis zum Jahr 2005 um 25% gegenüber dem Basisjahr 1990 zu senken. (vgl. VDI-Nachrichten v. 18.08.1995, Die schnelle Markteinführung des 3-l-Diesel bleibt umstritten, S. 3). Die Kraftstoffpreise würden demnach real um 25% ansteigen dürfen.

555 FAZ v. 23.02.1994, Fachleute plädieren für höhere Mineralölsteuer, S. 3 u. FAZ v. 13.03.1997, Für eine höhere Mineralölsteuer, S. 2.

556 vgl. Bund für Umwelt und Naturschutz (Hrsg.), Verkehrspolitisches Grundsatzprogramm, ohne Jahresangabe, S. 29; FAZ v. 18.05.1995, Die Grünen: Fünf DM für das Benzin in zehn Jahren, S. 15; FAZ v. 19.06.1997, Naturschutzring für ökologische Steuerreform, S. 15.

557 Im zweiten Wahlprogramm-Entwurf wird eine schrittweise Erhöhung der Mineralölsteuer gefordert, so daß der Preis für Benzin „rund 5 Mark“ in 10 Jahren betragen werde; vgl. FAZ v. 16.12.1997, Benzinpreis soll auf fünf Mark steigen, S. 4.

den übrigen Preisbestandteilen wird hiermit ein Verkaufspreis im Bereich von annähernd 4 DM im Jahr 2010 unterstellt.

2.4.3 Szenarien für die Durchsetzung der Aluminiumkarosserie

2.4.3.1 Vorgehensweise bei der Szenarioentwicklung

Durch eine konsistente Kombination unterschiedlicher Entwicklungsmöglichkeiten der beiden dominierenden Einflußfaktoren werden im folgenden drei Untersuchungsszenarien abgeleitet, die mit den Ziffern 1 - 3 bezeichnet werden. Szenario 1 beschreibt hierbei eine Entwicklung mit dem geringsten Markterfolg für aluminiumintensive Karosserien, Szenario 3 die mit dem höchsten.

Jedes Szenario beinhaltet bei gleichen Grundannahmen zwei Unterfälle. Im jeweils ersten wird unterstellt, daß sich Karosseriekonstruktionen unter alleiniger Verwendung von Aluminium durchsetzen können. Daneben könnte der Fall eintreten, daß sich in Zukunft Gemischtbauweisen unter Verwendung von Aluminium und anderen Materialien etablieren können (Stahl/Aluminium oder Aluminium/Kunststoff). Diese Möglichkeit einer Teilausrüstung mit Aluminium wird im zweiten Unterszenario beleuchtet. Bei Herstellern, die sich bereits heute gegen eine alleinige Verwendung von Aluminium im Karosseriebau ausgesprochen haben, wird eine solche Teilausrüstung auch im ersten Unterszenario unterstellt.[558]

Die einzelnen Szenarien unterscheiden sich durch die in Zukunft jährlich produzierten Einheiten mit aluminiumintensiver Karosserie. Bei der Ermittlung dieser Produktionsstückzahlen sind grundsätzlich zwei Fälle zu unterscheiden. Auf der einen Seite ist es möglich, daß für einzelne Modelle bereits konkrete Angaben über die Verwendung von Aluminium in der Karosserie veröffentlicht worden sind. Diese können zum einen Entscheidungen für die Aufnahme einer Produktion von Fahrzeugen mit aluminiumintensiver Karosserie sein, zum anderen aber auch Pläne für die Beibehaltung einer konventionellen Stahlkarosserie. Ein Beispiel hierfür ist die Audi AG, die im Jahr 1999 nach eigenen Angaben ein verbrauchsoptimiertes Fahrzeug mit Aluminiumkarosserie vorstellen will.[559] Diese Angaben werden mit den Stückzahlerwartungen der Hersteller bzw. den von Experten geschätzten Produktionsziffern direkt in die Aufstellung übernommen.

---

[558] Für weitere Einzelheiten vgl. den Anhang der Arbeit.

[559] vgl. hierzu etwa FAZ v. 12.11.1996, Der Space Frame wird abgespeckt, S. T3 oder Reil, Hermann, Neuheit: Das Drei-Liter-Auto von Audi, 1996, S. 16 ff.

Anders sieht es für den Fall aus, daß keine konkreten Produktionspläne bekannt sind. Unter diesen Umständen wird für jede in Deutschland produzierte Modellreihe die historische, durchschnittliche Produktionsstückzahl mit den Szenariogrenzwerten verglichen. Wenn die Produktionsziffer über der jeweils gültigen Grenzstückzahl liegt, wird dieses Modell auch in Zukunft mit einer konventionellen Stahlkarosserie ausgerüstet. Liegt hingegen der Grenzwert höher, wird unterstellt, daß die Hersteller eine Umstellung der Karosseriebauweise vornehmen. Diese fällt mit dem Zeitpunkt der nächsten, planmäßigen Modellerneuerung des Fahrzeugs zusammen.

Zum Vergleich mit der im Szenario festgelegten Grenzstückzahl wird für jede Modellreihe die durchschnittliche Stückzahl herangezogen, die aus den Einzelwerten der Jahre 1985 bis 1995 (d.h. 11-Jahres-Durchschnittswert) berechnet wird. Dieser lange Zeitraum wurde gewählt, um kurzfristige Schwankungen durch das Anlaufen einer neuen Modellgeneration o.ä. zu eliminieren. Eine detaillierte Darstellung der Ableitung findet sich im Anhang der Arbeit.

2.4.3.2 Diskussion der Grundsätze der Szenarioableitung

Die in dieser Arbeit angewandte Ableitung der Produktionsstückzahlen basiert auf den beiden Grundannahmen, daß die künftigen, absoluten Produktionsziffern dem Mittelwert der Jahre von 1985 bis 1995 entsprechen und daß die ermittelte Stückzahlstruktur zwischen den einzelnen Modellreihen auch im Untersuchungszeitraum bis zum Jahr 2010 bestehen bleibt. Beide Annahmen könnten sich als falsch erweisen.

Gegen die These der gleich bleibenden absoluten Stückzahlen spricht, daß mit einem Anwachsen der künftigen Produktionsziffern gerechnet wird. In einer längerfristigen Vorhersage bis zum Jahr 2003 werden nach 1996 steigende Zahlen prognostiziert, im Jahr 2003 sollen in Deutschland über 5,1 Mio. Pkw und Kombi hergestellt werden.[560] Weniger optimistische Prognosen unterstellen jährliche Produktionssteigerungen von 5-6% und einen Ausstoß von 4,3 Mio. Fahrzeugen im Jahr 2000.[561] Vor diesem Hintergrund müßten die ermittelten Stückzahlen nach oben korrigiert werden.

Andererseits werden sich die in der Vergangenheit gültigen Strukturen in Zukunft durch die Markteinführung neuer Modelle[562] sowie eine mögliche Ten-

---

560 vgl. VDI - Nachrichten v. 15.04.1994, Automobilabsatz gewinnt neuen Schwung, S. 1.

561 vgl. VDI - Nachrichten v. 16.09.1994, Auto-Hersteller: Mehr Produktion, weniger Mitarbeiter, S. 10.

562 Im Anhang (Kap. 3.2) werden die öffentlich zugänglichen Zukunftspläne der deutschen Hersteller ausführlich dargestellt. Hierbei zeigt sich, daß mit Ausnahme von Porsche alle Un-

denz hin zu kleineren Fahrzeugen[563] verändern. Der erste Effekt führt zu einer generellen Verringerung der Produktionsstückzahl pro Fahrzeugreihe, da der Gesamtausstoß nicht entsprechend dem Modellreihenangebot ausgeweitet werden kann. Die zweite Entwicklung betrifft insbesondere die Stückzahlentwicklung der größeren Fahrzeugmodelle, die aufgrund ihrer geringeren Produktionsziffern in erster Linie für eine Umstellung auf aluminiumintensive Karosseriegestaltung in Frage kommen. Beide Effekte führen demnach zu einer Reduzierung der Modellstückzahlen.

Da nicht sicher ist, ob der stückzahlerhöhende Einfluß durch eine generell mögliche Produktionsausweitung oder der stückzahlreduzierende durch Angebotserweiterung und Tendenz hin zu kleineren Fahrzeugen letztlich stärker ist, werden keine Korrekturen an den der Modellbildung zugrundeliegenden Annahmen vorgenommen werden.

2.4.3.3 Darstellung von Szenario 1

Szenario 1 baut auf den Grundbedingungen des Jahres 1997 auf und sieht nur geringe Änderungen vor. Eine solche Entwicklung könnte sich etwa dann einstellen, wenn die Gefahren weltweiter Klimaveränderungen durch den Verbrauch fossiler Energieträger nicht wie befürchtet bestehen. Als Folge davon unterblieben starke Steigerungen der steuerlichen Abgaben des Verkehrssektors, die Rohölpreise erhöhten sich nach der Studie der Energieagentur ebenfalls nur moderat.[564] Die Mineralölsteuer würde deshalb am Ende der Untersuchungsperiode den unteren Wert der oben dargestellten Entwicklungsmöglichkeiten erreichen (Betrag: 1,10 DM); der gesamte Kraftstoffpreis erreicht ein Niveau von etwa 1,80 DM (reale Werte ohne Berücksichtigung der Inflation).

---

ternehmen eine Ausweitung ihrer Produktpalette anstreben. Die Mercedes-Benz AG plant bspw. die Erweiterung ihrer derzeit aus drei großen Reihen bestehenden Palette um mindestens zwei weitere (vgl. z.B. FAZ v. 27.01.1993, Mercedes - Benz weitet seine Produktpalette aus, S. 15), die Audi AG (aktuell vier Modellreihen) ebenfalls um eine weitere (Weiterführende Hinweise mit Literaturangaben finden sich im Anhang).

563 Diese mögliche Entwicklung läßt sich ebenfalls an den Zukunftsplänen der Mercedes-Benz AG nachweisen, die bislang als Anbieter von großen Fahrzeugen auftrat. Das kleinste Modell, die C-Klasse, liegt von seinen Abmessungen her im Bereich der Mittelklasse. Die beiden neu einzuführenden Baureihen werden von ihren Dimensionen her deutlich unter diesem Fahrzeug positioniert werden. Auch die künftigen Fahrzeuge der S-Klasse werden gegenüber der heutigen Ausführung deutlich kleiner werden. Diese Planungen, die in ähnlicher Weise auch von der Audi AG sowie der BMW AG bekannt sind, belegen eine Tendenz hin zu kleineren Fahrzeugen (Eine ausführliche Darstellung mit Literaturangaben befindet sich in dem Anhang der Arbeit).

564 vgl. FAZ v. 13.04.1994, Energieverbrauch steigt bis 2010 um die Hälfte, S. 15.

Jahr	Grenzstückzahl			Kraftstoffpreis					
	Szenario 1	Szenario 2	Szenario 3	Szenario 1		Szenario 2		Szenario 3	
	[Fahrz./Jahr]	[Fahrz./Jahr]	[Fahrz./Jahr]	Min.öl.-st. [DM/L]	Verkaufspr. [DM/L]	Min.öl.-st. [DM/L]	Verkaufspr. [DM/L]	Min.öl.-st. [DM/L]	Verkaufspr. [DM/L]
1998	**50.000**	**100.000**	**200.000**	**0,98**	**1,55**	**0,98**	**1,55**	**0,98**	**1,55**
1999									
2000				**1,02**	**1,65**	**1,10**	**1,75**	**1,20**	**1,90**
2001									
2002									
2003									
2004									
2005		**200.000**	**400.000**	**1,10**	**1,80**	**1,25**	**1,95**	**1,40**	**2,10**
2006									
2007									
2008									
2009									
2010						**1,40**	**2,10**	**1,50**	**2,35**

Tabelle 2.4-1: Annahmen über die weitere Entwicklung bestimmter Variablen nach allen Szenarien

Anmerkung: Alle monetären Größen sind reale Werte auf der Basis des Jahres 1995.

Unter diesen Umfeldbedingungen würden die Automobilhersteller zwar Anstrengungen unternehmen, durch eine Reduzierung des Benzinverbrauchs einer Erhöhung der Kraftstoffpreise zu begegnen, „extreme“ Maßnahmen würden jedoch nicht ergriffen. In diesem Zusammenhang würde sich die aluminiumintensive Karosserie nur geringe Marktanteile bei Oberklassefahrzeugen sowie kleinen Stadtfahrzeugen sichern können. Die Grenzstückzahlen liegen daher ebenfalls am unteren Rand der oben dargestellten Entwicklungsperspektive, wir unterstellen im folgenden einen Wert von 50.000 Fahrzeugen pro Jahr (Eine Zusammenstellung der unterstellten Kraftstoffpreise sowie der Grenzstückzahlen aller Szenarien findet sich in **Tabelle 2.4-1,** vorhergehende Seite).

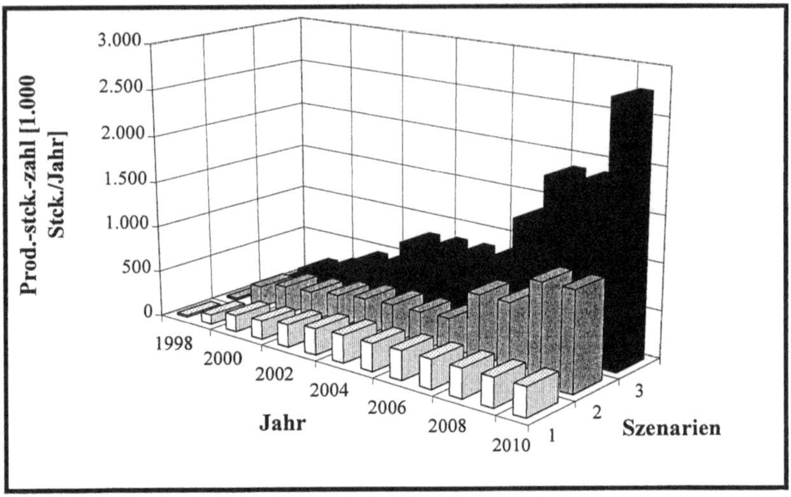

Abbildung 2.4-5: Entwicklung der Produktionsstückzahlen aluminiumintensiver Fahrzeuge nach allen Szenarien

Basierend auf diesen Annahmen ergibt sich für Szenario 1 eine Stückzahlentwicklung nach **Abbildung 2.4-5**. Bis zum Jahr 2001 steigt die Zahl der jährlich produzierten Fahrzeuge mit aluminiumintensiver Karosserie auf 200.000 Einheiten an. Mit 310.000 Stück pro Jahr wird im Jahr 2006 das Umstellungsmaximum erreicht.

2.4.3.4 Darstellung von Szenario 2

Gegenüber Szenario 1 lägen die durchschnittlichen Kraftstoffpreise in diesem Szenario deutlich höher. Die Ursachen hierfür könnten vor allem in einer Erhöhung der Steuerbelastung für Kraftstoffe liegen. Auf diese Weise könnte versucht werden, dem gestiegenen Umweltbewußtsein sowie den Auswirkungen der verkehrsbedingten Emissionen von Treibhausgasen Rechnung zu tragen. Wir unterstellen in diesem Szenario einen Mineralölsteuersatz von 1,40 DM pro

Liter am Ende der Untersuchungsperiode (vgl. hierzu auch **Tabelle 2.4-1**).

Als Reaktion darauf würden die Kfz-Hersteller die Entwicklung kraftstoffsparender Techniken konsequent betreiben. Sie untersuchten die Möglichkeiten gewichtsreduzierender Maßnahmen und würden sich in diesem Zusammenhang intensiv mit der Aluminiumtechnologie im Karosseriebau beschäftigen. Die hohen Entwicklungsaufwendungen sowie der Zwang zum Einsatz kraftstoffsparender Techniken könnten zu einer schrittweisen Erhöhung der Grenzstückzahl auf bis zu 200.000 Fahrzeuge ab dem Jahr 2005 führen. Die neuartige Karosserietechnik würde, ausgehend von Oberklassefahrzeugen, schrittweise auch in kleineren Klassen eingesetzt. Bei höheren Volumina würde aber nach wie vor auf eine optimierte Stahlkonstruktion gesetzt, weil die Kunden den nötigen Mehraufwand nicht mittragen wollen.

Gegenüber Szenario 1 führen diese geänderten Randbedingungen zu einer deutlichen Ausweitung der Produktionsstückzahlen von aluminiumintensiven Fahrzeugen (vgl. **Abbildung 2.4-5**, S. 160). Nach einer ähnlichen Entwicklung bis zum Jahr 2000 werden in der Folgezeit immer weitere Modellreihen auf die neue Karosserietechnik umgestellt; das Maximum wird im Jahr 2010 mit über 1 Mio. Einheiten pro Jahr erreicht.

2.4.3.5 Darstellung von Szenario 3

Gegenüber den beiden ersten Szenarien würde der Kraftstoffpreis nach diesem Szenario ein erneut höheres Niveau erreichen. Auslöser dafür könnten die sich mehrenden Anzeichen weltweiter Klimaveränderungen sein. Um diese Auswirkungen einzudämmen, könnten viele Industrieländer versuchen, durch die Einführung spezieller Energiesteuern den Verbrauch fossiler Energieträger deutlich zu reduzieren. Wir unterstellen in diesem Szenario von daher einen Anstieg der Mineralölsteuer bis auf 1,50 DM pro Liter. Obwohl der Rohölpreis aufgrund des rückläufigen Verbrauchs gegenüber Szenario 2 weniger stark ansteigen könnte,[565] ergäben sich insgesamt deutlich höhere Kraftstoffpreise.

Diese gestiegenen Kraftstoffkosten zwängen die Hersteller dazu, eine breite Palette kraftstoffsparender Techniken anzubieten. Obwohl die Herstellkosten für manche Alternative nicht weiter gesenkt werden können, würden sich wegen der geringen Preiselastizität für sparsame Fahrzeuge auch teurere Veränderungen durchsetzen. Auf diese Weise würde die Aluminiumkarosserie auch in kleineren Fahrzeugen eingesetzt; die Grenzstückzahl erhöhte sich schrittweise bis zu einem Wert von 400.000 Fahrzeugen ab dem Jahr 2005. Modellreihen mit

---

565 Damit soll nicht gesagt werden, daß die Nachfragesituation in der Bundesrepublik allein den weltweiten Rohölpreis bestimmt. Wenn man aber davon ausgeht, daß unter den generellen Bedingungen dieses Szenarios auch andere Industrieländer ähnliche Wege einschlagen, könnten sich signifikante Nachfrageverschiebungen ergeben.

Produktionsziffern oberhalb dieser Schwelle würden auch weiterhin mit einer optimierten, leichteren Stahlkarosserie ausgerüstet.

Als Folge davon stellten sich deutliche Steigerungen der Produktionsstückzahlen von Fahrzeugen mit einer aluminiumintensiven Karosserie ein. Bis zum Ende des Jahrhunderts würden in erster Linie Oberklassefahrzeuge mit geringeren Produktionsziffern auf den Markt gebracht. Nach diesen ersten Erfahrungen mit dem neuen Werkstoff im Serieneinsatz stellten die Hersteller auch Modellreihen mit einem höheren jährlichen Fahrzeugausstoß um. Diese Wirkung entfaltet sich aber erst nach der Jahrtausendwende. Stufenweise würden somit Stückzahlen von annähernd 2,8 Mio. Fahrzeugen im Jahr 2010 erreicht (vgl. **Abbildung 2.4-5**, S. 160).

2.4.3.6 Mögliche Störeinflüsse auf die Szenarioentwicklung

Die oben skizzierte Entwicklung der einzelnen Szenarien kann durch bestimmte, außergewöhnliche Ereignisse gestört werden. Derartige Ereignisse sind von ihrer Eintrittswahrscheinlichkeit her nur schwer zu bewerten, haben aber deutliche Folgen für die Ergebnisse der Szenarien. Im einzelnen können folgende Störereignisse aufgeführt werden:

Starke Aluminiumpreisschwankungen: Im Rahmen der Diskussion der Grenzstückzahl war bereits auf die starken Schwankungen des Aluminiumpreises in den letzten Jahren hingewiesen worden. Aluminium ist im Gegensatz zu Stahl ein Material, das aufgrund seiner Börsennotierung auch zu Spekulationszwekken gehandelt wird.

Die hierdurch ausgelösten Preisschwankungen erschweren die Kalkulation für die Automobilindustrie, in der aufgrund des intensiven Wettbewerbs bereits kleine Verschiebungen der Herstellkosten die Rentabilität des Unternehmens bedrohen. Wenn solche Schwankungen nicht durch Vertragsklauseln in ihren Auswirkungen gemildert werden können, könnten manche Hersteller auf den Einsatz dieses Metalls verzichten. Ein niedriger und verläßlicher Preis, der durch den vermehrten Einsatz recyclierten Materials[566] sowie langfristige Verträge und Preisgarantien zwischen Aluminiumproduzent und Kfz-Industrie sichergestellt werden könnte,[567] würde sich positiv auf die Umstellungsbereitschaft auswirken.

Auftreten neuer Karosseriematerialien: Neben dem Karosserieleichtbau mit Aluminium werden von der Automobilindustrie noch weitere Möglichkeiten

---

[566] vgl. VDI - Nachrichten, 18.03.1994, Aluminium spart Energie mit Leichtigkeit, S. 21.

[567] Dörner, Karl-Heinz: Aluminium und Automobil - eine Partnerschaft mit Perspektive, 1988, S. 219 ff.

untersucht. Einen wichtigen Konkurrenten haben die Leichtmetalle vor allem in den Kunststoffen und den faserverstärkten Kunststoffen.[568] Derartige Werkstoffe weisen gegenüber Aluminium ein weiteres Massereduktionspotential bei veränderbaren Werkstoffeigenschaften auf. Diesen Vorteilen stehen im Moment noch das Problem der Fertigung, die geringen Anwendungserfahrungen sowie das Problem der Wiederverwertung gegenüber. Der Einsatz von Kunststoffen erfordert eine komplette Umgestaltung des Produktionsprozesses. Fraglich ist somit, wie schnell Lösungen unter dem starken Einsatz von Kunststoffen den Weg in die Serienproduktion finden. Im Bereich der Schienenfahrzeuge mit den charakteristischen kleinen Losgrößen wurden bspw. die ersten, komplett aus faserverstärkten Kunststoffen hergestellten Wagenkarosserien vorgestellt.[569]

Im Bereich der metallischen Werkstoffe ergibt sich in manchen Teilgebieten eine Konkurrenzsituation zu Magnesium.[570] Dieses Material weist gegenüber Aluminium eine nochmals geringere Dichte und damit ein höheres Leichtbaupotential auf;[571] seine Korrosionsempfindlichkeit macht den Einsatz bestimmter Legierungen oder konstruktive Vorkehrungen (Zwischenlagen bei Kontakt mit anderen Metallen) notwendig.[572] Die Neigung zur schnellen Entflammbarkeit erfordert Vorsichtsmaßnahmen während der Produktion; im Falle eines Fahrzeugbrands sind die Gefahren jedoch relativ gering.[573]

Im Automobilbau finden sich vor allem Gußanwendungen dieses Materials.[574] Neben Bauteilen für die Sitzstruktur[575] werden Komponenten für Getriebe- und

---

[568] vgl., auch im folgenden, z. B. Altmann, O., Karosserie- und Automobilkonzepte mit Polymerwerkstoffen, 1992, S. 591 ff.; Damschen, Karl, Karosserie-Kunststoffe - Grundlagen, Reparatur, Lackierung, 1991, S. 628 ff.; Elmendorp, J. J. et al., Epoxy resin composites for the manufacture of structural automotive parts, 1993, S. 287 ff.; Schönleber, G., Großserienfertigung von Faserverbundteilen für Leichtbaustrukturen im Automobilbau, 1993, S. 271 ff.; Wallentowitz, H. et al., Einsatzpotential von Space-Frame-Strukturen aus Faserverbundkunststoffen im Karosseriebau, 1996, S. 483 ff. u. Weber, Anton, Die Kunststoffe und das Automobil, 1995, S. 591 ff.

[569] vgl. VDI - Nachrichten v. 28.07.1995, Abschied vom Metall im Waggonbau, S. 16.

[570] vgl. z.B. VDI - Nachrichten v. 15.09.1995, Leichtbau macht Tempo, S. 25.

[571] Die Dichte von Magnesium liegt bei 1,8 g/cm^3 und damit um etwa 30% unter der von Aluminium. Magnesium ist damit das leichteste Konstruktionsmetall im Automobilbau; vgl. Robberstad, Finn, Magnesium oder Aluminium: Ergänzung statt Wettbewerb, 1994, S. 235.

[572] vgl. Fuchs, H. et al.: Aluminium und Magnesium - neue Möglichkeiten für den Leichtbau, 1993, S. ZM 103 u. FAZ v. 28.01.1997, Der Werkstoff Magnesium kehrt ins Auto zurück, S. T4.

[573] Für eine Entflammung sind sehr hohe Temperaturen notwendig, bei denen andere Werkstoffe bereits verbrannt sind; vgl. Kallina, I. et al., Intelligente Leichtbauweise - Das Leichtbaukonzept für die Karosserie-Rohbauentwicklung bei der Mercedes Benz AG, 1994, S. 19.

[574] vgl. VDI - Nachrichten v. 27.06.1997, Automobilbau will preiswertes Magnesium , S. 12.

[575] vgl. Muntzinger, Werner et al., Pkw-Sitze in Leichtbauweise, 1995, S. 733 ff.

Kupplungsgehäuse produziert.[576] Im Bereich der Fahrzeugkarosserie wurden bislang nur Prototypen vorgestellt. Neben einer Leichtbautür[577] wurde eine Instrumententafel in Magnesiumdruckgußtechnik[578] ausgeführt. Strategische Investitionen in neue Verarbeitungskapazitäten - auch durch Kfz-Hersteller[579] - lassen für die Zukunft ein weiteres Wachstum erwarten;[580] optimistische Schätzungen prognostizieren einen weltweiten, jährlichen Verbrauchszuwachs von bis zu 15%.[581]

Strukturelle Hindernisse: Neben den quantitativ bewertbaren Einflußfaktoren wird die Entscheidung für ein neues Karosseriematerial auch von subjektiven Faktoren beeinflußt, die unter dem Begriff „strukturelle Hindernisse" zusammengefaßt werden. Darunter fallen beispielsweise die langjährigen, für beide Seiten kalkulierbaren Lieferbeziehungen zwischen Stahl- und Automobilindustrie. Diese ließen ein umfassendes Know-how heranreifen, wodurch andererseits innovationshemmende Tendenzen ausgelöst werden können. Darüber hinaus verlangt die Entscheidung für eine Materialsubstitution eine höhere Risikobereitschaft der Unternehmensführung als ein Festhalten an den alten Konstruktionsprinzipien. Angesichts des Wettbewerbsdrucks in diesem Industriezweig könnte es an dieser Bereitschaft fehlen.

Derartige Zusammenhänge sind nicht zu bewerten, könnten aber bei der tatsächlichen Entscheidungsfindung eine bedeutende Rolle spielen.

---

576 vgl. Fuchs, H. et al., Werkstofflicher und konstruktiver Leichtbau durch Einsatz von Aluminium- und Magnesiumguß, 1993, S. 315; Magers, Dwain, Einsatzmöglichkeiten von Magnesium im Automobilbau, 1995, S. 10 ff. u. VDI - Nachrichten v. 27.06.1997, Automobilbau will preiswertes Magnesium , S. 12.

577 vgl. o.V., Design of a magnesium/aluminum door frame, 1993, S. 57 ff. u. Tikal, Franz et al, Pkw-Türrahmen aus Magnesium, 1997, S. 30 ff.

578 vgl. Fuchs, H. et al., Werkstofflicher und konstruktiver Leichtbau durch Einsatz von Aluminium- und Magnesiumguß, 1993, S. 315; Magers, Dwain, Einsatzmöglichkeiten von Magnesium im Automobilbau, 1995, S. 10 ff. u. Schlott, Stefan, Es muß nicht immer Alu sein, 1993, S. 62 f.

579 vgl. FAZ v. 18.05.1996, VW investiert in Israel, S. 15.

580 vgl. VDI - Nachrichten v. 10.05.1996, Leichtmetall macht Druck beim Guß, S. 21.

581 vgl. VDI - Nachrichten v. 13.01.1995, Magnesium macht´s den Konstrukteuren leicht, S. 13.

2.5 Wirtschaftliche und ökologische Folgewirkungen des Einsatzes von Aluminium im Karosseriebereich

2.5.1 Identifikation relevanter Umfeldbereiche

Bei der Einführung von Fahrzeugen mit aluminiumintensiver Karosserie handelt es sich zunächst um eine Produktmodifikation, von der die grundsätzlichen Eigenschaften sowie das Aussehen des Produkts nicht berührt werden. Darüber hinaus werden durch die unterschiedlichen Materialeigenschaften von Aluminium und Stahl Änderungen im Produktionsverfahren notwendig, so daß die Produktinnovation mit einer Prozeßinnovation einhergeht.

Hierdurch werden Folgewirkungen in folgenden Bereichen von Wirtschaft und Gesellschaft ausgelöst:

* Natürliche Umwelt
* Wirtschaft (Gesamt- und einzelwirtschaftliche Ebene)
* Internationale Arbeitsteilung

Markante Veränderungen in anderen Bereichen wie etwa im Politischen System, im Rechtssystem, im Bildungssystem sowie in den Sozialen Beziehungen sind nicht zu erwarten, da die grundsätzlichen Eigenschaften sowie das Aussehen des Produkts nicht verändert werden.

Auswirkungen auf den Bereich „Natürliche Umwelt“ (Untersuchung in Kap. 2.5.3)

Die differierenden Materialeigenschaften vom traditionellen Werkstoff Stahl einerseits und Aluminium andererseits führen zu unterschiedlichen Produktionsprozessen, voneinander abweichenden Gegebenheiten während der Einsatzzeit des Fahrzeugs sowie schließlich zu speziellen Eigenschaften im Rahmen der Wieder- bzw. Weiterverwendung des Materials. Um eine komplette Abbildung dieser Unterschiede zu erhalten, müßte man eine sog. Ökobilanz anfertigen.

Die Zielsetzung dieses relativ jungen[582] Instruments ist ein „möglichst umfassender Vergleich der Umweltauswirkungen zweier oder mehrerer unterschiedli-

---

582 Eine erste große Ökobilanz wurde erst im Jahr 1984 von dem Schweizer „Bundesamt für Umweltschutz“ in Bern für unterschiedliche Verpackungsstoffe aufgestellt; vgl. Gilgen, W., Aluminium ist kein Energiefresser, 1990, S. 470.

cher Produkte, Produktgruppen, Systeme, Verfahren oder Verhaltensweisen."[583] Hierzu werden in der Regel vier Teilschritte durchlaufen,[584] die sich mit der Zieldefinition, der Zusammenstellung der Fakten (Sachbilanz), der Ableitung ihrer Wirkungen (Wirkungsbilanz) sowie der Bilanzbewertung beschäftigen.[585]

Die größten Probleme bei der Erstellung von Ökobilanzen liegen in den Teilschritten 3 (Wirkungsbilanz) und 4 (Bilanzbewertung). Wie die Diskussion der potentiellen, weltweiten Klimaveränderungen durch CO_2-Emissionen beispielhaft zeigt, besteht vielfach kein Konsens über Richtung und Höhe möglicher Wirkungszusammenhänge.[586] Darüber hinaus ist eine zusammenfassende Bewertung unterschiedlicher Wirkungen umstritten (Teilschritt 4).[587] In der Regel weist eine der zu vergleichenden Alternativen bei einer Umwelteigenschaft (z.B. CO_2-Emissionen) Vorteile auf, bei einer anderen (z.B. Flächenverbrauch) hingegen Nachteile. Unter diesen Bedingungen müßten die Vorzüge hinsichtlich eines Kriteriums gegen die Nachteile bei einem anderen abgewogen werden. Die Aufstellung eines allgemein akzeptierten Bewertungsmaßstabs ist bei derartigen Konstellationen schwierig, die Ergebnisse sind oft nur „zeit- und ortsabhängig gültig"[588]. Diese Probleme wurden in Deutschland bei der Öko-Bilanzierung von Einweg- und Mehrwegverpackungen für Getränke deutlich, bei der unterschiedliche Bewertungen vertreten werden.[589]

Um diese prinzipiellen Probleme zu vermeiden, weicht man z.T. auf die Aufstellung von Teilbilanzen aus, die den für die konkrete Fragestellung entscheidenden Bereich herausgreifen und detailliert untersuchen. Dieser Weg wird auch in der vorliegenden Arbeit beschritten. Ähnlich wie in anderen Untersu-

---

583 Umweltbundesamt (Hrsg.), Ökobilanzen für Produkte. Bedeutung - Sachstand - Perspektiven, 1992, S. 17.

584 Die Vorgehensweise bei der Erstellung von Ökobilanzen ist keineswegs einheitlich. Die auf vier Teilschritte aufgebaute Vorgehensweise ist nach Expertenangaben der derzeit am stärksten akzeptierte Prozeßablauf; vgl. Minet, Gert-Walter, Ökobilanzen - der nächste Schritt, 1994, S. 49.

585 vgl. hierzu z.B. Umweltbundesamt (Hrsg.), Ökobilanzen für Produkte. Bedeutung - Sachstand - Perspektiven, 1992, S. 23 ff.

586 vgl. hierzu Kap. 2.1.2.1, das sich mit den Folgewirkungen der Kohlendioxidemissionen beschäftigt.

587 vgl. z.B. VDI-Nachrichten v. 15.04.1994, Automobilbau im Bewertungszwiespalt, S. 4.

588 vgl. VDI-Nachrichten v. 22.10.1993, Ökobilanzen geben keine einfachen Antworten, S. 28.

589 vgl. FAZ v. 26.01.1995, Heftiger Disput über Ökobilanzen, S. 13; FAZ v. 27.01.1995, Hintergrund: Der Konflikt über Ökobilanzen geht in die nächste Runde, S. 15 u. FAZ v. 21.06.1997, Henkel: Spielregeln für Ökobilanzen einhalten, S. 16.

chungen[590] wird zunächst die Energiebilanz analysiert, die bereits bei der Beurteilung der unterschiedlichen Karosseriebauweisen aufgestellt worden ist.[591] Über den Energieverbrauch hinaus verdienen die Kohlendioxidemissionen besondere Beachtung; abschließend müssen die unterschiedlichen Recyclingeigenschaften der Karosseriekonstruktionsprinzipien diskutiert werden.

Auswirkungen auf den Bereich „Wirtschaft" (Untersuchung in Kap. 2.5.4)

In diesem Auswirkungsbereich muß grundsätzlich zwischen einer betriebswirtschaftlichen und einer volkswirtschaftlichen, auf aggregierte Größen aufbauenden Betrachtung unterschieden werden.

Erste Hinweise auf betriebswirtschaftliche Folgewirkungen wurden bereits im Rahmen der Diskussion der Herstellkosten aluminiumintensiver Karosserien in Abschnitt 2.4.3.1 vorgestellt. Wir können diese Überlegungen im Rahmen der vorliegenden Arbeit allerdings nicht weiter vertiefen und werden uns im folgenden der gesamtwirtschaftlichen Betrachtungsweise zuwenden.

In einem gesamtwirtschaftlichen Ansatz müssen wir zunächst die Auswirkungen auf unterschiedliche Branchen analysieren. Folgewirkungen werden sich in folgenden Branchen einstellen: in der Mineralölverarbeitung wegen des möglichen Rückgangs der zu verarbeitenden Menge, in der Eisen- und Stahlindustrie, in der Aluminiumindustrie (beide wegen möglicher Absatzverschiebungen) sowie im Fahrzeugbau. Im Bereich des Dienstleistungssektors gehören die Kfz-Betriebe (andere Anforderungen an Karosseriereparatur/ Karosserieinstandhaltung), die Versicherungswirtschaft sowie das Tankstellengewerbe (Rückgang der Verkaufsmengen) zu den betroffenen Betrieben.

Ein weiteres Untersuchungsgebiet ist die Frage der allgemeinen Versorgungssicherheit. Unter diesem Punkt muß die Versorgungslage bei beiden Karosseriematerialien, ihre Recyclingfähigkeit sowie das Schrottaufkommen miteinander verglichen werden.

Schließlich wollen wir uns mit den Auswirkungen auf den Bereich der Öffentlichen Hände beschäftigen. Wir analysieren hier vor allem die Veränderungen im Aufkommen derjenigen Steuern, die an den Kauf sowie den Betrieb von Kraftfahrzeugen anknüpfen (Mineralöl- und Kfz-Steuer, Versicherungs- und Mehr-

---

[590] vgl. Haldenwanger, Hans Günther et al., Öko-/Energiebilanzierung im PKW - Bau mit verschiedensten Werkstoffen, 1994, S. 3 u. Gilgen, W., Aluminium ist kein Energiefresser, 1990, S. 470.

[591] vgl. hierzu Kap. 2.3.3.4.

wertsteuer).

Auswirkungen auf den Bereich „Internationale Arbeitsteilung" (Untersuchung in Kap. 2.5.5)

Die Materialsubstitution im Bereich des Karosseriebaus führt zu geänderten Warenströmen und Lieferbeziehungen bei Fertig- und Vorprodukten. Diese Verschiebungen sind zu quantifizieren sowie die betroffenen Handelspartner aufzuzeigen. Eine weitere Veränderung der Außenhandelsposition geht von den Importen von Rohöl- und Kraftstoffen aus. Auch hier werden wir die Veränderungen abschätzen und den Nettoeffekt für die deutsche Außenhandelsposition untersuchen.

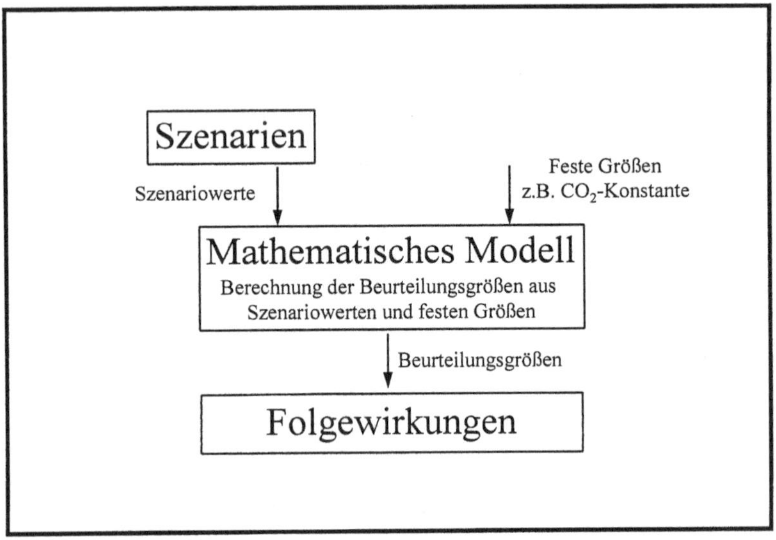

Abbildung 2.5-1: Aufbau des Prognosemodells

2.5.2 Modell zur Bestimmung der Folgewirkungen

2.5.2.1 Grundlagen des Modells

Bevor wir in den nächsten Abschnitten die Folgewirkungen für die einzelnen Bereiche diskutieren können, müssen wir zunächst die quantitativen Zusammenhänge[592] zwischen diesen und den Ergebnissen der definierten Szenarien ableiten. Hierzu wird ein Rechenmodell benutzt, dessen Struktur in **Abbildung 2.5-1** (vorhergehende Seite) dargestellt ist. In dieses Modell gehen als wichtigste Eingangsgrößen diejenigen Werte ein, welche wir in den drei Szenarien abgeleitet haben (im folgenden als Szenariowerte bezeichnet). Zusammen mit festen Größen werden diese in einem mathematischen Modell zu den Beurteilungsgrößen verknüpft, anhand derer die Folgewirkungen für unterschiedliche Bereiche bestimmt werden können.

Die detaillierte Vorstellung des Modells im folgenden beginnt mit der Definition der Beurteilungsgrößen, die zur Bestimmung der Folgewirkungen für die oben ermittelten Bereiche benötigt werden. Diese müssen über die funktionalen Zusammenhänge des mathematischen Modells aus den Szenariowerten bzw. den festen Größen abgeleitet werden. Es muß von daher im letzten Teilschritt geprüft werden, welche szenarioabhängigen Eingangsgrößen über die bereits ermittelten Werte hinaus benötigt werden.

Untersuchungsbereich	Beurteilungsgröße
Aluminiumindustrie	Gesamtverbrauch an Aluminium
Stahlindustrie	Stahlverbrauch
Mineralölwirtschaft	Kraftstoffverbrauch
Staat	Mineralöl-, Kfz- u. Mehrwertsteuereinnahmen
Außenhandel	Außenhandel mit Aluminiumprodukten (Vor-, Zwischen- u. Endprodukte)
	Außenhandel mit Stahl/Eisenprodukten (Vor-, Zwischen- u. Endprodukte)
	Erdöl-/ Kraftstoffaußenhandel
Versorgungssicherheit	Schrottaufkommen
Kohlendioxidemissionen	Kraftstoffverbrauch

Abbildung 2.5-2: Untersuchungsbereiche und relevante Beurteilungsgrößen

2.5.2.2 Definition der zur Abschätzung der Folgewirkungen notwendigen Beurteilungsgrößen

Abbildung 2.5-2 enthält eine Zusammenstellung der quantifizierbaren Größen, die für die Beurteilung der unterschiedlichen Folgewirkungen notwendig sind.

---

592 Neben den quantifizierbaren Größen können in den Szenarien auch qualitative Aspekte berücksichtigt werden. Diese können in das mathematische Modell allerdings nicht einbezogen werden und müssen bei der anschließenden Bewertung gesondert behandelt werden.

Grundlage der Übersicht sind die oben ermittelten Untersuchungsbereiche.

Die Veränderungen für die deutsche Aluminium- und Stahlindustrie werden auf Basis der Mengenveränderungen abgeschätzt, die sich für beide aus dem Substitutionsprozeß ergeben. Mehrere Untersuchungsbereiche hängen von der Entwicklung des Kraftstoffverbrauchs ab. Seine mögliche Reduzierung führt zu Mengenverlusten für die Mineralölwirtschaft (Industrie- und Tankstellengewerbe) sowie zu einem Rückgang des Mineralölsteueraufkommens. Gleichzeitig kann auf der Grundlage dieser Größe der Rückgang der Kohlendioxidemissionen abgeschätzt werden.

Das Schrottaufkommen aus ausrangierten Fahrzeugen mit aluminiumintensiver Karosserie ist - neben der Versorgungsperspektive mit Primärmaterial - wichtig für die Gesamtbeurteilung der Versorgungssicherheit.

2.5.2.3 Aufbau des mathematischen Modells

Das mathematische Modell besteht aus einem System linearer Gleichungen, die EDV-gestützt über ein Tabellenkalkulationsprogramm berechnet werden. Da zum Teil von der Szenarioentwicklung abhängige Werte verwendet werden, muß dieses Rechenblatt für jedes Szenario getrennt durchlaufen werden.[593]

* Modul 1: Teil 1: Bestimmung von Produktions- und Zulassungsstückzahl
  Teil 2: Ableiten des Fahrzeugbestands
* Modul 2: Teil 1: Bestimmung des jährlichen Aluminiummehrbedarfs
  Teil 2: Bestimmung des jährlichen Stahl- u. Eisenerzminderver brauchs
* Modul 3: Bestimmung der jährlichen Kraftstoffersparnis
* Modul 4: Berechnung des Schrottaufkommens (Schrottkreislauf)
* Modul 5: Auswirkungen auf die Steuereinnahmen
* Modul 6: Veränderungen für den Bereich des Außenhandels
* Modul 7: Auswirkungen auf den Kfz-Handelsumsatz

Abbildung 2.5-3: Inhalt und Aufbau der Module des Rechenmodells

Zur Erhöhung der Übersichtlichkeit wird das Rechenblatt in sieben Module unterteilt, die jeweils einen bestimmten Themenschwerpunkt beinhalten. Die Ergebnisse der einzelnen Module werden zum Teil als Eingangsgrößen in den

593 Im Anhang findet sich als ein Beispiel für dieses Rechenblatt die komplette Rechnung für das Szenario 1.

Folgebereichen verwendet. Eine Übersicht über die verwendeten Module enthält **Abbildung 2.5-3** (vorhergehende Seite).

Grundlage für die weitere Berechnung sind die Produktionsstückzahlen von Fahrzeugen mit aluminiumintensiver Karosserie im *ersten Modul.* Sie hängen von der allgemeinen Umfeldentwicklung ab und wurden bereits szenariospezifisch ermittelt.

Bei manchen Fragestellungen, wie z.B. der Ermittlung des Benzinminderverbrauchs, muß hingegen auf die in der Bundesrepublik zugelassenen Fahrzeuge zurückgegriffen werden (Zulassungs- bzw. Bestandsstückzahl). Diese unterscheiden sich von der Produktionsstückzahl durch die Menge der importierten und exportierten Fahrzeuge. Für die Umrechnung von Produktions- auf Zulassungsstückzahlen wird ein Import-/Exportquotient nach **Gleichung 2.5-1** eingeführt, der auf dem Kalkulationsblatt für jedes Untersuchungsjahr gesondert vorgegeben werden kann.

$$Q_{ImEx,\,i} = \frac{N_{Zulassung,i}}{N_{Produktion,i}}$$

mit: $Q_{ImEx,i}$ = Import-/ Exportquotient im Jahr i [dimensionslos]

$N_{Zulassung,i}$ = Zulassungsstückzahlen im Jahr i [Stck.]

$N_{Produktion,i}$ = Produktionsstückzahlen im Jahr i [Stck.]

Gleichung 2.5-1: Definition des Import-/ Export-Quotienten

Ein Quotientenwert von eins ergibt sich für den Fall, daß sich die Stückzahlen von Produktion und Absatz in der Untersuchungsregion genau entsprechen. Dies bedeutet allerdings nicht, daß es sich hierbei um eine geschlossene Volkswirtschaft ohne grenzüberschreitenden Warenaustausch handeln muß. Ein solcher Wert ergibt sich auch dann, wenn exportierte und importierte Stückzahlen übereinstimmen. In einer Volkswirtschaft mit einem zahlenmäßigen Exportüberschuß errechnet sich ein Wert kleiner als eins, bei einem Importüberschuß liegt er oberhalb.

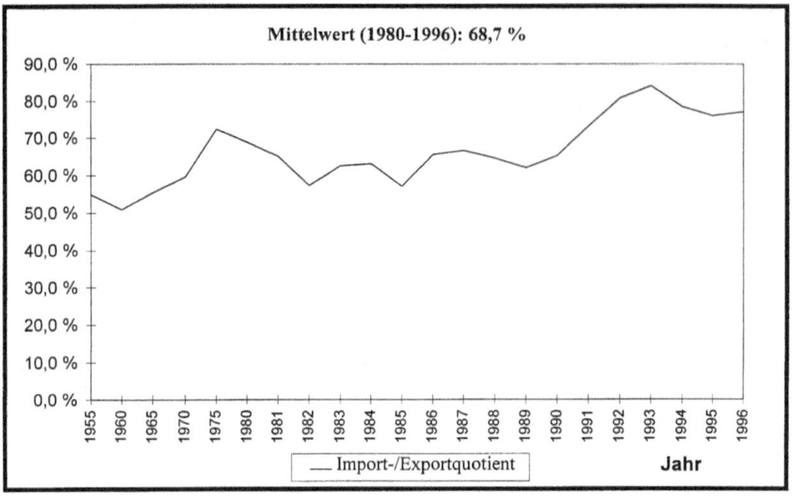

Abbildung 2.5-4: Entwicklung des Import-/Export-Quotienten für die Bundesrepublik Deutschland (ab 1980 jährliche Darstellung)
Quelle: eigene Darstellung nach VDA (Hrsg.): Tatsachen und Zahlen aus der Kraftverkehrswirtschaft, versch. Jahrgänge, versch. Tabellen

Die Bundesrepublik Deutschland hat seit 1955 immer mehr Fahrzeuge exportiert als importiert, d.h., die Produktionsstückzahlen lagen über den Zulassungswerten (vgl. **Abbildung 2.5-4**). Abgesehen von den konjunkturell bedingten Schwankungen fällt ein starkes Ansteigen des Quotienten ab 1989 auf. Ursache hierfür ist die Wiedervereinigung mit der ehemaligen DDR. Der hohen Nachfrage in den neuen Bundesländern stand nur eine geringe Produktionskapazität gegenüber. Diese zusätzliche Nachfrage wurde von den Produktionswerken in den alten Bundesländern unter Vernachlässigung des Exports gedeckt. Nach dem Aufbau der Kapazitäten in den neuen Bundesländern dürfte dieser innerdeutsche Fahrzeugverkauf wieder zurückgehen und der Quotient sinken. Läßt man den Zeitraum nach 1990 daher unberücksichtigt, ergibt sich in den Jahren von 1980 bis 1990 ein Mittelwert von 63,5 %[594], der in die Prognoserechnung übernommen werden könnte.

Es ist allerdings fraglich, ob dieser Wert in der Zukunft Bestand haben wird. Mittlerweile ist nämlich zu beobachten, daß die deutschen Autohersteller aus strategischen Überlegungen heraus sowie unter dem Eindruck der hohen deut-

---

[594] Der Mittelwert über den gesamten Zeitraum liegt mit einem Wert von 68,7% deutlich höher.

schen Lohn- und Lohnnebenkosten verstärkt Produktionskapazitäten im Ausland aufbauen.[595] Mit diesen Entscheidungen sinkt aber u.U. der stückzahlmäßige Exportüberschuß, da die Auslandsmärkte zunehmend von den neuen Werken aus bedient werden können. Hinzu kommt, daß der ermittelte Quotient nicht für alle Fahrzeugklassen und -typen den gleichen Wert besitzen dürfte. So ist bspw. denkbar, daß umweltverträglichere Fahrzeuge in der Bundesrepublik auf eine höhere Marktakzeptanz treffen als in anderen Ländern. Unter diesen Umständen würde ein höherer Anteil der hier produzierten Fahrzeuge auch hier abgesetzt und sich folglich für diese Klasse ein höherer Quotient einstellen. Aus diesem Grund wird in allen Berechnungen ein konstanter, gegenüber dem errechneten Durchschnittswert erhöhter Quotient von 0,7 unterstellt.

Im *zweiten Teil des ersten Moduls* wird für jedes Prognosejahr der Gesamtbestand an Fahrzeugen mit aluminiumintensiver Karosserie ermittelt. Hierfür werden Informationen über die statistische Lebensdauer eines Fahrzeugs benötigt.

Die durchschnittliche Fahrzeuglebensdauer hat sich seit 1970 ständig erhöht. Betrug sie damals noch 9,1 Jahre, so hat sie sich über 9,7 Jahre im Jahr 1980 auf 10,9 Jahre 1990 verlängert.[596] In der Zukunft wird wegen der höheren Qualität sowie der zurückgehenden Fahrleistung pro Fahrzeug mit einem weiteren Ansteigen der Lebensdauer auf 11,5 - 13,5 Jahre im Jahr 2010 gerechnet.[597] Da die vorliegende Studie den Bereich zwischen den Jahren 1995 und 2010 abdeckt, wird in der Rechnung grundsätzlich eine durchschnittliche Fahrzeuglebensdauer von 12 Jahren unterstellt.

---

[595] Beispiele hierfür sind die BMW AG sowie die Mercedes-Benz AG, die beide aus strategischen Überlegungen heraus Produktionskapazitäten außerhalb der Bundesrepublik installieren. Die BMW AG errichtete ein Werk in Spartanburg (USA), von dem aus jetzt erstmals auch BMW-Fahrzeuge nach Deutschland exportiert werden; vgl. FAZ v. 22.11.1994, BMW will erstmals Autos seiner Marke aus dem Ausland einführen, S. 24. Die Mercedes Benz AG investiert derzeit an zwei ausländischen Standorten. Als Produktionsstandort für einen neuen Kleinstwagen wurde das lothringische Hambach ausgewählt (vgl. FAZ v. 21.12.1994, Mercedes investiert 750 Millionen DM in Lothringen, S. 15), ein neuer Geländewagen wird ebenfalls in den USA produziert (vgl. FAZ v. 06.04.1993, Mercedes-Benz baut Geländewagen in den Vereinigten Staaten, S. 18; allg. vgl. FAZ v. 27.04.1995, Mercedes setzt verstärkt auf Produktion und Einkauf im Ausland, Nr. 98, S. 21). Zu der allg. Problematik der fehlenden Erweiterungsinvestitionen vgl. z.B. FAZ v. 08.02.1996, Die Aussichten auf dem deutschen Arbeitsmarkt bleiben auch 1996 düster, S. 15.

[596] vgl. Deutsche Shell AG (Hrsg.): Aufbruch zu neuen Dimensionen, 1991, S. 18.

[597] vgl. Deutsche Shell AG (Hrsg.): Aufbruch zu neuen Dimensionen, 1991, S. 18.

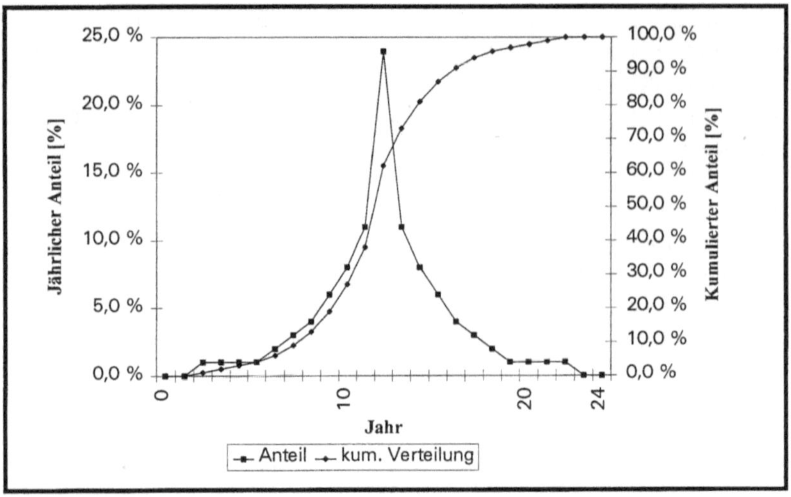

Abbildung 2.5-5: Angenommene Verteilung der Lebensdauer von Pkws

Einige Fahrzeuge erreichen jedoch eine gegenüber dem Durchschnittswert verkürzte Lebensdauer (Unfall, vorzeitiger Verschleiß u.ä.), andere wiederum besitzen eine längere. Eine statistische Auswertung des Durchschnittsalters der in den Jahren von 1988 bis 1992 gelöschten Pkws hat eine ungefähr gleichseitige Verteilung mit einem Spitzenwert bei einem Durchschnittsalter von 12 Jahren ergeben.[598] In Anlehnung an dieses Ergebnis wird dem mathematischen Modell eine gleichseitige Verteilung mit einem Erwartungswert von 12 Jahren (unterstelltes Durchschnittsalter der Fahrzeuge im Untersuchungszeitraum) zugrunde gelegt (vgl. **Abbildung 2.5-5**). Der Graph der kumulierten Anteile (Werte auf der rechten Skala) belegt, daß nach 12 Jahren bereits 62% der Fahrzeuge verschrottet wurden, nach 23 Jahren wird ein Wert von eins erreicht (alle Fahrzeuge eines Produktionsjahrgangs aus dem Verkehr ausgeschieden). Diese Werte können als Ausfallkoeffizienten in die weitere Berechnung aufgenommen werden.

Auf dieser Grundlage kann der Fahrzeugbestand für jedes Jahr des Prognosezeitraums ermittelt werden. Nach **Gleichung 2.5-2** (folgende Seite) ergibt er sich durch Summenbildung über das Produkt aus jährlicher Zulassungsstückzahl und entsprechendem Ausfallkoeffizient.

---

598 vgl. Institut für Kraftfahrwesen Universität Hannover (Hrsg.), Aluminium, Automobil und Recycling, 1994, S. 224; im Anhang ist das Ergebnis dieser Studie dargestellt.

$$N_{Bestand,i} = \sum_{i=1995}^{i} (1 - k_{i-1995}) * N_{Zulassung,i}$$

mit: $N_{Bestand,\,i}$ = Fzg.-gesamtbest. aluminiumintens. Fzge. im Jahr i [Stck.]

$k_{i\text{-}1995}$ = Ausfallkoeffizient [dimensionslos]

$N_{Zulassung,\,i}$ = Zulassungsstückzahl im Jahr i [Stck.]

Gleichung 2.5-2: Fahrzeugbestand in den einzelnen Prognosejahren

Das *zweite Modul* beschäftigt sich im ersten Teil mit der Prognose des zusätzlichen Aluminiumverbrauchs durch aluminiumintensive Karosserien. Der gesamte, jährliche Aluminiummehrverbrauch ergibt sich aus dem Produkt von unterstellter Produktionsstückzahl (aus Modul 1) sowie dem Aluminiumverbrauch pro Fahrzeug (vgl. **Gleichung 2.5-3**). Diese können auf dem Rechenblatt für jedes Jahr separat vorgegeben werden und sind durch die Vorgaben des jeweiligen Szenarios bestimmt. Diese Abhängigkeit beruht auf zwei Zusammenhängen: Wenn die Umfeldbedingungen eines Szenarios zu einem steigenden Anteil kleinerer Fahrzeuge an der Gesamtproduktion führen, sinkt der Verbrauch pro Fahrzeug wegen ihres geringeren Materialverbrauchs (kleinere Abmessungen). Zum zweiten können restriktive Umfeldbedingungen dazu führen, daß durch intensive Forschungs- und Entwicklungsanstrengungen spezifisch leichtere Konstruktionen in die Serienproduktion eingeführt werden, wodurch der Materialverbrauch pro Fahrzeug ebenfalls zurückginge.

$$V_{Alu\ gesamt,\,i} = v_{Alu\ gesamt,\,i} * N_{Produktion,\,i}$$

mit: $V_{Alu\ gesamt,\,i}$ = Aluminiumgesamtverbrauch im Jahr i [t]

$v_{Alu\ gesamt,\,i}$ = Aluminiumverbrauch im Jahr i pro Einheit [t/Stck.]

$N_{Produktion,\,i}$ = Produktionsgesamtstückzahl im Jahr i [Stck.]

Gleichung 2.5-3: Berechnung des Aluminiumgesamtverbrauchs pro Jahr

Nach dem gleichen Schema kann der jährliche Minderverbrauch an Stahl bestimmt werden (Teil 2 des Moduls). Ausgangspunkt sind hier die Minderverbräuche an Stahl pro Fahrzeug, die mit den entsprechenden Produktionsstückzahlen multipliziert werden müssen. Bei einer vollständigen Substitution des Werkstoffs Stahl entspricht der Minderverbrauch dem Gesamtverbrauch einer ähnlichen Karosserie in Ganz-Stahlbauweise. Bei einer Gemischtbauweise Stahl/Aluminium fällt nur ein entsprechender Anteil des Stahlverbrauchs weg, der Gesamtverlust ist somit kleiner als bei einer vollständigen Substitution.

Aufgrund des gleichen Rechenwegs wie bei der Erfassung des Aluminiumverbrauchs wird hier auf eine eigene Formeldarstellung verzichtet. Wichtig ist der Hinweis, daß Minderverbräuche an Stahl durch die Einführung gewichtsoptimierter Stahlkarosserien bei den übrigen, nicht auf eine aluminiumintensive Karosserie umgestellten Fahrzeugen nicht berücksichtigt werden. Die gesamten Tonnageverluste für Stahlbleche könnten somit noch höher liegen als in der Rechnung ausgewiesen.

Aus dem Rückgang des Stahlbedarfs kann der Verbrauchsrückgang des Einsatzstoffs Eisenerz bestimmt werden. Grundannahme ist hierbei, daß bei einem Rückgang des Stahlverbrauchs lediglich die Produktion von Stahl auf Eisenerzbasis zurückgeführt wird, die Gewinnung von Neustahl aus Stahlschrott hingegen konstant bleibt. Diese Vorgabe ist gerechtfertigt, da sich in der Stahlindustrie zum einen eine Entwicklung hin zu kleinen Elektrostahlwerken auf Schrottbasis vollzieht[599] sowie zum anderen der Schließung von Materialkreisläufen und damit der Verwendung des Stahlschrotts hohe Bedeutung beigemessen wird.

Um den Rückgang des Erzverbrauchs bestimmen zu können, benötigt man Angaben zum Eisengehalt der Erze. **Abbildung 2.5-6** (folgende Seite) zeigt ihren durchschnittlichen Eisengehalt im Zeitraum von 1985 bis 1996. Aufgrund des nahezu konstanten Kurvenverlaufs wird in die Rechnung ein fixer Wert von 62% aufgenommen. Das bedeutet, daß aus 1t Eisenerz eine Menge von 620 kg Roheisen erzeugt werden kann. Die Berechnung ergibt sich durch einfache Produktbildung und wird nicht explizit in einer Formel dargestellt.

Im *dritten Modul* wird die mögliche Reduktion des Kraftstoffverbrauchs durch die gewichtsverringernde Wirkung einer aluminiumintensiven Karosserie bestimmt. Ausgangspunkt der Berechnung ist die mögliche Kraftstoffersparnis durch 100 kg Masseeinsparung pro 100 km Fahrstrecke. Im Rechenmodell kann dieser Wert für jedes Jahr gesondert vorgegeben werden, da wegen der Effizienzsteigerung im Antriebsbereich sowie eines verstärkten Einsatzes von Dieselmotoren mit einem schrittweisen Rückgang der erzielbaren Einsparungen in Zukunft gerechnet werden muß.[600] Die hierfür gültigen Vorgaben müssen in Abhängigkeit von den einzelnen Szenarien festgelegt werden.

---

599 vgl. hierzu ausführlicher Kap. 2.5.4.1.1.

600 Effizienzsteigernde Maßnahmen im Antriebsbereich sowie der Einsatz von Dieselmotoren führen zu einem Rückgang des absoluten Fahrzeugverbrauchs. Wegen des geringeren Ausgangsniveaus geht auch die mit einer Gewichtsverringerung mögliche Kraftstoffeinsparung zurück.

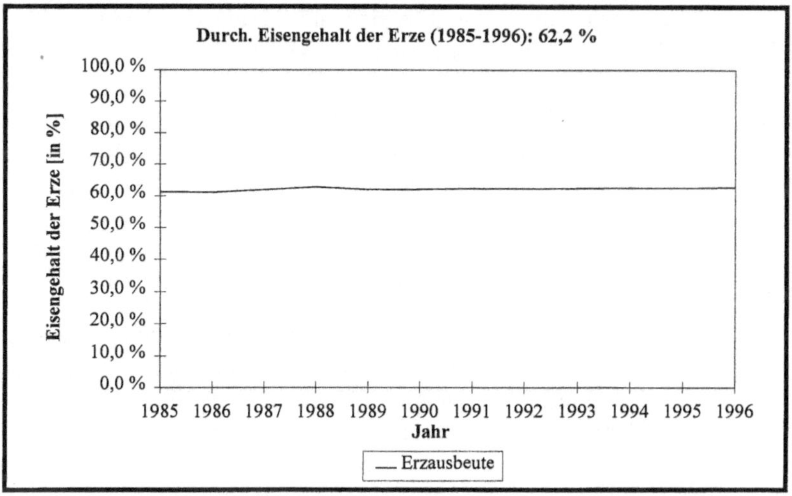

Abbildung 2.5-6: Eisengehalt der in der Bundesrepublik Deutschland eingesetzten Erze in den Jahren 1985-1996
Quelle: Statistisches Bundesamt, Außenstelle Düsseldorf (Hrsg.), Produzierendes Gewerbe, FS 4, Reihe 8.1, Vierteljahresausgabe, Tabelle 1.1, verschiedene Jahrgänge

$$E_{Kraftst.,i} = \frac{1}{2} * e_{Kraftst.,i} * L_{Gesamt,i} * E_{Masse,i} * (1 - k_i) * N_{Zulassung,i} + \sum_{1995}^{i-1} e_{Kraftst.,i} * L_{Gesamt,i} * e_{Masse,i} * (1 - k_i) * N_{Zulassung,i}$$

mit: $E_{Kraftst., i}$ Gesamtersparnis an Kraftstoff im Jahr i [Liter]

$e_{Kraftst., i}$ Spez. Kraftstoffersparnis pro eingespartem kg und 100 km bei Fahrzeugen aus Zulassungsjahr i [Liter/kg*km]

$L_{Gesamt, i}$ Jährliche Gesamtfahrleistung im Jahr i [km]

$e_{Masse, i}$ Massereduzierung pro Fahrzeug bei einem Fahrzeug aus dem Zulassungsjahr i [kg/Stck.]

k_i Ausfallkoeffizient [dimensionslos]

$N_{Zulassung, i}$ Zulassungsstückzahl im Jahr i [Stck.]

Gleichung 2.5-4: Berechnung der Verringerung des Kraftstoffverbrauchs

Unter Berücksichtigung der prognostizierten Gewichtsverringerungen, der Zulassungsstückzahlen - korrigiert um den Ausfallkoeffizienten - sowie der jährlichen Fahrleistung pro Fahrzeug ergibt sich die Gesamtverringerung des Verbrauchs nach **Gleichung 2.5-4** (vorhergehende Seite).

Die spezifische Massereduzierung setzt sich aus zwei Bestandteilen zusammen: der eine ist die durch die Verringerung des Karosseriegewichts erreichte Primärersparnis, der andere eine mögliche sekundäre Ersparnis.[601] Wegen der hohen Primäreinsparung durch aluminiumintensive Karosserien wird im Rechenmodell grundsätzlich eine sekundäre Ersparnis von 50% des Primärwerts unterstellt, was von Experten als möglich angesehen wird.[602]

Für das Ergebnis der Berechnung ist es wichtig, für alle Fahrzeuge eines Zulassungsjahrs den entsprechenden gewichtsspezifischen Verbrauch zu verwenden. Diese Größe ist charakteristisch für die in einem Jahr produzierten Fahrzeuge, nicht aber für das Jahr, für das die Gesamtverringerung des Verbrauchs ermittelt werden soll. Dieser Zusammenhang macht es auch unmöglich, direkt vom Fahrzeugbestand eines Jahres auszugehen, der in Modul 1 ermittelt wurde. In diesem Bestand sind Fahrzeuge unterschiedlicher Produktionsjahre und damit unterschiedlicher spezifischer Verbräuche enthalten. Würde man für alle Fahrzeuge den Wert des Untersuchungsjahres zugrunde legen, ergäbe sich wegen der über den Zeitablauf sinkenden Beträge eine Unterschätzung des jährlichen Einsparungspotentials.

Für die Berechnung des Kraftstoffjahresverbrauchs ist weiterhin die Vorgabe der jährlichen Fahrleistung notwendig. Wie **Abbildung 2.5-7** (folgende Seite) zeigt, sanken die jährlichen Fahrleistungen pro Fahrzeug in den letzten Jahren kontinuierlich bei einem sich kräftig ausweitenden Fahrzeugbestand. In der Zukunft wird mit einer abgeschwächten Fortsetzung dieses Trends gerechnet. Nach einer Untersuchung der Shell AG ergibt sich ein Rückgang der Fahrleistung auf 12.150 km im Jahr 2000 und 12.000 km im Jahr 2010.[603]

Fraglich ist allerdings, ob diese Werte auch für die sparsameren Fahrzeuge mit aluminiumintensiver Karosserie gelten. Denkbar wäre, daß diese Fahrzeuge speziell von Fahrern mit einer hohen Jahresfahrleistung angeschafft werden, da

---

601 Zur Unterscheidung von primären und sekundären Einsparungen vgl. Kap. 2.2.1.2.1 oder z.B. Reitzle, Wolfgang, Neue Entwicklungen in der Blechverarbeitung der Automobilindustrie, 1992, S. 1006.

602 vgl. Matthias, K. et al., Das Leichtbaupotential bei der Entwicklung von Personenwagen-Aufbauten und der Einfluß auf den Kraftstoffverbrauch, 1992, S. 326 u. o.V., Drei Wege zum Leichtbau, 1994, S. 43.

603 vgl. Deutsche Shell AG (Hrsg.), Aufbruch zu neuen Dimensionen, 1991, S. 20 f.

bei ihnen die Einsparungen durch den geringeren Verbrauch stärker zu Buche schlagen. Da dieser Zusammenhang jedoch nicht belegbar ist, wird in der vorliegenden Untersuchung der Ansatz der Shell-Untersuchung übernommen.[604] Dadurch wird der Verbrauchsrückgang eher unterschätzt und das Prognoseergebnis liegt auf der sicheren Seite.

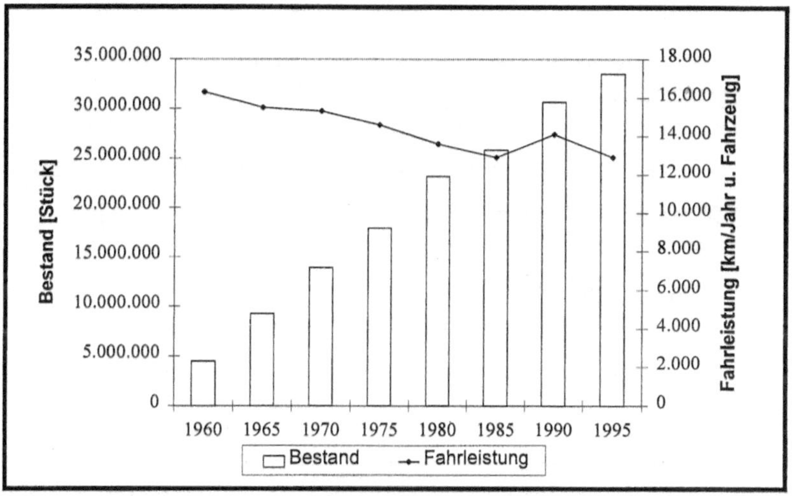

Abbildung 2.5-7: Pkw-Bestand und Fahrleistungen in der Bundesrepublik Deutschland im Zeitraum von 1960 bis 1995 (ab 1990 altes Bundesgebiet)
Quelle: VDA (Hrsg.), Tatsachen und Zahlen aus der Kraftverkehrswirtschaft, versch. Jahrgänge u. Aral AG (Hrsg.), Verkehrstaschenbuch 1996/97, 1996, versch. Tabellen

Anmerkungen: Zahlen für 1990 beziehen sich auf das alte Bundesgebiet; Fahrzeugbestand jeweils zum 1.7. d. J. einschließlich der vorübergehend stillgelegten Fahrzeuge.

Das *vierte Modul* enthält eine Berechnung des zusätzlichen Aluminium-Schrottaufkommens, das aus der Außerdienststellung von Fahrzeugen mit aluminiumintensiver Karosserie resultiert (vgl. **Gleichung 2.5-5**, folgende Seite).

---

604 Die Untersuchung der Shell AG führt zu zwei Szenarien mit unterschiedlichen Prognosewerten. Das erste, „Europa im Wandel" genannte Szenario ist durch eine marktwirtschaftliche Verkehrspolitik und globales Handeln charakterisiert. Das zweite Szenario, „EG als Block", ist hingegen durch Blockbildung sowie Ge- und Verbote in der Verkehrspolitik gekennzeichnet und kommt zu deutlich geringeren Fahrleistungen. Da die Annahmen des ersten Shell-Szenarios den Grundannahmen der drei Szenarien dieser Arbeit eher entsprechen, werden diese Werte übernommen.

Nachdem für jedes Untersuchungsjahr die Zahl der ausrangierten Fahrzeuge bestimmt ist, wird das Schrottaufkommen unter Berücksichtigung der Karosseriegewichte der entsprechenden Produktionsjahre ermittelt. Diese Vorgehensweise erfordert eine Aufsummierung über die einzelnen Zulassungsjahre und verursacht somit einen höheren Berechnungsaufwand als eine einfachere Abschätzung über Bestandsgrößen. Der Vorteil dabei liegt in einer exakteren Ermittlung des Werts.

Bei der Berechnung wird davon ausgegangen, daß eine vollständige Aluminiumwiederverwertung erreicht wird. Aufgrund der technischen Möglichkeiten und des hohen Werts von Abfallaluminium ist diese Quote erreichbar.[605]

$$SA_{Alu\ gesamt,\ i} = \sum_{1995}^{i} V_{Alu\ gesamt,\ i} * k_{i-1995}$$

mit: $SA_{Alu\ gesamt,\ i}$ Gesamtes Schrottaufkommen von Aluminium im Jahr i [t]

$V_{alu\ gesamt,\ i}$ Aluminiumgesamtverbrauch im Jahr i [t]

k_{i-1995} Ausfallkoeffizient [dimensionslos]

Gleichung 2.5-5: Berechnung des zusätzlichen, jährlichen Aluminium-Schrottaufkommens aus aluminiumintensiven Fahrzeugen

Aufbauend hierauf kann die Recyclingquote ermittelt werden. Für die Berechnung dieser Größe werden in der Literatur mehrere Definitionen vorgeschlagen, die zu Ergebnissen in unterschiedlicher Größenordnung führen. Bei einer als „klassische Recyclingrate“[606] bezeichneten Definition wird die Sekundärerzeugung eines Jahres zum Gesamtverbrauch des gleichen Jahres in Bezug gesetzt. Diese Größe sagt damit nichts über die Eignung eines Materials für die Wiederverwertung aus sondern beschreibt die Marktverhältnisse in einem bestimmten Jahr. In einer Phase ständig wachsender Einsatzmengen führt diese Berechnungsmethode trotz einer vollständig wiederverwerteten Altfraktion zu einem Wert unter 100%.

Ein anderes Ergebnis erhält man hingegen bei Anwendung eines als „echte Recyclingrate“[607] definierten Quotienten. Nach dieser Festlegung wird die Sekun-

---

605 vgl. hierzu auch Kap. 2.5.3.3.2.

606 Die Definition der unterschiedlichen Recyclingraten erfolgt nach Institut für Kraftfahrwesen Universität Hannover (Hrsg.), Aluminium, Automobil und Recycling, 1994, S. 7 ff.

607 Institut für Kraftfahrwesen Universität Hannover (Hrsg.), Aluminium, Automobil und Recycling, 1994, S. 7.

därerzeugung eines Jahres zum gesamten Verwertungspotential des gleichen Jahres in Bezug gesetzt. Wenn das Rückstandspotential eines Jahres komplett genutzt wird, erreicht dieser Quotient unabhängig von der insgesamt nachgefragten Menge einen Wert von 100%.[608]

$$DG_i = \frac{SA_{\text{Alu gesamt, i}}}{V_{\text{Alu gesamt, i}}}$$

mit: DG_i = Deckungsgrad im Jahr i [dimensionslos]

$V_{\text{Alu gesamt, i}}$ = Aluminiumgesamtverbrauch im Jahr i [t]

$SA_{\text{Alu gesamt, i}}$ = Gesamtes Schrottaufkommen von Aluminium im Jahr i [t]

Gleichung 2.5-6: Berechnung des Deckungsgrads

Zur besseren Unterscheidung der beiden Definitionen wird im folgenden der Begriff des Deckungsgrads für eine nach **Gleichung 2.5-6** errechnete, klassische Recyclingrate verwendet. Nach dieser Definition wird für den speziellen Fall von Fahrzeugen mit aluminiumintensiver Karosserie das Schrottaufkommen eines Jahres in Relation zum gesamten Aluminiumverbrauch des gleichen Jahres gesetzt. Diese Größe sagt demnach nichts über die Qualität des Recyclingprozesses aus sondern gibt lediglich an, welcher Anteil an Neumaterial in den Produktionsprozeß eingebracht werden muß.

Das *fünfte Modul* beschäftigt sich mit den numerischen Auswirkungen auf die Steuereinnahmen. Im Rahmen des mathematischen Modells werden lediglich die indirekten, aber unmittelbar mit dem Pkw verknüpften Steuerarten Mineralöl- und Kraftfahrzeugsteuer sowie die Mehrwertsteuer berücksichtigt.

Der Rückgang der Mineralölsteuereinnahmen ergibt sich durch die Reduzierung des Kraftstoffverbrauchs und läßt sich als einfaches Produkt aus der jährlichen Kraftstoffersparnis (drittes Modul) sowie dem Steueranteil pro Liter, der durch die einzelnen Szenarien vorgegeben werden muß, bestimmen. Dieser Steueranteil setzt sich aus der Mineralölsteuer sowie der Mehrwertsteuer, die für die

---

608 In einer Beispielrechnung für das Jahr 1987 errechnete Rink für das Beispiel „Aluminium" eine klassische Recyclingrate von 31,5%, die echte Recyclingrate betrug jedoch 72%. Diese Spannweite macht deutlich, daß man sich der jeweils verwendeten Definition bewußt sein muß. Vgl. Institut für Kraftfahrwesen Universität Hannover (Hrsg.), Aluminium, Automobil und Recycling, 1994, S. 7.

Summe aus Treibstoffkosten und Mineralölsteuer erhoben wird, zusammen.[609]

Die Kraftfahrzeugsteuer knüpft grundsätzlich an den Hubraum des Fahrzeugs an und wurde zum 1. Juli 1997 durch eine stärkere Berücksichtigung des Schadstoffausstoßes reformiert. Der spezifische, pro angefangenem Motorvolumen von 100 cm^3 gültige Satz liegt heute in einer Bandbreite von 10,00 DM pro Jahr (Ottomotor, der die Normen Euro 3 oder Euro 4 erfüllt) bis 65,50 DM (höchste Klasse: nicht schadstoffarmer Dieselmotor); diese Sätze werden in den kommenden Jahren kontinuierlich steigen.[610] Da in leichteren Fahrzeugen mit ihrem geringeren Leistungsbedarf auch hubraumkleinere Motoren eingesetzt werden können, ergibt sich hieraus ein entsprechender Einnahmerückgang. In der Rechnung wird dafür ein jährlicher Pauschalbetrag von 30,00 DM pro Fahrzeug angenommen, womit ein Rückgang des Hubvolumens von durchschnittlich rd. 200 cm^3 unterstellt wird. Dieser Wert muß mit dem durchschnittlichen Bestand von Fahrzeugen mit aluminiumintensiver Karosserie multipliziert werden.

$$MwSt_i = \begin{pmatrix} e_{Kraftst.,\,i} * e_{Masse,i} * L_{Gesamt,\,i} * p_{Kraftst.,i} + e_{Kraftst.,\,i} * e_{Masse,i} * \\ L_{Gesamt,\,i+1} * p_{Kraftst.,i+1} + e_{Kraftst.,\,i} * e_{Masse,i} * L_{Gesamt,\,i+2} * p_{Kraftst.,i+2} \end{pmatrix} * \left(\frac{0{,}15}{1{,}15}\right)$$

mit: $MwSt_i$ — Mehrwertsteueraufkommen aus Kaufpreiserhöhung im Jahr i pro zugelassenem Fahrzeug [DM/Stck.]

$e_{Kraftst.,\,i}$ — Spez. Kraftstoffersparnis pro eingespartem kg und 100 km bei Fahrzeugen aus Zulassungsjahr i [Liter/km*kg]

$e_{Masse,\,i}$ — Massereduzierung bei einem Fahrzeug aus dem Zulassungsjahr i [kg/Stck.]

$L_{Gesamt,\,i}$ — Jährliche Gesamtfahrleistung im Jahr i [km]

$p_{Kraftst.,\,i}$ — Preis für Kraftstoff im Jahr i [DM/Liter]

Gleichung 2.5-7: Erhöhung des Mehrwertsteueraufkommens im Zulassungsjahr i durch anteilige Preiserhöhung für aluminiumintensive Karosserien

---

609 Die Abgabenlast ist abhängig von der Art des Kraftstoffs (Diesel, verbleiter/unverbleiter Kraftstoff) und wurde bereits in Abschnitt 2.5.2. näher erläutert.

610 vgl. FAZ v. 13.03.1997, Bund und Länder einig bei Kraftfahrzeugsteuer, S. 15; o. V., Neue Kraftfahrzeugsteuer ab Juli 1997: Weniger Steuer für saubere Autos, 1997, S. 6 u. FAZ v. 01.07.1997, Für ältere Autos wird die Kraftfahrzeugsteuer teurer, S. 13.

Folgewirkungen für das Mehrwertsteueraufkommen ergeben sich - neben der Kraftstoffbesteuerung - durch höhere Kaufpreise für verbrauchsoptimierte Fahrzeuge mit aluminiumintensiver Karosserie. Die Kunden sind - ähnlich wie bei Fahrzeugen mit Dieselmotor - bereit, Einsparungen bei den laufenden Kraftstoffkosten durch einen bestimmten Aufpreis zu erkaufen. Nach Umfragen[611] akzeptieren die Neuwagenkunden einen Aufschlag, der dem gesamten Einsparungspotential von etwa drei Betriebsjahren entspricht.

Unter Vernachlässigung von Finanzierungseffekten läßt sich der akzeptierte Mehrpreis und der darin enthaltene Mehrwertsteueranteil nach **Gleichung 2.5-7** (vorhergehende Seite) errechnen.

Im *sechsten Abschnitt* des mathematischen Modells werden die möglichen Auswirkungen auf den Außenhandel bestimmt. Bei dieser Betrachtung werden neben den Mehrausgaben für Primäraluminium die Minderausgaben für Rohöl/Kraftstoffe sowie für Eisenerze berücksichtigt. Fraglich ist dagegen, ob der im letzten Abschnitt beschriebene Effekt der höheren Verkaufspreise für verbrauchsreduzierte Fahrzeuge mit aluminiumintensiver Karosserie ebenfalls untersucht werden muß. Wenn die Hersteller auch auf den Exportmärkten höhere Preise durchsetzen könnten, würden sich bei der Ausfuhr der gleichen Fahrzeugstückzahl ihre Auslandsumsätze entsprechend erhöhen. Andererseits besteht nicht in allen Ländern die Bereitschaft, die Bemühungen um verbrauchsoptimierte Fahrzeuge zu honorieren. Darum wird aus Gründen der Vereinfachung sowie einer sicheren Ergebnisabschätzung dieser Effekt nicht weiter berücksichtigt.

$$IM_{Primalu,\,i} = (V_{Alu\ gesamt,\,i} - SA_{Alu\ gesamt,\,i}) * p_{Primalu,\,i}$$

mit: $IM_{Primalu,\,i}$ Monetäres Importvolumen Primäraluminium im Jahr i [DM]

$V_{Alu\ gesamt,\,i}$ Gesamter Aluminiumverbrauch im Jahr i [t]

$SA_{Alu\ gesamt,\,i}$ Gesamtes Aluminiumschrottaufkommen im Jahr i (Karosserieschrott) [t]

$p_{Primalu,\,i}$ Preis für Primäraluminium im Jahre i [DM/t]

Gleichung 2.5-8: Berechnung des monetären Importbedarfs von Primäraluminium für die Herstellung von Fahrzeugen mit aluminiumintensiver Karosserie

---

[611] vgl. hierzu etwa die Umfrage in Verbraucherzeitschriften (z.B. o.V., Fax-Frage, 1995, S. 138 f.)

Ausgaben für Primäraluminium: Es wird unterstellt, daß der Aluminiumverbrauch, der nicht durch das Schrottaufkommen aus Alt- und Unfallfahrzeugen eines Jahres gedeckt werden kann, durch Einfuhren von Primärmetall bestritten werden muß.[612] Der Gesamtbedarf ergibt sich als einfaches Produkt von Primäraluminiumbedarf und -preis. (vgl. **Gleichung 2.5-8**, vorhergehende Seite). Der Weltmarktpreis für Primäraluminium ist starken Schwankungen ausgesetzt, deren Prognose wegen der vielfältigen Einflußgrößen nicht möglich ist.[613] Zur Vereinfachung wird daher in allen Szenarien ein konstanter Betrag von 2.700,00 DM pro Tonne angesetzt.[614]

Ausgaben für Rohöl/Kraftstoffimport: Die Bundesrepublik ist als Land ohne bedeutende eigene Ölreserven auf einen nahezu vollständigen Import angewiesen[615]; ein Rückgang des Verbrauchs führt daher zu einem direkten Rückgang des Importbedarfs. Der monetäre Importrückgang ergibt sich als einfaches Produkt aus eingesparter Kraftstoffmenge und möglichem Importpreis. Der Mengenrückgang wird hierbei aus dem dritten Modul entnommen, die möglichen Importpreise müssen in den Szenarien abgeleitet werden.

Minderausgaben für Eisenerz: Auch dieser Wert läßt sich als einfaches Produkt aus Erzminderverbrauch (Modul 2) und Erzpreis bestimmen. Seit 1980 entwickelte sich dieser Preis wellenförmig in einem Band von 50 bis 70 DM/t mit einem Spitzenwert im Jahr 1984 (vgl. **Abbildung 2.5-8**, folgende Seite). Die Ausschläge sind aber seit dem Jahr 1988 kleiner geworden. Für den Untersuchungszeitraum wird daher ein konstanter Wert in Höhe von 60,- DM pro Tonne unterstellt, der in der Größenordnung des volumengewichteten Durchschnittspreises von 55,83 DM/t liegt.

Eine Aufsummierung der drei Einflußgrößen ergibt einen Prognosewert für die Veränderung der deutschen Außenhandelsposition.

---

612 Eine ausführliche Diskussion dieses Punkts findet sich in Kap. 2.5.4.1.2.

613 vgl. hierzu die Erläuterungen zur Diskussion unterschiedlicher Störgrößen in Kap. 2.4.3.6.

614 Zum Vergleich: Der Durchschnittspreis für Aluminium lag im Zeitraum Januar 1988 bis November 1997 bei 1.622 US-$ pro Tonne (Basis: LME-Kassanotierung; eigene Berechnung), was bei einem Dollarkurs von 1,50 einem Betrag von 2.433 DM entspricht. Da der Beobachtungszeitraum neben einer Rezessionsphase auch eine Marktüberschwemmung mit osteuropäischem Aluminium mit der Folge eines starken Preisdrucks einschließt, ist eine Erhöhung des künftigen Aluminiumpreises auf 2.700 DM/Tonne gerechtfertigt.

615 Die deutsche Rohölförderung erreichte 1996 einen Umfang von 2,85 Mill. t und konnte den Inlandsverbrauch damit zu etwa 3% decken; vgl. Statistisches Bundesamt (Hrsg.), Stat. Jahrbuch für die Bundesrepublik Deutschland, 1997, S. 211.

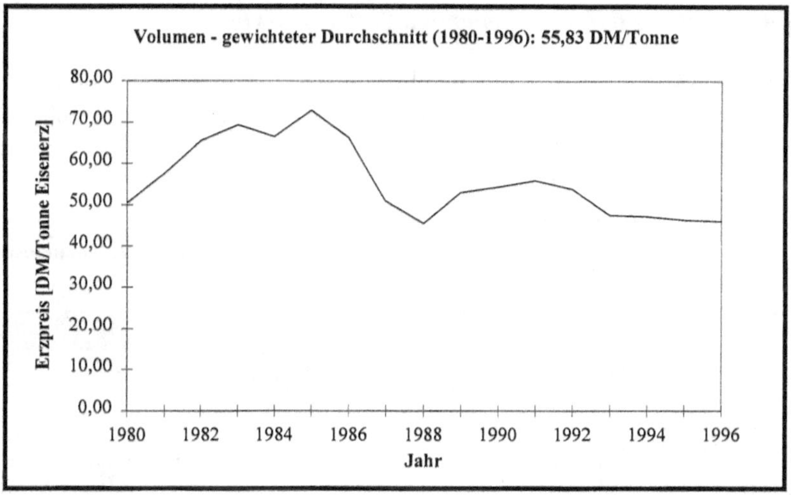

Abbildung 2.5-8: Entwicklung des Preises für eine Tonne Eisenerz
Quelle: Statistisches Bundesamt, Außenstelle Düsseldorf (Hrsg.), Produzierendes Gewerbe, FS 4, Reihe 8.1, Vierteljahresausgabe, Tabelle 7.1, verschiedene Jahrgänge

Im *siebten Modul* werden die Auswirkungen auf den Kfz-Handelsumsatz berechnet. Dieser Abschnitt greift auf Daten des ersten Moduls (Zulassungsstückzahl) sowie des fünften (durchschnittliche Verkaufspreiserhöhung pro Fahrzeug) zurück. Das Produkt beider Eingangsgrößen ergibt die gesuchte Größe „Erhöhung des Kfz-Handelsumsatzes".

Für die Berechnungen in den einzelnen Modulen werden somit unterschiedliche Eingangsgrößen benötigt. **Tabelle 2.5-1** (folgende Seite) faßt die benötigten Größen zusammen und gibt darüber Auskunft, welche Werte im Rahmen der Sze-narien ermittelt werden müssen (Szenariowerte) und welche Werte global vorgegeben werden können (feste Größen).

Eine Gesamtbetrachtung des Rechenmodells zeigt, daß trotz der teilweise unsicheren Datengrundlagen auf eine möglichst exakte Berechnung der einzelnen Größen Wert gelegt wird. Hierdurch ist es möglich, die Rechnung bei Kenntnis von aktuellen Werten in den kommenden Jahren zu wiederholen und damit ggf. eine Korrektur der Prognose vorzunehmen. Außerdem können durch diese Vorgehensweise manche Module bei ähnlichen Aufgabenstellungen verwendet werden.

2.5.2.4 Ableitung der noch fehlenden Szenariowerte

Von den in **Tabelle 2.5-1** definierten Szenariowerten sind bereits die Produktionsstückzahlen, die Mineralölsteuer sowie der Rohölpreis bei der Beschreibung der Szenarien abgeleitet worden.[616] Die übrigen noch fehlenden Größen müssen im folgenden bestimmt werden.

Bezeichnung	[Dimension]	feste Werte	abh. v. Szenario (Szenariowert)
Produktionsstückzahl	[Stck.]		
Import-/Export Quotient	[ ]		
Ausfallrate	[ ]		
Aluminiumverb. pro Fzg.	[kg/Stck.]		
Stahlminderverb. pro Fzg.	[kg/Stck]		
Eisengehalt der Erze	[%]		
spez. Kraftstoffeinsparung	[Liter/100 km*100 kg]		
Eingesparte Masse pro Fzg.	[kg/Stck.]		
jährl. Fahrleistung	[km/Jahr]		
Mineralölsteuer	[DM/Liter]		
Weltmarktpreis	[DM/t]		
Weltmarktpreis Eisenerz	[DM/t]		
Rohölpreis	[DM/t]		

Tabelle 2.5-1: Abhängigkeit der notwendigen Rechenvariablen von der Szenarioentwicklung

a) Aluminium- und Stahlverbrauch pro Fahrzeug

Der Aluminium- bzw. Stahlverbrauch für die Produktion eines Fahrzeugs hängt zum einen von seiner Größe sowie zum anderen vom spezifischen Materialverbrauch ab.

Für die Berücksichtigung der Größenabhängigkeit wird auf einen Zusammenhang zwischen Karosseriegewicht und Fahrzeugfläche zurückgegriffen. Das Verhältnis zwischen beiden Größen ist näherungsweise konstant; bei bekannter

616 vgl. hierzu Kap. 2.4.2.

Fahrzeugfläche kann somit der mögliche Materialverbrauch ermittelt werden.[617] Gewichtet man innerhalb der Szenarien die über die Fahrzeugflächen errechneten Karosseriegewichte mit den entsprechenden Produktionsstückzahlen, ergibt sich eine gute Annäherung für die Verbräuche pro Fahrzeug aus einem Produktionsjahrgang.[618] Als Berechnungsgrundlage für den spez. Materialverbrauch aluminiumintensiver Karosserien wird der Audi A8 herangezogen.[619] Wegen der fortschreitenden Karosserietechnik (effektiverer Materialeinsatz)[620] sowie eines möglichen Trends hin zu kleineren Nachfolgemodellen einer Modellreihe[621] wird der Wert für dieses Flächengewicht im Zeitablauf reduziert.

Die Berechnung des Stahlminderverbrauchs erfolgt ebenfalls über das Flächengewicht. Dieser Minderverbrauch entspricht dem potentiellen Bedarf an Stahl für die Fahrzeuge, die auf andere Karosseriekonzeptionen umgestellt worden sind. Die Differenz zwischen diesem rechnerischen Stahleinsatz sowie dem Gewicht in Alternativbauweise ergibt die primär eingesparte Fahrzeugmasse. Zur Bestimmung des gesamten Einspareffekts wird darüber hinaus ein Sekundäreffekt in Höhe von 50% berücksichtigt.

Abweichungen von diesen Grundannahmen ergeben sich nur für die Mercedes-Benz AG. Dieses Unternehmen hat sich bereits mehrfach zu einem „Intelligenten Leichtbau" bekannt, der auf dem Einsatz unterschiedlicher Materialien beruht.[622] Aluminium ist in diesem Konzept nur bei leicht demontierbaren Bauteilen wie Türen und Hauben vorgesehen; ein alleiniger Einsatz in der

---

617 vgl. Lüdke, B., et al., Entwicklungsvorsprung durch konsequente Integration von Konstruktion, Berechnung und Versuch, 1994, S. 372.

618 Dieser Wert beschreibt den Netto-Materialverbrauch pro Jahr. Es wird unterstellt, daß Materialrückstände während des Produktionsprozesses in einem Recyclingkreislauf zurückgeführt werden.

619 Für eine genaue Herleitung der verwendeten Größen vgl. den Anhang der Arbeit.

620 Das Referenzfahrzeug für die vorliegende Untersuchung, der Audi A8, ist als erstes Großserienfahrzeug mit der neuen Karosserietechnik sehr aufwendig konstruiert und sicher ausgelegt worden (der Hersteller selbst spricht von „over-engineered"). Die zunehmende Erfahrung mit dieser Bauform wird daher zu einer spezifisch leichteren Konstruktion führen. Ein Ansatzpunkt hierzu besteht in der Reduzierung der Gußknoten; vgl. FAZ v. 12.11.1996, Der Space Frame wird abgespeckt, S. T3.

621 Nach Presseangaben plant bspw. die Mercedes-Benz AG, das Nachfolgemodell der S-Klasse deutlich zu verkleinern: die Gesamtlänge geht von 5,11 m auf 4,98 m zurück. Hierdurch sinkt das Gewicht der Rohkarosserie. Vgl. Reil, Hermann, Mercedes S-Klasse: Weniger ist mehr, 1995, S. 16 ff.

622 vgl. Kallina, I. et al., Intelligente Leichtbauweise - Das Leichtbaukonzept für die Karosserie-Rohbauentwicklung bei der Mercedes-Benz AG, 1994, S. 9 ff u. Schlott, Stefan, Es muß nicht immer Alu sein, 1993, S. 62 f.

Karosserie wird ausgeschlossen. Aufgrund dieser Beschränkung werden etwa 25% des Materials eingesetzt, das bei einer vollständigen Substitution durch Aluminium benötigt würde.[623] Mit diesem Faktor werden die Modellreihen der Mercedes-Benz AG bewertet.[624]

Der gleiche Aluminiumanteil von 25% wird bei der Berechnung des jeweils zweiten Unterszenarios (Teilausrüstung mit Aluminium) unterstellt. Abgesehen von den Fahrzeugen, die definitiv in Reinaluminiumbauweise hergestellt werden, erfolgt bei den übrigen eine Berechnung unter dieser Prämisse.

* Fahrweise der Fahrer[625]
* Anteil der einzelnen Straßenkategorien an der Gesamtfahrleistung
* Technische Ausrüstung der Fahrzeuge
* Anteil von Fahrzeugen mit verbrauchsgünstigen Motoren (z.B. Dieselmotoren)

Abbildung 2.5-9: Einflußfaktoren auf den gewichtsabhängigen Verbrauch eines Fahrzeugs

623 vgl. zu einer genauen Beschreibung der eingesetzten Teile den Anhang der Arbeit.

624 Bei der Ermittlung der Produktionsstückzahlen werden die Modellreihen dieses Herstellers nach den gleichen Kriterien bewertet wie die anderer Hersteller.

625 vgl. FAZ v. 18.07.1995, Auf dem Weg zum Drei-Liter-Fahrer, S. T1 u. Sperling, Joe, Verkehrserziehung: Mit Vollgas Sprit sparen, 1995, S. 46 f.

Spez. Verbrauch [L/(100 km * 100 kg)]	Anmerkungen	Quelle
1,0	Höchstgrenze ohne weitere Angaben	Canzler, Weert et al., Das Ende des Automobils, 1994, S. 61
0,6	0,3 l bei Überlandverkehr	Hamm, L., Möglichkeiten des Recyclings von Aluminium im Automobilbau, 1980, S. 5/2
0,9	Überlandverkehr: 0,3 (Landstraße) bzw. 0,26 (Autobahn)	Seiffert, U. et al., Substitutionsmöglichkeiten von Stahl durch Aluminium im Pkw-Bau, 1980, S. 7/4
0,5	Durchschnittswert	Fersen, Olaf v., Leichtbau bei Automobilen ist gefragt, Der Speck muß weg, 1994, S. 146
0,3 - 0,6	Durchschnittswerte	ohne Verfasserangabe, Auf dem Weg zum Dreiliter-Auto, 1994, S. 394
0,6	Durchschnittswert	Piech, Ferdinand, 3 Liter/100 km im Jahr 2000?, 1992, S. 22
0,5	Durchschnittswert	Furrer, P. et al., Erfolg dank gezielter Oberflächenoptimierung, 1993, S. 7
0,6	nach MVEG-Zyklus; bei angepaßter Motor- u. Getriebeauslegung 0,5	Paefgen, F.-J., et al., Aluminium Space frame - Ein neuer Weg im PKW-Bau, 1993, S. 362

Tabelle 2.5-2: Zusammenstellung unterschiedlicher Angaben zum spezifischen Verbrauch eines Pkws
Quelle: eigene Zusammenstellung, Darstellung der Einzelquellen in jeder Zeile

b) Spezifischer Kraftstoffverbrauch

Wichtigstes Ziel einer Gewichtsverringerung ist die Reduzierung des Kraftstoffverbrauchs. DasAusmaß dieser Reduzierung hängt, wie **Abbildung 2.5-9** (vorhergehende Seite) zeigt, von mehreren Faktoren ab und kann daher auf unterschiedlichem Niveau liegen. Bei Fahrzeugen, die wegen ihres hohen Antriebswirkungsgrads (bspw. durch einen Dieselmotor) bereits einen geringen Verbrauch aufweisen, ist die weitere, absolute Reduzierung des Kraftstoffverbrauchs bspw. kleiner als bei solchen mit einem schlechteren Wirkungsgrad. Darüber hinaus wirkt sich die Verteilung der vorherrschenden Fahrzustände (z.B. hoher Anteil von Beschleunigungen) deutlich auf den gewichtsabhängigen Kraftstoffverbrauch aus.[626] Als Folge davon finden sich in der Literatur unterschiedliche Angaben zu diesem Wert (vgl. **Tabelle 2.5-2,** vorhergehende Seite). Für die Rechnung wird zunächst ein Reduzierungspotential von 0,6 Liter Kraftstoff pro 100 km Fahrstrecke und 100 kg Gewichtsreduzierung angesetzt. Dieser linearisierte Wert gilt für den Bereich, in dem sich die Reduzierungen durch das Karosseriegewicht bewegen und unter der Annahme, daß die übrigen Einflußgrößen konstant bleiben.

In Zukunft muß durch die Entwicklung und den Serieneinsatz kraftstoffsparender Techniken mit einem Rückgang des Reduzierungspotentials gerechnet werden. Diese Tendenz wird in den einzelnen Szenarien durch eine Reduzierung des spezifischen Verbrauchs im Zeitablauf berücksichtigt. Aufgrund der Tatsache, daß deutliche Verringerungen dieses Werts im allgemeinen nur durch neu konstruierte Fahrzeuge erreicht werden können, wird seine Anpassung in Anlehnung an die Modellwechselzeiträume im 5-Jahres Rhythmus vorgenommen.

In den folgenden Übersichten (**Tabelle 2.5-3** mit der Zusammenstellung der Werte für die Unterszenarien „Gesamtausrüstung“ und **Tabelle 2.5-4** mit den entsprechenden Werten für die Unterszenarien „Teilausrüstung“) sind die noch fehlenden Szenariowerte zusammenfassend dargestellt.

---

626 vgl. hierzu Kap. 2.2.1.2.1 der Arbeit. Dort findet sich eine Darstellung des Gewichtseinflusses auf den Kraftstoffverbrauch.

Jahr	Spezifischer Aluminiumverbrauch			Spez. Stahlminderverbr.			Spez. Kraftstoffverbrauch			Eingesparte Fahrzeugmasse		
	Szenario 1	Szenario 2	Szenario 3	Szenario 1	Szenario 2	Szenario 3	Szenario 1	Szenario 2	Szenario 3	Szenario 1	Szenario 2	Szenario 3
	[kg/Fahrz.]	[kg/Fahrz.]	[kg/Fahrz.]	[kg/Fahrz.]	[kg/Fahrz.]	[kg/Fahrz.]	[L/(100 km*100 kg)]			[100 kg/Fahrz.]	[100 kg/Fahrz.]	[100 kg/Fahrz.]
1998	**256**	**256**	**256**	**379**	**379**	**379**	**0,60**	**0,60**	**0,60**	**1,85**	**1,85**	**1,85**
1999	**119**	**155**	**155**	**245**	**279**	**279**				**1,19**	**1,36**	**1,36**
2000	**140**	**155**	**155**	**246**	**265**	**265**	**0,56**	**0,54**	**0,50**	**1,19**	**1,29**	**1,29**
2001	**132**	**149**	**170**	**238**	**259**	**278**				**1,16**	**1,26**	**1,35**
2002	**150**	**159**	**175**	**257**	**270**	**284**				**1,25**	**1,31**	**1,38**
2003	**135**	**148**	**184**	**239**	**256**	**291**				**1,16**	**1,24**	**1,41**
2004	**138**	**149**	**185**	**242**	**257**	**291**				**1,17**	**1,25**	**1,41**
2005	**132**	**142**	**176**	**229**	**244**	**276**	**0,52**	**0,48**	**0,40**	**1,10**	**1,17**	**1,32**
2006	**134**	**144**	**176**	**231**	**245**	**276**				**1,11**	**1,17**	**1,32**
2007	**134**	**127**	**159**	**232**	**219**	**252**				**1,11**	**1,05**	**1,21**
2008	**134**	**127**	**147**	**231**	**219**	**239**				**1,11**	**1,05**	**1,15**
2009	**134**	**150**	**147**	**231**	**244**	**239**				**1,11**	**1,17**	**1,15**
2010	**134**	**150**	**148**	**231**	**244**	**240**				**1,11**	**1,17**	**1,15**

Tabelle 2.5-3: Zusammenstellung der Szenariowerte für die Unterszenarien „Gesamtausrüstung“ (Szenarien 1 bis 3)

Jahr	Spezifischer Aluminiumverbrauch			Spez. Stahlminderverbr.			Eingesparte Fahrzeugmasse		
	Szenario 1 [kg/Fahrz.]	Szenario 2 [kg/Fahrz.]	Szenario 3 [kg/Fahrz.]	Szenario 1 [kg/Fahrz.]	Szenario 2 [kg/Fahrz.]	Szenario 3 [kg/Fahrz.]	Szenario 1 [100 kg/Fahrz.]	Szenario 2 [100 kg/Fahrz.]	Szenario 3 [100 kg/Fahrz.]
1998	**256**	**256**	**256**	**379**	**379**	**379**	**1,85**	**1,85**	**1,85**
1999	**110**	**87**	**87**	**236**	**213**	**213**	**1,15**	**1,04**	**1,04**
2000	**116**	**95**	**95**	**221**	**206**	**206**	**1,07**	**1,00**	**1,00**
2001	**110**	**93**	**82**	**216**	**204**	**192**	**1,05**	**0,99**	**0,93**
2002	**101**	**89**	**80**	**210**	**201**	**191**	**1,02**	**0,97**	**0,93**
2003	**93**	**85**	**70**	**198**	**194**	**178**	**0,96**	**0,94**	**0,86**
2004	**91**	**83**	**69**	**196**	**192**	**178**	**0,95**	**0,93**	**0,86**
2005	**87**	**79**	**66**	**185**	**182**	**168**	**0,89**	**0,87**	**0,81**
2006	**85**	**78**	**66**	**183**	**180**	**168**	**0,88**	**0,86**	**0,80**
2007	**85**	**63**	**57**	**183**	**157**	**152**	**0,88**	**0,75**	**0,73**
2008	**85**	**63**	**54**	**183**	**157**	**148**	**0,88**	**0,75**	**0,71**
2009	**85**	**60**	**54**	**183**	**156**	**148**	**0,88**	**0,75**	**0,71**
2010	**85**	**60**	**53**	**183**	**156**	**147**	**0,88**	**0,75**	**0,70**

Tabelle 2.5-4: Zusammenstellung der Szenariowerte für die Unterszenarien „Teilausrüstung“ (Szenarien 1 bis 3)

(Die Annahmen für den spez. Kraftstoffverbrauch entsprechen denen der Unterszenarien „Gesamtausrüstung“ und sind von daher hier nicht mehr explizit dargestellt)

2.5.3 Ökologische Folgewirkungen

2.5.3.1 Betrachtungen zur Energiebilanz unterschiedlicher Karosseriematerialien

Die Gesamtenergiebilanzen von Fahrzeugen mit Aluminium- oder Stahlkarosserien wurden bereits in Abschnitt 2.3.3.4 diskutiert. Es wurde gezeigt, daß das Ergebnis dieses Vergleichs von den Einsatzbedingungen des Fahrzeugs (Anteil der gewichtsbestimmten Fahrzustände) sowie des für die Aluminiumerzeugung eingesetzten Verfahrens abhängt. Bei alleinigem Einsatz von Primärmaterial liegt die bis zur Erreichung eines Energiegleichstands notwendige Fahrstrecke zwischen 60.000 und 100.000 km; ab einem Anteil von etwa 70% Sekundärmetall ist für die Herstellung eines Fahrzeugs mit Aluminium- oder Stahlkarosserie der gleiche Energieeinsatz nötig; wegen des geringeren Energieverbrauchs in der Betriebsphase ergibt sich damit hier eine von Beginn an günstigere Energiebilanz.[627]

2.5.3.2 Zurechenbare CO_2-Emissionen unterschiedlicher Karosseriematerialien

2.5.3.2.1 Weltweite Betrachtung der CO_2-Emissionen

Bei der Ableitung der zurechenbaren CO_2-Emissionen stößt man auf ähnliche Probleme wie bei der Aufstellung der Energiebilanz: In Abhängigkeit vom eingesetzten Verfahren zur Stromerzeugung ergeben sich unterschiedliche Emissionsmengen. **Abbildung 2.5-10** (folgende Seite) zeigt für einzelne Energieträger den durchschnittlichen CO_2-Ausstoß. Das geringste Emissionsniveau weisen Wasserkraft und Atomenergie auf, die nahezu emissionsfrei arbeiten.[628] Der Einsatz von Braunkohle zur Stromerzeugung führt andererseits zur höchsten spezifischen CO_2-Belastung.

---

[627] Weitere Einzelheiten zu dieser Problematik sowie Literaturangaben sind in Abschnitt 2.4.3.4. zusammengestellt.

[628] Die Emissionsfreiheit bezieht sich auf den reinen Betrieb der Kraftwerke. Wenn man jedoch die beim Bau der Kraftwerke sowie die bei Herstellung und Transport der Brennelemente (Kernenergie) anfallenden Emissionen berücksichtigt, ergeben sich geringe Mengen zurechenbarer CO_2-Emissionen; vgl. Deutsches Atomforum e.V. (Hrsg.), CO_2-Emissionen der weltweiten Stromerzeugung, 1991, S. 3, bes. FN 1.

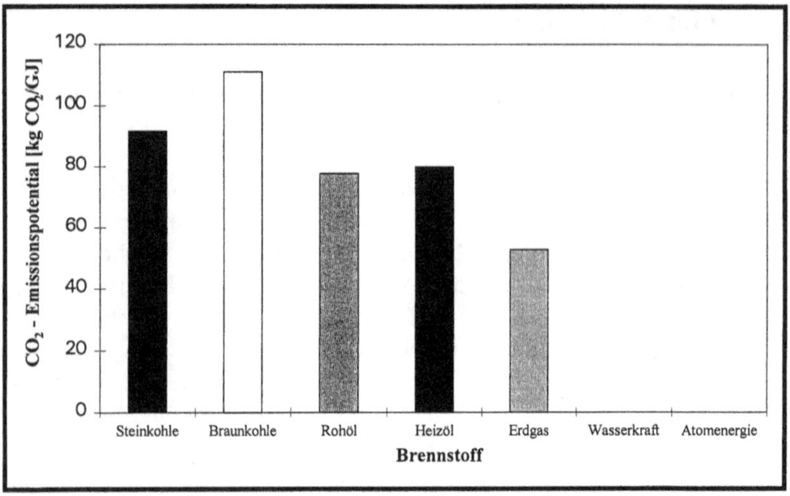

Abbildung 2.5-10: Das CO_2-Emissionspotential unterschiedlicher Brennstoffe zur Energieerzeugung, bezogen auf den Energieinhalt
Quelle: Deutsches Atomforum e.V. (Hrsg.), CO_2-Emissionen der weltweiten Stromerzeugung, 1991, S. 3

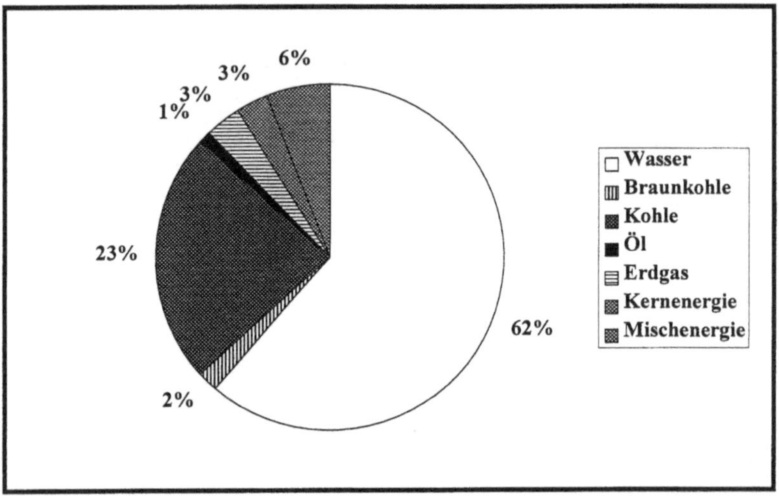

Abbildung 2.5-11: Anteil der verschiedenen Energiequellen an der Stromerzeugung für die Aluminiumelektrolyse (Westliche Welt)
Quelle: Bald, L. et al., Primärenergieverbrauch - ein ökologischer Indikator, 1990, S. 416

Eine Bilanzierung der CO_2-Emissionen muß daher den in der Realität vorgegebenen Energiemix für die Stromerzeugung zur Aluminiumproduktion berücksichtigen. Wie **Abbildung 2.5-11** (vorhergehende Seite) zeigt, wird diese zu mehr als 60% durch Wasserkraft bestritten. Dieser hohe Anteil der emissionsfreien Stromerzeugung rührt daher, daß Länder wie Norwegen oder Brasilien ihre ansonsten ungenutzten Wasserkraftpotentiale bei der Aluminiumerzeugung einsetzen.[629]

Unter diesen Randbedingungen liegt die Fahrstrecke, die bis zu einem Gleichstand im CO_2-Ausstoß zwischen Fahrzeugen mit Aluminium- oder Stahlkarosserie zurückgelegt werden muß, in der gleichen Größenordnung wie bei der Energiebilanz.[630] Wegen des differierenden Emissionspotentials einzelner Stromerzeugungsverfahren kann sich dieser Vergleich aber unter bestimmten Annahmen unterschiedlich darstellen. Die günstige Bilanz von Primäraluminium auf Hydroenergiebasis veranlaßt Unternehmen, gezielt derart gewonnenes Material einzusetzen.[631]

2.5.3.2.2 Entwicklung im Untersuchungsgebiet

Neben der globalen Kohlendioxidbetrachtung kann ergänzend eine länderspezifische unter Berücksichtigung der Import-/ Exportrelationen einer Nation abgeleitet werden.

Unter der Annahme, daß aufgrund der besonderen Standortbedingungen in Deutschland keine Kapazitätserweiterungen zur Herstellung von Primäraluminium vorgenommen werden dürften,[632] muß das für die Produktion von Fahrzeugen mit aluminiumintensiver Karosserie zusätzlich benötigte Primärmetall vollständig importiert werden. Anders sieht die Situation beim Aluminiumrecycling aus. Wegen des geringeren, mit Stahlrecycling vergleichbaren Energieinputs wird die Sekundärproduktion in höherem Maße am Ort der Schrottentstehung durchgeführt.

Das bedeutet im Gegenzug, daß in der Bundesrepublik von den Verbrauchs- und damit Emissionsvorteilen dieser Fahrzeuge profitiert werden kann ohne die

---

[629] Brasilien bspw. erzeugt 95% seines Stroms mit Wasserkraftwerken; vgl. FAZ v. 07.12.1995, Bloße Größe gehört für Voith in Brasilien zur Vergangenheit, S. 29.
[630] vgl. Furrer, P. et al., Erfolg dank gezielter Oberflächenoptimierung, 1993, S. 1.
[631] vgl. Demel, Herbert, Pro Stellungnahme bei „Pro und Contra: Aluminium - der Wunderwerkstoff für die Zukunft?“, 1993, S. 68.
[632] vgl. Kap. 2.5.4.1.2. dieser Arbeit.

mit der Primärproduktion verbundenen Belastungen tragen zu müssen. **Abbildung 2.5-12** zeigt unter diesen Annahmen die Auswirkungen auf die CO_2-Bilanz auf. Im Chart sind die Kurvenverläufe für Szenario 1 (Teilausrüstung; oberer Graph mit der geringsten Einsparung), Szenario 2 (Teil- und Gesamtausrüstung) sowie für Szenario 3 (Gesamtausrüstung, höchstes Reduktionspotential) dargestellt. Die Gesamtemissionen lagen im Vergleich dazu bei 904 Mio. t im Jahr 1996.[633]

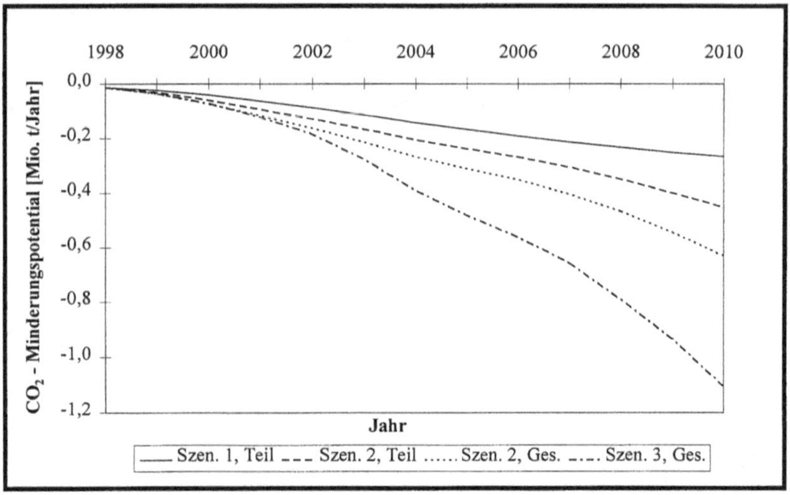

Abbildung 2.5-12: Mögliche Reduzierungen der CO_2-Emissionen in der Bundesrepublik Deutschland durch den Einsatz aluminiumintensiver Karosserien

Im mittleren Szenario erreichen die Reduzierungen ein maximales Niveau von 0,7 (Teilausrüstung) bis 0,8 (Gesamtausrüstung) Mio. t im Jahr 2010 und damit einen Anteil von etwa 0,8 Promille am Gesamtausstoß des Jahres 1996. Auf die bundesdeutsche CO_2-Bilanz wirkt sich damit die Ausrüstung mit aluminiumintensiven Karosserien cet. par. positiv aus.

633 vgl. FAZ v. 04.03.1997, Kohlendioxid-Emissionen haben weiter zugenommen, S. 13 und Kap. 2.1.2.1 dieser Arbeit.

2.5.3.3 Recyclingmöglichkeiten

2.5.3.3.1 Recycling von Stahlfahrzeugen

2.5.3.3.1.1 Grundlegende Aspekte des Stahlrecyclings

Der Wiedereinsatz von Stahlschrott bewegt sich auf hohem Niveau. Weltweit lag der spezifische Schrotteinsatz im Jahr 1992 bei etwa 445 kg/ t Rohstahl, der bundesdeutsche Wert liegt mit 392 kg/t Rohstahl etwas darunter (1. Halbjahr 1993).[634] Die hierfür notwendigen Einsatzstoffe stammen vor allem aus dem sog. Altschrott,[635] der nach einer durchschnittlich 20 jährigen Lebensdauer im Produkt wieder in den Erzeugungskreislauf zurückgebracht wird. Experten gehen davon aus, daß rund 70% der Stahlmenge in den Produktkreislauf zurückgebracht werden kann, bei einzelnen Produkten wie etwa bei Altautos liegt dieser Wert bei rund 100%.[636] Der Wiedereinsatz in der Produktion verlangt eine Aufarbeitung dieses Schrotts. Ihr primäres Ziel ist es, den Eisengehalt durch Abscheiden von Verunreinigungen zu steigern und damit die Wirtschaftlichkeit des Recyclingprozesses zu verbessern.[637]

Die Preisbestimmung erfolgt nach Angebot und Nachfrage und zeigt in der Regel eine hohe Abhängigkeit vom Preis für Neumaterial. Dies führt zu starken Schwankungsbewegungen mit Maximalwerten, die seit 1978 etwa doppelt so hoch lagen wie die Minimalwerte.[638]

2.5.3.3.1.2 Recycling von Stahlfahrzeugen

Das vollständige Recycling des Stahlanteils in Schrottfahrzeugen ist mit den heute angewandten Verfahren gegeben. Aus den geshredderten Fahrzeugresten kann durch Magnettrennung der Stahlanteil separiert werden, der danach voll-

---

634 vgl. Willeke, Rolf et al., Stahlschrott als Rohstoff für die Stahlerzeugung, 1994, S. 83.

635 Der Anteil des Altschrotts beträgt etwa 60% am gesamten, weltweiten Schrottaufkommen; vgl. Willeke, Rolf et al., Stahlschrott als Rohstoff für die Stahlerzeugung, 1994, S. 84.

636 vgl. Willeke, Rolf et al., Stahlschrott als Rohstoff für die Stahlerzeugung, 1994, S. 84 f.

637 vgl. VDI-Nachrichten v. 08.03.1996, Stahl im Kreislauf spart Energie und erleichtert die Sekundärmetallurgie für ein optimales Endprodukt, S. 15.

638 Für die Sorte 2 lag der Minimalwert Ende 1992 bei etwa 130 DM/t, Anfang der 80er Jahre allerdings bei annähernd 260 DM; vgl. Willeke, Rolf et al., Stahlschrott als Rohstoff für die Stahlerzeugung, 1994, S. 85.

ständig und ohne Qualitätsverlust in den Produktionsprozeß zurückgeführt werden kann.[639]

2.5.3.3.2 Recycling von Aluminiumfahrzeugen

2.5.3.3.2.1 Technische Aspekte

Ähnlich wie bei Stahlfahrzeugen ist auch bei solchen aus Aluminium grundsätzlich eine vollständige Wiederverwertung erreichbar. Die dafür notwendigen Verfahren entsprechen zunächst den bei Stahlfahrzeugen üblichen:[640] Nach der Trockenlegung und Vorbereitung der Karosserie wird sie in Shreddern in faustgroße Stücke zerlegt. Durch Schwimm-Sink-Anlagen können die gemischten Materialfraktionen separiert werden. Dieses Verfahren hat bei den in heutigen Schrottfahrzeugen üblichen Aluminiumanteilen sowie deren Zusammensetzung befriedigende Ergebnisse gebracht.[641]

Wenn sich der Aluminiumanteil sowie seine Legierungszusammensetzung jedoch in Zukunft erhöhen sollte, müssen weitere Aufbereitungsschritte eingeführt werden. Ihr Ziel ist es, einzelne Legierungen aus dem Schrott zu isolieren und getrennt zu recyceln. Dafür müssen die unterschiedlichen physikalischen und chemischen Eigenheiten der einzelnen Legierungen gezielt genutzt werden.[642] Für das anschließende Wiedereinschmelzen wird ein wesentlich geringerer Energieeinsatz als bei der Primärerzeugung benötigt.[643]

---

639 Für eine genaue Beschreibung der eingesetzten Verfahren sowie Literaturangaben vgl. Kap. 2.2.4.4.

640 vgl. hierzu etwa Härdtle, Georg, Vermeidung, Verwertung und Entsorgung von Abfällen aus Altautos, 1989, S. 203 ff. u. Institut für Kraftfahrwesen Universität Hannover (Hrsg.), Aluminium, Automobil und Recycling, 1994, S. 42 ff.

641 vgl. Institut für Kraftfahrwesen Universität Hannover (Hrsg.), Aluminium, Automobil und Recycling, 1994, S. 49 f.

642 Ein Überblick über die geplanten Verfahren findet sich in Institut für Kraftfahrwesen Universität Hannover (Hrsg.), Aluminium, Automobil und Recycling, 1994, S. 62 ff. Zur Beschreibung der Laserverfahren vgl. auch o. V., Automatische Sortierung von Nichteisenmetallen, 1993, S. 26 u. o.V., Metallsortieranlage erkennt zwölf NE-Metalle gleichzeitig, 1994, S. 197 f.

643 vgl. hierzu die Darstellung der allg. Bedingungen des Aluminiumrecyclings in Kap. 2.3.1.2.3.

2.5.3.3.2.2 Entwicklung des Schrott-Deckungsgrads

Die Höhe des Deckungsgrads[644] hängt entscheidend von den unterstellten Randbedingungen ab. Bezieht man die Untersuchung lediglich auf die Bundesrepublik Deutschland und unterstellt weiterhin die Position eines Nettoexporteurs von Pkws, kann sich der Materialkreislauf nicht schließen. Selbst unter der Annahme eines vollständigen Recyclings aus den angelieferten Altfahrzeugen kann - vorausgesetzt, daß sich die Produktionszahlen von Fahrzeugen mit aluminiumintensiver Karosserie auf einem bestimmten Niveau einpendeln - der Wert des Deckungsgrads den Betrag des Import-/Exportquotienten nicht übersteigen.

Eine solche regional begrenzte Betrachtung ist angesichts des bereits heute bestehenden, internationalen Handelsvolumens von Alt- und Abfallaluminium allerdings nicht angebracht. Bei einer globalen Sichtweise stellt sich die zahlenmäßige Entwicklung des Deckungsgrads nach **Abbildung 2.5-13** (folgende Seite) dar. Bei der Berechnung dieser Quoten wurde angenommen, daß die Umstellung auf Aluminiumkarosserien nach dem Ende des Untersuchungszeitraums abgeschlossen ist und die Produktion anschließend auf diesem Wert verharrt.

Bis zum Ende des Untersuchungszeitraums (Jahr 2010) wird wegen des geringen Rücklaufs von Schrottfahrzeugen in allen Szenarien nur ein kleiner Dekkungsgrad erreicht. Der maximale Wert ergibt sich in Szenario 1 (Teilausrüstung) mit 39,1%. Nach den Bedingungen dieses Szenarios wird nur ein geringer Teil der Fahrzeuge auf Aluminiumbauweise umgestellt. Da dieser Prozeß frühzeitig abgeschlossen ist, stellt sich schneller als in den übrigen Szenarien eine Deckung des zusätzlichen Verbrauchs durch das Schrottaufkommen ein. In den übrigen Szenarien erreicht der Quotient erst zwischen 2020 und 2030 ein Niveau von 100%.[645]

---

644 Für die Definition dieses Quotienten vgl. Kap. 2.5.2.3.

645 Die hier dargestellten Quoten stimmen ungefähr mit Literaturangaben überein. Drewes erwartet einen Deckungsquotient von 30% im Zeitraum von 2010 bis 2020; vgl. Drewes, Ernst-Jürgen, et al., Neue Ansätze zur Gewichts- und Verbrauchsreduzierung bei Automobilen aus der Sicht eines Systemlieferanten, 1994, S. 43.

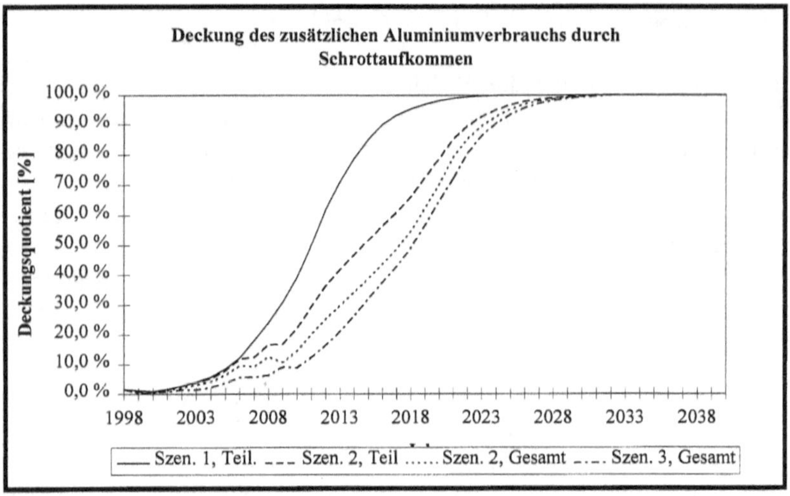

Abbildung 2.5-13: Deckungsgrad des zusätzlichen Aluminiumbedarfs durch Schrottaufkommen

2.5.3.3.3 Vergleich der Recyclingeigenschaften

Beide Werkstoffe verfügen insgesamt über sehr gute Recyclingeigenschaften. Bei der Anwendung entsprechender Gewinnungs- und Aufbereitungsverfahren lassen sie sich jeweils vollständig wiederverwenden. Sie ermöglichen damit die Errichtung geschlossener Kreisläufe, die bei einer konstanten Verbrauchsmenge ohne Zuführung von Neumaterial auskommen können. Für den Werkstoff Stahl spricht, daß die Aufbereitung wegen der geringeren Anforderungen an die Reinheit des Einsatzschrotts etwas einfacher ist. Aluminium weist dafür im Vergleich zum Neumaterial eine günstigere Energiesituation im Recyclingprozeß auf. Die Recyclingeigenschaften beider Materialien stehen daher auf etwa gleichem Niveau.

2.5.4 Gesamtwirtschaftliche Folgen

2.5.4.1 Folgewirkungen für einzelne Zweige des verarbeitenden Gewerbes

2.5.4.1.1 Folgewirkungen für die deutsche Eisen- u. Stahlindustrie

2.5.4.1.1.1 Bedeutung, Struktur und Perspektiven der deutschen Eisen- und Stahlindustrie

Die Eisen- und Stahlindustrie ist ein alter Industriezweig in Deutschland, der besonders in der Zeit nach dem 2. Weltkrieg einen hohen Anteil an der gesamten Beschäftigtenzahl aufwies. Ab dem Jahr 1960 etwa setzte jedoch ein stetiger Rationalisierungsprozeß ein. Kennzeichen hierfür ist bspw. eine ständige Vergrößerung der eingesetzten Hochofeneinheiten[646] oder die Umstellung der Standguß auf Stranggußanlagen. Dieses neuartige Gießverfahren benötigt bei gleicher Ausbringungsmenge einen geringeren Materialeinsatz und führt zu einer geschätzten jährlichen Einsparung von 6 Mio. Rohstahl.[647] Da hingegen die Absatzmenge nicht in einem ähnlichen Maß gesteigert werden konnte, stellte sich als Folge ein kontinuierlicher Abbau der Beschäftigtenzahlen ein. Im Dezember 1996 lag die Beschäftigtenzahl in der Stahlindustrie bei nur noch 114.305 Personen;[648] in der nahen Zukunft wird mit einer Fortsetzung dieses Trends gerechnet.[649] Neue Kapazitäten werden vor allem in den Schwellen- und Entwicklungsländern Asiens aufgebaut,[650] in Europa werden dagegen Struktur-

---

646 Zu Beginn der 90er Jahre werden weltweit nur noch ca. 90 Großhochöfen mit Tagesleistungen von 9.000 bis 10.000 t Roheisen eingesetzt; vgl. Schulz, Ekkehard, Stahl - ein Werkstoff mit Zukunft, 1990, S. 2.

647 Bei den alten Standgußanlagen wurde der Rohstahl in einzelne Blöcke gegossen, die auf sog. Brammenstraßen weiterbearbeitet werden mußten. Ein Teil dieser Blöcke konnte wegen der Verwirbelungen beim Gießen jedoch nicht weiter verwendet werden. Im Gegensatz hierzu erzeugen die Stranggußanlagen kontinuierliche Brammen mit einem geringeren Abfallanteil. Vgl. hierzu auch Schulz, Ekkehard, Stahl - ein Werkstoff mit Zukunft, 1990, S. 2 f.

648 vgl. Stat. Bundesamt, Außenstelle Düsseldorf (Hrsg.), Produzierendes Gewerbe, FS 4, Reihe 8.1, 1997, Statistik 3.26.

649 vgl. FAZ v. 12.07.1995, RWI: Rohstahlerzeugung steigt, S. 14.

650 vgl. z.B. VDI-Nachrichten v. 11.03.1994, Stahlproduktion steigt nur noch in Entwicklungsländern und Südostasien, S. 10; VDI-Nachrichten v. 07.10.1994, Stahlindustrie der Zukunft boomt in Asien, S. 1; VDI-Nachrichten v. 07.06.1996, China will bis 2000 größter Stahlproduzent sein, S. 20; FAZ v. 01.10.1996, Asien treibt den Weltstahlverbrauch an, S. 18 u. FAZ v. 17.06.1997, Asien wird in der Stahlproduktion und im Verbrauch immer stärker, S. 22.

fonds zur Stillegung nicht mehr benötigter Überkapazitäten gefordert.[651] **Abbildung 2.5-14** zeigt die Entwicklung von Rohstahlproduktion und Beschäftigten seit 1970 in Deutschland auf.

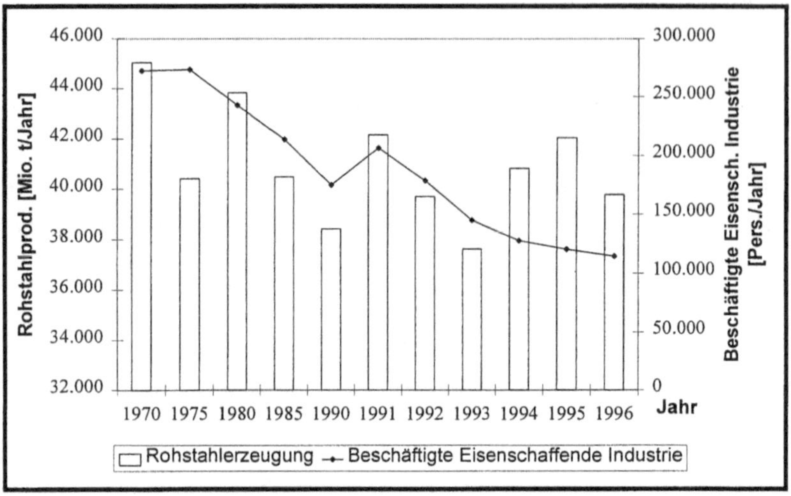

Abbildung 2.5-14: Entwicklung der deutschen Rohstahlproduktion und der Beschäftigtenzahlen in der Eisenschaffenden Industrie (ab 1990 jährliche Darstellung, ab 1991 incl. Neue Bl.)
Quelle: Stat. Bundesamt, Außenstelle Düsseldorf (Hrsg.), Produzierendes Gewerbe, FS 4, Reihe 8.1., Statistiken 3.10 u. 3.26, versch. Jahrgänge

Regional zeigen sich jedoch deutliche Unterschiede in der Bedeutung dieses Industriezweigs. Wie **Abbildung 2.5-15** (folgende Seite) anhand der Beschäftigtenverteilung zeigt, konzentriert sich die Eisenschaffende Industrie auf Nordrhein-Westfalen. Daneben besitzt dieser Industriezweig auch im Saarland einen hohen Anteil an der Gesamtzahl der Beschäftigten. Beide Regionen werden von dem massiven Arbeitsplatzverlust daher in besonderem Maße belastet.

Trotz des Beschäftigungsrückgangs ist die deutsche Stahlindustrie nach wie vor in der Position eines Nettoexporteurs. Von Januar bis September 1996 exportierte die deutsche Industrie Waren im Gesamtwert von 25,5 Mrd. DM, der Im-

[651] vgl. FAZ v. 23.05.1996, Vondran sieht Überkapazitäten bei Stahl, S. 17 u. VDI-Nachrichten v. 07.06.1996, Strukturfonds, um die Stahlindustrie zu sanieren, S. 20.

port lag bei 19,7 Mrd. DM.[652]

Die zukünftige technische Entwicklung ist nach Expertenangaben durch zwei Tendenzen gekennzeichnet:[653] zum einen durch die weitere Verkürzung und Rationalisierung des Produktionsprozesses mit den Techniken des sog. endabmessungsnahen Gießens sowie zum anderen durch einen verstärkten Einsatz sog. Ministahlwerke.

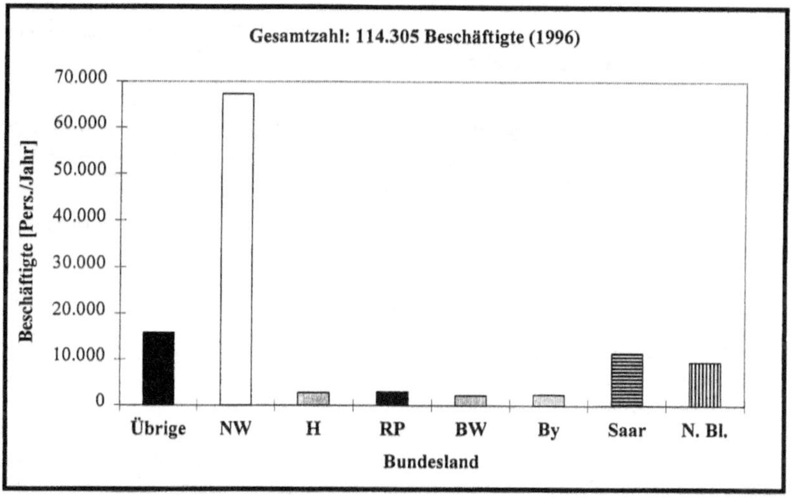

Abbildung 2.5-15: Verteilung der Beschäftigten in der Eisenschaffenden Industrie auf die einzelnen Bundesländer im Jahr 1996
Quelle: Stat. Bundesamt, Außenstelle Düsseldorf (Hrsg.), Produzierendes Gewerbe, FS 4, Reihe 8.1., Statistik 3.26, 4. Vierteljahr 1996

Bei den Verfahren des endabmessungsnahen Gießens erfolgt der Stahlabguß kontinuierlich in eine spezielle Dünnbrammenkokille. Auf diese Weise können Bänder mit einer Dicke von 1,5[654] (sog. „Dünnbandgießen") bis 20 mm (sog. „Bandgießen") direkt ohne Ausführung von Zwischenschritten hergestellt wer-

---

[652] Die angeführten Zahlen beziehen sich auf Eisen- und Stahlerzeugnisse insgesamt und schließen damit weiterverarbeitetes Material mit ein; vgl. Stat. Bundesamt, Außenstelle Düsseldorf (Hrsg.), Produzierendes Gewerbe, FS 4, Reihe 8.1, 1997, Statistiken 7.1 u. 7.2.

[653] vgl. hierzu auch eine Studie der Westdeutschen Landesbank in FAZ v. 13.12.1994, Nur kurz nach der scharfen Krise vor einem neuen Umsatzrekord, S. 24.

[654] vgl., auch im folgenden, Schulz, Ekkehard, Stahl - ein Werkstoff mit Zukunft, 1990, S. 3 f.

den.[655] Die neuen Verfahren zeichnen sich gegenüber den konventionellen durch einen geringeren Investitionsbedarf[656] sowie günstigere laufende Kosten[657] aus. Aufgrund dieser Vorteile werden sie bereits von verschiedenen Herstellern eingesetzt[658] und versprechen für die kommenden Jahre ein großes Marktpotential[659], auf das sich mehrere Unternehmen des Anlagenbaus konzentrieren.[660]

Im Gegensatz zur konventionellen Stahlerzeugung auf Erzbasis in Hochöfen arbeiten die Ministahlwerke mit Elektroöfen, in denen Schrott eingeschmolzen wird.[661] Dieses Fertigungsverfahren zeichnet sich durch einen wesentlich geringeren Personaleinsatz aus und trägt darüber hinaus der wieder steigenden Bedeutung des Schrottrecyclings Rechnung. Ministahlwerke haben sich bislang vor allem in Südostasien sowie den USA durchsetzen können;[662] mittlerweile rüsten aber auch europäische Unternehmen ihre Produktionsanlagen auf dieses neue Verfahren um.[663] Auch die Thyssen AG hat die Errichtung eines Mini-

---

[655] Die herkömmlichen Stranggußanlagen erzeugen Brammen mit einer Dicke von rd. 250 mm, die in mehreren Stufen heruntergewalzt werden müssen; vgl. Schulz, Ekkehard, Stahl - ein Werkstoff mit Zukunft, 1990, S. 3 f.

[656] Der Investitionsbedarf einer Dünnbandgießanlage (CPR-Verfahren) beträgt ca. 200 Mio. DM und liegt damit auf dem halben Niveau einer konventionellen Anlage; vgl. FAZ v. 20.09.1993, Thyssen Stahl will den Einsatz des CPR-Verfahrens vorantreiben, S. 22 u. VDI-Nachrichten v. 05.07.1996, CSP-Verfahren für Warmband breitet sich weltweit in der Stahlindustrie aus, 50. Jahrgang, S. 13 (auch im folgenden).

[657] Gegenüber konventionellen Anlagen kann eine Reduzierung des Arbeitskräfteeinsatzes um bis zu 50% erreicht werden; vgl. FAZ v. 20.09.1993, Thyssen Stahl will den Einsatz des CPR-Verfahrens vorantreiben, S. 22 u. VDI-Nachrichten v. 07.02.1997, Wettbewerb der Stahlstandorte forciert neue Technik der Warmbandherstellung, S. 6.

[658] Die erste deutsche CSP - Dünnbrammengießanlage wurde von Thyssen bestellt und soll im April 1999 ihren Betrieb aufnehmen; vgl. VDI-Nachrichten v. 07.02.1997, Wettbewerb der Stahlstandorte forciert neue Technik der Warmbandherstellung, S. 6 u. VDI-Nachrichten v. 04.07.1997, Im Ruhrgebiet entsteht Deutschlands erste Dünnbrammengießanlage, S. 18.

[659] vgl. VDI-Nachrichten v. 05.07.1996, CSP-Verfahren für Warmband breitet sich weltweit in der Stahlindustrie aus, S. 13.

[660] vgl. FAZ v. 10.11.1993, Mannesmann setzt auf endabmessungsnahes Gießen, S. 25; FAZ v. 12.04.1994, „Endabmessungsnahes Gießen" senkt die Investitionskosten deutlich, S. 22 u. VDI-Nachrichten v. 07.07.1995, Dünnbrammengießen breitet sich aus, S. 16.

[661] vgl. VDI-Nachrichten v. 05.11.1993, Ministahlwerke werden stärker, S. 20.

[662] vgl. VDI-Nachrichten v. 07.07.1995, Mini-Stahlwerke in Japan ganz groß, S. 16.

[663] vgl. FAZ v. 30.09.1993, Bei Arbed hat die Umstellung auf Elektrostahl begonnen, S. 20; VDI-Nachrichten v. 11.03.1994, Die Maxhütte: Stahlwerk auf Schrottbasis, S. 3 u. FAZ v. 21.06.1994, Preussag Stahl erwartet besseres Ergebnis, S. 16 u. VDI-Nachrichten v. 23.09.1994, Edelstahl aus dem Elektrolichtbogenofen, S. 6.

stahlwerks in Deutschland angekündigt.[664]

2.5.4.1.1.2 Bedeutung der Produktion von Karosserieblech

Im Jahr 1991[665] wurden in der Bundesrepublik Deutschland 1,921 Mio. t Karosserieblech hergestellt. Der mengenmäßige Anteil an der gesamten Stahlproduktion erreicht damit einen Wert von etwa 5%.

Bei den Walzerzeugnissen insgesamt hat die Bundesrepublik bis zum Jahr 1989 die Position eines Nettoexporteurs erreicht (vgl. **Abbildung 2.5-16**). Mit der Wiedervereinigung ging der Außenumsatz dieser Warengruppe zurück, es wurde aber noch eine in etwa ausgeglichene Bilanz erreicht. Hieraus läßt sich folgern, daß die deutsche Stahlindustrie bei einem Rückgang der Inlandsnachfrage sehr wahrscheinlich mit einem Produktionsausfall zu rechnen hat.[666]

Abbildung 2.5-16: Das Import-/ Exportverhältnis bei Walzstahl in Deutschland
Quelle: Stat. Bundesamt (Hrsg.), Stat. Jahrbuch für die Bundesrepublik Deutschland, verschiedene Jahrgänge, Statistik 20.12/20.13; (ab 1990 21.8)

---

[664] vgl. VDI-Nachrichten v. 16.08.1996, Stahl-Strategen setzen auf flexible Produktionseinheiten, S. 11 u. FAZ v. 09.08.1996, Thyssen will 500 Millionen DM in neue Stahltechnik investieren, S. 15.

[665] Der Jahreswert für 1991 ist das letzte verfügbare Ergebnis, da diese Warengruppe ab 1992 nicht mehr getrennt ausgewiesen ist.

[666] Dies läßt sich auch damit begründen, daß die deutsche Stahlindustrie bei der Warengruppe „hochwertige Flacherzeugnisse" international eine führende Stellung aufgebaut hat und damit von einem Rückgang besonders betroffen wäre; vgl. VDI-Nachrichten v. 17.11.1995, Stahlindustrie bleibt unter Produktivitätsdruck, S. 15.

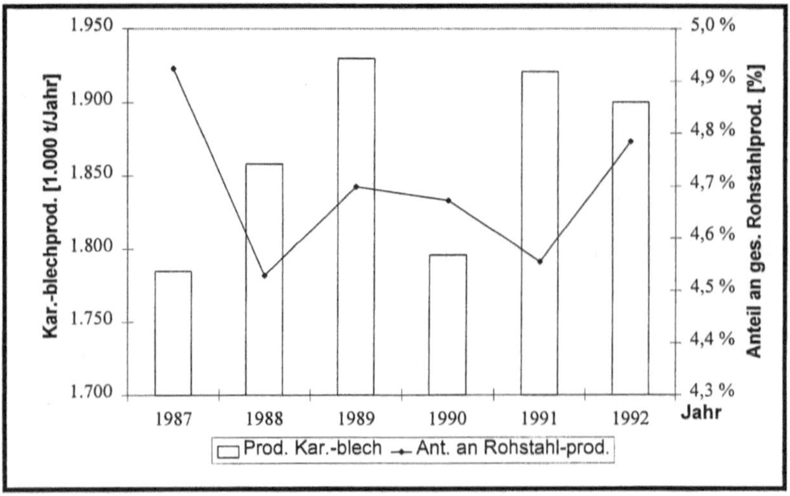

Abbildung 2.5-17: Entwicklung der deutschen Produktion von Karosserieblech (Wert für 1992 geschätzt) und der darauf entfallenden Beschäftigtenzahl
Quelle: Stat. Bundesamt, Außenstelle Düsseldorf (Hrsg.), Produzierendes Gewerbe, FS 4, Reihe 8.1., Statistiken 3.15 u. 3.25., versch. Jahrgänge

Dies bedeutet neben einem entsprechenden Umsatzausfall einen weiteren Rückgang der Beschäftigtenzahlen. **Abbildung 2.5-17** zeigt, daß im Zeitraum von 1987 bis 1992 eine durchschnittliche Jahrestonnage von 1,865 Mio. t Karosserieblechen erreicht wurde. Bei einem mittleren Beschäftigten-/Mengen-Quotient von etwa 4,7[667] - dieser Wert besagt, daß für die Produktion von 1 Mio. t Karosserieblech pro Jahr etwa 4.700 Arbeitnehmer benötigt werden - waren damit im Durchschnitt rd. 9.000 Beschäftigte mit der Karosserieblechproduktion beschäftigt. Die zunehmende Rationalisierung wird diesen Wert in Zukunft jedoch verringern. Wegen der gerade im Blechbereich durch den Einsatz der endabmessungsnahen Gießverfahren zu erwartenden Produktivitätsfortschritte wird für künftige Perioden ein Wert von 3.000 Arbeitsplätzen pro 1 Mio. t Karosserieblech unterstellt.[668] Der hierfür notwendige Produktivitätsfortschritt von rd. 30% kann nach Expertenmeinung mit den neuartigen Verfahren erreicht werden. Darüber hinaus korrespondiert dieser Wert mit den Rationali-

[667] Eine Ableitung dieses Werts sowie eine Diskussion der Vorgehensweise sind im Anhang, Abschnitt 4.1., aufgenommen.
[668] vgl. hierzu, auch im folgenden, bspw. FAZ v. 12.04.1994, „Endabmessungsnahes Gießen" senkt die Investitionskosten deutlich, S. 22.

sierungsbemühungen im Bereich der reinen Stahlerzeugung.[669] Der Mengenverbrauch müßte von daher in Zukunft um das gleiche Maß steigen, um die Beschäftigtenzahlen konstant zu halten.

2.5.4.1.1.3 Folgewirkungen für die deutsche Stahlindustrie

Der von der Szenarioentwicklung abhängige Minderverbrauch von Stahlblech ist in **Abbildung 2.5-18** dargestellt. Der stärkste Nachfragerückgang stellt sich in Szenario 3 (Gesamtausrüstung) ein. Über die gesamte Länge des Untersuchungszeitraums steigt der Minderbedarf in Wellenbewegungen an und erreicht im Jahr 2010 eine Größenordnung von etwa 660.000 t/Jahr. Im Gegensatz dazu steht Szenario 1 (Teilausrüstung), wo der Minderverbrauch wegen der geringeren Akzeptanz von Aluminium im Karosseriebau sowie des nur partiellen Einsatzes ein Maximum von etwa 57.000 Jahrestonnen erreicht. Dieser Rückgang stellt sich bereits im Jahr 2003 ein und bleibt in den Folgejahren auf dem gleichen Niveau.

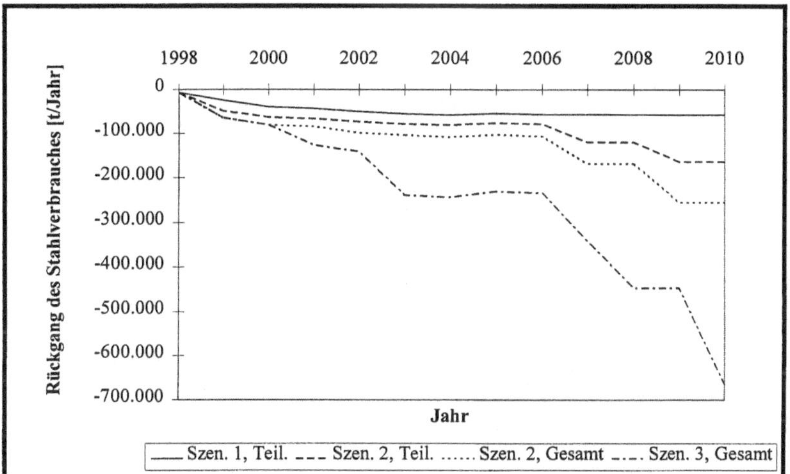

Abbildung 2.5-18: Stahlminderverbrauch nach den einzelnen Szenarien

In beiden Unterfällen von Szenario 2 ist bis zum Jahr 2006 ein relativ kleiner

[669] Nach Angaben der Wirtschaftsvereinigung Stahl soll sich die benötigte Mitarbeiterzahl von 4.500 Personen pro 1 Mio. t Jahreserzeugung (Stand 1993) auf nur noch 2.000 Personen in wenigen Jahren reduzieren; vgl. VDI-Nachrichten v. 07.10.1994, Deutsche Stahlindustrie setzt auf Leistung, S. 12.

Rückgang der jährlichen Nachfrage von etwa 78.000 t (Teilausrüstung) bzw. 106.000 t (Gesamtausrüstung) zu verzeichnen. Erst nach diesem Zeitpunkt erhöht sich der jährliche Nachfrageausfall und erreicht eine maximale Größenordnung von rd. 260.000 Jahrestonnen.

Diese Rückgänge müssen im Verhältnis zur gesamten Stahlproduktion bzw. dem Gesamtabsatz von Karosserieblech gesehen werden. Bei einer Entwicklung nach Szenario 3 (Gesamtausrüstung) verzeichnet die deutsche Stahlindustrie am Ende des Untersuchungszeitraums einen Verbrauchsrückgang von rd. 1,6 % bezogen auf die Gesamtproduktion bzw. von rd. 34,3% bei alleiniger Berücksichtigung der Karosserieblechproduktion. Für Szenario 1 (Teilausrüstung) lauten die entsprechenden Werte 0,13% bzw. 2,9%.

Parallel zu diesen Rückgängen des Stahlverbrauchs entwickelt sich zunächst auch der Einsatz von Eisenerzen. Unter der Annahme, daß bei einer Verringerung des Stahlverbrauchs der Einsatz von Schrott zunächst konstant bleibt und lediglich der Erzeinsatz zurückgefahren wird, ergibt sich eine Entwicklung nach **Abbildung 2.5-19**.

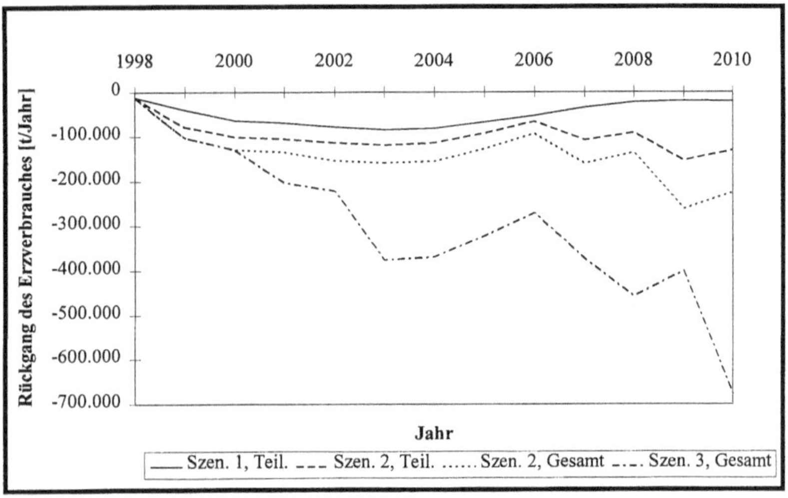

Abbildung 2.5-19: Rückgang des Erzeinsatzes in Abhängigkeit von den einzelnen Szenarien

Der Verlauf dieser Kurven wird durch folgende grundsätzliche Zusammenhänge geprägt: Am Beginn der Einführungsphase des neuen Karosseriewerkstoffs Aluminium steht noch genügend Stahlschrott aus den Fahrzeugen zur Verfügung, die in Vorperioden gebaut wurden und nun verschrottet werden. Aus diesem Grund kann die Stahlerzeugung auf Basis von Erzen zurückgefahren werden (Überangebot von Stahlschrott). Andererseits geht mit der Umstellung auf das neue Material das Stahl-Schrottpotential für die kommenden Jahre zurück. Daher erreicht das Verhältnis zwischen dem geringer gewordenen Neubedarf an Karosseriestahl sowie dem ebenfalls gesunkenen Schrottaufkommen im Zeitablauf wieder eine ähnliche Größenordnung wie vor der Einführung des neuen Werkstoffs. Der Verbauch von Eisenerzen muß daher nach der Einführung aluminiumintensiver Karosserien zunächst abnehmen.

Diese Zusammenhänge finden sich im Kurvenverlauf wieder. Den kontinuierlichsten Verlauf weist dabei Szenario 1 auf. Mit der teilweisen Einführung aluminiumintensiver Karosserien verringert sich der Erzeinsatz und erreicht seinen maximalen Rückgang im Jahr 2003 mit rd. 85.000 t Minderverbrauch pro Jahr. In den folgenden Jahren macht sich das geringere Schrottpotential durch die Umstellung bemerkbar und der relative Erzeinsatz erreicht wieder das Niveau der Jahre vor der Umstellung. Ab dem Jahr 2004 geht nach den Modellrechnungen der Mindereinsatz wieder zurück.

Die Kurven für beide Unterfälle des zweiten Szenarios verlaufen bis zum Jahr 2006 ähnlich wie die des ersten. In diesem Jahr werden allerdings nach den Modellvorgaben einige höhervolumige Fahrzeugreihen auf eine Aluminiumkarosserie umgestellt, was einen stärkeren Rückgang des Erzeinsatzes zur Folge hat. Der Maximalwert wird für beide Unterszenarien im Jahr 2009 mit 262.000 t (Gesamtausrüstung) bzw. 150.000 t (Teilausrüstung) erreicht.

Diese schubweise Umstellung läßt sich auch im dritten Szenario nachvollziehen. Jede Umstellung einer Fahrzeugbaureihe auf das neue Karosseriematerial führt zu Sprüngen in den jährlichen Gesamtproduktionszahlen aluminiumintensiver Fahrzeuge, wodurch immer wieder das Verhältnis von Stahlnachfrage und Schrottangebot aus dem Gleichgewicht kommt. Im dritten Szenario ist dies in den Jahren 2001 und 2006 zu beobachten, wo sich der Mindereinsatz jeweils sprungartig erhöht. Bis zum Ende des Untersuchungszeitraums nimmt der Erzeinsatz weiter ab und erreicht einen maximalen Rückgang von 680.000 t im Jahr 2010. Erst in den Folgejahren kann mit einer Verringerung dieses Werts gerechnet werden.

Eine zusammenfassende Bewertung der Untersuchungsergebnisse führt zu der Schlußfolgerung, daß selbst eine hohe Marktakzeptanz aluminiumintensiver Karosserien nach Szenario 3 die dominierende Marktstellung von Stahlblech im Karosseriebau nicht beenden kann. Im Maximalfall wird rd. ein Drittel der heutigen Karosserieblechproduktion durch Aluminium verdrängt. Setzt man diesen Verlust in Relation zur Stahlgesamtproduktion, läßt sich ein Rückgang von lediglich 1,6% errechnen. Bezogen auf die Beschäftigungssituation ergibt sich eine Zahl von ca. 2.000 gefährdeten Arbeitsplätzen im Maximalfall. Im Gegensatz zu diesem absoluten Rückgang der Stahlproduktion ist die überdurchschnittliche Verringerung des Erzeinsatzes eine temporäre Erscheinung, die mit einem später erfolgenden Rückgang des Schrottpotentials wieder abnimmt.

Die Substitution von Stahlblech in der Fahrzeugkarosserie führt damit zu einem Umsatzrückgang für die Stahlindustrie ohne ihre dominierende Stellung in der Fahrzeugindustrie beenden zu können. Der durch die Substitution ausgelöste Produktionsausfall allein wird keine krisenhafte Entwicklung in der Stahlindustrie insgesamt zur Folge haben. Andererseits verliert der Werkstoff Stahl auch in anderen Anwendungsgebieten Marktanteile an Ersatzwerkstoffe.[670] Dadurch wird insgesamt ein Umstrukturierungsprozeß in der Stahlindustrie ausgelöst, der durch die mögliche Substitution von Karosserieblechen weiter beschleunigt wird.

2.5.4.1.2 Folgewirkungen für die deutsche Aluminiumindustrie

2.5.4.1.2.1 Bedeutung, Struktur und Perspektiven der deutschen Aluminiumindustrie

In der Bundesrepublik Deutschland sind - abgesehen von Bauxitbergwerken - Unternehmen auf allen Aluminiumherstellungs- und verarbeitungsstufen vertreten.[671] Aufgrund der unterschiedlichen Standortanforderungen und Entwicklungsperspektiven wollen wir die unterschiedlichen Betriebsformen im folgenden getrennt untersuchen.

Die deutsche Primäraluminiumindustrie

Die Primäraluminiumindustrie nahm ihren großen Aufschwung am Ende der sechziger und zu Beginn der siebziger Jahre. Aufbauend auf günstige und langfristige Stromlieferverträge mit einer Laufzeit von 20 bis 25 Jahren[672] wurden

---

[670] vgl. VDI-Nachrichten v. 16.02.1996, Stahl- und Walzwerke wurden produktiver, S. 15.

[671] vgl. Gesamtverband der deutschen Aluminiumindustrie e.V. (Hrsg.), Branchenportrait der deutschen Aluminiumindustrie 1995, 1995, S. 1 ff.

[672] vgl. Haas, Ulrike, Standortperspektiven stromintensiver Produktionen in der Bundesrepublik Deutschland, 1990, S. 32 u. Pommerening, Gerd, Die Bedeutung der Stromtarife für die Zukunft der NE-Metallindustrie, 1987, S. 416.

zahlreiche neue Hütten gebaut und die Produktion im Zeitraum von 1965 bis 1975 mehr als verdoppelt (1965: 234.000 t, 1975: 677.600 t, vgl. **Abbildung 2.5-20**). Seit 1974 wurden in der Bundesrepublik jedoch keine neuen Hüttenprojekte mehr in Angriff genommen und Investitionen nur noch zur Modernisierung und Erhöhung der Umweltverträglichkeit getätigt.[673]

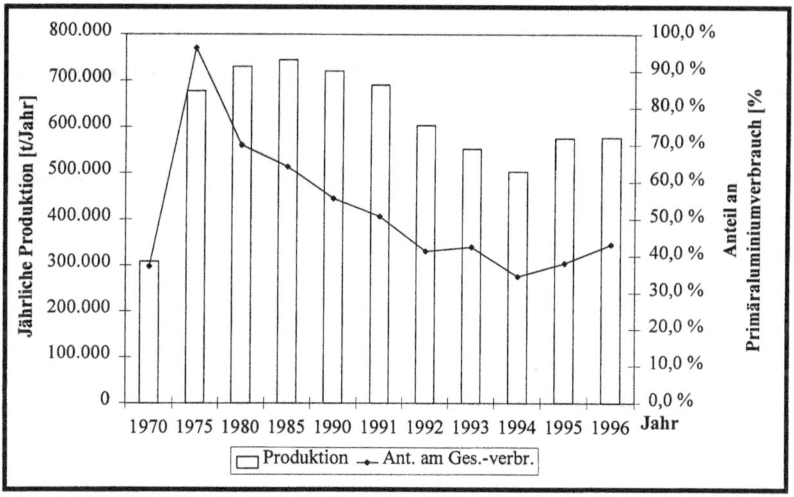

Abbildung 2.5-20: Die deutsche Hüttenaluminiumproduktion und ihr Anteil am Gesamtverbrauch von Primäraluminium in der Bundesrepublik Deutschland (ab 1990 jährliche Darst.)
Quelle: Metallgesellschaft AG (Hrsg.), Metallstatistik, versch. Jahrgänge

Diese Hütten erzeugten 1996 eine Primäraluminiummenge von 576.500 t.[674] Damit setzte sich der negative Trend der letzten Jahre fort: Seit 1986, dem Jahr mit dem höchsten Produktionsvolumen von 763.700 t, reduzierte sich der Output der deutschen Betriebe kontinuierlich. Dies führte dazu, daß der Verbrauch an Primäraluminium immer stärker durch Importe abgedeckt werden mußte. Im Jahr 1994 konnte der gesamte Verbrauch nur noch zu 34,6 % durch die Produktion inländischer Hütten befriedigt werden (vgl. **Abbildung 2.5-20**, vorhergehende Seite).

---

673 vgl. Haas, Ulrike, Standortperspektiven stromintensiver Produktionen in der Bundesrepublik Deutschland, 1990, S. 149.
674 vgl. Bundesamt für Wirtschaft (Hrsg.), Erhebungsergebnisse der NE-Metallfachstatistik, 1997, S. 1.

Diese Entwicklung wurde von den besonderen Standortanforderungen der Primärproduktion ausgelöst. Haas kommt in einer eingehenden Untersuchung dieser Faktoren zu dem Ergebnis, daß nahezu ausschließlich die Stromkosten über die internationale Standortqualität entscheiden.[675]

Da die Stromkosten in der Bundesrepublik höher liegen als in konkurrierenden Ländern,[676] wurden in Deutschland bereits Hütten geschlossen und Neuinvestitionen deutscher Unternehmen in neue Hüttenprojekte ausschließlich im Ausland getätigt.[677] Wegen der bestehenden Altersstruktur der deutschen Werke muß daher auf mittlere Sicht mit einer deutlichen Reduzierung der Verarbeitungskapazität gerechnet werden.[678] Daher müssen alle künftigen Erhöhungen des inländischen Verbrauchs an Primäraluminium vollständig durch Importe aus anderen Ländern abgedeckt werden.

Die deutsche Sekundäraluminiumindustrie

In Deutschland kann der gesamte Inlandsverbrauch an Sekundäraluminium durch die Produktion gedeckt werden. Beide Größen haben sich in Deutschland seit 1970 sehr gleichförmig entwickelt und während dieses Zeitraums nahezu verdoppelt (vgl. **Abbildung 2.5-21**). Leichte Unterbrechungen dieses Trends stellten sich jeweils in Zeiten gesamtwirtschaftlicher Schwierigkeiten ein (1974/75 u. 1980/81), in denen sich allerdings auch Gesamtproduktion und

---

675 vgl. Haas, Ulrike, Standortperspektiven stromintensiver Produktionen in der Bundesrepublik Deutschland, 1990, S. 102. Ihre These wird durch den Bau der weltweit größten Aluminiumschmelze in Südafrika bestätigt. Obwohl das Land nicht über nennenswerte eigene Bauxitvorkommen verfügt, gaben günstige Strompreise den Ausschlag für dieses bedeutende Investitionsvorhaben (vgl. FAZ v. 30.04.1996, Größte Aluminiumschmelze steht in Südafrika, S. 29). Vgl. zu diesem Thema auch Pommerening, Gerd, Die Bedeutung der Stromtarife für die Zukunft der NE-Metallindustrie, 1987, S. 416 ff.

676 vgl. Haas, Ulrike, Standortperspektiven stromintensiver Produktionen in der Bundesrepublik Deutschland, 1990, S. 76 u. z.B. FAZ v. 20.10.1997, Island lockt mit niedrigen Strompreisen die Aluminium-Produzenten, S. 25.

677 Von der Schließung wurden betroffen: Hütte Ludwigshafen (1987), Lippewerk in Lünen (Ende 1989), Teilstillegung Rheinfelden; bedeutende Investitionsentscheidungen im Ausland: Beteiligung von VAW an der australischen Hütte Tomago und der kanadischen Hütte Bécancour. Vgl. Haas, Ulrike, Standortperspektiven stromintensiver Produktionen in der Bundesrepublik Deutschland, 1990, S. 147 ff.

678 Haas kommt in ihrer Untersuchung zu dem Schluß, daß die Hüttenerzeugung von Aluminium in der Bundesrepublik mit der Ausnahme des Werkes in Töging (Kapazität ca. 80.000 t/Jahr, Stromerzeugung durch Laufwasserkraftwerk) ganz zum Erliegen kommen kann. Vgl. Haas, Ulrike, Standortperspektiven stromintensiver Produktionen in der Bundesrepublik Deutschland, 1990, S. 150.

-absatz entsprechend abschwächten. Einen deutlichen Rückgang verursachte auch die Rezession im Jahr 1993.

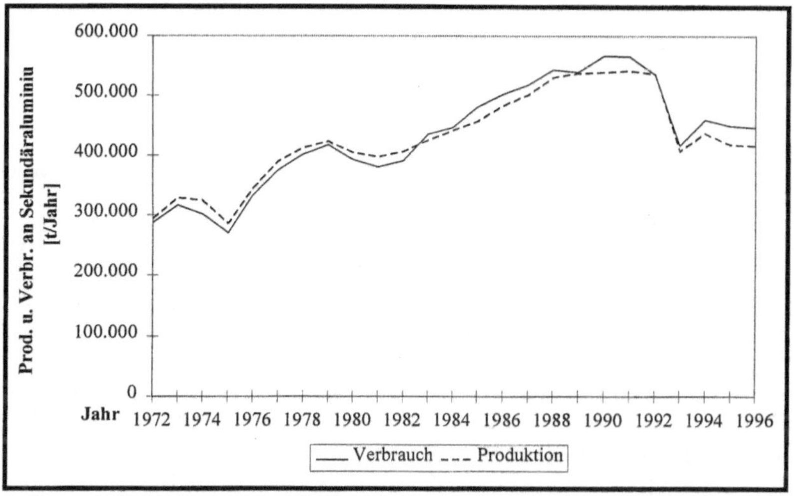

Abbildung 2.5-21: Entwicklung des mengenmäßigen Verbrauchs/ Produktion von Sekundäraluminium in der Bundesrepublik Deutschland
Quelle: eigene Darstellung nach Metallgesellschaft AG (Hrsg.): Metallstatistik, versch. Jahrgänge und Tabellen

Trotz dieses mengenmäßigen Verbrauchsanstiegs von Sekundäraluminium ist der Anteil am Aluminiumgesamtverbrauch mit rd. 30% - abgesehen vom Rezessionsjahr 1993 - nahezu konstant geblieben; Primär- und Sekundäraluminium haben demnach den gleichen relativen Verbrauchsanstieg in der Vergangenheit erlebt. (vgl. **Abbildung 2.5-22,** folgende Seite). Vor diesem Hintergrund mag die Entwicklung des Produktionsanteils zunächst überraschen: Der Anteil der Sekundäraluminiumproduktion hat sich nach einem Rückgang auf rd. 30% der Gesamtproduktion zu Beginn der 70er Jahre ständig erhöht und erreicht heute einen Wert von rd. 45%. Darin spiegelt sich wider, daß die Produktionskapazitäten für Primäraluminium wegen der hohen Energiekosten in Deutschland nicht mit dem Verbrauchsanstieg Schritt halten konnten. Da dies auf die Sekundärerzeugung nicht zutrifft, konnte sich ihr Anteil an der Gesamtproduktion entsprechend erhöhen.

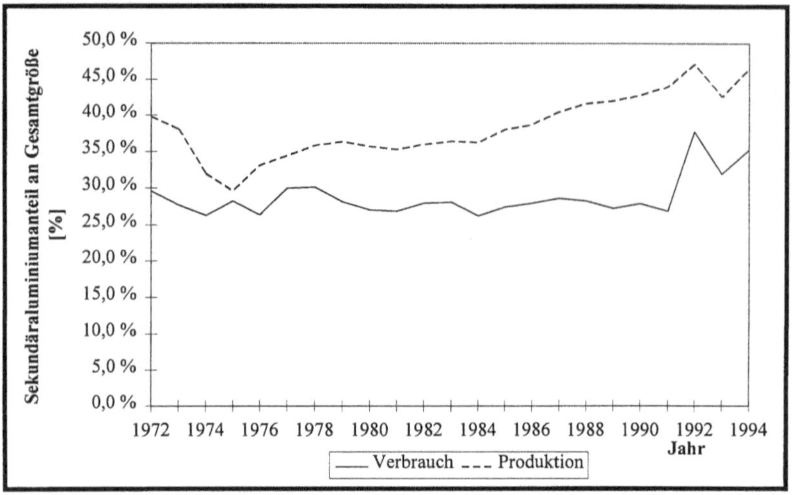

Abbildung 2.5-22: Prozentualer Anteil des Verbrauchs und der Produktion von Sekundäraluminium an Gesamtverbrauch und -produktion in der Bundesrepublik Deutschland
Quelle: eigene Darstellung nach Metallgesellschaft AG (Hrsg.): Metallstatistik, versch. Jahrgänge und Tabellen

Die deutsche Aluminiumhalbzeugindustrie

Die Aluminiumhalbzeugindustrie hat am Standort Bundesrepublik nicht mit dem Problem der hohen Energiekosten zu kämpfen wie die Primärerzeuger. Aus diesem Grund hat die Halbzeugindustrie bedeutende Kapazitäten aufgebaut und ihre Produktion in den 80er Jahren kontinuierlich steigern können. Mit einem Gesamtausstoß von annähernd 2 Mio. t im Jahr 1992 hat sie ihre Produktion seit 1980 annähernd verdoppelt (vgl. **Abbildung 2.5-23**, folgende Seite). Der konjunkturbedingte Einbruch in den Jahren 1992/93 wird in einer Studie der Deutschen Industriebank als vorübergehende Unterbrechung dieses Trends gewertet.[679] Nach dieser Studie sorgen vor allem die Nachfrage der Bauindustrie sowie die bessere Geschäftslage der Autoindustrie für bessere Aussichten der Aluminiumindustrie in den kommenden Jahren.

679 vgl. FAZ v. 08.11.1994, Bessere Aussichten für die deutsche Aluminiumindustrie, S. 24.

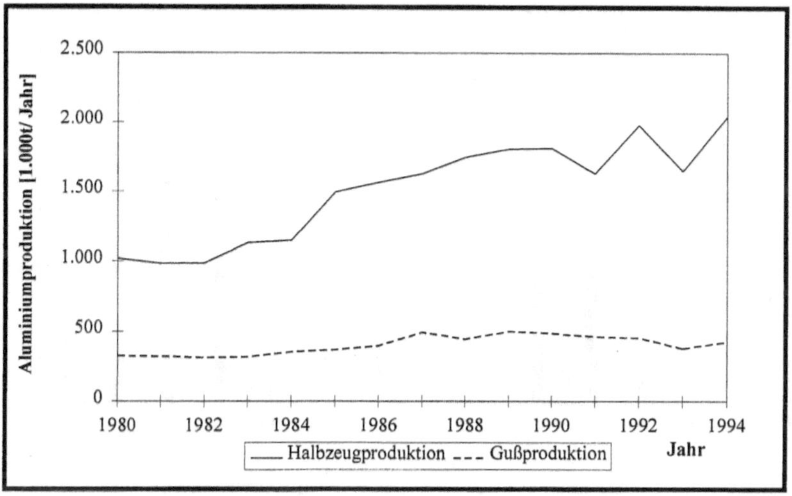

Abbildung 2.5-23: Produktion von Aluminiumhalbzeug und -formguß in der Bundesrepublik Deutschland

Quelle: Stat. Bundesamt (Hrsg.), Stat. Jahrbuch für die Bundesrepublik Deutschland, versch. Jahrgänge, Tab. „Produktion ausgewählter Erzeugnisse“

Anmerkung: Die Gußproduktion beinhaltet den Formguß aller Leichtmetalle, der jedoch deutlich von Aluminium dominiert wird; ab 1991 gesamtdeutsche Werte.

Die Wettbewerbsfähigkeit der deutschen Halbzeugindustrie läßt sich auch an ihrer positiven Außenhandelsbilanz aufzeigen (vgl. **Abbildung 2.5-24**, folgende Seite). Bis einschließlich 1989 übertrafen die Ausfuhren dieser Waren die Einfuhren deutlich. Der Überschuß lag von 1982 bis 1989 bei mehr als 200.000 t pro Jahr und erreichte seinen maximalen Wert im Jahr 1984 mit über 280.000 t. Erst mit der deutschen Wiedervereinigung sowie den konjunkturellen Schwierigkeiten in den Jahren 1992 und 1993 sank der Überschuß wegen einer Zunahme der Einfuhr bei ungefähr konstant gebliebenen Ausfuhren.[680] Die gesamte NE-Metallindustrie büßte seit 1991 zwar über 25.000 Arbeitsplätze in Deutschland ein, sie konnte allerdings ihre führende Stellung in Europa verteidigen.[681]

---

680 vgl. hierzu auch FAZ v. 08.11.1994, Bessere Aussichten für die deutsche Aluminiumindustrie, S. 24.

681 vgl. VDI-Nachrichten v. 23.08.1996, Die hohen Materialpreise lohnen das Recycling von NE-Metall und Halbzeug, S. 16.

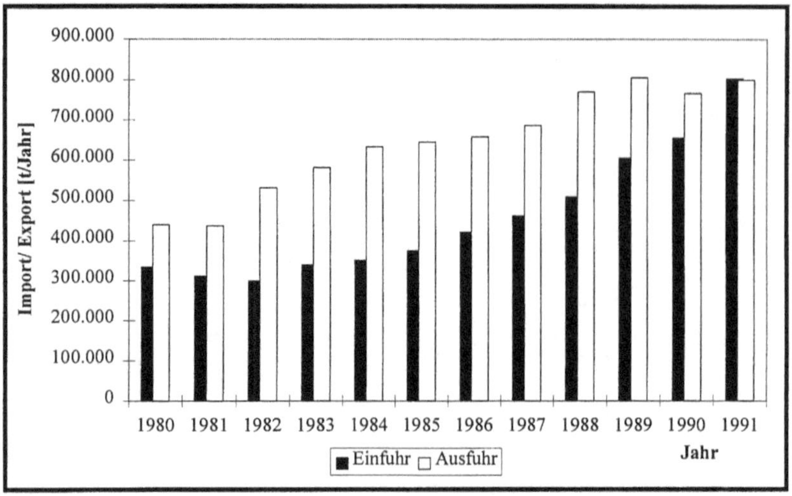

Abbildung 2.5-24: Ein- und Ausfuhr von Aluminiumhalbzeug seit 1980
Quelle: Stat. Bundesamt (Hrsg.), Stat. Jahrbuch für die Bundesrepublik Deutschland, versch. Jahrgänge, Tab. „Produktion ausgewählter Erzeugnisse"

2.5.4.1.2.2 Folgewirkungen für die deutsche Aluminiumindustrie

Abbildung 2.5-25 (folgende Seite) zeigt die Ergebnisse der mit dem mathematischen Modell durchgeführten Berechnungen zur Bestimmung des künftigen Aluminiummehrbedarfs. Der geringste Mehrbedarf stellt sich in Szenario 1 (Teilausrüstung) ein. Im Jahr 2002 wird hier ein Wert von rd. 24.000 t erreicht, der sich bis zum Ende der Untersuchungsperiode nur geringfügig auf 26.000 t erhöht.

Eine deutlich höhere Absatzsteigerung erlebt die Aluminiumindustrie in beiden Unterfällen von Szenario 2. Nach einer ähnlichen Entwicklung bis zum Jahr 2005 steigt der Aluminiumeinsatz nach dem Unterszenario „Gesamtausrüstung" stärker an und erreicht - nach deutlichen Sprüngen in den Jahren 2006 und 2009 - am Ende der Untersuchungsperiode einen Wert von über 157.000 t.

Der stärkste Markterfolg ergibt sich in Szenario 3. Im Fall des Unterszenarios „Gesamtausrüstung" stellt sich eine stetige Steigerung ein, die in einen Maximalwert von rd. 409.000 t im Jahr 2010 mündet.

Die Steigerungsraten des Aluminiumbedarfs verlaufen damit in jedem Szenario reziprok zu den prognostizierten Verbrauchsrückgängen bei Stahl-Karosserieblechen. Betrachtet man die absoluten Verbrauchsveränderungen zu bestimmten Zeitpunkten, so erkennt man ein konstantes Verhältnis zwischen beiden Größen im Bereich von etwa 60-65%: Einem Verbrauchsrückgang von Stahlblechen im Jahr 2010 von 255.000 t (Szenario 2, Gesamtausrüstung) steht z.B. unter den gleichen Bedingungen eine Mengenausweitung von 157.000 t bei Aluminiumprodukten gegenüber. Dieses Verhältnis entspricht dem Reduktionspotential beim Karosseriegewicht, das durch die Substitution der beiden Werkstoffe erreicht werden kann.

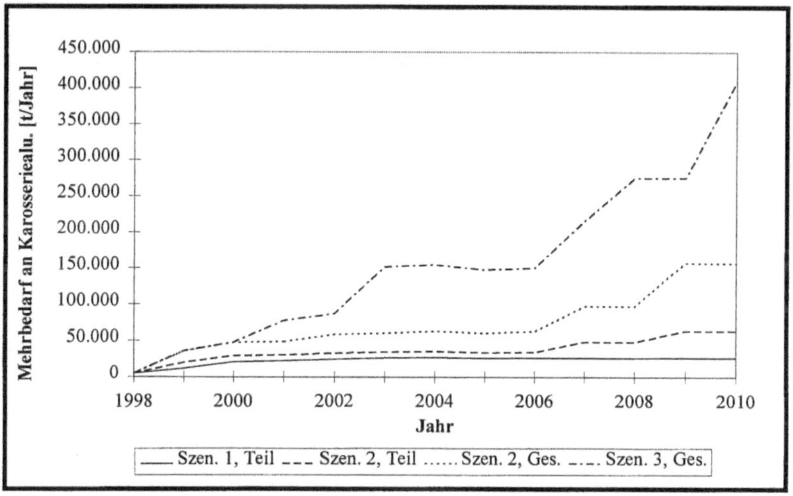

Abbildung 2.5-25: Mögliche Steigerungen des Aluminiumverbrauchs in Abhängigkeit von den einzelnen Szenarien

Die Größenordnung dieses Mehrbedarfs wird am ehesten bei einem Vergleich mit dem Aluminium-Gesamtverbrauch in der Bundesrepublik deutlich, der im Jahr 1994 bei 1,92 Mio. t lag (Summe aus Inlandsbedarf von Primär- und Sekundäraluminium).[682] Bei einem Mengenwachstum nach Szenario 3 (Gesamtausrüstung) würde sich damit der Verbrauch gegenüber 1994 allein durch den Einsatz im Karosseriebereich um rd. 22% ausdehnen. Eine solche Ausweitung des Mengenverbrauchs ist allerdings nur bei einer engen Zusammenarbeit zwischen Automobil- und Aluminiumindustrie möglich, damit die benötigten neuen Kapazitäten rechtzeitig bereitgestellt werden können.

Wichtig ist in diesem Zusammenhang die Frage, welche zusätzlichen Primär-

---

682 Information durch den Gesamtverband der deutschen Aluminiumindustrie.

aluminiumkapazitäten für die Deckung des Zusatzbedarfs benötigt werden. Unter der Annahme, daß nur die aus dem Recycling von Fahrzeugen mit aluminiumintensiver Karosserie zurücklaufenden Mengen für die Neuproduktion verwendet werden können, ergibt sich der zusätzliche Primärbedarf in einem Untersuchungsjahr als Differenz zwischen zusätzlichem Gesamtbedarf und Recyclingmenge (vgl. **Abbildung 2.5-26**).

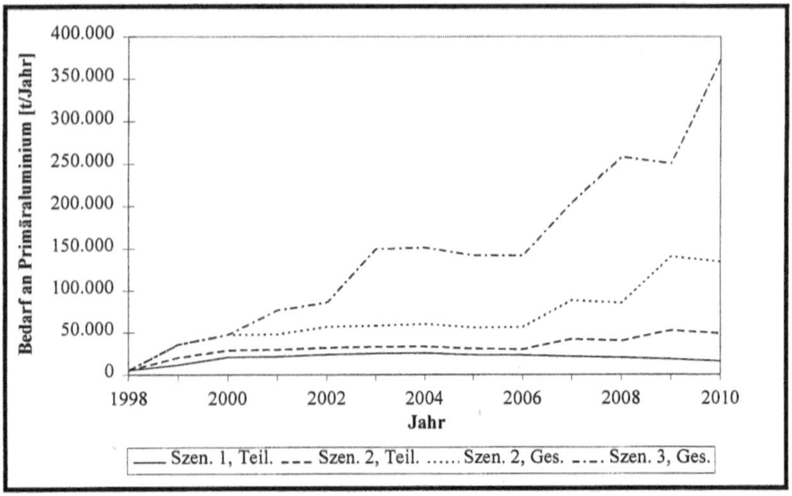

Abbildung 2.5-26: Bedarf an Primäraluminium in Abhängigkeit von den einzelnen Szenarien

Nach den Bedingungen des Szenario 1 geht der Primäraluminiumbedarf unter dieser Prämisse bereits nach dem Jahr 2005 wieder zurück. Der geringe Markterfolg aluminiumintensiver Karosserien führt zu einem langsamen Anstieg des zusätzlichen Materialbedarfs, der zu einem immer größeren Teil mit den wiedergewonnenen Mengen aus Schrottfahrzeugen mit aluminiumintensiver Karosserie gedeckt werden kann. Anders sieht es dagegen bei Szenario 2 aus, wo sich bis zum Jahr 2009 ein steigender Primäraluminiumbedarf ergibt. In Szenario 3 schließlich führen die Modellrechnungen über die gesamte Dauer des Untersuchungszeitraums zu einem steigenden Primäraluminiumverbrauch. Dieser liegt im Jahr 2010 mit 373.000 t zwar unter dem errechneten Gesamtverbrauch von 409.000 t (Gesamtausrüstung). Die in diesem Jahr zurückgewonnene Menge von 36.000 t Altaluminium aus Karosserien reicht aber bei weitem nicht aus, die zusätzliche Nachfrage zu decken.

Die Analyse der Wettbewerbssituation der deutschen Primärhütten hat jedoch gezeigt, daß aufgrund der ungünstigen Standortbedingungen nicht mit einer Ausweitung der künftigen Kapazitäten gerechnet werden kann. Der hohe Primäraluminiumbedarf während der Umstellungsphase auf aluminiumintensive Bauweisen muß daher vollständig durch Importe abgedeckt werden. Aufgrund der dabei möglichen Versorgungsengpässe muß sich die Automobilindustrie allerdings frühzeitig um entsprechende Lieferquellen bemühen.[683]

Die Chancen für die deutsche Aluminiumindustrie ruhen in der Weiterverarbeitung (Halbzeugindustrie) sowie dem späteren Recycling. Basierend auf dem Know-how sowie der Wettbewerbsfähigkeit der Halbzeugindustrie könnten die günstigen Logistikbedingungen deutschen Unternehmen zu einem hohen Lieferanteil verhelfen. Diese Annahme wird gestützt durch die Tatsache, daß die Rahmenkonstruktion für den Audi A8 in einem neu errichteten Werk bei Soest produziert wird. Die Firma Alcoa hat an diesem Standort mit einem Investitionsumfang von 140 Mio. DM rd. 150 bis 180 neue Arbeitsplätze geschaffen.[684] Dieses neue Produktionswerk ist auf die Herstellung von bis zu 100.000 Tragrahmen ausgelegt und damit auf weitere Abnehmer aus der Automobilindustrie angewiesen.[685] Damit wird deutlich, daß der mögliche, errechnete Arbeitsplatzabbau in der Stahlindustrie durch Beschäftigungsmöglichkeiten in der Aluminium-Halbzeugindustrie ausgeglichen werden könnte. Voraussetzung dafür ist allerdings, daß die grundlegenden Standortbedingungen in der Bundesrepublik nicht zu einer Vergabe der Aufträge an ausländische Unternehmen führen.

2.5.4.1.3 Folgewirkungen für die deutsche Mineralölindustrie

2.5.4.1.3.1 Bedeutung, Struktur und Perspektiven der deutschen Mineralölindustrie

Aufgrund der unbedeutenden Erdölvorkommen in der Bundesrepublik Deutschland ist die deutsche Mineralölindustrie durch die Weiterverarbeitung von Rohölprodukten gekennzeichnet und unterhält bedeutende Raffineriekapazitäten. Ihre höchste installierte Verarbeitungsmenge erreichten die Anlagen

---

683 vgl. VDI-Nachrichten v. 06.10.1995, Aluminium-Produktion von heute zu niedrig für das Jahr 2000, S. 30.

684 vgl. Woithe, Herbert, Komponenten und Untergruppen für Aluminium-Tragrahmen, 1994, S. 19 ff. u. VDI-Nachrichten v. 29.04.1994, Aluminium - Auto soll umweltfreundlich sein, S. 19.

685 vgl. FAZ v. 14.04.1994, Alcoa braucht neben Audi weitere Kunden, S. 22.

im Jahr 1978 mit einem möglichen Produktionsvolumen von annähernd 160 Mio. t pro Jahr.[686] In der Folgezeit stellte sich ein drastischer Abbau des Anlagenbestands ein, der bis zum Jahr 1987 zu einer Halbierung der Verarbeitungsmöglichkeiten geführt hat (vgl. **Abbildung 2.5-27**). Erst ab 1990 wurde die installierte Kapazität wieder vorsichtig ausgeweitet und erreicht - nach einem höheren Wert in den Jahren 1993 und 1994 - einen Umfang von 87,0 Mio. t zum Jahresende 1996. Zusammen mit den 17,8 Mio. t, die in den Raffinerien der neuen Bundesländer umgesetzt werden können, ergibt sich ein gesamter Verarbeitungsumfang von 104,8 Mio. t.[687]

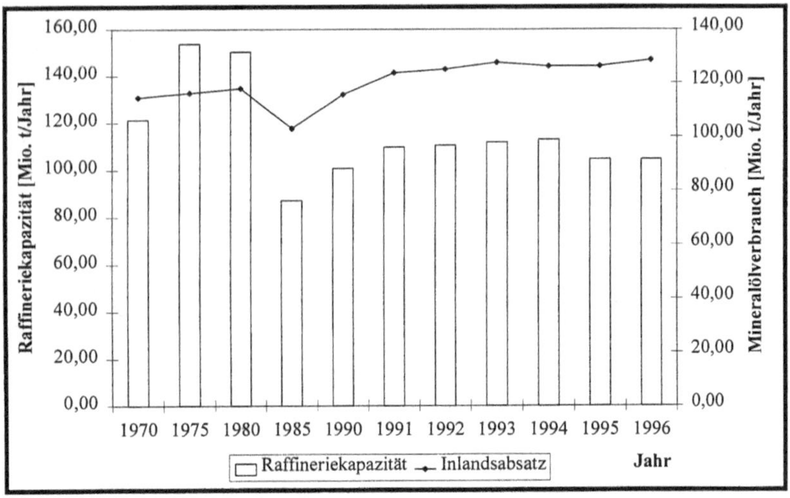

Abbildung 2.5-27: Raffineriekapazität und Mineralölverbrauch in der Bundesrepublik Deutschland (ab 1991 gesamtdeutsche Werte, ab 1990 jährliche Darstellung)

Quellen: Drasdo, Peter et al., Daten zur Entwicklung der Kosten- und Ertragslage der Mineralölindustrie in der Bundesrepublik Deutschland im Jahre 1996, 1997, S. 80 ff. u. Aral AG (Hrsg.), Verkehrstaschenbuch 1997/98, 1997, S. E 353 ff.

Trotz der positiven Entwicklung in den letzten Jahren zeigten sich die be-

---

[686] vgl. Mohnfeld, Jochen, et al., Die Entwicklung des Mineralölmarktes in der Bundesrepublik Deutschland im Jahre 1992, 1993, S. 152.

[687] vgl. Drasdo, Peter et al., Daten zur Entwicklung der Kosten- und Ertragslage der Mineralölindustrie in der Bundesrepublik Deutschland im Jahre 1996, 1997, S. 82.

triebswirtschaftlichen Schwierigkeiten dieser Anlagen jüngst bei der Schließung einer Raffinerie der Mobil Oil AG in Wörth[688] oder der Zusammenlegung von zwei Raffinerien in Karlsruhe mit bedeutenden Personal- und Kapazitätsverringerungen.[689] In dieser angespannten Lage wurde aufgrund der bestehenden wirtschaftlichen Probleme, der Überkapazitäten in Deutschland[690] sowie den im Vergleich zu den Nachbarländern wettbewerbsverzerrenden, höheren Umweltschutzanforderungen[691] der Ruf nach einem Strukturkrisenkartell laut.[692] Dadurch bestätigt sich die Einschätzung von Experten, daß in Zukunft mit einem erneuten Rückgang der Verarbeitungskapazitäten zu rechnen ist.[693]

Ein wichtiges Maß für die Beschäftigung der Mineralölindustrie ist der Inlandsabsatz von Mineralölprodukten. Diese Größe erreichte in jüngerer Zeit ihren höchsten Wert im Jahr 1980 mit einem Absatz von 131,7 Mio. t. (vgl. **Abbildung 2.5-27**, vorhergehende Seite). Bedingt durch die gesamtwirtschaftlichen Schwierigkeiten zu Beginn der 80er Jahre sowie die kräftigen Steigerungen des Rohölpreises[694] ging der Absatz in der Folgezeit deutlich zurück (Abnahme bis zum Jahr 1983 auf 110,0 Mio. t, d.h. um 16,5%[695]). Erst mit dem Rückgang der Rohölpreise ab 1986 stieg der Inlandsabsatz wieder geringfügig an, ohne in Westdeutschland das Niveau des Jahres 1980 zu erreichen. Darin kommt die Entkopplung von Wirtschaftswachstum und Primärenergieverbrauch

---

688 Die Anlage, in der zuletzt rd. 320 Mitarbeiter bis zu 5 Mio. t Rohöl verarbeiten konnten, mußte wegen andauernder Verluste stillgelegt werden; vgl. hierzu FAZ v. 02.06.1995, Mobil Oil schließt die Raffinerie in Wörth, S. 16 u. FAZ v. 16.06.1995, Mobil Oil: Die Stillegung der Raffinerie Wörth ist unumgänglich, S. 26.

689 vgl. hierzu FAZ v. 22.05.1996, Vier Mineralölkonzerne legen Raffinerien in Karlsruhe zusammen, S. 17.

690 vgl. VDI-Nachrichten v. 22.12.1995, Raffinerien mit Überkapazitäten, S. 9.

691 vgl. FAZ v. 27.05.1994, Mineralölverband: Die Branche bleibt in der Zange, S. 16; FAZ v. 26.04.1996, „Raffineriestandort Deutschland gefährdet", S. 18 u. FAZ v. 22.05.1996, Deutschland wird als Raffineriestandort immer weniger attraktiv, S. 14.

692 vgl. FAZ v. 03.06.1995, Ruf nach Mineralöl-Krisenkartell, S. 12. Eine gemeinsame Erklärung vom Mineralölwirtschaftsverband und der betroffenen Gewerkschaft unterstreicht diese Forderung (vgl. FAZ v. 26.04.1996, „Raffineriestandort Deutschland gefährdet", S. 18).

693 vgl. Hensing, Ingo et al., Daten zur Entwicklung der Kosten- und Ertragslage der Mineralölindustrie in der Bundesrepublik Deutschland im Jahre 1994, 1995, S. 90.

694 Der durchschnittliche Rohölpreis frei Grenze stieg von 278 DM im Jahr 1979 über 456 DM im Jahr 1980 auf 619 DM im Jahr 1981 an (alle Angaben in DM/t). Er verharrte in den Folgejahren auf diesem hohen Niveau und verringerte sich erst im Jahr 1986 wieder auf 255 DM; vgl. Aral AG (Hrsg.), Verkehrstaschenbuch 1995/96, 1995, S. E 337; vgl. hierzu auch Kap. 2.5.5.1.

695 vgl. Mohnfeld, Jochen, et al., Die Entwicklung des Mineralölmarktes in der Bundesrepublik Deutschland im Jahre 1992, 1993, S. 128.

zum Ausdruck.[696] Mit der Wiedervereinigung der beiden deutschen Staaten ergibt sich ein seit 1990 erneut steigender Inlandsabsatz. Dieser Trend wird sich in Zukunft jedoch nicht fortsetzen. Nach einer Prognose des Mineralölwirtschaftsverbands geht der gesamte Inlandsabsatz von Mineralölprodukten bis zum Jahr 2010 um 10,5% zurück (im Vergleich der Jahre 2010 zu 1996[697]). Den stärksten Rückgang erfahren hierbei die Ottokraftstoffe, deren Absatz sich um rd. 16% auf 25,3 Mio. t reduzieren soll. Dieser Rückgang wird z.T. durch einen prognostizierten Anstieg des Dieselabsatzes um 2,8% auf 26,7 Mio. t ausgeglichen. Eine Langzeitprognose der Esso AG kommt zu einem ähnlichen Ergebnis.[698]

Der durch den starken Anstieg der Rohölpreise ausgelöste Abbau der Raffineriekapazitäten war stärker als der Rückgang des Inlandsabsatzes. Als Folge davon erhöhte sich der Anteil der importierten Fertigprodukte[699] am Gesamtabsatz von 19,9% im Jahr 1980 auf 35,5% im Jahr 1986. Erst nach dem Abschluß der umfangreichen Kapazitätsbereinigung mit abschließendem Neuaufbau und unter Berücksichtigung der ostdeutschen Betriebe verringerte sich dieser Anteil wieder auf eine Größenordnung von 25,1% im Jahr 1996.

2.5.4.1.3.2 Folgewirkungen für die deutsche Mineralölindustrie

Die Folgewirkungen für die Mineralölindustrie durch einen verstärkten Serieneinsatz aluminiumintensiver Karosserien resultieren aus dem Kraftstoffverbrauchsrückgang in Folge der Gewichtsverringerungen. **Abbildung 2.5-28** (folgende Seite) zeigt die errechneten Auswirkungen auf Basis der möglichen

---

696 Dieser Trend soll sich in Zukunft weiter fortsetzen. Nach einer Studie des Prognos-Instituts soll bspw. der Energieverbrauch in der Bundesrepublik trotz einer Zunahme der Wirtschaftsleistung um 86% bis 2020 annähernd konstant bleiben; vgl. FAZ v. 12.12.1995, Der Energieverbrauch steigt nur wenig, S. 15.

697 vgl., auch im folgenden, Mineralölwirtschaftsverband e.V., MWV-Ölprognose 2010, 1994, S. 6.

698 Dieses Unternehmen sagt in seiner Prognose bis zum Jahr 2020 einen Rückgang des Ottokraftstoffabsatzes auf 19 Mio. t voraus, auch der Dieselabsatz wird langfristig wieder sinken; vgl. VDI-Nachrichten v. 28.11.1997, Kraftstoffbedarf sinkt stetig, Nr. 48, S. 18 u. FAZ v. 22.11.1997, Esso: Energieverbrauch geht weiter zurück, S. 16.

699 In jedem Jahr des Untersuchungszeitraums standen sich Im- und Exporte von Fertigprodukten gegenüber. Im Rahmen dieser Betrachtung wurden die jeweiligen Mengen saldiert und mit dem Gesamtabsatz an Mineralölprodukten verglichen; vgl. für die Datengrundlage z.B. Mohnfeld, Jochen et al., Die Entwicklung des Mineralölmarktes in der Bundesrepublik Deutschland im Jahre 1992, 1993, S. 147 u. Aral AG (Hrsg.), Verkehrstaschenbuch 1997/98, 1997, S. E 392.

Entwicklungsszenarien.

Ähnlich wie bei der Auswirkungsanalyse für die Stahl- und Aluminiumindustrie resultieren die geringsten Folgewirkungen aus Szenario 1 (Teilausrüstung), wo der maximale Nachfrageausfall nach nahezu linearem Ansteigen ein Niveau von rd. 85.000 t erreicht. Im zweiten Szenario beträgt dieser Rückgang bereits 145.000 t (Teilausrüstung bzw. 202.000 t bei Gesamtausrüstung), im 3. Szenario muß mit einer Reduzierung von rd. 355.000 t gerechnet werden. Dieser Rückgang stellt sich vor allem nach dem Jahr 2004 ein, ab dem die aluminiumintensive Karosseriebauweise auch bei Modellen mit höheren jährlichen Produktionsvolumina eingesetzt wird.

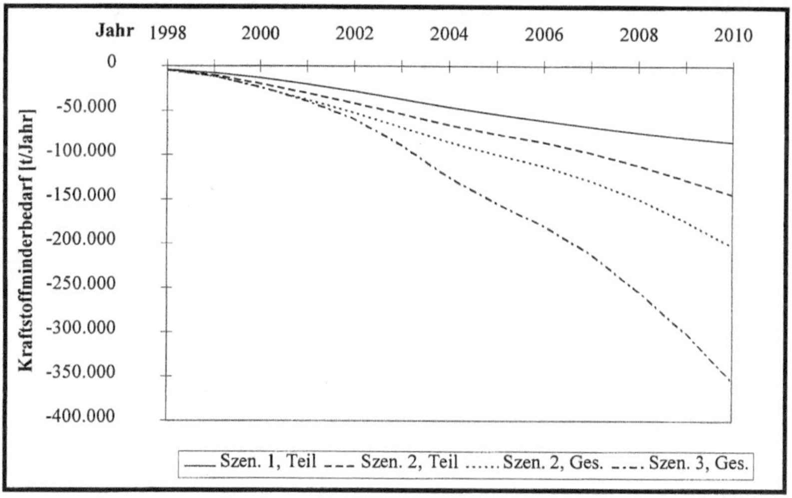

Abbildung 2.5-28: Rückgang des Kraftstoffbedarfs in Abhängigkeit von den einzelnen Szenarien

Diese Rückgänge müssen im Vergleich zu den Gesamtabsatzmengen der Branche gesehen werden, die im Jahr 1996 bei 30,0 Mio. t Motorenbenzin bzw. 26,0 Mio. t Dieselkraftstoff lagen (Gesamtmenge damit 56,0 Mio. t).[700] Nach der bereits oben erwähnten Prognose geht die Gesamtmenge auf 52 Mio. t im Jahr

700 vgl. Drasdo, Peter et al., Daten zur Entwicklung der Kosten- und Ertragslage der Mineralölindustrie in der Bundesrepublik Deutschland im Jahre 1996, 1997, S. 81.

2010 zurück.[701] Eine ähnliche Entwicklung ergibt sich nach einer Prognose der Shell AG. Dieses Unternehmen erwartet für 2010 einen Rückgang des Benzinverbrauchs auf 24 Mio. t bei gleichzeitigem Anstieg des Dieselabsatzes auf rd. 29 Mio. t.[702]

Im Szenario 1 (Teilausrüstung) bedeutet dies einen prozentualen Rückgang von weniger als 0,15%, selbst in Szenario 3 wird ein maximaler Rückgang von etwa 0,6% erreicht (Werte jeweils bezogen auf das Jahr 2010). Diese geringen prozentualen Auswirkungen durch die Einführung aluminiumintensiver Karosserien führen somit, isoliert betrachtet, zu Veränderungen für die Mineralölindustrie, deren Größenordnung im Toleranzbereich der Studie liegt.

Andererseits müssen diese Veränderungen als Teil der gesamten Kraftstoffsparaktivitäten der Automobilindustrie gesehen werden, unter denen die Einführung aluminiumintensiver Karosserien lediglich eine Teilmaßnahme darstellt. Wie der prognostizierte Rückgang des Gesamtabsatzes von rd. 8% belegt, wird die Mineralölindustrie nicht die Auswirkungen einer Einführung aluminiumintensiver Karosserien spüren, sondern die Bemühungen um einen geringeren Kraftstoffverbrauch insgesamt. Hinzu kommt, daß auch in anderen Absatzmärkten Rückgänge für die Mineralölindustrie erwartet werden. Wegen der zunehmenden Substitution von Heizöl durch Erdgas im Bereich der Gebäudeheizung sowie bessere Wärmedämmung wird für den Teilmarkt „Leichtes Heizöl" ein Rückgang von 38,4 Mio. t im Jahr 1996 auf rd. 32 Mio. t im Jahr 2010 prognostiziert.[703] Insgesamt ergibt sich damit ein erwarteter Rückgang des Gesamtabsatzes an Mineralölprodukten von 134 Mio. t im Jahr 1995 auf 126 Mio. t im Jahr 2010.[704]

---

701 Der Anteil der Kraftstoffsorten am Gesamtverkauf verschiebt sich jedoch zugunsten des Dieselabsatzes. Dieser steigt geringfügig auf 26,7 Mio. t an und erhöht damit seinen relativen Anteil.

702 vgl. FAZ v. 05.12.1996, Esso erwartet moderat steigende Ölpreise, S. 18.

703 vgl. Esso AG (Hrsg.), Esso Energieprognose, 1995, S. 2 ff.

704 vgl. Esso AG (Hrsg.), Esso Energieprognose, 1995, S. 4. Diese rückläufigen Werte decken sich mit den Erwartungen des Mineralölwirtschaftsverbands, der einen noch stärkeren Rückgang des Gesamtverbrauchs auf 121 Mio. t voraussagt; vgl. Mineralölwirtschaftsverband e.V., MWV-Ölprognose 2010, 1994, S. 6.

2.5.4.1.4 Folgewirkungen für die deutsche Kfz-Industrie

2.5.4.1.4.1 Bedeutung, Struktur und Perspektiven der deutschen Kfz-Industrie

Die Kfz-Industrie zählt zu den bedeutendsten Industriebranchen in der Bundesrepublik Deutschland. Im Jahr 1996 wurden insgesamt 4,539 Mio. Pkw (einschl. Kombifahrzeuge) hergestellt.[705] Die Branche hat damit die Produktionszahlen des Rezessionsjahres 1993 übertroffen, konnte ihr höchstes Produktionsergebnis von 4,86 Mio. Fahrzeugen aus dem Jahr 1992 aber noch nicht wieder erreichen (vgl. **Abbildung 2.5-29**, folgende Seite). Seit dem Jahr 1970 hatten sich die Produktionszahlen bis zu diesem Zeitpunkt nahezu kontinuierlich von 3,5 Mio. Kfz ausgehend erhöht. Unterbrechungen dieses Trends ergeben sich lediglich durch die Zeiten der sog. Ölkrisen, was in der Abbildung wegen der Darstellung im 5-Jahresabstand allerdings nur für die erste in den Jahren 1974/75 deutlich wird.[706] Ab dem Jahr 1990 wurde die Produktion durch die Nachfrage in den neuen Bundesländern zusätzlich angeregt.

In jedem Jahr hat die Produktion der deutschen Kfz-Industrie die Binnennachfrage z.T. deutlich überstiegen. Die überschüssigen Einheiten wurden ausgeführt und sorgten in jedem Jahr für einen hohen Exportüberschuß (vgl. **Abbildung 2.5-30**, Seite 219); im Vergleich aller Produktgruppen zählt der Außenhandel mit Straßenfahrzeugen zu den besonderen Stärken des Landes.[707] Dieser sank im Anschluß an die deutsche Wiedervereinigung, da der hohen Nachfrage in den neuen Ländern nicht genügend Produktionskapazitäten gegenüberstanden. Erst im Jahr 1994 nahm der Exportüberschuß wieder zu.

---

705 vgl. VDA (Hrsg.), Tatsachen und Zahlen aus der Kraftverkehrswirtschaft, 1997, S. 11.

706 Die zweite Abschwächung setzt ab dem Jahr 1980 ein. Gegenüber 1979 verringerte sich die Produktionszahl von 3,9 Mio. Einheiten auf nur noch 3,5 Mio. Stück; vgl. hierzu VDA (Hrsg.), Tatsachen und Zahlen aus der Kraftverkehrswirtschaft, 1995, S. 8 f.

707 Nach einer Untersuchung von Müller-Merbach ist der Zweig der Straßenfahrzeuge hinsichtlich seines Anteils an den gesamten Technologieexporten der absolut stärkste und erreicht nahezu ein Fünftel des gesamten OECD-Exportvolumens in diesem Bereich; vgl. Müller-Merbach, Heiner, Struktur des deutschen Technologieaußenhandels, 1995, S. 182 ff.

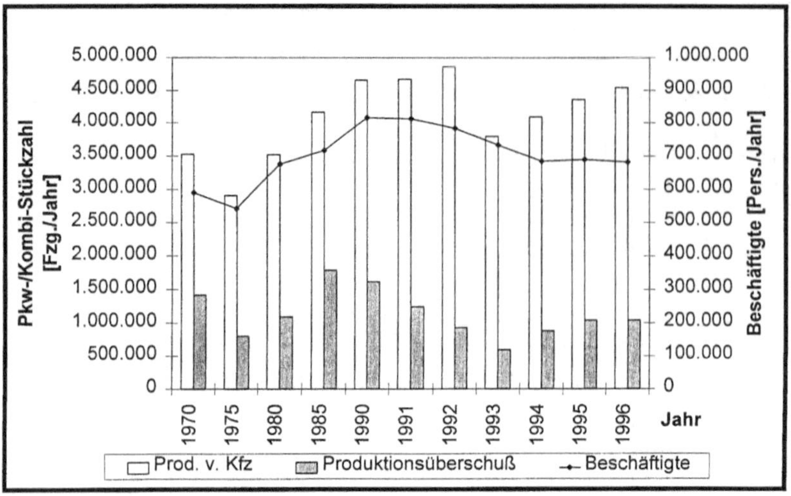

Abbildung 2.5-29: Entwicklung der Produktionsstückzahlen von Kfz sowie der Beschäftigtenzahl in der Kfz-Industrie (ab 1991 gesamtdeutsche Werte, ab 1991 jährliche Darstellung)
Quelle: VDA (Hrsg.), Tatsachen und Zahlen aus der Kraftverkehrswirtschaft, versch. Jahrgänge, versch. Statistiken

Trotz der bis 1992 noch gestiegenen Produktionszahlen nahm die Beschäftigung ab 1990 ständig ab. Nach dem Maximalwert von rd. 815.000 in diesem Jahr wurden die Beschäftigtenzahlen vor allem durch den Einsatz von Vorruhestandsprogrammen auf nur noch 682.000 Personen im Jahr 1996 reduziert.[708] Dieser Prozeß wird sich nach Prognosen des VDA in Zukunft - wenn auch abgeschwächt - weiter fortsetzen.[709] Die steigende Produktivität in der Branche sowie die teilweise Verlagerung von Arbeitsplätzen ins Ausland führen zu dieser weiteren Abwärtsbewegung.

---

708 vgl. hierzu z.B. FAZ v. 23.12.1993, Der Stellenabbau wird auch im kommenden Jahr weitergehen, ohne Jahrgangsangabe, Nr. 298, S. 14; FAZ v. 02.01.1997, Die Automobilindustrie will 1997 mehr investieren, S. 9 u. VDA (Hrsg.), Tatsachen und Zahlen aus der Kraftverkehrswirtschaft, 1997, S. 254 (Angaben für Betriebe).

709 vgl., auch im folgenden, FAZ v. 05.01.1996, Autoindustrie über Beschäftigungsprognose ihres Verbands erstaunt, S. 13.

2.5.4.1.4.2 Folgewirkungen für die deutsche Kfz-Industrie

Die deutsche Kfz-Industrie wird nach den Grundannahmen der Szenarien keine Ausweitung der Produktionsstückzahlen erfahren. Die Umstellung auf das neue Karosseriematerial ist vom Käufer nicht direkt feststellbar und drückt sich für ihn vor allem in einem geringeren Kraftstoffverbrauch aus. Hierdurch ergeben sich zwar Kaufargumente für diese Fahrzeuge und damit eine Nachfrageverschiebung weg von konventionellen Fahrzeugen. Eine zusätzliche, die Gesamtverkaufszahlen erhöhende Nachfrage dürfte hierdurch jedoch nicht begründet werden. Obwohl die gesamte Produktionsstückzahl damit konstant bleibt, könnten sich jedoch Verschiebungen innerhalb der Produktionsanteile einzelner Hersteller ergeben. Diejenigen, die wegen einer leichteren Karosserie sparsamere Fahrzeuge anbieten können, könnten auf Kosten der übrigen Marktanteilsgewinne verzeichnen. Da dieser Effekt allerdings nur schwer quantifizierbar ist, soll hier lediglich auf diese mögliche Entwicklung hingewiesen werden. Er wurde bei der Ermittlung der Aluminium- und Stahlverbrauchsziffern jedoch nicht berücksichtigt.

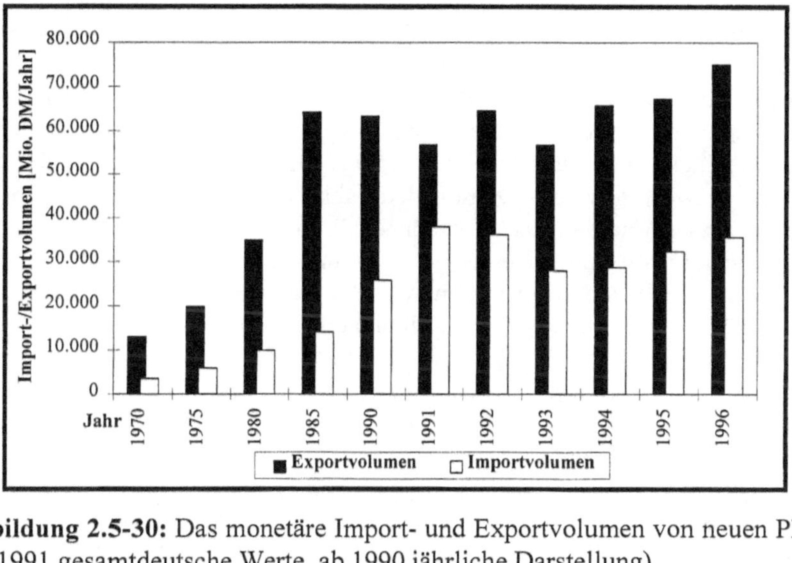

Abbildung 2.5-30: Das monetäre Import- und Exportvolumen von neuen Pkws (ab 1991 gesamtdeutsche Werte, ab 1990 jährliche Darstellung)

Quelle: VDA (Hrsg.), Tatsachen und Zahlen aus der Kraftverkehrswirtschaft, versch. Jahrgänge, Statistik „Einfuhr- und Ausfuhrwerte für Kraftwagen, Anhänger und Aufbauten für Kraftfahrzeuge, Kfz-Teile und Zubehör“, Abschnitt 4

Wegen der grundsätzlichen Annahme, daß Käufer einen Teil der Kraftstoffersparnis in einen höheren Kaufpreis investieren, ergibt sich für die Hersteller ein höherer Umsatz mit diesen Fahrzeugen. Die durchschnittliche Erhöhung des Fahrzeugpreises liegt in allen Szenarien in einer Größenordnung von rd. 300 bis 400 DM.[710] In Szenario 3 werden zwar die höchsten Kraftstoffpreise unterstellt, andererseits werden aber auch kleinere Fahrzeuge auf eine aluminiumintensive Karosseriebauweise umgestellt. Da diese Fahrzeuge einen geringeren Kraftstoffverbrauch aufweisen und damit hierfür geringere Mehrpreise verlangt werden können, ergeben sich ungefähr gleiche, durchschnittliche Preiserhöhungen in den einzelnen Szenarien.

Für die Hersteller bleibt von diesem höheren Anschaffungspreis allerdings nur ein um die Mehrwertsteuer sowie die Händlerprovision gekürzter Anteil übrig. Unterstellt man eine Händlerprovision von 20% auf den Nettopreis, resultiert eine höhere Einnahme von rd. 210 bis 280 DM pro Fahrzeug. Diesen Betrag könnte der Hersteller einsetzen, um die höheren Produktionskosten des Fahrzeugs zu tragen.

Andererseits ergeben sich trotz dieser möglichen Einnahmeerhöhung Risiken für den Hersteller, der eine Fahrzeugbaureihe umstellen möchte. Zum einen werden hierdurch Investitionen notwendig, um die Karosserieproduktion auf das neue Material umzustellen. Besonders für den Fall, daß die vorhandenen Anlagen noch relativ jung sind und nicht ausgewechselt werden müssen, liegen die notwendigen Mittel über dem Umfang, der für ein konventionelles Nachfolgemodell notwendig wäre.[711] Zum anderen fehlt den Herstellern die Erfahrung mit dem neuen Material. Dadurch können Probleme auftreten, die besonders nach Produktionsbeginn zu einer Verringerung des möglichen Outputs führen.[712] Schließlich sind bei Aluminium starke Preisschwankungen zu verzeichnen, wodurch eine langfristige Kalkulation der Herstellkosten schwierig wird.[713]

---

710 Wie in Kap. 2.5.2.3. beschrieben wird unterstellt, daß die Käufer die in den ersten 3 Jahren möglichen Kraftstoffeinsparungen in einen höheren Fahrzeugpreis investieren.

711 vgl. FAZ v. 04.03.1997, Einer klugen Mischung der Materialien gehört die Zukunft, S. T1.

712 Diese Anlaufschwierigkeiten verzögerten auch eine schnelle Erhöhung der Tagesproduktion beim Audi A8, dem ersten deutschen Modell mit Aluminium Space-frame Technologie; vgl. hierzu Wieland, Bernd, Audi A8 Anlauf - Preß-Wehen, 1994 S. 136 ff. u. Fischer, Thomas, Audi Programm bis 1998, Das Maß aller Ringe, 1995, S. 11f.

713 vgl. hierzu auch Kap. 2.4.3.6.

Insgesamt ergibt sich für die Kfz-Industrie eine komplexe Entscheidungssituation, in der nicht alle Risiken vorhersehbar sind. Hierdurch wird auch die Prognose der möglichen Ergebnisse erschwert.

2.5.4.2 Folgewirkungen für einzelne Zweige des Dienstleistungssektors

2.5.4.2.1 Folgewirkungen für das deutsche Tankstellengewerbe

2.5.4.2.1.1 Struktur und Entwicklungstendenzen im deutschen Tankstellengewerbe

Die Entwicklung im Tankstellengewerbe ist - wie im folgenden gezeigt wird - seit 1970 durch zwei generelle Tendenzen gekennzeichnet: zum einen vollzog sich ein beständiger Konzentrationsprozeß in der Branche, zum anderen erarbeiten die verbliebenen Betriebe einen immer geringer werdenden Ertragsanteil im eigentlichen Kerngeschäft, dem Verkauf von Kraftstoffprodukten.

Der Konzentrationsprozeß läßt sich in **Abbildung 2.5-31** (folgende Seite) ablesen. Mit der Zunahme der Motorisierung im Nachkriegsdeutschland erhöhte sich die Zahl der Tankstellen stark. Den Höchststand erreichte das Versorgungsnetz im Jahr 1969 mit annähernd 47.000 Stationen.[714] Bis zu diesem Zeitpunkt hatte sich auch die Versorgungsfunktion der einzelnen Tankstelle im Vergleich zu den Folgejahren nur relativ gering erhöht. Entfielen im Jahr 1955 rechnerisch 108 Pkw auf eine Tankstelle, so mußte 1970 ein Betrieb 292 versorgen.

Seitdem hat sich die Zahl der Tankstellen mehr als halbiert. Im Jahr 1985 arbeiteten nur noch 18.448 Betriebe im Bundesgebiet. In den Folgejahren hat sich dieser Prozeß zwar verlangsamt, ein Ende zeichnet sich aber noch nicht ab. Die vom Gesetzgeber verlangten Investitionen für die Umrüstung der Tanksäulen mit Absaugvorrichtungen zur Reduzierung der Kohlenwasserstoffemissionen[715]

[714] Von den genau 46.859 Tankstellenbetrieben befanden sich 175 Stationen im noch lückenhaften Netz an den Bundesautobahnen, der weitaus überwiegende Teil hingegen an den übrigen Straßen; vgl. Aral AG, Verkehrstaschenbuch 1995/96, 1995, S. E 363.

[715] Der Umrüstungsaufwand liegt bei einer Station im Bereich von 100.000 bis 150.000 DM, in Einzelfällen können jedoch auch Investitionen bis 800.000 DM notwendig werden; vgl. FAZ v. 09.03.1993, Ohne Dampf marsch, S. T4 u. FAZ v. 17.06.1996, Viel Dreck für sauberes Tanken, S. 19.

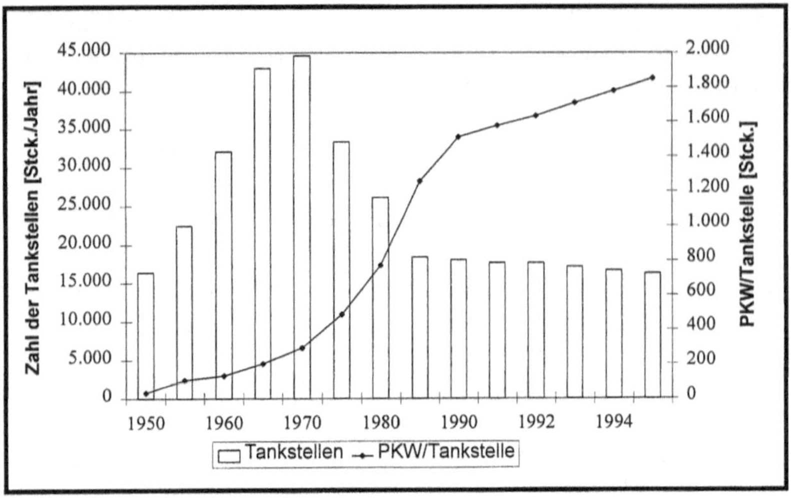

Abbildung 2.5-31: Gesamtzahl der Tankstellen sowie Zahl der pro Tankstelle zu versorgenden Pkws (ab 1990 jährliche Darstellung)
Quelle: Aral AG, Verkehrstaschenbuch, versch. Jahrgänge, S. E 305 ff., E 360 ff. u. E 373 ff.

Anmerkungen: Die Zahl der Tankstellen entspricht dem Stand zu Jahresanfang. Der Pkw-Bestand zur Ermittlung des gezeigten Quotienten schließt nur die im Verkehr befindlichen Fahrzeuge ein und wurde jeweils am 1.7. eines Jahres ermittelt. Alle Werte beziehen sich auf den Gebietsstand der alten Bundesländer.

und flüssigkeitsdichte Fahrbahnen, zusammen rd. 500.000 DM pro Station[716], sowie ein rückläufiger Kraftstoffabsatz werden zu einem weiteren Abbau führen. Bis zum Ende der 90er Jahre wird mit einem fortgesetzten Rückgang von derzeit rd. 18.000 Stationen (alte und neue Bundesländer) auf ca. 15.000[717] bis 16.000[718] Betriebe gerechnet. Parallel dazu hat sich der rechnerische Fahrzeugbestand pro Betrieb kontinuierlich und kräftig erhöht. Mittlerweile muß eine Station durchschnittlich 1.900 Pkws versorgen, rd. das Zehnfache des Werts

---

716 vgl. FAZ v. 27.05.1994, Mineralölverband: Die Branche bleibt in der Zange, S. 16 u. VDI-Nachrichten v. 26.09.1997, Tankstellen mausern sich zu Supermärkten, S. 18.

717 vgl. FAZ v. 20.02.1997, Die Kooperation BP/Mobil Oil soll 1997 erste Früchte abwerfen, S. 16 u. FAZ v. 08.03.1997, Aral-Prognose: Weitere 3000 Tankstellen werden schließen, S. 16.

718 vgl. FAZ v. 08.12.1994, Vom schlichten Kassenhäuschen zum modernen Tante-Emma Laden, S. 23.

von 1970. Dieser Trend zu immer größeren Stationen[719] hat seine Dynamik trotz eines sich verlangsamenden Rückgangs der absoluten Tankstellenzahl beibehalten. Berücksichtigt man, daß sich die Steigerungsrate dieser Versorgungsquote in **Abbildung 2.5-31** (vorhergehende Seite) nur aufgrund des ab dem Jahr 1990 jährlichen Ausweises der Kenngrößen scheinbar abflacht, ergibt sich hier eine nach wie vor starke Zunahme.

Neben diesem Konzentrationsprozeß ist eine Verschiebung der Ertragsquellen einer Tankstelle zu verzeichnen. Der Gesamtertrag eines Betriebs wird heute bereits zu einem Drittel durch das sog. Shop-Geschäft bestimmt, d.h. durch den Verkauf von Tabakwaren, Zeitschriften, Lebensmitteln u.ä.[720] Dessen Anteil hat sich seit 1984 mit einem Wert von etwa 10% nahezu verdreifacht.[721] Begünstigt durch ihre langen Öffnungszeiten haben sich die Tankstellen ein Kundenpotential aufbauen können,[722] das mittlerweile durch gezielte Anzeigen weiter vergrößert werden soll.[723] Darüber hinaus haben einzelne Stationen ihr Dienstleistungsangebot weiter ausgeweitet und bieten bspw. die Annahme von Lottoscheinen und Paketen und sogar den Verkauf von Theaterkarten an.[724] Experten erwarten daher eine weitere Steigerung des Ertragsanteils aus dem Ladengeschäft auf bis zu 50% im Jahr 2000.[725] Im Vergleich hierzu wurden durch den Verkauf von Kraft- und Schmierstoffen im Jahr 1997 nur noch durchschnittlich

---

719 Dieser Trend zu immer größeren Stationen wird durch eine Untersuchung der Aral AG über den durchschnittlichen Absatz an ihren Tankstellen eindeutig bestätigt. Betrug der durchschnittliche Absatz im Jahr 1970 noch 40.000 Liter pro Monat, so hat er sich 1994 auf 322.000 Liter erhöht. Diese Steigerung deckt sich damit in etwa mit der oben ausgewiesenen Steigerung der Pkws, die von einem Betrieb rein rechnerisch zu versorgen sind. (Vgl. Aral AG, Verkehrstaschenbuch 1995/96, 1995, S. E 403).

720 vgl. FAZ v. 03.06.1994, Viele Tankstellen leben in erster Linie vom Lebensmittelverkauf, S. 17; FAZ v. 12.05.1995, Aral stellt sich auf stagnierende Kraftstoffnachfrage ein, S. 25 u. FAZ v. 30.12.1997, Mehr Shopping, weniger Tanken, S. 14.

721 vgl. Aral AG, Verkehrstaschenbuch 1995/96, 1995, S. E 405.

722 vgl. FAZ v. 17.04.1996, Der Lebensmittelverkauf an Tankstellen ist kräftig gestiegen, S. 29.

723 Typisch hierfür ist eine ganzseitige Anzeige der Esso AG, in der das umfassende Angebot der an die Tankstellen angeschlossenen Shops vorgestellt wird; vgl. Esso AG, Anzeige auf Umschlagseite, 1995, Rückseite.

724 vgl. FAZ v. 19.12.1995, Fröhliches Einkaufen mit Gabi von der Tankstelle, S. 20 u. FAZ v. 19.12.1995, Aus Tankstellenpächtern werden zunehmend Einzelhändler, S. 20.

725 vgl. FAZ v. 19.12.1995, Aus Tankstellenpächtern werden zunehmend Einzelhändler, S. 20. Dieser Trend könnte sich allerdings verlangsamen, wenn die Tankstellen durch die verabschiedete Lockerung des Ladenschlußgesetzes einen wichtigen Wettbewerbsvorteil teilweise verlieren; vgl. FAZ v. 29.06.1996, Tankstellenpächter: keine Angst vor Lockerung des Ladenschlusses, S. 13.

28% des Bruttogewinns erwirtschaftet nach 42% im Jahr 1984.[726]

2.5.4.2.1.2 Folgewirkungen für das Tankstellengewerbe

Für das Tankstellengewerbe muß der gleiche Volumenrückgang angenommen werden wie der oben in **Abbildung 2.5-28** beschriebene Verlust für die deutsche Mineralölindustrie. In Abhängigkeit von den unterstellten Szenarien liegt die größte Abnahme zwischen 85.000 (Szenario 1, Teilausrüstung) und 355.000 t Kraftstoff pro Jahr (Szenario 3) am Ende des Untersuchungszeitraums.

Diesem Rückgang muß wiederum der jährliche Absatz an Kraftstoffprodukten gegenübergestellt werden. Im Jahr 1996 wurden 30,0 Mio. t Motorenbenzin in Gesamtdeutschland abgesetzt, was gegenüber dem vergleichbaren Vorjahreswert einen Rückgang von 0,03% bedeutet.[727] Addiert man hierzu den Absatz von Dieselkraftstoffen mit einem Volumen von 26,2 Mio. t[728] ergibt sich eine Gesamtmenge von rd. 56 Mio. t verkauften Produkten im Jahr 1996 In der Literatur finden sich jedoch keine Angaben darüber, welcher Anteil dieser Gesamtmenge über das Tankstellennetz und welcher über andere Kanäle, wie z.B. unternehmenseigene Stationen, abgesetzt wird. Im folgenden wird unterstellt, daß der Absatz über das Tankstellennetz überwiegt.

Unter diesen Umständen ergibt sich bei einem als konstant angenommenen Jahresabsatz ein Anteilsverlust von maximal rd. 0,6% in Szenario 3; in Szenario 2 liegt der entsprechende Wert unter 0,4%. Selbst wenn man den bereits oben erwähnten, bis zum Jahr 2010 erwarteten Rückgang der Verkaufsmenge unterstellt und deshalb zu einem höheren prozentualen Verlust kommt, ergibt sich durch die aluminiumintensive Karosserie allein keine ernsthafte Bedrohung für das Tankstellengewerbe. Es läßt sich allerdings festhalten, daß der hierdurch bedingte Verbrauchsrückgang den sich vollziehenden Umstrukturierungsprozeß in der Branche - ähnlich wie in der Mineralölindustrie - unterstützen wird.

---

726 vgl. Aral AG (Hrsg.), Verkehrstaschenbuch 1995/96, 1995, S. E 405 u. FAZ v. 30.12.1997, Mehr Shopping, weniger Tanken, S. 14.

727 vgl. Aral AG (Hrsg.), Verkehrstaschenbuch 1997/98, 1997, S. E 371.

728 vgl. Aral AG (Hrsg.), Verkehrstaschenbuch 1997/98, 1997, S. E 371.

2.5.4.2.2 Folgewirkungen für das deutsche Kfz-Handwerk und den Kfz-Handel

2.5.4.2.2.1 Struktur und Hauptarbeitsgebiete des deutschen Kfz-Handwerks und des Kfz-Handels

Das Kfz-Handwerk in der Bundesrepublik Deutschland ist geprägt durch eine Vielzahl von kleinen Handwerksbetrieben. 1996 bestanden in der Bundesrepublik Deutschland insgesamt 57.823 Unternehmen, die 411.389 Personen (incl. Inhaber u. Auszubildende) beschäftigten.[729] Pro Betrieb ergibt sich damit eine Zahl von rund 7 Beschäftigten.

Geschäftsbereich	incl. MwSt. (Mio. DM)	Anteil a. Ges.u. (in %)
Handwerksumsatz Kfz-Werkstatt, Lohn, Ersatzteile, Zubehör	40.459,9	16,0
Neuwagenhandel Pkw und Pkw-Kombi	118.693,1	47,1
Gebrauchtwagenhandel über Vertragshandel; Pkw u. Pkw-Kombi	62.605,9	24,8
Gebrauchtwagenhandel der reinen Gebrauchtwagenhändler; Pkw u Pkw-Kombi	13.111,1	5,2
Neuwagenhandel LKW	11.009,2	4,4
Gebrauchtwagenhandel LKW	6.329,2	2,5
Gesamtumsatz	252.208,4	

Tabelle 2.5-5: Umsätze im Kfz-Gewerbe 1996
Quelle: FAZ v.07.03.1997, Autohändler sehen sich um den Erfolg betrogen, S. 18 sowie Wirtschaftsgesellschaft des Kraftfahrzeuggewerbes mbH (Hrsg.), Zahlen & Fakten 1997, S. 2

Die Verteilung des Gesamtumsatzes von 252,2 Mrd. DM, d.h. rd. 7 % des ge-

---

729 vgl. FAZ v.07.03.1997, Autohändler sehen sich um den Erfolg betrogen, S. 18 sowie Wirtschaftsgesellschaft des Kraftfahrzeuggewerbes mbH (Hrsg.), Zahlen & Fakten 1997, S. 1.

samten Bruttosozialprodukts,[730] ist in **Tabelle 2.5-5** (vorhergehende Seite) zusammengestellt. Man erkennt, daß der Handel mit Pkw und Pkw-Kombi den mit Abstand wichtigsten Umsatzanteil stellt. Innerhalb dieses Bereichs dominiert mit einem Umsatz von rd. 119 Mrd. DM der Handel mit neuen Pkw, auf den damit allein 47,1% des Gesamtumsatzes entfallen. Im Jahr 1996 konnte das Kfz-Gewerbe diesen Handelsumsatz gegenüber dem Vorjahr geringfügig steigern. Das hohe Niveau wie zu Beginn der 90er Jahre konnte allerdings noch nicht wieder erreicht werden (vgl. **Abbildung 2.5-32**).

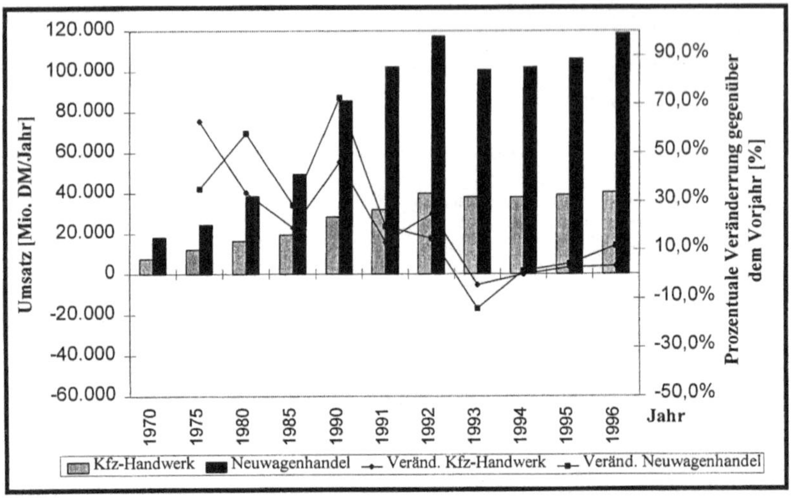

Abbildung 2.5-32: Entwicklung der Umsätze im Kfz-Handwerk und im Neuwagenhandel sowie ihre Wachstumsraten gegenüber den Vorperioden (ab 1991 gesamtdeutsche Werte)
Quelle: VDA (Hrsg.), Tatsachen und Zahlen aus der Kraftverkehrswirtschaft, versch. Jahrgänge, Statistik „Daten aus dem Kraftfahrzeuggewerbe“

In dieser Abbildung, in der neben den absoluten Umsatzzahlen (Säulen) auch die prozentualen Veränderungen gegenüber dem jeweils dargestellten Vorjahr (Kurvenzüge) enthalten sind, wird die, im Vergleich zum Handwerksbereich, stärkere konjunkturelle Abhängigkeit des Handelsbereichs deutlich. Mit Ausnahme der Jahre 1975 und 1994 lagen die Wachstumsraten des Handelsumsat-

[730] Das Bruttosozialprodukt erreichte im Jahr 1995 in Deutschland einen Wert von 3.445,6 Mrd. DM; vgl. Stat. Bundesamt (Hrsg.), Stat. Jahrbuch für die Bundesrepublik Deutschland, 1996, S. 641.

zes betragsmäßig höher als die des Handwerksumsatzes. Bis zum Jahr 1992 zeigt sich im Zeitablauf eine stetige Steigerung der jeweiligen Jahreswerte. Die höchsten Sprünge sind hierbei in den Jahren von 1985 bis 1990 zu verzeichnen, in denen trotz des hohen absoluten Ausgangswerts eine prozentuale Steigerung von 72,6 % erreicht wurde. Der vergleichbare Wert im Handwerksbereich lag bei lediglich 46,2%. In den beiden Folgejahren sank dafür der Handelsumsatz stärker als der Handwerksumsatz: Einem Minus von 13,9% bei ersterem stand ein Rückgang von 4,4% im Handwerkbsbereich gegenüber. Seit 1994 sind die Erholungstendenzen im Handel wiederum etwas stärker als im Handwerk ausgeprägt.

Darüber hinaus relativieren sich die Handelsumsätze durch die Ertragsschwäche dieses Bereichs für die Unternehmen. Selbst im guten Verkaufsjahr 1991 erreichten die Kfz-Betriebe im Handelsbereich eine Umsatzrendite von unter 2%, im Handwerksbereich dagegen lag die entsprechende Kennzahl bei rund 3%.[731] Dieses Verhältnis hat sich in den Folgejahren weiter zugunsten des Handwerks verschoben; in den Jahren von 1994 bis 1996 lag die Umsatzrendite im Neuwagengeschäft bei unter einem Prozent vor Steuern,[732] während das Werkstattgeschäft einen Wert von 2,5% erreichte.[733]

Der gesamte Handwerksumsatz teilt sich in unterschiedliche Komponenten auf. Grundsätzlich muß man zwischen Wartungsarbeiten sowie Reparaturarbeiten aufgrund von Verschleiß und nach Unfallschäden unterscheiden. Die Anteile der einzelnen Bereiche sind am Beispiel des Jahres 1991 in **Abbildung 2.5-33** (folgende Seite) dargestellt. Die Reparaturen von Unfallschäden dominieren mit einem Anteil von 51% den Handwerksbereich. Dahinter liegen die Wartungsarbeiten mit einem Anteil von 29%, die geringste Bedeutung besitzen die Verschleißreparaturen.

Der künftige Umsatzbeitrag von Wartungsarbeiten wird Prognosen entsprechend zurückgehen.[734] Obwohl einerseits die Zahl der Fahrzeuge weiter wachsen soll und die immer komplexere Fahrzeugtechnik weniger Eigenarbeiten zuläßt, dürfte der Rückgang des Wartungsaufwands pro Fahrzeug langfristig die

---

731 vgl. o.V., Kfz-Gewerbe: Zurück in die automobile Normalität, 1992, S. 785.

732 vgl. hierzu FAZ v. 24.12.1996, Der deutsche Automobilmarkt hat deutlich zugelegt, S. 12 u. FAZ v. 07.03.1997, Autohändler sehen sich um den Erfolg betrogen, S. 18.

733 vgl. FAZ v. 03.02.1996, 3,42 Millionen Neuzulassungen erwartet, S. 14 u. FAZ v. 08.03.96, Kraftfahrzeuggewerbe klagt über die Rendite, S. 19 u. FAZ v. 07.03.1997, Autohändler sehen sich um den Erfolg betrogen, S. 18.

734 vgl. Damschen, Karl, Karosserie-Instandsetzung, 1992, S. 11 f.

Entwicklung bestimmen.[735]

Ein ähnliches Bild zeichnet sich im Bereich der Reparaturen nach Verschleißschäden ab. Auch hier überwiegt das zurückgehende Reparaturaufkommen pro Fahrzeug die steigende Zahl von Fahrzeugen, so daß mit einem entsprechenden Rückgang gerechnet werden muß.

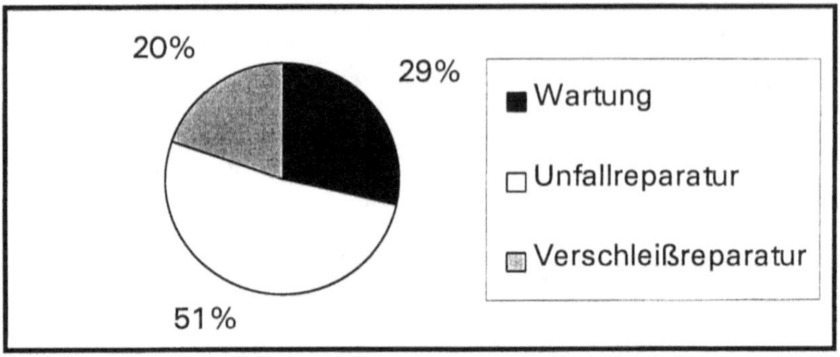

Abbildung 2.5-33: Die Anteile von Wartungs- und Reparaturarbeiten am Handwerksumsatz des Kfz-Gewerbes
Quelle: Damschen, Karl, Karosserie-Instandsetzung, 1992, S. 21 ff. u. o.V., Wartungs- und Instandsetzungsmarkt mit stabilisierenden Tendenzen, 1992, S. 1802 ff.

Anders sieht dagegen die Entwicklung im Bereich der Unfallreparaturen aus. Die Zahl der pro Jahr unfallbeschädigten Pkw hat sich zwischen 11 und 12% des Gesamtbestands stabilisiert[736] und man muß davon ausgehen, daß diese Unfallhäufigkeit angesichts der steigenden Verkehrsdichte zumindest mittelfristig nur leicht sinken wird.[737] Darüber hinaus muß zumindest mittelfristig mit einem Steigen der durchschnittlichen Reparaturkostenhöhe gerechnet werden, da auch die Karosseriekonstruktion durch die erhöhten Sicherheitsanforderungen komplexer wird.[738] Damit wird sich zwar der Anteil der Unfallreparaturen an der Werkstattauslastung erhöhen, wird aber einen Rückgang des Arbeitsvolumens nicht verhindern können. Aus diesem Grund prognostiziert der Zentralverband

---

[735] vgl. FAZ v. 16.09.1994, Autos werden immer seltener repariert, S. 17.

[736] vgl. Damschen, Karl, Karosserie-Instandsetzung, 1992, S. 14.

[737] Langfristig kann durch die Einführung von aktiven Sicherheitseinrichtungen, wie automatischen Abstandshaltesystemen u.ä., mit einer Verringerung dieses Anteils gerechnet werden; vgl. hierzu auch Kap. 2.2.5.2.

[738] vgl. Damschen, Karl, Karosserie-Instandsetzung, 1992, S. 19.

Deutsche Kraftfahrgewerbe einen Rückgang der Zahl der Betriebe um maximal ein Drittel bis zum Jahr 2005.[739]

2.5.4.2.2.2 Folgewirkungen für den Handelsbereich

Die Einführung von Fahrzeugen mit einer aluminiumintensiven Karosserie wird die Gesamtzahl der verkauften Fahrzeuge nicht erhöhen, andererseits aber den Umsatz durch einen höheren Fahrzeugpreis beeinflussen. Dieser resultiert aus der Bereitschaft der Käufer, die durch einen geringeren Kraftstoffverbrauch möglichen Einsparungen bei den Unterhaltskosten z.T. für die Fahrzeuganschaffung aufzuwenden.[740]

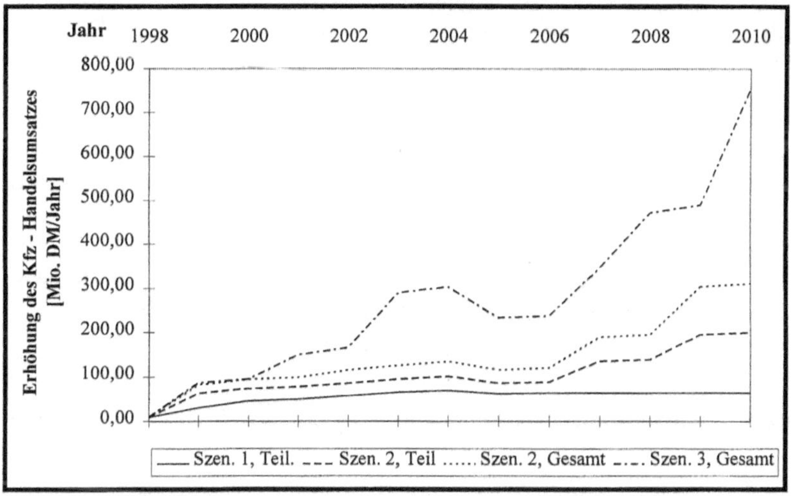

Abbildung 2.5-34: Erhöhung des Kfz-Handelsumsatzes in Deutschland durch Fahrzeuge mit aluminiumintensiver Karosserie

Nach **Abbildung 2.5-34** ergeben sich für die einzelnen Szenarien unterschiedliche Erhöhungen der Handelsumsätze, die in erster Linie durch die Stückzahlentwicklung bestimmt werden. Der Maximalwert wird nach Szenario 3 (Gesamtausrüstung) im Jahr 2010 mit über 750 Mio. DM erreicht, was einem Anteil von weniger als 0,7% am Umsatz des Jahrs 1996 entspricht. In den übrigen Szenarien ist diese Erhöhung kleiner und erreicht im geringsten Fall ein Niveau von rd. 65 Mio. DM. In Szenario 2 liegen die Werte zwischen 200 und

739 vgl. FAZ v. 30.10.1997, Strukturwandel im Kraftfahrzeuggewerbe, S. 17.

740 Vgl. hierzu die Kap. 2.5.2.3. und 2.5.4.1.4.

310 Mio. DM. Diese Erhöhung hilft den Betrieben, ihren Umsatz weiter auszubauen, wird aber wegen der geringen Größenordnung nicht zu einem bestimmenden Faktor werden.

2.5.4.2.2.3 Folgewirkungen für den Handwerksbereich

Handwerksbetriebe, die auch die Reparaturen von aluminiumintensiven Karosserien durchführen wollen, müssen zunächst in neue Arbeitsgeräte sowie einen separaten Arbeitsplatz investieren. Der Gesamtumfang dieser Ausgaben kann bis zu 200.000 DM betragen.[741] Diese Aufwendungen lohnen sich nur dann, wenn die Auslastung durch ein entsprechend hohes Reparaturaufkommen sichergestellt ist. Ohne die Aufwendungen können keine oder zumindest nur ein Teil der Reparaturen vorgenommen werden. In diesem Fall geht eine ertragsstarke Tätigkeit verloren.

Die mit diesen Anlagen ebenfalls möglichen Korrosionsreparaturen von Fahrzeugen mit aluminiumintensiver Karosserie werden allerdings keinen hohen Beitrag zur ihrer Auslastung leisten können. Die Korrosionsbeständigkeit dieser Karosserien liegt mindestens auf dem gleichen Niveau wie die von vollverzinkten Stahlkarosserien. Die Audi AG, die in ihrem Produktprogramm beide Varianten anbietet, gewährt jeweils eine Garantie von 10 Jahren gegen Korrosionsschäden.[742] Die oben bereits erwähnte Abnahme des Anteils von Korrosionsreparaturen wird von daher auch in Zukunft anhalten.

2.5.4.2.3 Folgewirkungen für die deutschen Kfz-Versicherungsunternehmen

2.5.4.2.3.1 Struktur und Bedeutung der deutschen Versicherungsunternehmen

Für die Versicherungswirtschaft können sich Veränderungen durch die Gruppe der Kraftfahrtversicherungen ergeben, zu denen wir im folgenden die Haftpflichtversicherung, die Fahrzeugversicherungen (Voll- und Teilversicherung) sowie die Insassenunfallversicherung zählen.[743] Die Haftpflichtversicherung kommt als Pflichtversicherung für diejenigen Schäden auf, die anderen Ver-

---

[741] vgl. hierzu auch Kap. 2.3.3.3.

[742] vgl. Audi AG, Verkaufsprospekt Audi A4, 1995, S. 49 (Fahrzeug mit vollverzinkter Stahlkarosserie) sowie Audi AG (Hrsg.), Verkaufsprospekt Audi A8, 1995, S. 43 (Fahrzeug mit Aluminium Space-frame Karosserie).

[743] vgl. zu dieser Klassifikation Stat. Bundeamt (Hrsg.), Stat. Jahrbuch für die Bundesrepublik Deutschland, 1997, Statistik 14.17.

kehrsteilnehmern zugefügt werden. Im Gegensatz hierzu sind durch die Voll- und Teilversicherung eventuelle Schäden am eigenen Fahrzeug abgedeckt; Höhe und Umfang dieser Absicherung variieren mit dem Typus der Versicherung (Voll- oder Teilversicherung) sowie der individuellen Vertragsgestaltung.

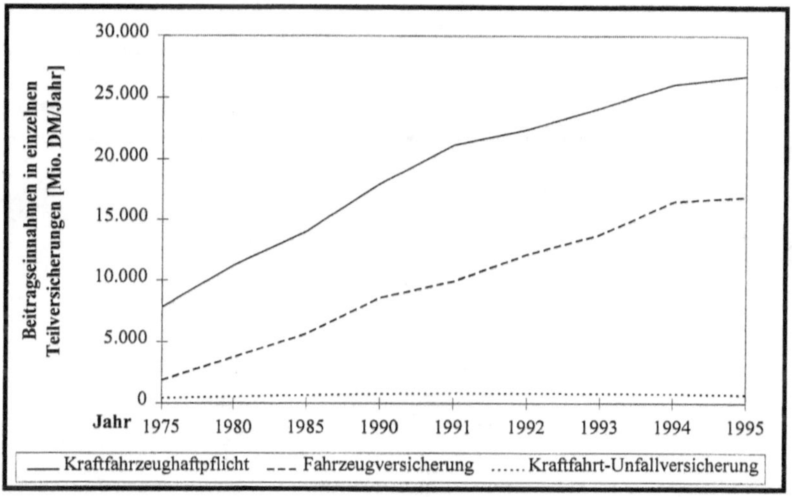

Abbildung 2.5-35: Entwicklung der Beitragseinnahmen in den einzelnen Sparten der Kraftfahrtversicherungen (ab 1991 gesamtdeutsche Werte, ab 1990 jährliche Darstellung)
Quelle: Stat. Bundesamt (Hrsg.), Stat. Jahrbuch für die Bundesrepublik Deutschland, versch. Jahrgänge, Statistik 14.17

Bezogen auf das Beitragsaufkommen erreichten die Haftpflichtversicherungen mit einem Betrag von 26,8 Mrd. DM (1995)[744] den größten Anteil am gesamten Aufkommen der Kraftfahrtversicherungen in Höhe von 44,4 Mrd. DM (vgl. **Abbildung 2.5-35**). Ihr Anteil hat sich seit 1975 (Aufkommen 7,8 Mrd. DM) im Vergleich zu den anderen Sparten am stärksten erhöht. Mit einer geringeren Steigerungsrate sind die Beitragseinnahmen in der Fahrzeugversicherung gewachsen. Mit einem Aufkommen von 16,9 Mrd. DM bestimmten sie das gesamte Beitragsaufkommen im Jahr 1995 zu 38,1%. Gegenüber diesen beiden großen Sparten nimmt sich die Kraftfahrtunfallversicherung bescheiden aus. Die Einnahmen aus diesem Bereich beliefen sich auf 706 Mio. DM (1995) und ha-

---

[744] vgl., auch im folgenden, Stat. Bundeamt (Hrsg.), Stat. Jahrbuch für die Bundesrepublik Deutschland, 1997, Statistik 14.17. Alle Zahlen entsprechen den verdienten Bruttobeiträgen einschließlich Nebenleistungen.

ben sich seit 1975 nicht einmal verdoppelt.

Die Gruppe der Kraftfahrtversicherungen besitzt einen nahezu konstanten Anteil von 20% an den gesamten Einnahmen der Versicherungsunternehmen seit 1975 (vgl. **Abbildung 2.5-36**). Die Beitragseinnahmen dieses Zweigs haben sich hierzu fast linear erhöht. Seit 1990, dem Zeitpunkt, ab dem in der Abbildung auf eine jährliche Darstellung umgestellt worden ist, machen sich die Zuwächse in den Neuen Bundesländern bemerkbar.

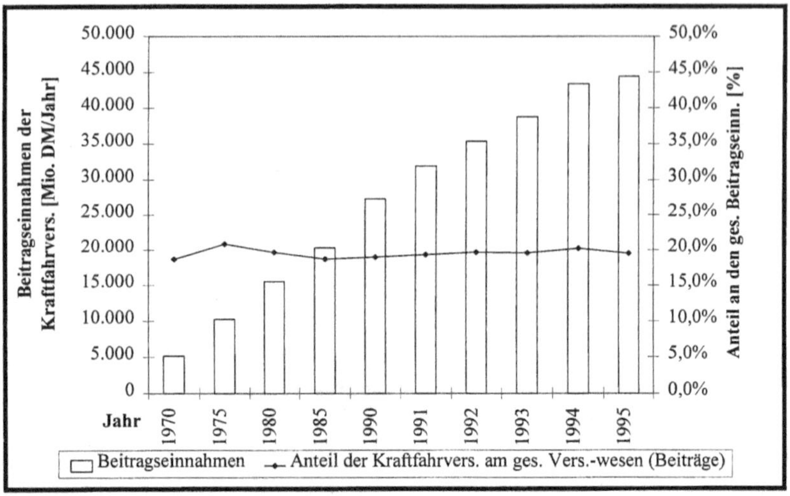

Abbildung 2.5-36: Beitragseinnahmen in der Kraftfahrtversicherung und ihr Anteil an den gesamten Beitragseinnahmen (ab 1990 jährliche Darstellung, ab 1991 gesamtdeutsche Werte)
Quelle: Stat. Bundesamt (Hrsg.), Stat. Jahrbuch für die Bundesrepublik Deutschland, versch. Jahrgänge, Statistiken 14.13 ff.

Der Dachverband der Versicherungsunternehmen hat empfohlen, ab dem Jahr 1996 die Beitragsbemessungsgrundlage der wichtigsten Sparte, der Kfz-Haftpflichtversicherung, umzustellen.[745] Bislang war der jährliche Beitragssatz unabhängig vom Fahrzeugtyp und richtete sich grundsätzlich nach der Motorleistung. Ähnlich wie in der Kaskoversicherung sollte ab dem 1. Januar 1996 auch in dieser Sparte ein Klassifizierungssystem eingeführt werden, das sich an der individuellen Schadenshäufigkeit der Fahrzeugtypen orientiert. Mittlerweile

[745] vgl. FAZ v. 03.05.1996, „Versicherungstarife an Autotypen binden“, S. 17.

haben alle Unternehmen diese Umstellung vollzogen.

2.5.4.2.3.2 Folgewirkungen für die Kfz-Versicherungsunternehmen

Die Versicherungsunternehmen müssen für ihre künftige Beitragsgestaltung prüfen, ob die Kosten für Reparaturen an Fahrzeugen mit aluminiumintensiver Karosserie über denen mit konventionellen Aufbauten liegen.[746] Höhere Aufwendungen würden im Bereich der Haftpflichtversicherung zu einem allgemein steigenden Beitrag führen, in der Fahrzeugvoll- oder -teilversicherung müßten gezielt die Prämien für derartige Fahrzeuge angehoben werden.

Wie bereits in Kap. 2.3.3.3 ausgeführt, wird die grundsätzliche Reparaturfähigkeit von Aluminiumkarosserien sowie der hierzu notwendige Aufwand von manchen Autoren kritisch beurteilt.[747] Andererseits zeigen erste Erfahrungen mit reparierten Space-frame Fahrzeugen sowie die Kaskoklassen-Einstufung des Audi A8, daß durch konstruktive Vorkehrungen in der Karosseriegestaltung diese Nachteile zumindest vermindert werden können. Für die Versicherungsunternehmen ergibt sich dadurch die Notwendigkeit, jedes neu vorgestellte Fahrzeug- und Karosseriekonzept intensiv auf seine Reparaturfähigkeit hin zu untersuchen. Eine generelle Notwendigkeit für Prämienerhöhungen zeichnet sich somit nicht ab.

2.5.4.3 Folgewirkungen für die Öffentliche Hände

2.5.4.3.1 Staatliche Einnahmen aus der Pkw-Besteuerung

Die Gebietskörperschaften erzielen über unterschiedliche Steuerarten Einnahmen aus dem Kauf, Halten und Betreiben von Pkws. Manche Steuerarten sind spezielle "Autosteuern", die als indirekte Steuern bei bestimmten, Pkw-spezifischen Objekten ansetzen (Kfz- und Mineralölsteuer). Weitere Einnahmen entstehen durch allgemeine indirekte Steuern (Mehrwert- und Versicherungssteuer).

Die bedeutendste Betriebssteuer ist die Mineralölsteuer, die proportional zur verkauften Treibstoffmenge erhoben wird. Der aktuelle Steuersatz beträgt nach der letzten Erhöhung zum 1. Januar 1994 0,98 DM/Liter bleifreien Benzins, für

---

[746] Somit wird angenommen, daß alle übrigen Einflußparameter auf die Höhe des Jahresbeitrags, wie z.B. die Diebstahlhäufigkeit, unabhängig von der Karosseriegestaltung sind und daher nicht berücksichtigt werden müssen.

[747] Für entsprechende Literaturhinweise vgl., auch im folgenden, Kap. 2.3.3.3.

Dieselkraftstoff liegt der entsprechende Wert bei 0,62 DM/Liter.[748] Das Gesamtaufkommen dieser Steuer, die komplett dem Bund zusteht,[749] betrug im Jahr 1996 68,3 Mrd. DM.[750] In diesem Betrag sind allerdings die Heizölsteuer (3,6 Mrd. DM), die Erdgassteuer (3,3 Mrd. DM) sowie kraftverkehrsfremde Bestandteile (2,8 Mrd. DM) enthalten, so daß sich eine Abgabenbelastung des Kraftverkehrs von 55,9 Mrd. DM errechnen läßt. Dieser trägt damit - allein über die Mineralölsteuer - zu einem Anteil von 6,6% an den gesamten Steuereinnahmen bei, an den Einnahmen des Bundes liegt der Anteil sogar bei 16,5%.[751] Wegen der zahlreichen Erhöhungen in den vergangenen Jahren stiegen die durch diese Steuer erzielbaren Einnahmen überproportional an, was sich in einer Steigerung des Anteils an den Gesamtsteuereinnahmen von 5,9% im Jahr 1980 über 6,5% im Jahr 1990 auf 6,6% (1996) ausdrückt.[752]

Durch die Kfz-Steuer, die unabhängig von der Jahresfahrleistung nach der Motorgröße und der Schadstoffklasse des Fahrzeugs bestimmt wird,[753] wird das Halten eines Fahrzeugs besteuert. Sie erreichte 1996 ein Gesamtvolumen von 13,7 Mrd. DM (1,6% des gesamten Steueraufkommens)[754] und steht als Landessteuer komplett dem jeweiligen Bundesland zur Verfügung.

Weitere hohe Einnahmeanteile entstehen durch die Mehrwertsteuer, die bei allen Ausgaben für Anschaffung, Wartung und Betrieb des Fahrzeugs erhoben wird. Grundlage für die Abschätzung dieses Anteils ist der oben dargestellte Gesamtumsatz des Kfz-Gewerbes von 252,2 Mrd. DM (1996, Pkw-Bereich),

---

[748] Alle Werte ohne den Erdölbevorratungsbeitrag sowie ohne MWSt.; der Erdölbevorratungsbeitrag wurde zuletzt zum 1. 4. 1996 erhöht und beträgt 0,89 Pf./Liter bei Ottokraftstoffen und 0,75 Pf./Liter bei Dieselkraftstoff. Vgl. Aral AG (Hrsg.), Verkehrstaschenbuch 1997/98, 1997, S. E 387.

[749] vgl. Musgrave, Richard A., Die öffentlichen Finanzen in Theorie und Praxis, 1990, S. 31.

[750] vgl. hierzu, auch im folgenden, Stat. Bundesamt (Hrsg.), Stat. Jahrbuch für die Bundesrepublik Deutschland, Tabelle 20.6, 1997, S. 514 u. VDA (Hrsg.), Tatsachen und Zahlen aus der Kraftverkehrswirtschaft, 1997, S. 271 f; hierin ist ein Sondereffekt von 2,6 Mrd. DM durch Änd. d. Zahlungsfrist einbezogen.

[751] Die Gesamtsteuereinnahmen beliefen sich auf 848,7 Mrd. DM, hiervon entfielen 338,4 Mrd. DM auf den Bund; vgl. Stat. Bundesamt (Hrsg.), Stat. Jahrbuch für die Bundesrepublik Deutschland, Tabelle 20.6, 1997, S. 526 f.

[752] vgl. Institut der deutschen Wirtschaft (Hrsg.), Zahlen zur wirtschaftlichen Entwicklung der Bundesrepublik Deutschland, 1992, Tab. 84.

[753] Mit der Reform dieser Steuer zum 1. Juli 1997 wurde eine noch stärkere Staffelung der Steuertarife nach Schadstoffklassen eingeführt; vgl. hierzu FAZ v. 01.07.1997, Für ältere Autos wird die Kraftfahrzeugsteuer teurer, S. 13 u. Kap. 2.5.2.3.

[754] vgl. Stat. Bundesamt (Hrsg.), Stat. Jahrbuch für die Bundesrepublik Deutschland, Tabelle 20.6, 1997, S. 526 f.

woraus sich bei einem Steuersatz von 15% ein Aufkommen von rd. 33 Mrd. DM ableiten läßt. Hinzu kommen weitere 8,4 Mrd. DM aus dem Verkauf von Kraftstoffen.[755] Dieser Gesamtbetrag von 41,4 Mrd. DM steht Bund, Ländern sowie anteilig der Europäischen Union zu.

Weitere Einnahmen erzielt der Staat durch die Besteuerung der Fahrzeugversicherungen, die der Versicherungssteuer unterliegen. Nach einer mehrmaligen Anhebung dieses Steuersatzes in den letzten Jahren wurde er ab dem 1. Januar 1995 auf 15% festgesetzt.[756] Bei Beitragseinnahmen von brutto 44,4 Mrd. DM (1995)[757] in allen Sparten der Kraftfahrversicherung läßt sich ein Steueraufkommen von ca. 6,6 Mrd. DM errechnen. Dieser Betrag steht komplett dem Bundeshaushalt zur Verfügung.

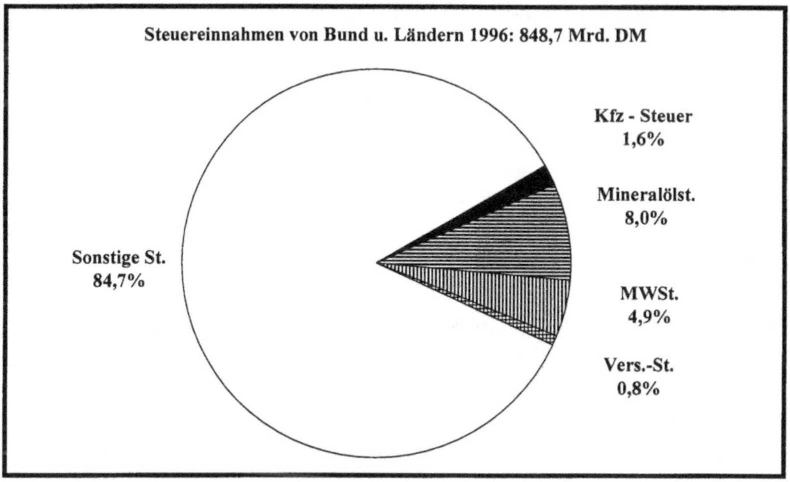

Abbildung 2.5-37: Gesamteinnahmen des Staates durch die direkte Pkw-Besteuerung
Quelle: Stat. Bundesamt (Hrsg.), Stat. Jahrbuch für die Bundesrepublik Deutschland, 1997, versch. Tabellen

---

[755] vgl. hierzu VDA (Hrsg.), Tatsachen und Zahlen aus der Kraftverkehrswirtschaft, 1997, S. 267.

[756] Der Steuersatz wurde schon einmal zum 1. Juli 1993 auf 12% erhöht, vorher betrug er lediglich 10%. Vgl. o. V., Versicherungssteuer und Selbstbehalt, 1994, S. 517. u. o. V., Wirtschaftskommentar: Bestrafte Versicherungsnehmer, 1995, S. 1.

[757] vgl. Stat. Bundesamt (Hrsg.), Stat. Jahrbuch für die Bundesrepublik Deutschland, 1997, Statistik Nr. 14.17, u. Kap. 2.5.4.2.3.

Über die beschriebenen Steuerarten hinaus erzielt der Staat weitere, indirekte Einnahmen durch die Herstellung sowie den Betrieb von privaten Pkws. Zu nennen sind hier etwa die Lohn- und Einkommensteuerzahlungen der Beschäftigten in Automobilindustrie und Kfz-Handwerk, Einkommen-/ Körperschaftssteuer der Unternehmer bzw. Unternehmen usw. Da diese Einnahmen durch die Werkstoffsubstitution nicht berührt werden, bleiben sie im folgenden unberücksichtigt.

Das Gesamtaufkommen aller direkten Autosteuern ist für das Jahr 1996 in der **Abbildung 2.5-37** (vorhergehende Seite) zusammengefaßt. Mit ihrem Jahresaufkommen von mehr als 130 Mrd. DM bestimmen sie das gesamte Steueraufkommen zu mehr als 15%.

2.5.4.3.2 Veränderungen im Steueraufkommen

Von den vorgestellten Steuerarten kann zunächst die Versicherungssteuer von der weiteren Untersuchung ausgeschlossen werden. Aufgrund der ähnlich hohen Reparaturaufwendungen für Fahrzeuge mit aluminiumintensiver Karosserie ergeben sich für das Versicherungsgewerbe vergleichbare Risiken und damit nur vernachlässigbar geringe Auswirkungen auf die Beitragshöhe. Da die Versicherungssteuer prozentual an diese angekoppelt ist, verändert sie sich ebenfalls nicht.

Anders sieht hingegen die Situation bei der Mineralölsteuer aus. Da sie als fester Betrag pro verkaufter Kraftstoffmenge erhoben wird, geht ihr Aufkommen mit einer Verringerung des Verbrauchs proportional zurück. Davon ist z.T. auch das Mehrwertsteueraufkommen betroffen, da die Summe aus Rohstoffpreis und Mineralölsteuer mehrwertsteuerpflichtig ist.

Diesem Aufkommensrückgang der Mehrwertsteuer steht jedoch der aufkommenssteigernde Effekt durch die möglichen, höheren Verkaufspreise verbrauchsreduzierter Fahrzeuge gegenüber. Im Anschaffungsjahr verursacht dieser Effekt - ähnlich wie bei Dieselfahrzeugen - eine höhere Berechnungsgrundlage für die Mehrwertsteuer. Die dieser Arbeit zugrundeliegende Annahme, daß das über drei Jahre erzielbare Kraftstoffeinsparvolumen als Anschaffungsmehrpreis akzeptiert wird, führt zu durchschnittlichen Preissteigerungen von 300 bis 400 DM pro Fahrzeug,[758] was einem proportionalen Mehrwertsteueranstieg von 40 bis 52 DM entspricht.

---

[758] Dieser Wert ergibt sich in Abhängigkeit vom jeweiligen Szenario. Vgl. hierzu auch Kap. 2.5.4.2.2.2.

In entgegengesetzter Richtung entwickelt sich wiederum das Aufkommen der Kraftfahrzeugsteuer. Bei dieser jährlich fälligen Steuer wird ein pauschaler Abschlag von 30 DM für jedes gewichtsoptimierte Fahrzeug unterstellt.[759]

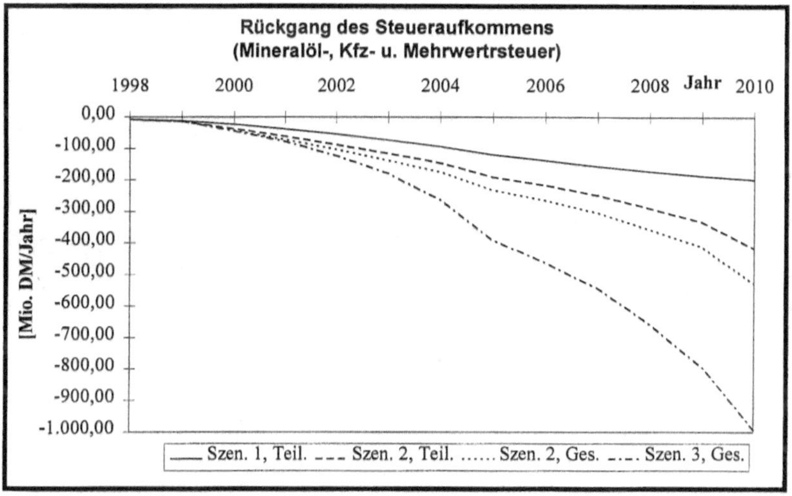

Abbildung 2.5-38: Rückgang des Aufkommens an Mineralöl-, Kfz- und Mehrwertsteuer durch die Einführung von Fahrzeugen mit aluminiumintensiver Karosserie nach den unterschiedlichen Szenarien

Faßt man diese Effekte zusammen, ergibt sich eine szenarioabhängige Entwicklung wie in **Abbildung 2.5-38** dargestellt. Auffallend ist zunächst, daß sich bis zum Jahr 2002 die Steuereinnahmen des Staates kaum verändern. Die Erklärung hierfür gibt **Abbildung 2.5-39** (folgende Seite). In den ersten Jahren wirken sich die einnahmenerhöhenden Wirkungen durch die Preiserhöhung für Neufahrzeuge deutlich aus. Diesen stehen zunächst relativ geringe Mindereinnahmen gegenüber, da sie an die jährlichen Bestandszahlen gekoppelt sind. Erst im Zeitablauf steigen die Bestandszahlen relativ zu den Neuzulassungszahlen, so daß dann der einnahmenreduzierende Effekt deutlicher auf das Gesamtergebnis durchschlägt. Für den Staat ergibt sich daraus der finanztechnische Vorteil, daß - bei Betrachtung eines Fahrzeugs - der einnahmenerhöhende Effekt zeitlich vor dem -reduzierenden liegt.[760]

---

[759] vgl. hierzu auch ausführlicher Kap. 2.5.2.3.

[760] Wegen der Vernachlässigung von Finanzierungseffekten spiegelt sich dieser Umstand jedoch nicht in der Rechnung wider.

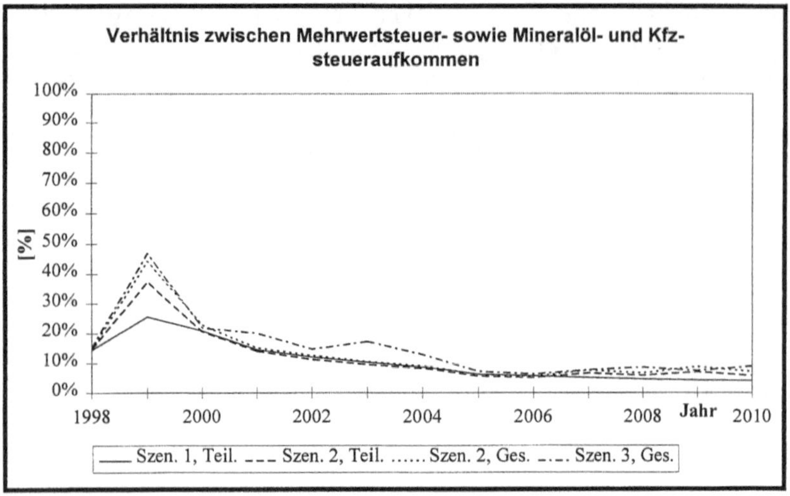

Abbildung 2.5-39: Prozentuales Verhältnis zwischen dem zusätzlichen Mehrwertsteueraufkommen und dem Minderaufkommen an Mineralöl- und Kfz-Steuer

Unter allen untersuchten Entwicklungen stellt sich für den Staat ein rückläufiges Steueraufkommen ein; die höchsten Steuerausfälle sind unter den Bedingungen des dritten Szenarios zu verzeichnen. Die Kurve verläuft nahezu linear und führt zu einem Spitzenwert von rd. 1,0 Mrd. DM. In Relation zu den Gesamteinnahmen aller Gebietskörperschaften in Höhe von 848,7 Mrd. DM nimmt sich allerdings auch dieser Betrag sehr bescheiden aus (Anteil: 0,2%). In den übrigen Szenarien werden noch geringere Größenordnungen erreicht. Der maximale Ausfall beträgt in Szenario 2 etwa 530 Mio. DM, nach den Bedingungen des 1. Szenarios wurde ein maximaler Rückgang von rd. 200 Mio. DM im Jahr 2010 ermittelt. Im Vergleich zu den Gesamteinnahmen erkennt man die geringe Bedeutung dieses Rückgangs.

2.5.4.4 Folgewirkungen für die Versorgungssicherheit

Relevante Verschiebungen in der Versorgungssicherheit könnten sich durch die Materialsubstitution von Stahl durch Aluminium ergeben. Es muß daher untersucht werden, ob bei einem verstärkten Einsatz von Aluminium im Karosseriebereich genügend Primärmaterial und ggf. Recyclingmaterial zur Verfügung stehen.

Aluminium ist das hinter Sauerstoff und Silizium am häufigsten vorkommende Element in der Erdkruste. Wie bereits in Kap. 2.4.1.2. dargestellt wird die Aluminiumgewinnung heute nahezu ausschließlich durch den Abbau und die Aufbereitung von Bauxit bestritten. Die geographische Verteilung dieses Erzes zeigt keine einseitigen Vorkommen. Bereits heute sind Lagerstätten erschlossen, die eine Reichweite von rd. 130 Jahren (bei konstantem Verbrauch) ergeben. Alle nachgewiesenen Ressourcen zusammen ermöglichen eine Abbauzeit von annähernd 400 Jahren.[761] Danach könnten noch andere aluminiumhaltige Erze - bei höheren Erschließungskosten - für die Gewinnung von Primärmaterial benutzt werden. Die Versorgung mit Primärmetall stellt sich somit sehr günstig dar.

Neben dem Einsatz von Primäraluminium kann der Bedarf ebenso durch die Verwendung von Sekundärmaterial gedeckt werden. In Kap. 2.3.1.2.3. wurden bereits die grundlegenden technischen Zusammenhänge des Aluminiumrecyclings dargestellt. Bei der Untersuchung der Versorgungssicherheit muß jedoch der dort gewählte, globale Ansatz revidiert werden. Die folgende Betrachtung erfolgt unter der restriktiven Randbedingung, daß nur der Schrott aus in Deutschland recycelten Fahrzeugen in den Produktionskreislauf zurückgebracht werden kann. Da in allen Szenarien eine zunehmende bzw. mindestens konstante Produktion aluminiumintensiver Fahrzeuge sowie ein Exportüberschuß während des Untersuchungszeitraums unterstellt wird, kann dieser Wert nicht über den des Import-/ Exportquotienten (unterstellt sind in der Berechnung 70%) wachsen.[762]

Unter diesen Randbedingungen liegen die Deckungsgrade bis zum Ende des Untersuchungszeitraums im Jahr 2010 auf einem niedrigen Niveau (vgl. **Abbildung 2.5-40**, folgende Seite). Die Produktion neuer Fahrzeuge erreicht vor allem im 3. Szenario deutliche Zuwachsraten, denen nur ein geringer Rücklauf an Schrottfahrzeugen aus den ersten, noch stückzahlmäßig schwachen Produktionsjahrgängen gegenübersteht. Als Folge hiervon werden bis zum Jahr 2005 Deckungsgrade von unter 6% erreicht, selbst im Jahr 2010 liegt die Quote im günstigsten Fall bei 27,4% (Szenario 1, Teilausrüstung; die Werte für Szenario 2 liegen bei 10,1% (Gesamtausrüstung) und 15,5% (Teilausrüstung), der für Szenario 3 bei 6,2% (Gesamtausrüstung)).

---

761 vgl. Kap. 2.3.1.2.1. dieser Arbeit.

762 In Kap. 2.5.3.3.2 war ein globaler Betrachtungsansatz gewählt worden, der eine Wiederverwertung des Materials über Landesgrenzen hinaus unterstellt. Unter dem Aspekt der nationalen Versorgungssicherheit ist hingegen dieser landesspezifische Ansatz eher zielführend.

Diese Situation ändert sich grundlegend in den Jahren zwischen 2010 und 2020: Während sich die Produktionszahlen von Neufahrzeugen auf einem bestimmten, von dem jeweiligen Szenario abhängigen Niveau eingependelt haben, erhöht sich die Zahl der verschrotteten Fahrzeuge kontinuierlich. In diesem Zeitraum steigen daher die Deckungsgrade sprunghaft an und erreichen nach den Konditionen des ersten Szenarios den Wert des Exportquotienten etwa im Jahr 2024. Nach den Bedingungen der übrigen Szenarien stellt sich dieser Gleichstand erst ab dem Jahr 2030 ein.

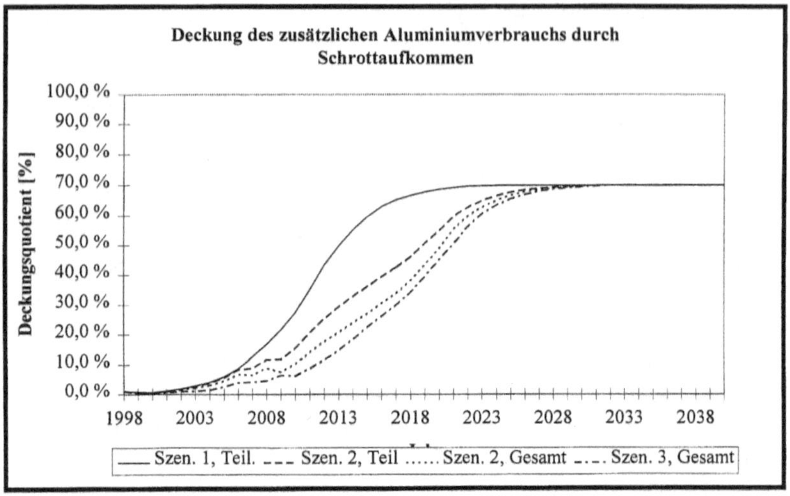

Abbildung 2.5-40: Deckungsgrad des Aluminiumbedarfs für Karosserien durch das Schrottaufkommen aus Altfahrzeugen nach den einzelnen Szenarien (Betrachtung unter Berücksichtigung eines Import-/Export Quotienten von 70%)

Läßt man die Vorgabe einer alleinigen Materialrückführung aus dem Inland fallen und berücksichtigt auch ausländischen Fahrzeugschrott, erhöhen sich die oben genannten Werte entsprechend. In Szenario 1 ergibt sich ab dem Jahr 2024 ein Wert von 100%, d.h. die Produktion von Neufahrzeugen könnte vollständig mit Sekundärmaterial bestritten werden.

Berücksichtigt man zusammenfassend die günstige Versorgungslage von Primärmaterial sowie die schnell steigenden Schrottmengen aus Altfahrzeugen, kann insgesamt von einer sicheren Perspektive gesprochen werden.

Eine weitere Verbesserung der Versorgungslage resultiert aus dem zurückgehenden Bedarf an Kraftstoffen. Dadurch verringert sich - wenn auch nur geringfügig - die Abhängigkeit der Bundesrepublik von den erdölexportierenden Ländern, die vor allem während der beiden Ölkrisen deutlich wurde.

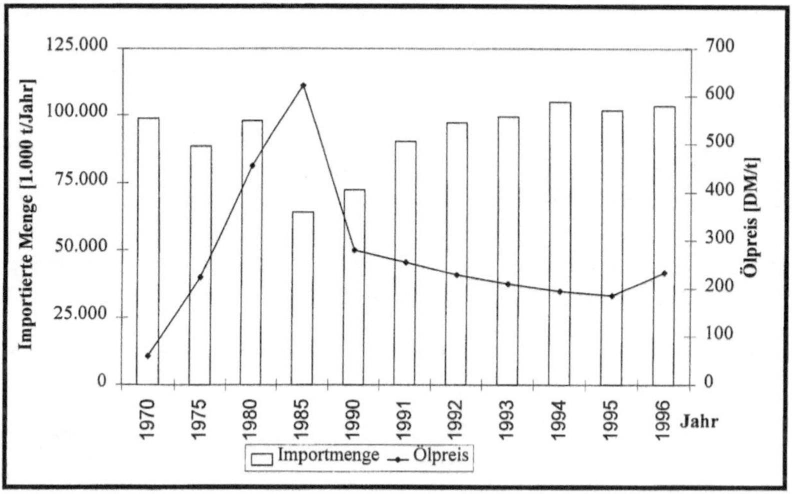

Abbildung 2.5-41: Entwicklung der importierten Rohölmenge und des Ölpreises (ab 1990 jährliche Darstellung, ab 1991 gesamtdeutsche Werte)
Quelle: Stat. Bundesamt, Außenhandel, FS 7, Reihe 1, verschiedene Jahrgänge, Statistik 2.3

2.5.5 Folgewirkungen für den deutschen Außenhandel

2.5.5.1 Außenhandel von Rohöl und Rohölprodukten

2.5.5.1.1 Importmengen und Lieferländer

Die Bundesrepublik Deutschland verfügt nur über geringe eigene Rohölvorkommen, die den Inlandsverbrauch zu weniger als 3% decken.[763] Die übrige Menge muß importiert werden (vgl. **Abbildung 2.5-41**). Abgesehen von der Problematik der sich hieraus ergebenden Abhängigkeit von den Lieferländern führt dies zu hohen Devisenausgaben für den Import dieses Energieträgers. Im Jahr 1996 lagen die Ausgaben für Erdöl bei rd. 24,1 Mrd. DM und waren mit

---

[763] vgl. Stat. Bundesamt (Hrsg.), Stat. Jahrbuch für die Bundesrepublik Deutschland, 1997, Statistik Nr. 21.12., S. 584 u. FAZ v. 27.03.1996, Mehr Erdgas und Erdöl gefördert, S. 20.

einem wertmäßigen Anteil von 3,6% einer der größten Einzelposten der gesamten Einfuhr.[764]

Seit Anfang der 70er Jahre war dieser Posten jedoch starken Schwankungen unterworfen, die durch die Preisveränderungen des Rohmaterials hervorgerufen worden sind. **Abbildung 2.5-41** (vorhergehende Seite) zeigt die Entwicklung des Rohölpreises, der seinen Höchststand in den Jahren 1984 und 1985 mit durchschnittlichen Werten von 622 DM/1.000 t erreichte. Im Folgejahr ging der Handelswert dieses Rohstoffs - verstärkt durch die Abwertung des im Ölgeschäft dominierenden Dollars gegenüber der DM - um mehr als 50% zurück und wurde nur noch mit 255 DM pro 1.000 t notiert. Seit dieser Zeit pendelte der Durchschnittswert im Bereich von 200 bis 250 DM und erreichte damit nicht wieder das hohe Niveau der ersten Hälfte des Jahrzehnts.

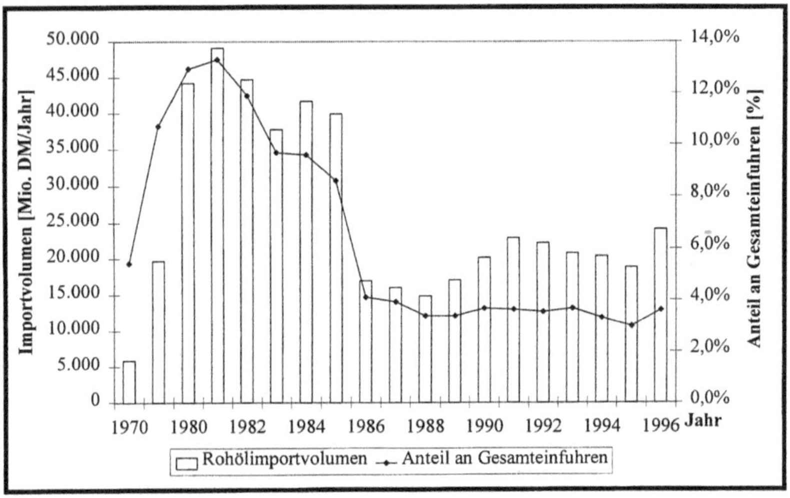

Abbildung 2.5-42: Entwicklung des monetären Importvolumens von Erdöl (ab 1980 jährliche Darstellung, ab 1991 gesamtdeutsche Werte)
Quelle: Stat. Bundesamt, Außenhandel, FS 7, Reihe 1, verschiedene. Jahrgänge, Statistik 2.3

Parallel zu diesen Preisverschiebungen hat sich die Höhe der bundesdeutschen Rohölrechnung entwickelt. In den Jahren der hohen Bezugspreise pendelten die

---

764 vgl. Stat. Bundesamt (Hrsg.), Außenhandel, FS 7, Reihe 1, 1997, Statistik Nr. 2.3., S. 16 ff.

Gesamtausgaben um 40 Mrd. DM und lagen damit im Bereich von 10% bis 14% des Einfuhrvolumens (vgl. **Abbildung 2.5-42,** vorhergehende Seite). Erst der Preisrückgang führte zu einer Reduzierung der Ausgaben auf einen Betrag von 15 bis 20 Mrd. DM pro Jahr, was einem prozentualen Anteil von unter 4% entspricht.

Die Rohölimporte stammen aus mehreren Lieferländern, deren prozentuale Zusammensetzung sich seit 1970 deutlich verschoben hat (vgl. **Abbildung 2.5-43**). In den 70er Jahren dominierten die Länder auf der arabischen Halbinsel sowie Libyen die deutsche Importstatistik. 1970 war Libyen mit einem Anteil von 41% das bedeutendste Herkunftsland, Saudi Arabien steuerte rd. ein Viertel des Importvolumens bei.

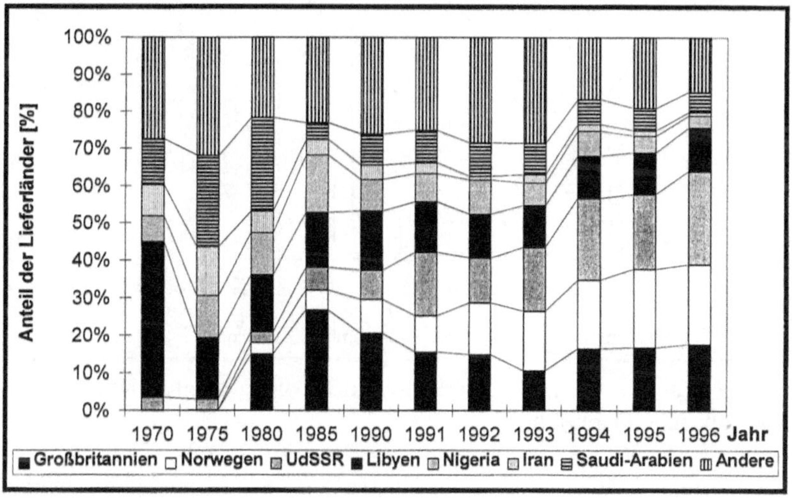

Abbildung 2.5-43: Anteil der einzelnen Lieferländer an den gesamten Erdöleinfuhren der Bundesrepublik Deutschland
Quelle: Stat. Bundesamt (Hrsg.), Außenhandel, FS 7, Reihe 2, Dezember 1996, 1997, S. 175

Mit der Erschließung der Ölfelder in der Nordsee erhöhte sich der Anteil der Lieferungen aus dieser Region deutlich. Großbritannien wurde im Jahr 1985 der größte Rohöllieferant mit einem Anteil von 27%; seitdem gingen die Lieferungen jedoch wieder zurück und erreichten im Jahr 1996 immer noch einen Umfang von 17,6%. In einer ähnlichen Größenordnung liegen die Importe aus Norwegen, die 1996 einen Anteil von 21,5% erreichten.

Daneben hat sich Rußland als bedeutendes Lieferland etablieren können. Seit

1990 (Anteil: 9%) haben sich die Importe aus diesem Land ständig erhöht; im Jahr 1996 erreichte Rußland mit einem Anteil von 24,8% die Position des größten Lieferlandes.[765] Durch diese Veränderungen sank die Abhängigkeit der Bundesrepublik von den arabischen Ölexporteuren sowie von der OPEC. Angesichts der ungleichmäßigen Verteilung der Vorräte sowie den zur Neige gehenden Ölfeldern in der Nordsee[766] ist auf längere Sicht jedoch wieder mit einer steigenden Abhängigkeit von diesen Ländern zu rechnen.[767]

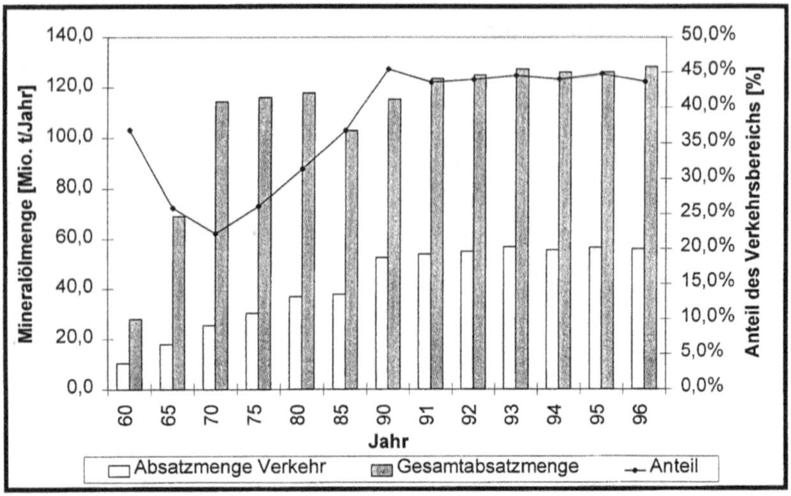

Abbildung 2.5-44: Anteil des Verkehrssektors am gesamten Mineralölabsatz (ab 1990 jährliche Darstellung)

Quelle: Aral AG, Verkehrstaschenbuch 1997/98, 1997, S. E 371 u. Drasdo, Peter et al., Daten zur Entwicklung der Kosten- und Ertragslage der Mineralölindustrie in der Bundesrepublik Deutschland im Jahre 1996, 1997, S. 81

Anmerkung: Der auf den Verkehrsbereich entfallende Anteil wird durch die Produktgruppen Ottokraftstoffe, Spezial- und Testbenzin sowie Dieselkraftstoff gebildet.

Erdöl findet zudem neben dem Einsatz als Treibstoff im Straßenverkehr auch Absatz in anderen Anwendungsgebieten. **Abbildung 2.5-44** stellt den Anteil des Verkehrssektors am gesamten Mineralölabsatz in der Bundesrepublik dar.

---

765 Rußland konnte damit allerdings nicht an das Vorjahresergebnis anknüpfen; vgl. Aral AG, Verkehrstaschenbuch 1996/97, 1996, S. E 349.

766 vgl. FAZ v. 25.06.1997, Am Ölmarkt herrscht auch vor der Opec-Sitzung Ruhe, S. 14.

767 vgl. FAZ v. 11.09.1996, Die Abhängigkeit von Öl aus dem Persischen Golf nimmt zu, S. 18.

Die Säulen geben für jedes Jahr die gesamte verbrauchte Menge (dunkle Säule) sowie den auf den Verkehrsbereich entfallenden Mengenanteil (helle Säulen) an. Die durchgezogene Linie stellt das sich hieraus ergebende prozentuale Verhältnis dar.

Bis zum Beginn der 90er Jahre hat sich der prozentuale Anteil ausgehend von 22% im Jahr 1970 auf 44% verdoppelt, blieb aber seitdem annähernd konstant.[768] Dieser relative Anstieg rührt allerdings nur zum Teil von einer Erhöhung der absoluten Verbrauchsmengen im Verkehrsbereich her; parallel dazu ging der Mineralölverbrauch in den übrigen Anwendungsbereichen zurück.

Bezogen auf die oben dargestellte Außenhandelsposition von Mineralölprodukten bedeutet dies, daß im Jahr 1996 etwa 10,5 Mrd. DM für den Import von Mineralölprodukten im Verkehrsbereich aufgewendet werden mußten, was weniger als 1,6% der Gesamteinfuhren ausmacht.[769]

2.5.5.1.2 Folgewirkungen für das Außenhandelsvolumen von Rohöl und Rohölprodukten

In **Abbildung 2.5-45** (folgende Seite) sind die durch die Einführung von kraftstoffsparenden Fahrzeugen mit aluminiumintensiver Karosserie ausgelösten Rückgänge des Importvolumens für Mineralölprodukte dargestellt. Bedingt durch den unterschiedlich hohen Markterfolg der neuen Karosseriebauweise nimmt die Reduzierungswirkung von Szenario 1 bis Szenario 3 sowie darüber hinaus im Zeitablauf zu. Der maximale jährliche Importrückgang beträgt in Szenario 3 (Gesamtausrüstung) rd. 210 Mio. DM, nach den Bedingungen des Szenarios 2 wird ein Gesamteffekt zwischen 85 und 120 Mio. DM im Jahr 2010 erreicht.

Auch diese Ergebnisse belegen wiederum, daß die ermittelten Importverringerungen absolut zwar ein beachtliches Maß annehmen, andererseits aber in Relation zu den Gesamtimporten der Bundesrepublik mit einem maximalen Anteil von etwa 0,5‰ eine vernachlässigbar kleine Größenordnung aufweisen.

Diese Situation könnte sich allerdings ändern, wenn der Weltmarktpreis für Mineralölprodukte deutlich über das dieser Untersuchung zugrundeliegenden

---

[768] Dieses deutlich zu erkennende Ende der der Wachstumsphase wird allerdings auch durch die ab dem Jahr 1990 jährliche Darstellung in der Grafik unterstützt.

[769] vgl. Stat. Bundesamt, Stat. Jahrbuch für die Bundesrepublik Deutschland, 1997, Stat. 12.4.

Preisniveau steigt. Unter diesen Umständen erhöhte sich bei gleicher Einfuhrmenge die Rohölrechnung und erreichte einen entsprechend höheren Anteil.

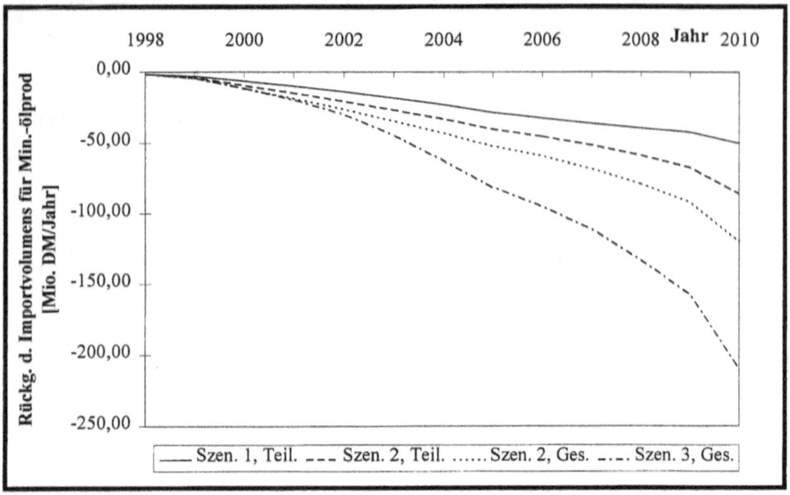

Abbildung 2.5-45: Rückgang des monetären Importbedarfs für Mineralölprodukte in Abhängigkeit von den einzelnen Szenarien

2.5.5.2 Außenhandel von Primäraluminium

2.5.5.2.1 Importmengen und Lieferländer

Der nicht weiter verfolgte Aufbau von Primäraluminiumkapazitäten in der Bundesrepublik zeigt sich auch am wachsenden Einfuhrvolumen in **Abbildung 2.5-46** (folgende Seite). Mit der steigenden Nachfrage nach Rohaluminium haben sich die Einfuhren deutlich erhöht. Im Jahr 1980 etwa betrug der Einfuhrüberschuß noch rd. 356.000 t: den gesamten Einfuhren von 512.700 t standen Ausfuhren von rd. 156.700 t gegenüber. In den Folgejahren blieb die Ausfuhrmenge in etwa auf ihrem geringen Niveau konstant, die Einfuhren haben sich jedoch - abgesehen vom Rezessionsjahr 1993 - ständig erhöht. Im Jahr 1996 erreichten sie einen Umfang von rd. 933.000 t.[770] Zusammen mit den geringen Ausfuhren von rd. 172.000 t ergab sich ein gesamter Einfuhrüberschuß

770 Alle Werte auf Basis der Warengruppen „Rohaluminium nicht legiert“ und „Hüttenaluminium legiert“; vgl. Stat. Bundesamt (Hrsg.), Außenhandel, FS 7, Reihe 2, Ausgabe Dezember 1996, 1997, S. 747 f. sowie weitere Jahrgänge.

von 761.000 t.

Die gesamten Einfuhren verteilen sich auf eine Vielzahl von Ländern, die allerdings unterschiedlich hohes Gewicht an den Gesamtimporten besitzen. Wie **Abbildung 2.5-47** (folgende Seite) zeigt, ist Norwegen mit einem Anteil von 25,3% an den Gesamteinfuhren im Jahr 1996 der größte Handelspartner. Das Land besitzt diese starke Stellung bereits seit mehreren Jahren und kommt bei einem Gesamtvergleich der Jahre von 1980 bis 1996 auf einen durchschnittlichen Anteil von 26,0%. Die wichtigste Ursache für diese starke Stellung sind die umfangreichen Möglichkeiten zur Erzeugung von Strom aus Wasserkraft, wodurch sich sehr gute Standortbedingungen für die energieintensive Primärproduktion ergeben.

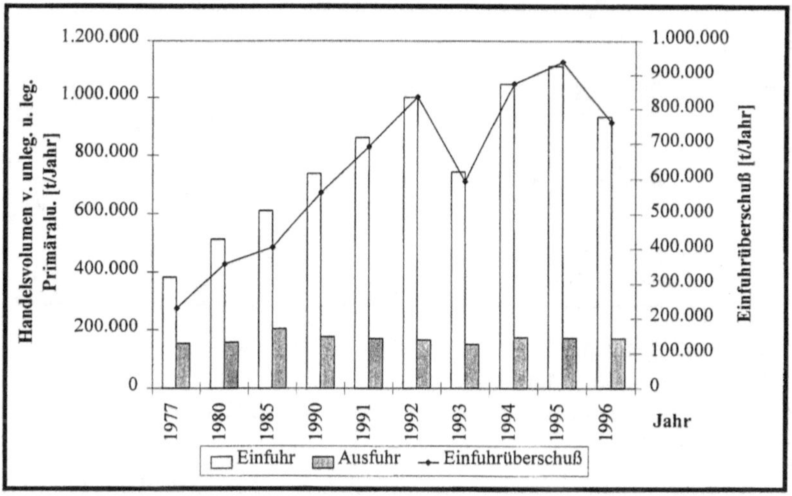

Abbildung 2.5-46: Einfuhr und Ausfuhr sowie Einfuhrüberschuß von unlegiertem Rohaluminium (ab 1990 jährliche Darstellung)
Quelle: Stat. Bundesamt (Hrsg.), Außenhandel, FS 7, Reihe 2, versch. Jge., Kap. 76

Im Gegensatz dazu hat sich der Anteil des russischen Materials[771] an den deutschen Gesamteinfuhren sprunghaft entwickelt. Nach dem Zerfall der UdSSR haben sich die Importe deutlich erhöht, da das Land Devisen benötigte und gleichzeitig der Inlandsbedarf aufgrund der wirtschaftlichen Probleme stark ab-

[771] Vor dem Zerfall der UdSSR beziehen sich die genannten Zahlen auf diese.

nahm.[772] Der Anteil dieses Landes schnellte von 1,6% im Jahr 1990 auf 21,7% im Jahr 1992 nach oben, hat sich seitdem aber wieder auf unter 10% verringert. Diese hohen Exportmengen von günstigem russischem Material hatten Verwerfungen im Primäraluminiummarkt verursacht und führten zu einem Selbstbeschränkungsabkommen.[773] Daneben haben die russischen Hütten aber auch mit steigenden Stromkosten zu kämpfen, wodurch der Export erschwert wird.[774]

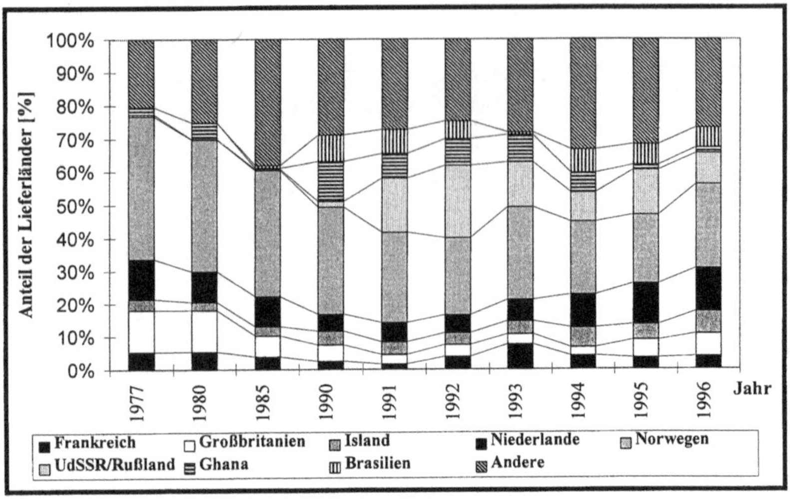

Abbildung 2.5-47: Anteil der wichtigsten Lieferländer an den gesamten deutschen Primäraluminiumimporten
Quelle: Stat. Bundesamt (Hrsg.), Außenhandel, FS 7, Reihe 2, Dezemberausgabe, versch. Jahrgänge

Bedeutende Handelspartner sind darüber hinaus Island, Brasilien, die Niederlande sowie Ghana. Diese Länder besitzen einen durchschnittlichen Anteil von 5 bis 10% an den gesamten Einfuhren.

Bedingt durch den hohen Wert von Aluminium erreichten allein die Importe des

---

772 vgl. FAZ v. 17.11.1992, GUS-Aluminium stört die westlichen Märkte, S. 20.

773 vgl. Kap. 2.4.2. und FAZ v. 17.11.1992, GUS-Aluminium stört die westlichen Märkte, S. 20 sowie FAZ v. 10.08.1993, EG beschränkt Import von GUS-Aluminium, S. 11.

774 vgl. VDI-Nachrichten v. 05.01.1996, Hohe Kosten drücken GUS-Aluminiumexporte, S. 13.

unlegierten Materials einen Umfang von über 1,4 Mrd. DM im Jahr 1996.[775] Die Ausgaben für den Aluminiumimport kamen damit auf einen Anteil von 0,3% der gesamten Einfuhren und lagen damit in einer ähnlichen Größenordnung wie die Ausgaben für Eisenerze (1,8 Mrd. DM, vgl. Kap. 2.5.5.3.1.)

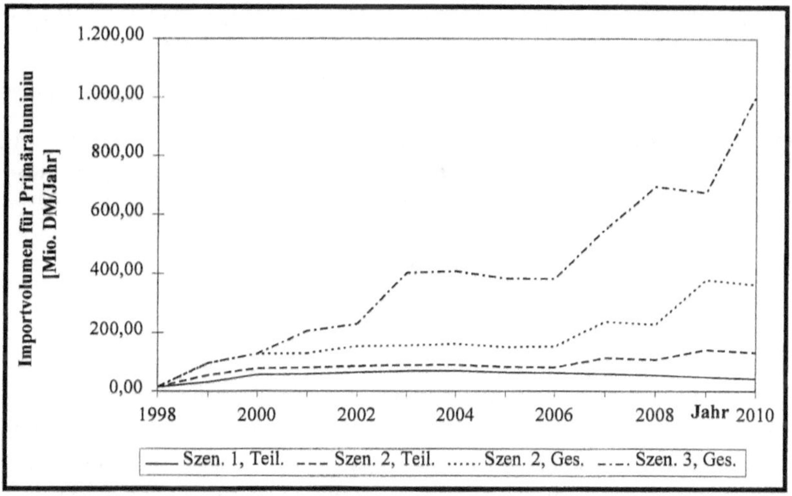

Abbildung 2.5-48: Entwicklung des monetären Importbedarfs für Primäraluminium in Abhängigkeit von den einzelnen Szenarien

2.5.5.2.2 Folgewirkungen für das Außenhandelsvolumen von Primäraluminium

Aufgrund der ungünstigen Standortfaktoren für neue Primäraluminiumhütten in Deutschland muß - wie bereits dargelegt - der gesamte zusätzliche Aluminiumbedarf durch Importe abgedeckt werden, bis genügend Recyclingmaterial zur Verfügung steht. In **Abbildung 2.5-48** sind die monetären Auswirkungen dieses zusätzlichen Aluminiumbedarfs dargestellt. Da in allen Szenarien der Aluminiumpreis als fester Wert vorgegeben worden ist, weisen die Kurven den gleichen Verlauf auf wie die oben dargestellte, mengenmäßige Verbrauchsentwicklung.

Den geringsten zusätzlichen Importbedarf impliziert Szenario 1 unter der Bedingung einer teilweisen Ausführung der Karosserien mit Aluminiumbauteilen. Die höchsten Zusatzaufwendungen fallen nach der Modellrechnung mit 70 Mio.

---

775 Hinzu kommen noch über 600 Mio. DM durch den Einfuhrüberschuß bei legiertem Primäraluminium; vgl. Stat. Bundesamt (Hrsg.), Außenhandel, FS 7, Reihe 2, Ausgabe Dezember 1996, 1997, S. 747 f

DM im Jahr 2004 an. In den Folgejahren geht der Zusatzbedarf wegen des verstärkten Rücklaufs von Aluminium-Fahrzeugschrotten wieder kontinuierlich zurück.

In beiden Unterfällen des zweiten betrachteten Szenarios wird der Punkt der höchsten Aufwendungen erst im Jahr 2009 mit 140 Mio. DM (Teilausrüstung) bzw. 380 Mio. DM (Gesamtausrüstung) erreicht.

Der Maximalwert des zusätzlichen Importbedarfs wird nach den Annahmen des dritten Szenarios erst nach dem Untersuchungszeitraum erreicht. Bis zum Jahr 2010 steigen die Aufwendungen stufenweise an und erreichen ein Maximalniveau von 1 Mrd. DM.

2.5.5.3 Außenhandel von Eisenerzen

2.5.5.3.1 Importmengen und Lieferländer

Der Anteil der deutschen Eisenerzerzeugung am gesamten Erzverbrauch hat sich seit den 50er Jahren deutlich verschoben. Am Beginn der Nachkriegsentwicklung konnten die deutschen Erzeuger mit einer Jahresproduktion von 9.115 t (im Jahr 1950) noch mehr als 52% des Erzverbrauchs abdecken.[776] Trotz einer weiteren Produktionssteigerung in den Folgejahren nahm ihr Anteil am gesamten Erzeinsatz kontinuierlich ab. Das höchste Produktionsergebnis wurde mit rd. 14.200 t im Jahr 1960 erreicht; aufgrund des deutlich stärker gestiegenen Verbrauchs konnte damit allerdings nur eine Verbrauchsdeckung von 30% erreicht werden. In den Folgejahren nahm die deutsche Produktion stetig ab und pendelt seit 1990 um ein Volumen von 100 t. Die Bundesrepublik Deutschland ist damit auf den vollständigen Import dieses Rohstoffs angewiesen. Wegen des relativ geringen Erzpreises lagen die Gesamtaufwendungen für seine Einfuhr im Jahr 1996 bei 1,8 Mrd. DM[777] und erreichten damit nur rd. 7,5% des Umfangs der Mineralölimporte.

Die Importe konzentrieren sich, wie **Abbildung 2.5-49** (folgende Seite) zeigt, auf wenige Lieferländer. Der wichtigste Handelspartner ist Brasilien, das im

---

[776] vgl., auch im folgenden, Stat. Bundesamt, Außenstelle Düsseldorf (Hrsg.), Produzierendes Gewerbe, FS 4, Reihe 8.1, 1995, S. 6 f.

[777] Der genaue Wert beträgt 1,818 Mrd. DM; vgl. Stat. Bundesamt (Hrsg.), Außenhandel, FS 7 Reihe 1, 1997, Stat. Nr. 2.3., S. 18.

Jahr 1996 die deutschen Einfuhren mit 19.098 t zu rd. der Hälfte bestritt.[778] Mit Anteilen um jeweils 15% liegen Kanada und Schweden deutlich zurück, Australien erreichte einen Anteil von rd. 10%. Mit diesen Verhältnissen wird die oligopolistische Struktur dieses Markts deutlich, da lediglich vier Länder rd. 90% der Einfuhren bestreiten. Dieses Ergebnis hat sich im Zeitablauf langsam herausgebildet, da ehemals wichtige Lieferländer wie Spanien und Frankreich ihre Produktion stark drosseln mußten.[779]

Abbildung 2.5-49: Anteil der wichtigsten Lieferländer an den gesamten deutschen Eisenerzimporten
Quelle: Stat. Bundesamt, Außenstelle Düsseldorf (Hrsg.), Produzierendes Gewerbe, FS 4, Reihe 8.1, Eisen und Stahl, Vierteljahresausgabe, versch. Jahrgänge

2.5.5.3.2 Folgewirkungen für das Außenhandelsvolumen von Eisenerzen

In **Abbildung 2.5-50** (folgende Seite) sind die finanziellen Auswirkungen des Mindereinsatzes von Eisenerz dargestellt. Wegen des vollständigen Imports des bundesdeutschen Erzbedarfs führt ein mengenmäßiger Verbrauchsrückgang zu einem direkten Rückgang der Importmengen. Aus diesem Grund ergeben sich

---

[778] vgl. Stat. Bundesamt, Außenstelle Düsseldorf (Hrsg.), Produzierendes Gewerbe, FS 4, Reihe 8.1, 4. Vj. 1996, 1997, S. 12 f.

[779] vgl. Stat. Bundesamt, Außenstelle Düsseldorf (Hrsg.), Produzierendes Gewerbe, FS 4, Reihe 8.1, 1996, S. 56 f.

die jährlichen Werte als Produkt der ermittelten Minderverbräuche sowie dem als konstant angesetzten Erzpreis.[780]

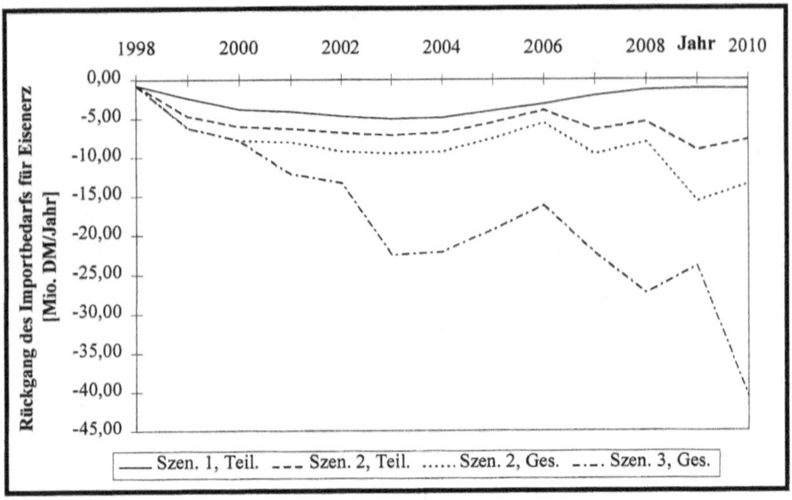

Abbildung 2.5-50: Die Entwicklung des Imports von Eisenerzen in Abhängigkeit von den einzelnen Szenarien

Wie bereits oben beschrieben geht in allen Szenarien der Importbedarf zunächst zurück, da einem gleich bleibenden Eisenschrottangebot zunächst aufgrund der Materialsubstitution ein abnehmender Stahlbedarf gegenübersteht. Diese Lücke wird nach den zugrundeliegenden Annahmen durch eine Reduzierung des Erzeinsatzes geschlossen. Im ersten Szenario wird dieser Ungleichgewichtszustand am schnellsten überwunden und der Nachfragerückgang nach Eisenerzen geht ab dem Jahr 2003/2004 wieder zurück. In den anderen Szenarien dauert diese Phase länger an. In Szenario 2 wird dieser Punkt im Jahr 2009 erreicht, in Szenario 3 liegt er außerhalb des Untersuchungszeitraums. Grundsätzlich bleibt aber festzustellen, daß die monetären Veränderungen mit Maximalwerten um 40 Mio. DM im Vergleich zu den übrigen Auswirkungen auf den Außenhandel vergleichsweise gering sind.

---

780 vgl. hierzu die Ausführungen in Kap. 2.5.2.3.

2.5.5.4 Gesamtveränderungen für den deutschen Außenhandel

In **Abbildung 2.5-51** sind die oben abgeleiteten Außenhandelsveränderungen für einzelne Güter zusammengefaßt dargestellt. In Abhängigkeit von den einzelnen Szenarien stellen sich unterschiedliche Verläufe ein.

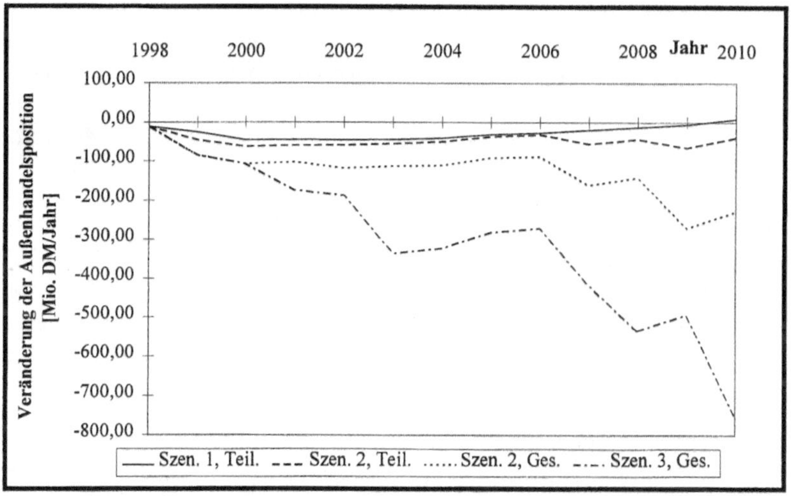

Abbildung 2.5-51: Die Entwicklung der deutschen Außenhandelsposition in Abhängigkeit von den einzelnen Szenarien

Nach den Bedingungen des ersten Szenarios ergibt sich der günstigste Verlauf im Untersuchungszeitraum. Vom Beginn des Untersuchungszeitraums bis zum Jahr 2009 führt die Einführung von Fahrzeugen mit aluminiumintensiver Karosserie zu höheren Importen in einer allerdings geringen Größenordnung (höchster Importüberschuß im Jahr 2000 mit 45,4 Mio. DM). Der Grund hierfür liegt in den Aufwendungen für den Import von Primäraluminium, die ab dem Jahr 2005 langsam zurückgehen. Demgegenüber stehen die geringeren Einfuhren von Mineralölprodukten, die - bedingt durch ihre Abhängigkeit vom Fahrzeugbestand - kontinuierlich zurückgehen. Im Jahr 2009 gleichen sich die gegenläufigen Effekte aus und in der Folgezeit dominiert der positive Effekt durch den Rückgang der Energieimporte. Diese Entwicklung erreicht ihren höchsten Stand, wenn der Materialbedarf für neue Fahrzeuge vollständig aus Recyclingmaterial gedeckt werden kann und der Bestand an Fahrzeugen mit aluminiumintensiver Karosserie seinen höchsten Stand erreicht. Nach den Modellrechnungen wird dies im Szenario 1 etwa im Jahr 2025[781] geschehen.

Die Kurven für die beiden dargestellten Unterszenarien des 2. Szenarios entwickeln sich bis zum Jahr 2006 ähnlich wie die des ersten. Die dann einsetzende Umstellung weiterer Modellreihen führt jedoch wiederum zu steigenden Importüberschüssen. Der Bereich negativer Auswirkungen auf den Außenhandel wird über den gesamten Untersuchungszeitraum nicht verlassen. Erst im Jahr 2010 wird der positive Effekt der Energieeinsparungen stärker deutlich. Nach dem Ende des Untersuchungszeitraums wird auch hier ein positiver Saldo erreicht. Dieser erreicht seinen höchsten Wert - später als in Szenario 1 - erst im Jahr 2030, er liegt dann aber wegen des stärkeren Rückgangs des Mineralölverbrauchs über den Werten des ersten.

Der negative Anfangseffekt durch die hohen Einfuhren von Primäraluminium macht sich im 3. untersuchten Szenario am stärksten bemerkbar. Hier wird stufenweise - bedingt durch Produktionsausweitungen - ein negativer Gesamteffekt in Höhe von rd. 750 Mio. DM im Jahr 2010 erreicht. Erst später kehrt sich diese Entwicklung in einen positiven Außenhandelssaldo um, der in der Höhe deutlich über denen der beiden anderen Szenarien liegt.

Die Handelspartner der Bundesrepublik sind in Abhängigkeit von ihrem typischen Lieferspektrum unterschiedlich stark von diesen Veränderungen betroffen. In **Tabelle 2.5-6** (folgende Seite) sind die Anteile einzelner Länder an den Gesamteinfuhren der jeweiligen Warengruppe zusammengestellt.

Manche Staaten exportieren nur eine für diese Untersuchung relevante Gütergruppe nach Deutschland. Saudi-Arabien zum Beispiel nimmt mit 9,3% an der gesamten Rohöleinfuhr einen bedeutenden Platz ein, in den anderen untersuchten Gruppen ist es jedoch nicht vertreten. Ähnlich ist die Situation von Brasilien bei den Eisenerzen und von Ghana beim Primäraluminium.

Norwegen und Rußland dagegen sind bedeutende Exporteure von Rohöl und von Primäraluminium. Bei beiden Stoffen liegen sie in der Spitzengruppe der jeweiligen deutschen Handelspartner.

Eine Übertragung dieser in der Vergangenheit ermittelten Importanteile auf den Untersuchungszeitraum gibt Hinweise darauf, welche künftigen Verschiebun-

---

[781] In diesem Jahr wird der Punkt erreicht, wo zum ersten Mal der gesamte Materialbedarf für Neufahrzeuge durch Recyclingmaterial gedeckt werden kann. Der höchste Bestand an aluminiumintensiven Fahrzeugen stellt sich hingegen zu einem früheren Zeitpunkt ein, bleibt danach wegen der Bedingungen der Untersuchung aber konstant.

gen in der Struktur der Partnerländer zu erwarten sind. Hierbei muß allerdings darauf hingewiesen werden, daß diese „historischen" Quoten keinen Bestand in der Zukunft haben müssen. Ein Land könnte möglicherweise aufgrund seiner zu Neige gehenden Vorräte den Export von Rohstoffen drosseln, es könnten sich andere Lieferbeziehungen ergeben usw. Länder wie z.B. die UdSSR/GUS sowie der Irak machen darüber hinaus deutlich, wie stark nicht vorhersehbare politische Entwicklungen den Außenhandel beeinflussen können.

	Rohöl	Eisenerz	Primäraluminium
Großbritannien	16,6%	0%	4,7%
Norwegen	13,7%	0,9%	26,0%
Russische Föderation	15,1%	0%	10,1%
Saudi-Arabien	9,3%	0%	0%
Brasilien	0%	43,2%	4,9%
Australien	0%	12,3%	0%
Ghana	0%	0%	5,2%

Tabelle 2.5-6: Anteil einzelner Länder am deutschen Importvolumen für bestimmte Güter (Zeitraum: 1980, 1985 und ab 1990-1996)
Anmerkungen: Berechnung auf Basis der gesamten Primäraluminiumeinfuhren; bei Eisenerzen zusätzliche Betrachtung der Jahre 1970 u. 1975; Quelle: vgl. Angaben bei den jeweiligen Einzeldarstellungen.

Andererseits zeigen sich bei der langjährigen Betrachtung der Austauschbeziehungen im Zeitraum von 1980 bis 1995 auch hinreichend konstante Entwicklungen. Geht man ferner davon aus, daß die z.T. aufwendigen Investitionen einer Volkswirtschaft in bestimmte Produktions- oder Gewinnungsanlagen einen längerfristigen Charakter haben, kann man die historisch ermittelten Lieferanteile auch für eine überschlägige Betrachtung der Zukunft verwenden.

Bei dieser Übertragung in die Zukunft ergibt sich eine Entwicklung nach **Abbildung 2.5-52** (folgende Seite), die auf der Grundlage des Szenario 2 (Gesamtausrüstung) aufgebaut worden ist. Die ungünstigsten Perspektiven ergeben sich für die einseitig erdölexportierenden Länder, wie z.B. Saudi-Arabien. Sie müssen von einem kontinuierlichen Rückgang der Verkaufsmengen nach Deutschland ausgehen. Die stärksten positiven Effekte spüren andererseits die nur aluminiumexportierenden Länder, wie z.B. Ghana. Sie können von der erhöhten Primäraluminiumnachfrage während der langen Einführungszeit aluminiumintensiver Karosserien profitieren und ihre Lieferungen ausweiten.

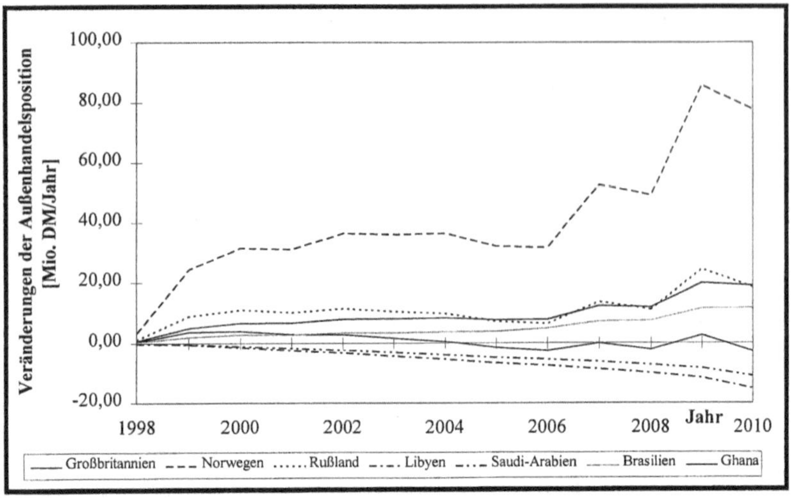

Abbildung 2.5-52: Die Entwicklung der Außenhandelspositionen einzelner Länder unter den Bedingungen des Szenario 2 (Gesamtausrüstung)

Die mit Abstand günstigste Entwicklung ergibt sich für Norwegen. Das Land muß zwar einerseits einen Rückgang in seinem Ölexport hinnehmen, könnte aber andererseits auch am stärksten von der zusätzlichen Aluminiumnachfrage profitieren. Wenn es seine jeweiligen Exportanteile halten könnte, würde es bis zum Ende des Untersuchungszeitraums seine jährlichen Exporte um bis zu 87 Mio. DM im Jahr 2009 erhöhen. Wegen des danach sinkenden Aluminiumbedarfs würden die Erhöhungen jedoch wieder zurückgehen. Langfristig müssen alle Länder eine Reduzierung ihres Exportvolumens hinnehmen, da ab einem bestimmten Zeitpunkt nur noch der Minderbedarf an Kraftstoffimporten übrig bleibt.

Diese Entwicklung läßt sich am Beispiel Norwegens auch unter einem anderen Betrachtungswinkel aufzeigen. In **Abbildung 2.5-53** (folgende Seite) sind die errechneten Tendenzen für alle Szenarien dargestellt. Nach den Bedingungen des ersten Szenarios stellt sich bereits ab dem Jahr 2003 (Maximalwert: 15,3 Mio. DM) ein rückläufiges Exportvolumen ein. In beiden Unterfällen des zweiten Szenarios wird dieser Zustand ab dem Jahr 2009 erreicht.

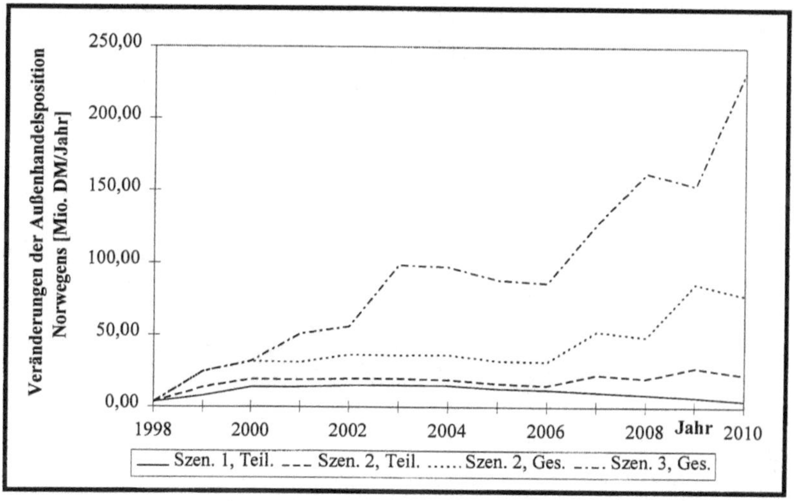

Abbildung 2.5-53: Veränderungen des Außenhandels mit Norwegen nach den Bedingungen der einzelnen Szenarien

2.5.6 Gesamtübersicht über die Folgewirkungen und allgemeine Einordnung der Ergebnisse

Die wichtigsten, quantitativ meßbaren Folgewirkungen der aluminiumintensiven Karosserie seien noch einmal zusammenfassend in **Tabelle 2.5-7** (folgende Seite) dargestellt.

Bei einer zusammenfassenden Betrachtung der Einzelergebnisse zeigt sich, daß die Resultate für die einzelnen Bewertungsgrößen über die drei Szenarien einen großen Toleranzbereich aufweisen. Vergleicht man z.B. die ermittelten Ergebnisse für die Entwicklung des Aluminiumeinsatzes, so liegt das niedrigste Ergebnis am Ende des Untersuchungszeitraums bei einem Plus von rd. 26.000 t pro Jahr, das höchste hingegen bei 408.000 Jahrestonnen. Zwischen beiden Größen liegt ein Faktor von über 15.

Darin kommt zunächst die Unsicherheit zum Ausdruck, die mit der künftigen Entwicklung des Aluminiumeinsatzes verbunden ist. Angesichts der unklaren Rahmenbedingungen durch die weitere Entwicklung der Schlüsselgröße Kraftstoffpreise sind unterschiedliche Veränderungspfade vorgegeben. Darüber hinaus werden die strategischen Planungen der Kfz-Hersteller als Firmengeheimnis behandelt und sind von außerhalb nicht sicher prognostizierbar.

Auswirkungsbgereich	Referenz-wert	Szenario 1		Szenario 2		Szenario 3	
		Teilausr.	Gesamtausr.	Teilausr.	Gesamtausr.	Teilausr.	Gesamtausr.
Max. Stahlminderverbrauch		**56,7**	**71,7**	**163,7**	**255,8**	**405,9**	**663,8**
Rohstahlprod., 1996 [Tsd. t]	39.793,0	0,1%	0,2%	0,4%	0,6%	1,0%	1,7%
Max. Eisenerzminderverbr.		**84,4**	**102,8**	**152,7**	**262,2**	**412,9**	**677,4**
Eisenerzverbrauch, 1996 [Tsd. t]	40.297	0,2%	0,3%	0,4%	0,7%	1,0%	1,7%
Max. Aluminiummehrverbr.		**26,3**	**41,6**	**63,1**	**157,0**	**145,5**	**408,8**
Alu-verbrauch, 1996 [Tsd. t]	1.784	1,5%	2,3%	3,5%	8,8%	8,2%	22,9%
Max. Kraft.-st.-minderverb.		**84,8**	**103,8**	**144,3**	**202,1**	**221,9**	**354,8**
Kraftstoffverbr., 1996 [Tsd. t]	56.000	0,2%	0,2%	0,3%	0,4%	0,4%	0,6%
Max. Erh. d. Kfz-Hand.-ums		**69,5**	**85,9**	**199,3**	**311,3**	**460,7**	**753,5**
Hdls.-ums. Neuw., 1996 [Mio. DM]	118.693	0,1%	0,1%	0,2%	0,3%	0,4%	0,6%
Max. Red. d. Steueraufk.		**200**	**231**	**417**	**530**	**717**	**994**
Ges. Steueraufk., 1996 [Mio. DM]	848.700	0,02%	0,03%	0,05%	0,06%	0,08%	0,12%
Max. Red. d. Rohölimp.		**50**	**61**	**85**	**120**	**131**	**210**
Ges. Rohölimp., 1996 [Mio. DM]	24.124	0,006%	0,007%	0,01%	0,014%	0,015%	0,025%
Max. Erh. d. Prim.-alu-imp.		**68**	**105**	**142**	**379**	**346**	**1.006**
Prim.-alu.-imp., 1996 [Mio. DM.]	2.000	3,4%	5,3%	7,7%	18,9%	17,3%	50,3%
Max. Red. d. Eisenerzimp.		**5**	**6**	**9**	**16**	**25**	**41**
Eisenerzimp., 1996 [Mio. DM]	1.800	0,3%	0,3%	0,5%	0,9%	1,4%	2,3%

Tabelle 2.5-7: Überblick über die ermittelten Folgewirkungen und ihre Bedeutung im Vergleich zu den entsprechenden Gesamtwerten

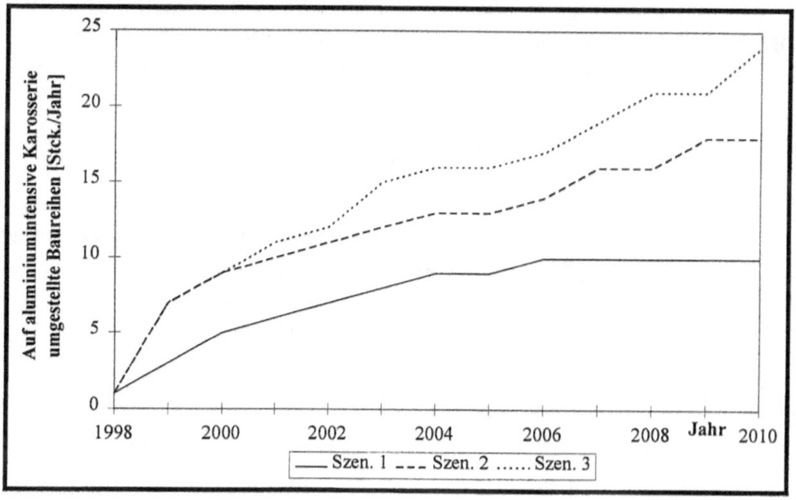

Abbildung 2.5-54: Kumulative Darstellung der auf eine aluminiumintensive Bauweise umgestellten Fahrzeugbaureihen

Ein weiteres Problem liegt schließlich in der besonderen Struktur der Seriengrößen im Automobilgeschäft. Betrachtet man anstelle der Gesamtzahl der auf die neue Karosseriebauweise umgestellten Fahrzeuge ersatzweise die Zahl der Fahrzeugbaureihen, verringern sich die Unterschiede zwischen den einzelnen Szenarien deutlich (vgl. **Abbildung 2.5-54**). Nach den Bedingungen des ersten Szenarios findet bis zum Ende des Untersuchungszeitraums eine Materialsubstitution bei 10 Baureihen statt, nach Szenario zwei bei 18 und nach Szenario drei bei 24 Baureihen. Diese Unterschiede sind damit deutlich geringer als die oben dargestellten Differenzen bei den Auswirkungen. In den Szenarien zwei und drei werden Baureihen mit wesentlich höheren jährlichen Stückzahlen umgestellt, wodurch sich die gesamtwirtschaftlichen Veränderungen entsprechend erhöhen. Hierin wird auch die weitreichende Bedeutung einer Entscheidung deutlich, eine volumenstarke Baureihe auf das neue Karosseriematerial umzustellen.

Schließlich muß man sich mit der Frage beschäftigen, welche Relevanz die ermittelten Ergebnisse haben, wenn Aluminium seinen Anteil nicht im Karosseriebereich, sondern in anderen Teilen des Fahrzeugs erhöhen könnte oder wenn andere Materialien, wie z.B. Kunststoffe, den bislang dominierenden Werkstoff Stahl substituieren würden.

Ein Vordringen von Aluminium in andere Teile des Fahrzeugs zeichnet sich bspw. bei den Produkten der BMW AG ab. Dieses Unternehmen stellt seine Motoren schrittweise auf Aluminiumguß um[782] und hat das neueste Modell mit einem Fahrwerk aus Aluminiumkomponenten ausgerüstet.[783] Unter diesen Bedingungen müßten die Mengenverschiebungen neu abgeschätzt werden, die grundsätzlich tangierten Branchen sowie die Art und Richtung ihrer Betroffenheit blieben jedoch unverändert. Die Stahlindustrie verlöre auch unter diesen Bedingungen ein hohes Absatzpotential, das der Aluminiumindustrie zugute käme. Für die übrigen Branchen ergäbe sich eine ähnliche Entwicklung, wie wir sie in dieser Arbeit beschrieben haben. Der Aluminiumeinsatz im Antriebs- und Fahrwerksbereich des Fahrzeugs führt ebenfalls zu einer Reduzierung des Gewichts und damit zu einer Verringerung des Kraftstoffverbrauchs. Die Auswirkungen auf Mineralölindustrie, Tankstellengewerbe, die Steuereinnahmen des Staates sowie auf den Außenhandel blieben damit grundsätzlich gleich.

Etwas anders sähen die Veränderungen im zweiten Fall aus. Unter diesen Bedingungen ergäben sich keine positiven Auswirkungen für die Aluminiumindustrie, da sich für ihre Produkte keine Erhöhungen der Absatzmenge auftun. Die Stahlindustrie müßte bei einer ähnlichen Stückzahlentwicklung wie in den beschriebenen Szenarien mit den gleichen Auswirkungen rechnen, da ihr Tonnageverlust nicht von dem substituierenden Material abhängig ist. Tendenziell stärkere Auswirkungen würden sich jedoch für die übrigen Bereiche einstellen, da das Gewichtsreduzierungspotential dieser Werkstoffe größer ist als bei Aluminium. Hierdurch würde sich der Kraftstoffverbrauch noch weiter senken lassen, wodurch sich die negativen Folgen für die Mineralölindustrie, das Tankstellengewerbe sowie die Steuereinnahmen des Staates erhöhen würden. Die Auswirkungen auf das Kfz-Gewerbe, die vor allem durch das Reparaturverhalten der neuen Werkstoffe bestimmt werden, könnten erst nach einer eingehenden Untersuchung dieses Punkts bestimmt werden. Ähnlich verhält es sich mit den Folgewirkungen für den Außenhandel. Die Verringerungen bei den Importen von Eisenerzen und Mineralölprodukten blieben zwar ähnlich, andererseits müßte untersucht werden, welche Vorprodukte für die neuen Materialien notwendig sind und inwieweit die Bundesrepublik hier auf Importe angewiesen ist.

---

[782] Die Umstellung auf ein Aluminiumgußgehäuse führte zu einer Gewichtseinsparung von 31,5 kg; vgl. o.V., Kurz Notiert: Der BMW 328i, 1994, S. 9.

[783] vgl. z.B. Leyrer, Götz, Bayern vor, 1995, S. 10 ff. u. Elberth, Claus-Peter, Technik: Analyse des neuen Fünfer BMW, 1995, S. 16 ff.

Zusammenfassung und Schluß

Die vorliegende Arbeit beschäftigt sich mit den Auswirkungen, die durch eine erhöhte Produktion von Fahrzeugen mit aluminiumintensiven Karosserien in der Bundesrepublik eintreten würden. Die Substitution des heute im Pkw-Bau dominierenden Werkstoffs Stahl durch das spezifisch leichtere Aluminium hat das primäre Ziel, über die Reduzierung des Fahrzeuggewichts eine Verringerung des Kraftstoffverbrauchs zu erreichen. Damit würde eine zentrale Forderung der Autokritiker erfüllt, die in der Diskussion über die Auswirkungen des Individualverkehrs vor allem eine Erhöhung der Umweltverträglichkeit des Pkws fordern.

Zur Beantwortung dieser Frage wird in der Arbeit ein Verfahren eingesetzt, das aus der Kombination eines angepaßten Konzepts der Technikfolgenabschätzung mit der Szenariotechnik besteht. Die Kernbestandteile dieses Verfahrens sind zum einen eine ausführliche Betrachtung der künftigen Zielsetzung im Pkw-Bau sowie zum anderen die auf einem mathematischen Modell beruhende Prognose auf der Basis von drei Szenarien. Mit der intensiven Diskussion und Bewertung der künftigen Zielsetzungen soll erreicht werden, daß die Erfolgsaussichten der zu bewertenden Innovation vor dem Hintergrund des heterogenen Anforderungsprofils an künftige Fahrzeuge hinreichend gut beurteilt werden können. Mit der Abschätzung der möglichen Entwicklungslinien auf der Basis von Szenarien soll der inhärenten Unsicherheit von Prognosen Rechnung getragen sowie die Bandbreite der wahrscheinlichen Entwicklung aufgezeigt werden. Die Prognose reicht zeitlich bis zum Jahr 2010 und beschränkt sich auf das Gebiet der Bundesrepublik Deutschland.

Insgesamt werden fünf unterschiedliche Ziele für die künftige Entwicklung erkannt. Neben einer Senkung der CO_2-Emissionen sowie der sonstigen gasförmigen Schadstoffe werden die Verringerung der Abhängigkeit von Rohölprodukten, die Erhöhung des Sicherheitsniveaus sowie der Aspekt der Ressourcenschonung bzw. der Verringerung der Abfallmenge als wichtigste Ziele eingestuft. Die Bedeutung dieser einzelnen Zielsetzungen unterscheidet sich jedoch; nach unserer Auffassung wird das Ziel der Sicherung der natürlichen Umwelt das primäre Ziel werden. Daneben muß dem Ziel einer Erhöhung der Sicherheitsniveaus hohe Bedeutung beigemessen werden. Angesichts der nur begrenzt vorhandenen Erdölvorräte wird langfristig die Suche nach Ersatzstoffen für diesen im Straßenverkehr dominierenden Energieträger an Bedeutung gewinnen.

Für jedes Ziel werden mögliche Ansätze dargestellt, um zu einer höheren Zielerreichung zu gelangen. Hierbei zeigt sich, daß die mit dem Aluminiumeinsatz verbundene Gewichtsreduzierung zu einer Verringerung des Kraftstoffverbrauchs und damit auch der Schadstoff- und CO_2-Emissionen führt. Das hohe Recyclingpotential des Werkstoffs ermöglicht den Aufbau eines Wiederverwertungskreislaufs, der bei konstanten Verbrauchsmengen ohne Zufuhr von Neumaterial auskommen kann. Schließlich verfügt das Material als metallischer Werkstoff über ein gutes Energieabsorptionsvermögen und bietet damit eine gute Basis für einen wirkungsvollen Insassenschutz. Das neue Karosseriematerial kann damit hinsichtlich aller relevanten, künftigen Anforderungen einen Beitrag zur höheren Zielerreichung liefern; zu keiner Zielsetzung besteht ein prinzipieller Konflikt.

Der Aluminiumeinsatz im Karosseriebau führt zu drei unterschiedlichen Bauprinzipien. Den geringsten Materialanteil bringt der Einsatz von Aluminium-Anbauteilen wie Türen oder Kofferraumdeckel an einer ansonsten konventionellen Stahlkarosserie. Daneben bietet sich die Möglichkeit einer reinen Materialsubstitution unter Beibehaltung der Blechschalenbauweise. Die deutlichste Abkehr von der bisherigen Grundkonstruktion bringt die sog. Space-frame Karosserie. Ein Rahmen aus Aluminiumprofilen übernimmt hier die Tragfunktion und kann eine Beplankung aus unterschiedlichen Materialien aufnehmen. Alle Verfahren werden z. Zt. im Serienbau eingesetzt.

Aufgrund des hohen Aluminiumpreises liegen die Materialkosten bei allen Verfahren über denen eines konventionellen Fahrzeugs. Die geringeren Werkzeugkosten einer Space-frame Lösung führen jedoch zu einem Kostenvorteil bei kleinen Seriengrößen bis etwa 25.000 Einheiten pro Jahr; bei höheren Produktionsvolumina erreicht ein konventioneller Karosserieaufbau mit Aluminiumblechen ein günstigeres Gesamtkostenbild, liegt aber über den Herstellkosten eines Stahlfahrzeugs.

Wegen dieser Kostennachteile hängt die künftige Verbreitung von Aluminium im Karosseriebau von der Entwicklung der Umfeldbedingungen ab. Als Schlüsselfaktoren zu ihrer Beschreibung werden der Kraftstoffpreis sowie die sog. Grenzstückzahl ausgewählt. Ein hoher Kraftstoffpreis führt zu einer höheren Nachfrage nach sparsamen Fahrzeugen und veranlaßt die Hersteller, dieses Angebot entsprechend auszuweiten. Die Grenzstückzahl beschreibt das jährliche Produktionsvolumen, bis zu dem eine Substitution des Stahlblechs vorgenommen wird. Mit diesen beiden Größen werden drei Szenarien beschrieben, die sich durch einen unterschiedlichen Markterfolg aluminiumintensiver Karosserien unterscheiden.

Die Folgewirkungen dieser Substitution sehen wir vor allem im ökologischen sowie im gesamtwirtschaftlichen Bereich. Trotz des hohen Energieeinsatzes bei der Aluminium-Erstherstellung erreichen die Fahrzeuge aufgrund ihres geringeren Kraftstoffverbrauchs eine positive Energie- und CO_2-Bilanz gegenüber konventionellen Pkws. Dieser Vorteil vergrößert sich mit dem Einsatz von wiederver wertetem Material, das mit einem Aufwand von rd. 5% des für die Primärerzeugung notwendigen Energieeinsatzes zurückgewonnen werden kann.

Gesamtwirtschaftlich können Auswirkungen in den Sparten Industrie, Dienstleistungssektor, Staat sowie Außenhandel nachgewiesen werden. Im Industriebereich verschieben sich die Produktionsanteile von der Stahl- zur Aluminiumindustrie. Die relativen Veränderungen sind für den Stahlbereich allerdings kleiner als für die aluminiumverarbeitenden Betriebe, da erstere auch unter Berücksichtigung des spezifischen Gewichts ein wesentlich höheres Produktionsergebnis erreichen. Bedingt durch die ähnlichen Herstelltechniken der beiden Metalle wirkt sich diese Substitution auch nur wenig auf den Arbeitskräftebedarf aus. Die Mineralölindustrie verliert aufgrund des geringeren Verbrauchs aluminiumintensiver Fahrzeuge ersatzlos an Absatzmöglichkeit. In Kombination mit anderen verbrauchssenkenden Einflüssen, wie z.B. effizienteren Antrieben, entstehen so Überkapazitäten im Raffineriebereich, die abgebaut werden müssen.

Dieser Verbrauchsrückgang wirkt sich auch auf den Tankstellenbereich aus und wird den hier seit Jahren beobachtbaren Konzentrationsprozeß weiter vorantreiben. Daneben ist das Kfz-Handwerk im Dienstleistungssektor betroffen. Um im ertragsstarken Geschäft mit Fahrzeug- und Unfallreparaturen bleiben zu können, müssen die Betriebe in spezielle Arbeitsplätze für Fahrzeuge mit aluminiumintensiver Karosserie investieren. Für den einzelnen Betrieb lohnt sich dieser Schritt nur, wenn eine genügend hohe Zahl solcher Fahrzeuge in seinem Einzugsgebiet betrieben wird. Für die Kfz-Versicherungsunternehmen ergeben sich nur geringe Folgewirkungen, da die Reparaturkosten bei entsprechenden konstruktiven Vorkehrungen nicht über denen eines konventionellen Fahrzeugs liegen müssen.

Der Staat wird nur durch Veränderungen seines Steueraufkommens als Folge der Materialsubstitution berührt. Der geringere Kraftstoffverbrauch führt zu einem Rückgang des Mineralölsteueraufkommens, der mit dem wachsenden Bestand aluminiumintensiver Fahrzeuge kontinuierlich stärker wird. Demgegenüber stehen höhere Einnahmen bei der Mehrwertsteuer, da der unterstellte Preisaufschlag für diese verbrauchsoptimierten Fahrzeuge zu einer höheren Berechnungsgrundlage führt. Der einnahmenreduzierende Effekt der Mineralölsteuer dominiert jedoch und führt zu Einnahmeausfällen bis zu einer Milliarde DM pro Jahr.

Im Bereich des Außenhandels sind mehrere, z.T. gegenläufige Bewegungen zu beachten. Der geringere Kraftstoffverbrauch führt zu einem Rückgang des Rohölbedarfs, der wiederum mit dem Bestand von Fahrzeugen mit aluminium-intensiver Karosserie wächst. Demgegenüber steht zunächst der erhöhte Bedarf an Primäraluminium, der nicht aus inländischen Quellen gedeckt werden kann. Dieser führt zunächst zu einem Importüberschuß aus deutscher Sicht; erst mit dem Materialrücklauf aus Schrottfahrzeugen verringert sich dieser Zusatzbedarf. Im Zeitablauf stellt sich in allen Szenarien ein insgesamt geringerer Importbedarf für die Bundesrepublik ein.

Anhang

1 Ableitung des Fahrzeuggesamtwiderstands aus den Einzelwiderständen

Um ein Kraftfahrzeug in Bewegung zu setzen bzw. zu halten, müssen unterschiedliche Widerstandskräfte überwunden werden. Eine Addition dieser Teilwiderstände ergibt den Gesamtwiderstand, der den Leistungsbedarf des Fahrzeugs bestimmt. Es wird in jedem Zeitpunkt soviel Leistung benötigt, um alle Widerstandskräfte überwinden zu können.

Im folgenden wird die Formel für den Gesamtwiderstand aus den Teilwiderständen abgeleitet. Dabei bleiben jedoch diejenigen unberücksichtigt, die einen vernachlässigbar kleinen Einfluß auf das Gesamtergebnis haben (wie z.B. der Fahrbahnwiderstand als Folge unebener oder verformbarer Fahrbahn).

Luftwiderstand[1]

Die Luftwiderstandskraft eines Fahrzeugs läßt sich nach folgender **Gleichung 1-1** berechnen:

$$F_{W,L} = A_w * c_w * v_{rel}^2 * (Rho)/2$$

mit:

$F_{W,L}$	Luftwiderstandskraft [N od. $kg*m/s^2$]
A_w	Projektionsfläche des Fahrzeugs in Längsrichtung [m^2]
(Rho)	Luftdichte [kg/m^3]
c_w	Luftwiderstandsbeiwert [dimensionslos]
v_{rel}	Relativgeschwindigkeit ($v_{rel} = v +/- v_{wind}$) [m/s]

Gleichung 1-1: Gleichung zur Berechnung des Luftwiderstands

---

[1] Alle Formeln sind entnommen aus Bosch GmbH (Hrsg.), Kraftfahrtechnisches Taschenbuch, 1987, S. 256 ff.

Der Luftwiderstandsbeiwert c_w ist ein dimensionsloser, fahrzeugspezifischer Kennwert, an dessen Größenordnung man die aerodynamischen Qualitäten einer Karosserie erkennen kann. Der (theoretische) untere Grenzwert liegt im Bereich von etwa 0,05 für einen idealen tropfenförmigen Körper, bei Pkws sind Beträge in der Größenordnung von etwa 0,26 bis 0,4 üblich. Der Einfluß der Karosseriegestaltung ist in **Abbildung 1-1** dargestellt.

Die Geschwindigkeit des Fahrzeugs zur Umgebungsluft (v_{rel}) geht mit ihrer 2. Potenz in die Berechnungsformel ein. Aus diesem Grund macht sich der Luftwiderstand bei höheren Geschwindigkeiten immer stärker bemerkbar.

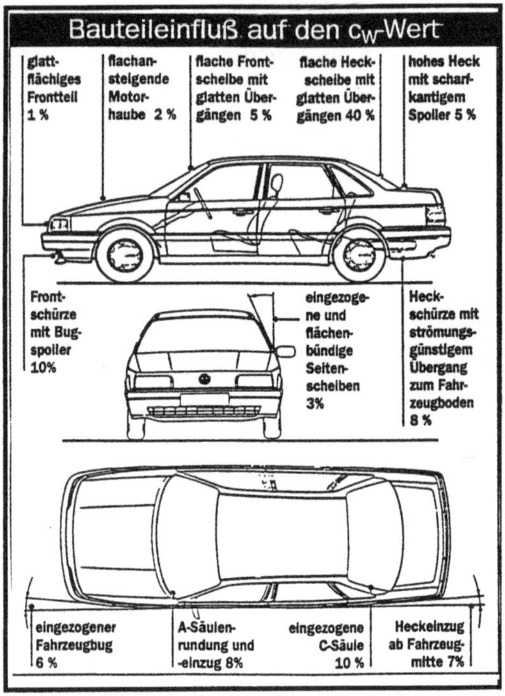

Abbildung 1-1: Bauteileinfluß auf den c_w-Wert
Quelle: o. V., Technik-Lexikon, Stichwort: Aerodynamik, 1994, S. 37

Steigungswiderstand

Ein zusätzlicher Widerstand muß überwunden werden, wenn das Fahrzeug eine Steigung bezwingt. Er läßt sich nach **Gleichung 1-2** berechnen.

$$F_{W, St} = m * g * \sin ß_{St}$$

mit:	$F_{W, St}$	Steigungswiderstand [N od. $kg*m/s^2$]
	m	Fahrzeugmasse [kg]
	g	Erdbeschleunigung [m/s^2]
	$\sin ß_{St}$	Steigungswinkel [dimensionslos]

Gleichung 1-2: Gleichung zur Berechnung des Steigungswiderstands

Um die für das Befahren einer gegebenen Steigung notwendige Leistung möglichst gering zu halten, kann der Fahrzeugtechniker lediglich die Fahrzeugmasse m verringern. Alle übrigen Parameter sind fahrzeugunabhängig.

Radwiderstand

Der gesamte Radwiderstand setzt sich aus 3 Einzelgrößen zusammen: Rollwiderstand, Fahrbahnwiderstand sowie Kurven- und Vorspurwiderstand. Für die Fahrzeugtechnik relevant ist hiervon jedoch nur der Rollwiderstand des Reifens, da die übrigen Größen fahrzeugunabhängig bzw. unbedeutend sind. Für die Rollwiderstandskraft ergibt sich folgende Bestimmungsgleichung:

$$F_{W, R} = m * g * f_R$$

mit:	$F_{W, R}$	Rollwiderstand [N od. $kg*m/s^2$]
	m	Fahrzeugmasse [kg]
	g	Erdbeschleunigung [m/s^2]
	f_R	Rollwiderstandsbeiwert [dimensionslos]

Gleichung 1-3: Gleichung zur Berechnung des Rollwiderstands

Der Rollwiderstandsbeiwert hängt von der jeweiligen Kombination Reifen/Fahrbahn ab und gibt an, wie groß der Verlust durch Reibungserscheinungen ist. Bei Fahrten auf Asphalt liegt dieser Wert in einer Größenordnung von etwa 0,015; schlechtere Fahrbahnen lassen ihn jedoch deutlich ansteigen (vgl. hierzu **Tabelle 1-1**).

Straßendecke	**Rollwiderstandsbeiwert** f_R
Luftreifen auf	
Großpflaster	0,015
Kleinpflaster	0,015
Beton, Asphalt	0,015
Schotter, gewalzt	0,02
Erdweg	0,05
Ackerboden	0,1 .. 0,35

Tabelle 1-1: Übersicht über Rollwiderstandsbeiwerte
Quelle: Bosch GmbH (Hrsg.), Kraftfahrtechnisches Taschenbuch, 1987, S. 256

Beschleunigungswiderstand

Bei Beschleunigungsvorgängen muß das Fahrzeug translatorische (Beschleunigung des Fahrzeugs in Längs- oder Querrichtung) und rotatorische (Beschleunigung von Achsen, Wellen usw.) Widerstandskräfte überwinden. Der rotatorische Anteil kann in einen fahrzeugabhängigen Massenfaktor e_m umgerechnet werden und wird damit mit dem translatorischen vergleichbar. Damit ergibt sich die Berechnungsformel nach **Gleichung 1-4**.

$$F_{W,\,Be} = m * \ddot{y} * e_m$$

mit:

$F_{W,\,Be}$	Beschleunigungswiderstand [N od. $kg*m/s^2$]
m	Fahrzeugmasse [kg]
$\ddot{y}$	Fahrzeugbeschleunigung in Längsrichtung [m/s^2]
e_m	Massefaktor [dimensionslos]

Gleichung 1-4: Gleichung zur Berechnung des Beschleunigungswiderstands

Die Größe dieses Widerstands hängt damit von der Fahrzeugmasse und der aktuellen Beschleunigung ab. Für den Fahrzeugtechniker ist damit wiederum das

Gewicht eines Fahrzeugs der einzige Ansatzpunkt zur Reduzierung dieser Widerstandskraft.

Gesamtwiderstand

Die im Detail vorgestellten Einzelwiderstände müssen zur Berechnung des Gesamtwiderstands additiv zusammengefaßt werden (vgl. **Gleichung 1-5**).

$$F_{W,\,Ges} = \mathbf{m} * g *(f_r + \sin ß_{St} + (ÿ* e_m)/g) + \mathbf{v}_{\mathbf{rel}}^{\mathbf{2}} * A_w * c_w *(Rho)^2/2*$$

mit: $F_{W,\,Ges}$ Gesamtwiderstand [N od. kg*m/s^2]

Die Definition der Parameter ergibt sich analog zu den Einzelwiderständen.

Gleichung 1-5: Gleichung zur Berechnung des Gesamtwiderstands

Der erste Teil der Gleichung enthält die von der Fahrzeugmasse abhängigen Anteile, der zweite Teil den Luftwiderstand, der in erster Linie durch die Relativgeschwindigkeit zwischen Fahrzeug und Luftströmung bestimmt wird. Von der Fahrzeugtechnik beeinflußbar sind lediglich der Luftwiderstandsbeiwert c_w. sowie die Stirnfläche des Fahrzeugs.

2 Löschungen von Pkw nach Alter

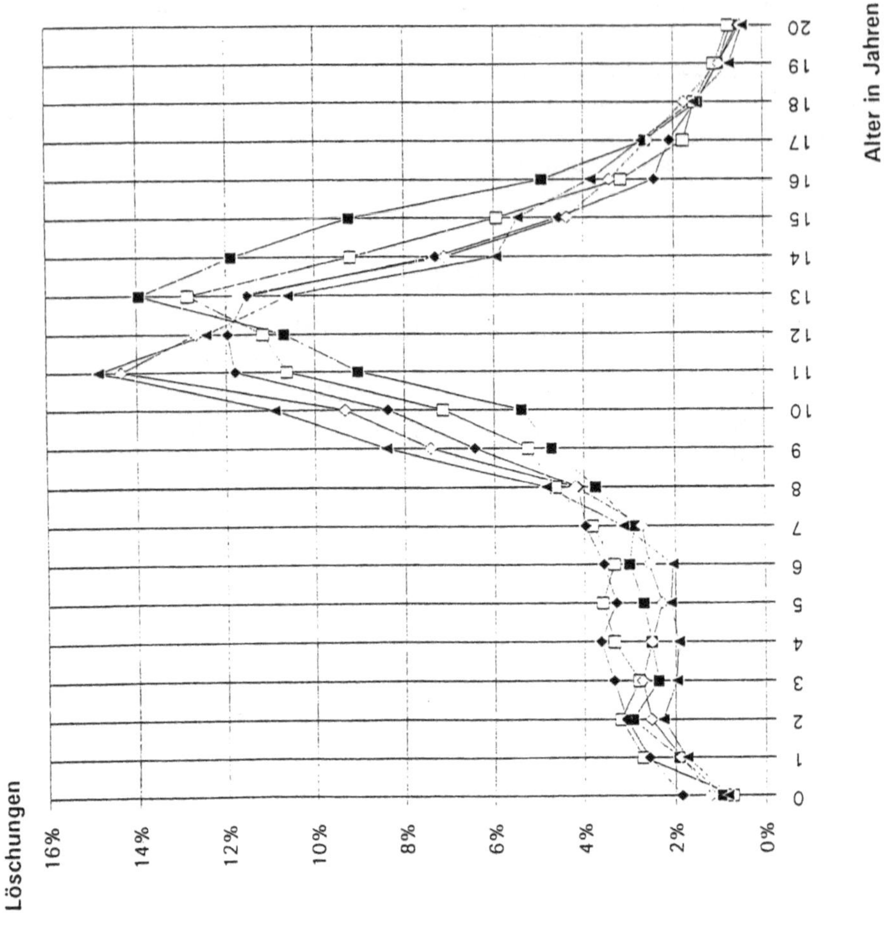

Abbildung 2-1: Löschungen von Pkw nach Alter
Quelle: Institut für Kraftfahrwesen Universität Hannover (Hrsg.), Aluminium, Automobil und Recycling, 1994, S. 224

3 Numerische Ableitung des Rechenmodells und der Untersuchungsszenarien

3.1 Rechenmodell zur Bestimmung der Folgewirkungen

Auf den folgenden Seiten findet sich als Beispiel für das verwendete Kalkulationsblatt die Berechnung des Szenarios 1. Innerhalb der einzelnen Module sind die Eingangsgrößen aus der Szenarioübersicht eingesetzt worden.

Die in den einzelnen Feldern enthaltenen Formeln entsprechen vom Aufbau her den in der Arbeit vorgestellten Beziehungen. Es ist allerdings aufgrund der Länge der Formeln nicht möglich, diese auf dem Kalkulationsblatt explizit anzugeben.

Die Berechnung der übrigen Szenarien wurde mit dem gleichen Rechenblatt durchgeführt.

Anmerkungen zu der Dateiübersicht:

a) Mit den ausgedruckten Zeilen- und Spaltenköpfen können die einzelnen Zellen „angesprochen" werden. Die im Zellhintergrund gespeicherten Formeln greifen auf diese Bezeichnungen zurück.

b) Das exakt gleiche Blatt wurde mit anderen Eingangsparametern auch für die anderen Szenarien durchlaufen.

c) Verwendete Abkürzungen:

FE Eisen

SF Space-frame

Kalkulationsblatt für Szenario 1

Modul 1: Bestimmung von Produktions- u. Zulassungsstückzahl/ Ableiten des Fahrzeugbestands

Teil 1: Bestimmung von Produktions- und Zulassungsstückzahl

Jahr	Stückzahlen von aluminiumintensiven Karosserien, dt. Produktion [in Tsd.] Gesamtzahl	*darunter: SF, Alu-Haut*	*SF, Sonst. Haut*	*Summe SF*	Import-Export Quotient [%]
1998	20	20	0	20	0,70
1999	105	30	0	30	0,70
2000	180	80	0	80	0,70
2001	200	80	0	80	0,70
2002	240	80	0	80	0,70
2003	280	80	0	80	0,70
2004	295	95	0	95	0,70
2005	295	95	0	95	0,70
2006	310	110	0	110	0,70
2007	310	110	0	110	0,70
2008	310	110	0	110	0,70
2009	310	110	0	110	0,70
2010	310	110	0	110	0,70

Teil 2: Ableiten des Fahrzeugbestands

Jahr	Bestand [in Tsd.] Alu-Karosserie Gesamtzahl	*darunter: SF, Alu-Haut*	*SF, Sonst. Haut*	*Summe SF-Fahrzeuge*
1998	48,3	48,3	0,0	48,3
1999	121,3	68,8	0,0	68,8
2000	246,0	124,0	0,0	124,0
2001	383,2	178,5	0,0	178,5
2002	546,7	232,0	0,0	232,0
2003	735,8	284,3	0,0	284,3
2004	932,1	345,7	0,0	345,7
2005	1.123,4	404,7	0,0	404,7
2006	1.317,5	470,0	0,0	470,0
2007	1.502,9	531,7	0,0	531,7
2008	1.676,5	588,9	0,0	588,9
2009	1.835,3	641,1	0,0	641,1
2010	1.968,9	686,7	0,0	686,7

Modul 2: Jährlicher Aluminiummehr- u. Stahlminderbedarf im Karosseriebereich

Teil 1: Bestimmung des jährlichen Aluminiummehrbedarfs

Jahr	Aluminiumverbr./Karosserie [in kg] Gesamtaus.	Teilaus.	Aluminium-Gesamtverbrauch [in Tonnen] Gesamtaus.	Teilaus.
1998	256	256	5.110,5	5.110,5
1999	119	110	12.460,9	11.563,1
2000	140	116	25.281,5	20.799,1
2001	132	110	26.440,7	21.958,4
2002	150	101	35.980,8	24.343,4
2003	135	93	37.741,6	26.104,2
2004	138	91	40.703,9	26.844,8
2005	132	87	38.803,3	25.591,3
2006	134	85	41.557,8	26.279,9
2007	134	85	41.557,8	26.279,9
2008	134	85	41.557,8	26.279,9
2009	134	85	41.557,8	26.279,9
2010	134	85	41.557,8	26.279,9

Teil 2: Bestimmung des jährlichen Stahl- und Eisenerzminderverbrauchs

Jahr	Stahlminderverbr./Karosserie [Stahlblech in kg] Gesamtaus.	Teilaus.	Gesamter Stahlminderverbr. [in Tonnen] Gesamtaus.	Teilaus.
1998	379	379	7.571,1	7.571,1
1999	245	236	25.683,9	24.797,2
2000	246	221	44.243,4	39.824,9
2001	238	216	47.671,4	43.253,0
2002	257	210	61.777,3	50.305,9
2003	239	198	66.984,4	55.513,0
2004	242	196	71.364,4	57.703,0
2005	229	185	67.608,4	54.666,0
2006	231	183	71.655,8	56.689,7
2007	231	183	71.655,8	56.689,7
2008	231	183	71.655,8	56.689,7
2009	231	183	71.655,8	56.689,7
2010	231	183	71.655,8	56.689,7

>>>>>

Modul 3: Bestimmung der jährlichen Kraftstoffersparnis

Zeile	A	Kraftstoffersparnis/100 kg eingespartem Fahrzeuggewicht [in l/100 km]	Eingesparte Fahrzeugmasse [in 100 kg] Gesamtaus.	Eingesparte Fahrzeugmasse [in 100 kg] Teilaus.	Jährl. Fahrleist. pro Fahrzeug [in km]	Eingesparte Kraftstoffmenge [in 1.000 l] Gesamtaus.	Eingesparte Kraftstoffmenge [in 1.000 l] Teilaus.	Eingesparte Kraftstoffmenge [in t, Dichte=0,76 kg/l] Gesamtaus.	Eingesparte Kraftstoffmenge [in t, Dichte=0,76 kg/l] Teilaus.
60	1998	0,60	1,85	1,85	12.700	5.813	5.813	4.418	4.418
61	1999	0,60	1,19	1,15	12.700	10.067	9.952	7.651	7.564
62	2000	0,56	1,19	1,07	12.150	17.798	17.069	13.526	12.972
63	2001	0,56	1,16	1,05	12.150	28.151	26.412	21.395	20.073
64	2002	0,56	1,25	1,02	12.150	40.374	36.821	30.684	27.984
65	2003	0,56	1,16	0,96	12.150	54.607	48.450	41.501	36.822
66	2004	0,56	1,17	0,95	12.150	69.636	60.651	52.923	46.095
67	2005	0,52	1,10	0,89	12.000	82.592	70.924	62.770	53.902
68	2006	0,52	1,11	0,88	12.000	95.045	80.627	72.235	61.276
69	2007	0,52	1,11	0,88	12.000	107.202	89.903	81.474	68.326
70	2008	0,52	1,11	0,88	12.000	118.403	98.342	89.986	74.740
71	2009	0,52	1,11	0,88	12.000	128.458	105.796	97.628	80.405
72	2010	0,52	1,11	0,88	12.000	136.635	111.620	103.843	84.831

>>>>>

Modul 4: Berechnung des Schrottaufkommens(Schrottkreislauf)

Zeile	A	Schrottaufkommen [in t] Gesamtaus.	Schrottaufkommen [in t] Teilaus.	Recyclingquote: GESAMTAUSRÜSTUNG Gesamtverbr. Kar.-alu.	Recyclingquote: GESAMTAUSRÜSTUNG Deckung d. Schrottaufk.	Recyclingquote: TEILAUSRÜSTUNG Gesamtverbr. Kar.-alu.	Recyclingquote: TEILAUSRÜSTUNG Deckung d. Schrottaufk.
83	1998	76,66	76,66	5.110,5	*1,5 %*	5.110,5	1,5 %
84	1999	127,76	127,76	12.460,9	*1,0 %*	11.563,1	1,1 %
85	2000	178,87	178,87	25.281,5	*0,7 %*	20.799,1	0,9 %
86	2001	341,81	332,83	26.440,7	*1,3 %*	21.958,4	1,5 %
87	2002	709,61	655,81	35.980,8	*2,0 %*	24.343,4	2,7 %
88	2003	1.140,11	1.041,48	37.741,6	*3,0 %*	26.104,2	4,0 %
89	2004	1.729,89	1.514,89	40.703,9	*4,2 %*	26.844,8	5,6 %
90	2005	2.500,22	2.159,86	38.803,3	*6,4 %*	25.591,3	8,4 %
91	2006	3.741,47	3.199,75	41.557,8	*9,0 %*	26.279,9	12,2 %
92	2007	5.560,76	4.743,46	41.557,8	*13,4 %*	26.279,9	18,0 %
93	2008	7.549,01	6.319,12	41.557,8	*18,2 %*	26.279,9	24,0 %
94	2009	9.955,83	8.116,43	41.557,8	*24,0 %*	26.279,9	30,9 %
95	2010	12.931,58	10.281,31	41.557,8	*31,1 %*	26.279,9	39,1 %

Modul 5: Auswirkungen auf die Steuereinnahmen

Zeile						
101	Gesamte jährliche	Kraftstoffpr.	Steueranteil/	Rückgang des		Rückg. d.

	A	B	C	D	E	F	G	H	I	J	K	L	M
102		Kraftst.-ersparnis [in 1.000 l]		Mineralölst.	gesamt	Liter Kraftstoff (bei 15% MwSt)		Mineralölst.-aufk. [in Mill. DM]			Kfz-St.-aufk.		
103		Gesamtaus.	Teilaus.	[DM/Liter]	[DM/Liter]	[DM/Liter]		Gesamtaus.	Teilaus.		[Mill. DM]		
107	1998	5.812,7	5.812,7	0,98	1,55	1,18		6,87	6,87		1,45		
108	1999	10.067,5	9.952,2	0,98	1,55	1,18		11,90	11,77		3,64		
109	2000	17.797,8	17.068,6	1,02	1,65	1,24		21,98	21,08		7,38		
110	2001	28.150,8	26.412,2	1,02	1,65	1,24		34,77	32,62		11,50		
111	2002	40.373,8	36.820,6	1,02	1,65	1,24		49,87	45,48		16,40		
112	2003	54.606,9	48.450,2	1,02	1,65	1,24		67,45	59,85		22,08		
113	2004	69.635,5	60.650,8	1,02	1,65	1,24		86,02	74,92		27,96		
114	2005	82.592,1	70.924,2	1,10	1,80	1,33		110,24	94,67		33,70		
115	2006	95.045,5	80.626,8	1,10	1,80	1,33		126,87	107,62		39,52		
116	2007	107.202,2	89.903,0	1,10	1,80	1,33		143,09	120,00		45,09		
117	2008	118.403,2	98.342,0	1,10	1,80	1,33		158,04	131,27		50,30		
118	2009	128.457,9	105.796,3	1,10	1,80	1,33		171,46	141,22		55,06		
119	2010	136.635,0	111.620,1	1,10	1,80	1,33		182,38	148,99		59,07		
120											* Anm.: 30 DM/Fzg.*Jahr		
121													
122													

123 ***Modul 6: Veränderungen für den Bereich des Außenhandels***

124 **A. Aluminium** — **B. Rohöl**

125

	A	B	C	D	E	F	G	H	I	J	K	L	M
126		Aluminiumbedarf		Schrottauf-		Zusätzlicher Alu-		Preis				Minderverbrauch	
127		f. Fahrzeugherstellung [in t]		kommen [in t]		miniumbedarf pro Jahr [in t]		Primäralu.	Importvolumen [in Mill. DM]			an Kraftst. [in 1.000 l]	
128		Gesamtaus.	Teilaus.	Gesamtaus.	Teilaus.	Gesamtaus.	Teilaus.	[in DM/t]	Gesamtaus.	Teilaus.		Gesamtaus.	Teilaus.
132	1998	5.110,5	5.110,5	76,66	76,66	5.033,9	5.033,9	2.700,00	13,59	13,6		5.812,7	5.812,7
133	1999	12.460,9	11.563,1	127,76	127,76	12.333,1	11.435,4	2.700,00	33,30	30,9		10.067,5	9.952,2
134	2000	25.281,5	20.799,1	178,87	178,87	25.102,7	20.620,3	2.700,00	67,78	55,7		17.797,8	17.068,6
135	2001	26.440,7	21.958,4	341,81	332,83	26.098,9	21.625,5	2.700,00	70,47	58,4		28.150,8	26.412,2
136	2002	35.980,8	24.343,4	709,61	655,81	35.271,2	23.687,6	2.700,00	95,23	64,0		40.373,8	36.820,6
137	2003	37.741,6	26.104,2	1.140,11	1.041,48	36.601,5	25.062,7	2.700,00	98,82	67,7		54.606,9	48.450,2
138	2004	40.703,9	26.844,8	1.729,89	1.514,89	38.974,0	25.329,9	2.700,00	105,23	68,4		69.635,5	60.650,8
139	2005	38.803,3	25.591,3	2.500,22	2.159,86	36.303,1	23.431,4	2.700,00	98,02	63,3		82.592,1	70.924,2
140	2006	41.557,8	26.279,9	3.741,47	3.199,75	37.816,3	23.080,2	2.700,00	102,10	62,3		95.045,5	80.626,8
141	2007	41.557,8	26.279,9	5.560,76	4.743,46	35.997,1	21.536,5	2.700,00	97,19	58,1		107.202,2	89.903,0
142	2008	41.557,8	26.279,9	7.549,01	6.319,12	34.008,8	19.960,8	2.700,00	91,82	53,9		118.403,2	98.342,0
143	2009	41.557,8	26.279,9	9.955,83	8.116,43	31.602,0	18.163,5	2.700,00	85,33	49,0		128.457,9	105.796,3
144	2010	41.557,8	26.279,9	12.931,58	10.281,31	28.626,2	15.998,6	2.700,00	77,29	43,2		136.635,0	111.620,1
145													>>>>>
146													

147/148 ***Modul 7: Auswirkungen auf den Kfz-Handelsumsatz***

	A	B	D	F–H	L–M
149		Durch. Fahrzeugpreiserh.	Erhöhung des jährlichen	**Definierte Ausfallraten:**	
150		d. alu.-intensive Karosserie	Handelsums. [in Mill. DM]	Angenommene Ausfallraten (gleichseitige Verteilung)	

	A	B	C	D	E	F	G	H	I	J	K	L	M
151		Gesamtaus.	Teilaus.	Gesamtaus.	Teilaus.			Jahr	Anteil	kum. Verteilung	Überlebensrate		
155	1998	657,92	657,92	9,21	9,21				0,01	0,01	0,99		
156	1999	427,71	412,95	31,44	30,35				0,01	0,02	0,98		
157	2000	401,94	361,80	50,64	45,59				0,01	0,03	0,97		
158	2001	389,77	353,65	54,57	49,51			5	0,01	0,04	0,96		
159	2002	420,92	342,76	70,71	57,58				0,02	0,06	0,94		
160	2003	401,30	332,57	78,65	65,18				0,03	0,09	0,91		
161	2004	416,01	336,37	85,91	69,46				0,04	0,13	0,87		
162	2005	370,04	299,20	76,41	61,78				0,06	0,19	0,81		
163	2006	373,21	295,26	80,99	64,07			10	0,08	0,27	0,73		
164	2007	373,21	295,26	80,99	64,07				0,11	0,38	0,62		
165	2008	373,21	295,26	80,99	64,07				0,24	0,62	0,38		
166	2009	373,21	295,26	80,99	64,07				0,11	0,73	0,27		
167	2010	373,21	295,26	80,99	64,07				0,08	0,81	0,19		
168								15	0,06	0,87	0,13		
169									0,04	0,91	0,09		
170									0,03	0,94	0,06		
171									0,02	0,96	0,04		
172									0,01	0,97	0,03		
173								20	0,01	0,98	0,02		
174									0,01	0,99	0,01		
175									0,01	1,00	0		
176									0,00	1,00	0		
177								24	0,00	1,00	0		
178								Summe:	1,00				
179													

	N	O	P	Q	R	S	T	U	V	W	X	Y	Z
1													
2													
3													
4													
5													
6													
7													
8													
9													
13													
14													
15													
16													
17													
18													
19													
20													
21													
22													
23													
24													
25													
26													
27													
28													
29													
30													
31		"Neustahlminderverbrauch"*			Erzminderverbrauch								
32		[in Tonnen]			Fe-Gehalt: 62,0 %								
33		Gesamtaus.	Teilaus.		Gesamtaus.	Teilaus.							
37		7.457,6	7.457,6		12.028,3	12.028,3							
38		25.494,6	24.607,9		41.120,3	39.690,2							
39		43.978,4	39.559,9		70.932,9	63.806,4							
40		47.092,8	42.683,2		75.956,1	68.843,9							
41		59.976,7	48.602,6		96.736,7	78.391,2							
42		63.608,9	52.358,3		102.594,9	84.448,9							
43		63.721,4	50.545,8		102.776,4	81.525,4							
44		53.356,8	41.637,4		86.059,4	67.157,1							
45		44.925,7	32.827,8		72.460,9	52.948,1							
46		30.962,0	21.579,3		49.938,8	34.805,3							
47		20.371,9	14.109,6		32.857,9	22.757,5							
48		16.587,5	11.904,9		26.754,1	19.201,5							
49		16.934,3	12.849,4		27.313,4	20.724,9							
50		*Stahlminderverbr. unter Abzug der Recyclingmengen											
51													

	N	O	P	Q	R	S	T	U	V	W	X	Y	Z
52/53													
54		Einsparung CO_2											
55		[in 1.000. t/Jahr]*											
5[illegible]		Gesamtaus.	Teilaus.										
60		13,78	13,78										
61		23,87	23,60										
62		42,20	40,47										
63		66,75	62,63										
64		95,73	87,31										
65		129,48	114,89										
66		165,12	143,82										
67		195,84	168,18										
68		225,37	191,18										
69		254,20	213,18										
70		280,76	233,19										
71		304,60	250,86										
72		323,99	264,67										
73		* Konstante: 3,12 t CO_2/t Kraftstoff											
74													
75/76													
77													
78													
79													
83													
84													
85													
86													
87													
88													
89													
90													
91													
92													
93													
94													
95													
96													
97													
98													
99/100													
101		Erhöhung des MwSt.-Aufkommens d. höheren Kaufpreis*						**Summe:**	Gesamtrück. des				

	N	O	P	Q	R	S	T	U	V	W	X	Y	Z
102		[DM/Fzg.]		[Mill. DM/Jahr]				Steueraufkommens [Mill. DM]					
103		Gesamtaus.	Teilaus.	Gesamtaus.	Teilaus.			Gesamtaus.	Teilaus.				
107		657,92	657,92	1,20	1,20			7,12	7,12				
108		427,71	412,95	4,10	3,96			11,44	11,45				
109		401,94	361,80	6,61	5,95			22,76	22,52				
110		389,77	353,65	7,12	6,46			39,15	37,66				
111		420,92	342,76	9,22	7,51			57,05	54,37				
112		401,30	332,57	10,26	8,50			79,27	73,42				
113		416,01	336,37	11,21	9,06			102,77	93,82				
114		370,04	299,20	9,97	8,06			133,98	120,31				
115		373,21	295,26	10,56	8,36			155,83	138,79				
116		373,21	295,26	10,56	8,36			177,61	156,73				
117		373,21	295,26	10,56	8,36			197,77	173,20				
118		373,21	295,26	10,56	8,36			215,96	187,92				
119		373,21	295,26	10,56	8,36			230,88	199,70				
120	Durchschnitt:	393,41	325,23										
121													
122													
123													
124					C. Eisenerz						D. Gesamt		
125													
126	Kraftstoff-/	Minderausgaben für			Minderverbrauch			Minderausgaben			Veränderung der		
127	Rohölpreis	Kraftst.-Import [in Mill. DM]			an Eisenerz [in t]		Erzpreis	für Eisenerz-Import [in Mill. DM]			Außenhandelsposition [in Mill. DM]		
128	[in DM/l]	Gesamtaus.	Teilaus.		Gesamtaus.	Teilaus.	[in DM/t]	Gesamtaus.	Teilaus.		Gesamtaus.	Teilaus.	
132	0,30	1,74	1,74		12.028,3	12.028,3	60,00	0,72	0,72		-11,1	-11,1	
133	0,30	3,02	2,99		41.120,3	39.690,2	60,00	2,47	2,38		-27,8	-25,5	
134	0,38	6,76	6,49		70.932,9	63.806,4	60,00	4,26	3,83		-56,8	-45,4	
135	0,38	10,70	10,04		75.956,1	68.843,9	60,00	4,56	4,13		-55,2	-44,2	
136	0,38	15,34	13,99		96.736,7	78.391,2	60,00	5,80	4,70		-74,1	-45,3	
137	0,38	20,75	18,41		102.594,9	84.448,9	60,00	6,16	5,07		-71,9	-44,2	
138	0,38	26,46	23,05		102.776,4	81.525,4	60,00	6,17	4,89		-72,6	-40,5	
139	0,40	33,04	28,37		86.059,4	67.157,1	60,00	5,16	4,03		-59,8	-30,9	
140	0,40	38,02	32,25		72.460,9	52.948,1	60,00	4,35	3,18		-59,7	-26,9	
141	0,40	42,88	35,96		49.938,8	34.805,3	60,00	3,00	2,09		-51,3	-20,1	
142	0,40	47,36	39,34		32.857,9	22.757,5	60,00	1,97	1,37		-42,5	-13,2	
143	0,40	51,38	42,32		26.754,1	19.201,5	60,00	1,61	1,15		-32,3	-5,6	
144	0,45	61,49	50,23		27.313,4	20.724,9	60,00	1,64	1,24		-14,2	8,3	
145													
146													
147													
148													
149													
150													

3.2 Modellstückzahlen der deutschen Hersteller

In den folgenden Abschnitten werden die Modellstückzahlen der deutschen Hersteller abgeleitet und mit den Grenzstückzahlen der drei Szenarien verglichen. Auf diese Weise können diejenigen Modelle ermittelt werden, die nach den vorgegebenen Annahmen mit einer aluminiumintensiven Karosserie ausgerüstet werden. Hierbei ist allerdings zu beachten, daß die deutschen Hersteller bestimmte Modelle auch in ausländischen Zweigwerken produzieren und es stellt sich die Frage, ob diese Modelle bei der Ableitung der Produktionsziffern zu berücksichtigen sind.

Bei der Auslandsproduktion deutscher Hersteller lassen sich zwei Konstellationen unterscheiden. Im ersten Fall erfolgt vor Ort lediglich die Montage des Fahrzeugs aus Einzelteilen, die aus einem anderen Werk des Unternehmens geliefert werden. Bei diesem meist nur für kleine Stückzahlen angewandten Verfahren ist das ausländische Produkt mit dem in Deutschland hergestellten technisch identisch. Aus diesem Grund müssen die ausländischen Stückzahlen bei der Umstellungsentscheidung berücksichtigt werden.

Im zweiten Grundfall sind die ausländischen Werke unabhängig von der Versorgung mit Teilen aus anderen Werken. Alle Einzelteile werden vor Ort hergestellt und zu einem fertigen Fahrzeug montiert. Die dabei im Ausland erzeugten Stückzahlen liegen deutlich über denen des ersten Falls. Aus Kostengründen folgen allerdings die in unterschiedlichen Werken hergestellten Fahrzeuge einem einheitlichen technischen Konzept. Aus diesem Grund müssen auch hier alle insgesamt produzierten Stückzahlen bei einer Entscheidung für die Umstellung auf eine aluminiumintensive Karosseriebauweise herangezogen werden.

In beiden Fällen müssen damit sowohl die im Inland als auch die im Ausland produzierten Einheiten bei der Frage nach einer Karosserieumstellung berücksichtigt werden. Da sich die Folgenanalyse allerdings auf das Gebiet der Bundesrepublik Deutschland beschränkt, werden - nach der Festlegung der umzustellenden Baureihen - in der weiteren Rechnung lediglich die in Deutschland montierten Einheiten berücksichtigt.

Bei der Ermittlung der relevanten Modellstückzahlen müssen wiederum zwei Fälle unterschieden werden. Wenn es sich bei den künftigen Modellen um Nachfolgebaureihen für bereits heute angebotene Typen handelt, wurde auf diese „alten" Produktionsstückzahlen zurückgegriffen (Fall a). Hiermit wird unterstellt, daß das neue Modell auf den Kundenkreis des Vorgängerfahrzeugs zurückgreifen kann. Im Falle eines komplett neuen Fahrzeugs ohne vergleichbaren

Vorgänger werden die vom Hersteller erwarteten bzw. von Experten vermuteten Stückzahlen berücksichtigt (Fall b).

Fall a: Bei jeder Modellreihe werden zunächst unterschiedliche Karosserievarianten wie Limousine, Kombi oder Cabrio getrennt erfaßt. Dies ist jedoch nicht bei allen Herstellern möglich. Manche bieten nämlich unterschiedliche Karosserievarianten unter demselben Modellnamen an, die ausgewertete VDA Statistik enthält in diesen Fällen keine weitere Differenzierung.[2] Auf diese Fälle wird bei der Besprechung der einzelnen Modellreihen hingewiesen. Für den Vergleich mit der Grenzstückzahl werden jedoch die Gesamtproduktionszahlen aller Karosserievarianten einer Modellreihe herangezogen.[3] Dem liegt die Überlegung zugrunde, daß ein Einsatz unterschiedlicher Karosseriekonzeptionen innerhalb einer Modellfamilie aus Kosten- und Fertigungsgesichtspunkten nicht erfolgt.

Um die Auswirkungen von Produktionsunterbrechungen durch Streiks oder das Anlaufen neuer Modelle sowie konjunkturelle Einflüsse zu glätten, wurde für jedes Modell die durchschnittliche Produktionsstückzahl der Jahre 1985 - 1995 (d.h. 11- Jahres-Durchschnittswert) bestimmt. Wenn eine Karosserievariante bzw. eine Modellreihe innerhalb des Untersuchungszeitraums neu auf den Markt kam, wurde der Berechnungszeitraum für die Durchschnittsbildung entsprechend verkürzt.

Ein weiteres Problem stellt sich dann, wenn der Erscheinungstermin eines neuen Modells noch nicht bekannt ist. In diesem Fall wird die für den betreffenden Hersteller übliche Modellaufzeit angesetzt und auf diese Weise der Neuerscheinungstermin bestimmt.

Fall b: Bei neuen, vom Hersteller bereits angekündigten Modellreihen muß auf die vom Hersteller veröffentlichten oder von Experten erwarteten Stückzahlen zurückgegriffen werden. Diese werden in die Prognose übernommen.

Im folgenden werden die Modellreihen der einzelnen deutschen Hersteller analysiert.

---

[2] Ein Beispiel hierfür ist die Modellreihe "Kadett/Astra" der Adam Opel AG: Unter dieser Bezeichnung werden zwei unterschiedliche Karosserievarianten angeboten (Schrägheck- u. Stufenhecklimousine), die jedoch in der VDA - Statistik nicht getrennt ausgewiesen sind.

[3] vgl. hierzu auch Kap. 3.3.1. des Anhangs.

3.2.1 Audi AG

Die Audi AG bietet seit der Einführung des in Deutschland produzierten Modells A3 im September 1996 erstmals auch ein Fahrzeug in der unteren Mittelklasse (sog. „Golf-Klasse") an.[4] Das Fahrzeug ist keine völlig eigenständige Entwicklung, sondern folgt der sog. Plattformstrategie im VW-Konzern und basiert technisch auf dem VW Golf (gleicher Konzern).[5] Diese Strategie sieht vor, alle Fahrzeuge des Konzerns, zu dem neben VW auch die Marken Audi, Seat und Skoda gehören, aus 4 Grundversionen („Plattformen") kostengünstig zu entwickeln.[6] Die Plattformen enthalten neben großen Teilen der Karosseriegrundstruktur (Bodenplatte, Längsträger usw.) auch das gesamte Motor- und Getriebesystem, die Radaufhängungen, das Bremssystem, das elektrische Bordnetz sowie das Heizungs- und Lüftungssystem.[7] Durch die Verwendung zahlreicher Gleichteile strebt der VW-Konzern eine kostengünstigere Fertigung an. Die Plattformen sind mit den Buchstaben A (Mini-Klasse, etwa VW Polo) bis D (Luxusklasse, Audi A8) bezeichnet. Der neu vorgestellte Audi A3 besitzt damit ebenso wie der VW Golf eine Stahlkarosserie.[8] Die technische Verwandtschaft zu diesem in sehr hohen Stückzahlen produzierten Fahrzeug führt dazu, daß nach den zugrundeliegenden Annahmen keine Umstellung auf eine aluminiumintensive Karosserie vorgenommen wird.

Darüber rangiert der Audi A4,[9] der im November 1994 vorgestellt wurde und ebenfalls auf einer Plattform des VW-Konzerns basiert.[10] Seine Vorgänger erreichten hohe Stückzahlen von rd. 310.000 Fahrzeugen pro Jahr und wurden neben der Limousinenvariante auch als Coupé, Cabrio und Kombi angeboten (vgl. **Abbildung 3-1**, folgende Seite). Für den A4 werden diese Werte übernommen. Mit Nachfolgemodellen kann in den Jahren 2001 und 2007 gerechnet werden, die Umstellung auf eine aluminiumintensive Karosserie erfolgt nur nach Szenario 3 im Jahr 2007.

Die jüngste Version des nächstgrößeren Modells, des Audi A6, wurde - als

---

[4] vgl. Kruse, Jochen, Interview mit Audi-Chef Dr. Herbert Demel, 1994, S. 59.
[5] vgl., auch im folgenden, FAZ v. 02.07.1996, Mit Golf-Technik noch besser als der Golf, S. T3.
[6] vgl. Reil, Hermann, Alles wird gut. Die Pläne von VW, 1994, S. 16 ff.
[7] vgl. Reil, Hermann, Alles wird gut. Die Pläne von VW, 1994, S. 16 ff.
[8] vgl. Reil, Hermann, Viel Golf im Blut, 1995, S. 14/15.
[9] Die Audi AG stellte ihre Modellbezeichnungen zum Modelljahr 1995 auf den Buchstaben A gefolgt von einer Zahl um.
[10] vgl. o. V., Neue Nummer, 1994, S. 20 f.

Neukonstruktion auf Basis der C-Plattform des VW-Konzerns - im Mai 1997 auf dem deutschen Markt eingeführt. Dieses Fahrzeug ist mit einer vollverzinkten Stahlkarosserie ausgerüstet, Motorhaube sowie Teile der Türen werden jedoch zur Gewichtseinsparung aus Aluminium hergestellt.[11] Eine komplette Umstellung könnte daher erst mit den nächsten Modellwechseln um das Jahr 2003 bzw. 2009 vollzogen werden. In diesem Fall ergibt sich eine Berücksichtigung in den Szenarien 2 und 3.

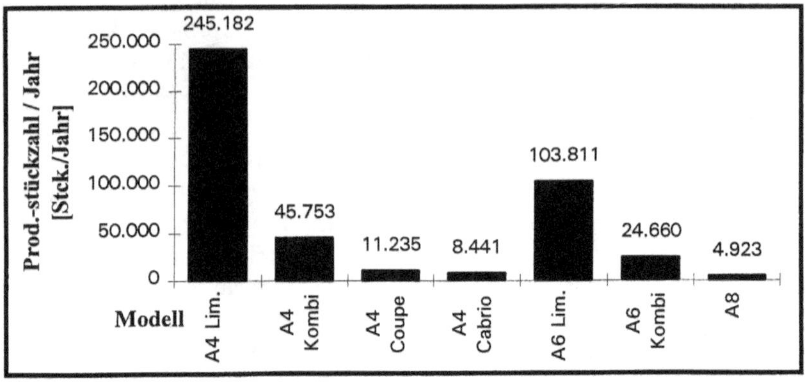

Abbildung 3-1: Jährliche Modellstückzahlen bei der Audi AG im Durchschnitt der Jahre 1985 bis 1995
Quelle: VDA (Hrsg.), Tatsachen und Zahlen aus der Kraftverkehrswirtschaft, versch. Folgen und Jahrgänge, eigene Berechnung

Die Produktion des Audi A3 wurde erst 1996 aufgenommen und erscheint daher nicht in der Abbildung. Bei der Mittelwertberechnung für den Audi A8 wurden die geringeren Stückzahlen des Vorgängermodells V8 berücksichtigt; der A 8 alleine erreichte in seinem ersten vollen Produktionsjahr (1995) eine Ergebnis von 12.705 Einheiten.

Das Oberklassefahrzeug Audi A8 wird hingegen seit Mai 1994 als erstes Großserienmodell mit einer Aluminiumkarosserie in Space-frame Technik angeboten.[12] Der Hersteller rechnet mit einer Jahresstückzahl von 15.000 Fahrzeugen.[13]

---

[11] vgl., auch im folgenden, Kittler, Eberhard, Audi A6: Technik und Design, 1997, S. 54. Der Gesamtanteil von Aluminium liegt mit 155 kg bei diesem Fahrzeug sehr hoch.

[12] Zu technischen Details dieses Fahrzeugs vgl. Kap. 2.3.2.4.4

[13] vgl. z.B. FAZ v. 10.03.1994, Audi-Vorstandssprecher Demel: „Ich habe genug Kraft", S. 13 u. FAZ v. 07.04.1995, Audi fährt schneller als erwartet in die Gewinnzone zurück, S. 16. Im ersten vollen Produktionsjahr 1995 wurden 12.705 Fahrzeuge produziert (vgl. VDA

Daneben entwickelt das Unternehmen ein besonders sparsames Fahrzeug mit einer Leichtbaukarosserie.[14] Nach Presseangaben soll das etwa 3,85 m lange Fahrzeug 1999[15] vorgestellt werden und mit einem Diesel-Direkteinspritzer Motor einen Verbrauch von rd. 3,5 Litern/100 km erreichen.[16] In der Modellrechnung werden die von Audi selbst veröffentlichten Stückzahlen von 50.000 jährlichen Einheiten[17] unterstellt. Da die Produktionsentscheidung für dieses Fahrzeug nach Presseangaben getroffen wurde, wird es in allen Szenarien unabhängig von der jeweils gültigen Grenzstückzahl betrachtet. Ein Vorläufer dieses Fahrzeugs wurde mit der Studie „AL_2" auf der Automobilausstellung 1997 präsentiert.[18] Das 3,76 m lange Fahrzeug mit Aluminium Space-frame Karosserie bringt es trotz umfangreicher Sicherheitsausstattung auf ein Gesamtgewicht von 750 kg.[19]

Schließlich hat die Audi AG mitgeteilt, daß der zunächst als Studienkonzept vorgestellte Audi TT[20] (Coupé und Roadster) ebenfalls in Serie gebaut werden soll. Da die Produktion nach Unternehmensangaben jedoch im ungarischen Zweigwerk geplant ist,[21] bleibt diese Modellreihe von der weiteren Betrachtung ausgeschlossen.

(Hrsg.), Tatsachen und Zahlen aus der Kraftverkehrswirtschaft, 1996, S. 38 f.); angesichts der bekannt gewordenen Anlaufprobleme wird daher der Wert von 15.000 Fahrzeugen in der Rechnung berücksichtigt.

[14] vgl. FAZ v. 24.04.1996, Volkswagen setzt auf Leichtbau, S. 27.

[15] Der Hersteller selbst hat das Angebot dieses Fahrzeugs bis spätestens 31.12.1999 verbindlich zugesagt (vgl. FAZ v. 24.04.1996, Volkswagen setzt auf Leichtbau, S. 27; Reil, Hermann, Neuheit: Das Drei-Liter-Auto von Audi, 1996, S. 18 u. FAZ v. 19.03.1997, Der Autohersteller Audi gibt sich angriffslustig wie nie, S. 21). In der Modellrechnung wurde daher das Jahr 2000 als erstes volles Produktionsjahr angenommen.

[16] vgl. Reil, Hermann, Neuheit: Das Drei-Liter-Auto von Audi, 1996, S. 18.

[17] FAZ v. 07.04.1995, Audi fährt schneller als erwartet in die Gewinnzone zurück, S. 16 u. FAZ v. 12.11.1996, Der Space Frame wird abgespeckt, Nr. 264, S. T3.

[18] vgl. z.B. FAZ v. 10.09.1997, Audi stellt kompaktes Aluminium-Auto vor, S. 24 u. VDI - Nachrichten v. 19.09.1997, Audi-Studie für nahe Zukunft, S. 24.

[19] o.V., Aktuell: Der kleine Alu-Audi, 1997, S. 10 f.

[20] vgl. hierzu z.B. o.V., Coupé Studie Audi TT: Die neue Welt der Leidenschaft, 1995, S. 34 ff. u. Reil, Hermann, Audi TTS-Roadster und TT-Coupé: Die Verdichtung der Fahrmaschine, 1995, S. 10 ff.

[21] vgl. hierzu FAZ v. 02.05.1996, Audi baut jetzt auch in Ungarn Autos, S. 23 u. VDI - Nachrichten v. 10.05.1996, Audi fertigt verstärkt im Verbund mit Ungarn, S. 1.

3.2.2 BMW AG

Die BMW AG bietet vier unterschiedliche Modellreihen an. Das derzeit kleinste Modell im Angebot ist die 3er Reihe, die in den Karosserievarianten Limousine, Kombi, Cabrio und Schräghecklimousine (seit 1994) hergestellt wird. Die Einführung der Nachfolgebaureihe findet nach Presseangaben im Mai 1998 statt.[22] Dieses Fahrzeug wird mit einer Stahlkarosserie ausgerüstet sein. Die nächsten Generationen werden um die Jahre 2004 bzw. 2010 vorgestellt werden. Aufgrund der hohen Produktionsstückzahlen dieser Reihe (rd. 395.000 Fzge./Jahr bei Berücksichtigung aller Karosseriederivate; vgl., auch im folgenden, **Abbildung 3-2**, folgende Seite) ergibt sich eine Umstellung lediglich nach den Bedingungen des Szenario 3 im Jahr 2010.

Über der 3er Reihe rangiert die 5er Reihe, deren neue Modellgeneration auf der IAA 1995 präsentiert und ab 1996 verkauft wurde.[23] Die neue Ausführung wird zwar - wie der Vorgänger - in konventioneller Stahlbauweise ausgeführt, besitzt aber als technische Neuerung ein nahezu komplett aus Aluminium gefertigtes Fahrwerk.[24] Hierdurch wurde gegenüber einer konventionellen Stahlbauweise eine Gewichtsreduzierung von ca. 65 kg erreicht.[25] Da für das Fahrzeug eine Produktionszeit von sieben bis acht Jahren geplant ist,[26] findet eine Ablösung frühestens im Jahr 2003 statt. Bei einer ermittelten durchschnittlichen Stückzahl von 160.000 Einheiten zeigen sich Auswirkungen in den Szenarien 2 und 3.

Das größte Fahrzeug im Modellprogramm ist der 7er BMW, dessen aktuelle Version im Juni 1994 auf dem deutschen Markt eingeführt wurde (Stahlbauweise).[27] Dessen Nachfolger könnte im Jahr 2002 vorgestellt werden (durchschn. Stückzahl 40.000 Fahrzeuge pro Jahr, Berücksichtigung in allen Szenarien).

Daneben wird als Luxussportwagen der 8er BMW in kleinen Jahresstückzahlen (ca. 5.000 Fahrzeuge, vgl. **Abbildung 3-2**, folgende Seite) hergestellt.[28] Er wird

---

[22] o.V., Neuheiten, 1996, S. 27 u. o. V., Verkaufsstart im Mai 1998: Neuer 3er ist ein kleiner 5er, 1997, S. 12.

[23] vgl., auch im folgenden, o.V., Fünfer-BMW: Auf Komfort-Kurs, 1995, S. 54 u. Elberth, Claus-Peter, Technik: Analyse des neuen Fünfer-BMW, 1995, S. 16 ff.

[24] vgl. FAZ v. 02.10.1995, Gewicht sparen und Komfort erhöhen, S. T5.

[25] vgl. Leyrer, Götz, Bayern vor, 1995, S. 10 ff.

[26] vgl. Männer, Engelbert, Vorwärts mit Elan, 1994, S. 16 ff.

[27] vgl. Reil, Hermann, Fahrbericht BMW 730i/740i, 1994, S. 16 ff.

[28] vgl. o.V., Folge 6: BMW 840/850 Coupé, 1995, S. 59.

voraussichtlich im Jahr 1999 durch einen Nachfolger ersetzt;[29] wegen der geringen Stückzahl würde dieses Fahrzeug nach allen Szenarien mit einer aluminiumintensiven Karosserie ausgerüstet werden. Ein entsprechender Prototyp in Aluminium Space-frame Karosserie mit einer Beplankung aus Aluminiumblechen wurde unter der Bezeichnung „Z 07“ im Herbst 1997 vorgestellt.[30]

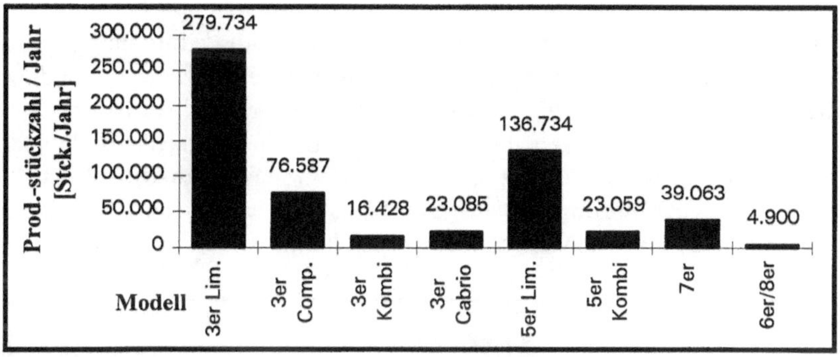

Abbildung 3-2: Jährliche Modellstückzahlen bei der BMW AG im Durchschnitt der Jahre 1985 bis 1995
Quelle: VDA (Hrsg.), Tatsachen und Zahlen aus der Kraftverkehrswirtschaft, versch. Folgen und Jahrgänge, eigene Berechnung

Neben diesem bereits heute produzierten Modellprogramm gibt es Spekulationen über einen Kleinwagen mit einer aluminiumintensiven Karosserie. Presseangaben zufolge will BMW dieses Fahrzeug mit Elektroantrieb nur „unter dem Druck strengerer Abgasvorschriften [.] in Kleinserie“[31] bauen. In der Prognose wird eine Stückzahl von 20.000 Fahrzeugen bei einem Serienstart im Jahr 1999 unterstellt. Die vom Hersteller genannten Randbedingungen stimmen allerdings nur mit denen der Szenarien 2 und 3 überein, so daß dieses Fahrzeug nur hier berücksichtigt wird.

Das Cabriolet BMW Z3 wird in den USA produziert[32] und daher nach den Randbedingungen dieser Untersuchung nicht weiter berücksichtigt.

[29] o.V., Neuheiten, 1996, S. 27.
[30] vgl. Imhof, Thomas M., Die Zeitmaschine, 1997, S. 39 f.
[31] Winterhagen, Johannes, Die Überraschungseier, 1994, S. 106.
[32] o.V., Hintergrund: Nacharbeit am Z3, 1996, S. 20.

3.2.3 Ford AG

Die Ford AG, deutsche Tochter des gleichnamigen amerikanischen Konzerns, produziert in Deutschland die Modellreihen Fiesta, Escort und Scorpio. Die übrigen angebotenen Fahrzeuge werden in ausländischen Werken des Konzerns hergestellt.

Der Kompaktwagen Fiesta hat 1996 eine Überarbeitung mit umfangreichen Veränderungen an Bug und Heck erfahren, wobei der Karosseriegrundkörper erhalten blieb.[33] Das Konzept einer selbsttragenden Stahlkarosserie wurde damit nicht verändert.[34] Das Fahrzeug wird sowohl in Deutschland als auch in anderen europäischen Ländern produziert. Die Gesamtproduktion liegt daher höher als die in **Abbildung 3-3** ausgewiesene;[35] so daß mit einer Umstellung der Karosseriebauform nicht gerechnet werden kann.

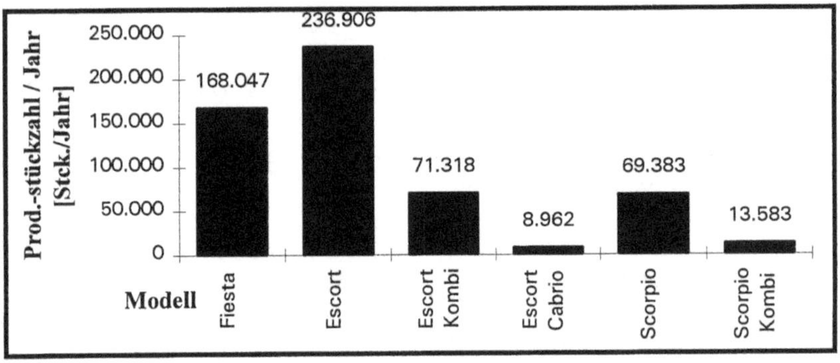

Abbildung 3-3: Jährliche Modellstückzahlen bei der Ford AG im Durchschnitt der Jahre 1985 bis 1995
Quelle: VDA (Hrsg.), Tatsachen und Zahlen aus der Kraftverkehrswirtschaft, versch. Folgen und Jahrgänge, eigene Berechnung

Im gleichen Jahr wurde ebenfalls das Mittelklassemodell des Unternehmens, der Ford Escort, überarbeitet. Die Veränderungen betrafen jedoch nicht den Karosseriegrundkörper und damit die Stahlkonstruktion.[36] Ähnlich wie beim Fiesta wird dieses Fahrzeug auch an anderen, ausländischen Standorten produ-

---

33 vgl. Eichhorn, Ulrich, et al., Kundenorientierte Entwicklung am neuen Ford Fiesta, 1995, S. 522 ff.

34 vgl. o.V., Ford Fiesta, Das 98-Prozent-Auto, 1995, S. 48 f.

35 vgl. VDA (Hrsg.), Tatsachen und Zahlen aus der Kraftverkehrswirtschaft, 1995, S. 19 ff.

36 vgl. o.V., Neuer Ford Escort, 1995, S. 6 f.

ziert;[37] eine Umstellung auf aluminiumintensive Karosseriekonzepte wird wegen der hierdurch erreichten hohen Stückzahlen nach den Annahmen nicht vorgenommen.

Das Spitzenmodell des Unternehmens, der Scorpio, wurde im Oktober 1994 neu vorgestellt. Ähnlich wie beim Fiesta wurde der Grundkörper des alten Modells bei Veränderungen im Bug- und Heckbereich beibehalten. Das Fahrzeug besitzt eine komplette Stahlkarosserie. Für die Zukunft ist die Übernahme des amerikanischen Spitzenmodells ab 1999 geplant, das aber wahrscheinlich in Deutschland montiert werden soll.[38] Aus diesem Grund wird die Modellreihe in den Szenarien 2 und 3 berücksichtigt.

Daneben hat das Unternehmen mit dem Produktionsbeginn des Ford Ka sein Modellprogramm in das Kleinstwagensegment ausgeweitet. Dieses Fahrzeug besitzt eine konventionelle Stahlkarosserie auf Basis der Fiesta-Plattform und wird darüber hinaus aufgrund von Kostenvorteilen gegenüber anderen Standorten im spanischen Werk Valencia produziert.[39] Aus diesen Gründen wird es in der Untersuchung nicht weiter berücksichtigt.

3.2.4 Mercedes Benz AG

Dieses Unternehmen produziert vier Modellreihen, die in unterschiedlichen Karosserievarianten erhältlich sind. Die Fahrzeuge der sog. C-Klasse wurden im Juni 1993 zunächst als Limousine vorgestellt, mittlerweile ist auch eine Kombiversion erhältlich.[40] Die Nachfolgegenerationen werden wahrscheinlich erst in den Jahren 2001 und 2008 präsentiert (durchschnittliche Jahresstückzahl ohne Kombi rd. 210.000 Fahrzeuge, vgl. **Abbildung 3-4**, folgende Seite. Für die Modellrechnung Erhöhung um 50.000 Einheiten für die Kombivariante, d.h. Übernahme in Szenario 3 ab dem Jahr 2008).

Die technische Basis der C-Klasse wird auch für den Roadster SLK genutzt, der seit Juni 1996 im Werk Bremen produziert wird.[41] Mercedes Benz plant, hier-

---

[37] vgl. VDA (Hrsg.), Tatsachen und Zahlen aus der Kraftverkehrswirtschaft, 1995, S. 19 ff.

[38] vgl. Reil, Hermann, Der letzte Versuch, 1994, S. 19 ff.

[39] Um die Produktion dieses Fahrzeugs hatte sich auch ein deutsches Produktionswerk des Konzerns beworben. Die geringen Lohnstückkosten gaben jedoch den Ausschlag für das spanische Werk; vgl. FAZ v. 02.09.1996, Ford nimmt in Spanien die Fertigung des neuen Kleinwagens auf, S. 19.

[40] vgl. Gaus, Hermann et al., Die neue C-Klasse von Mercedes-Benz, 1993, S. 402 ff.

[41] vgl. Köbler, Johannes, Fahrbericht Mercedes SLK 230 Kompressor, 1996, S. 19.

von rd. 40.000 Einheiten pro Jahr abzusetzen.[42] Der Nachfolger dieses Fahrzeugs um das Jahr 2003 könnte daher mit einer aluminiumintensiven Karosserie ausgerüstet werden.

Die E-Klasse wurde nach einer rd. zehnjährigen Bauzeit im Sommer 1995 durch eine neue Modellgeneration ersetzt.[43] Das Fahrzeug ist ähnlich wie der Vorgänger in konventioneller Stahlbauweise ausgeführt und wird in unterschiedlichen Karosserieformen angeboten.[44] Mit dessen Nachfolger wird in den Jahren 2003 und 2010 gerechnet (Jahresstückzahl 265.000, Berücksichtigung in Szenario 3).

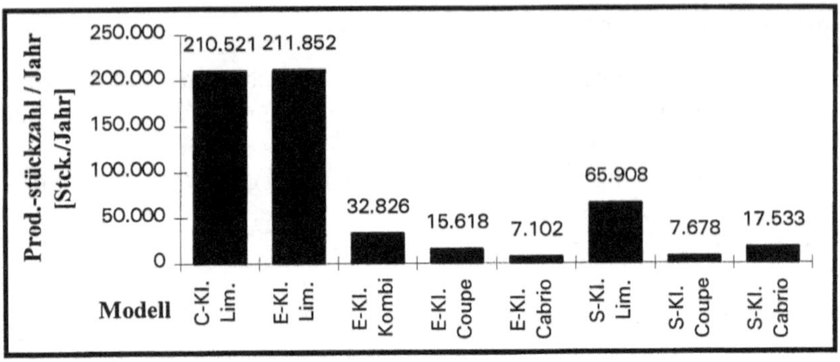

Abbildung 3-4: Jährliche Modellstückzahlen bei der Mercedes-Benz AG im Durchschnitt der Jahre 1985 bis 1995

Quelle: VDA (Hrsg.), Tatsachen und Zahlen aus der Kraftverkehrswirtschaft, versch. Folgen und Jahrgänge, eigene Berechnung

Der Mercedes SLK ist in der Aufstellung noch nicht enthalten, da seine Produktion erst im Juni 1996 aufgenommen worden ist.

Die Fahrzeuge der S-Klasse sind das Angebot des Unternehmens in der Oberklasse. Sie wurde im September 1991 vorgestellt, ein Facelift[45] fand im Frühjahr 1994 statt. Neben der Limousine wird auch ein Coupé angeboten. Beide

---

[42] o. V., Statt kaufen: Roadster mieten, 1996, S. 32.

[43] vgl., auch im folgenden, Reil, Hermann, Neue Mercedes E-Klasse, 1995, S. 6 f.; Gaus, Hermann, et al., Die neue E-Klasse von Mercedes Benz, 1995, S. 316 ff. u. VDI - Nachrichten v. 02.06.1995, Mercedes-Benz startet mit neuem Gesicht, S. 26.

[44] vgl. o. V., Wieder eine Nummer größer, 1992, S. 20 f.

[45] Mit dem Begriff Facelift (oder auch Facelifting) umschreibt man die „Veränderung meist äußerl. Merkmale von Produkten, um den Absatz mit relativ geringem Mehraufwand in den letzten Phasen des Produktlebenszyklus zu erhöhen"; Brockhaus Enzyklopädie, Bd. 7, 1988, S. 49.

Fahrzeuge gerieten wegen ihres hohen Gewichts sowie ihrer ausladenden äußeren Abmessungen in den Mittelpunkt einer kritischen Diskussion.[46] Das Unternehmen wird daher einen Nachfolger mit geringeren Außenabmessungen im Jahr 1998 vorstellen und ab 1999 anbieten.[47] Das neue Fahrzeug wird jedoch keine Vollaluminium-Karosserie besitzen, sondern durch den Einsatz unterschiedlicher Materialien Leichtbauforderungen erfüllen.[48] Damit entspricht dieses Modell dem unterstellten Mercedes Leichtbaukonzept und kann in allen Szenarien berücksichtigt werden.

Technisch ähnlich, jedoch mit grundlegend anderer Karosserie wartet das Cabrio SL auf. Nach Presseangaben soll der Nachfolger im Jahr 2001 vorgestellt werden.[49] Um die im Lastenheft aufgestellte Forderung nach einer deutlichen Gewichtsreduzierung zu erreichen, soll eine Mischbauweise aus Stahl und Leichtmetallen zum Einsatz kommen.[50] Aus diesem Grund erfolgt ebenfalls eine Berücksichtigung in allen Szenarien.

Neben diesen Fahrzeugen arbeitet das Unternehmen an Klein- und Kleinstwagen, die das Programm nach unten ergänzen sollen. Unterhalb der C-Klasse rangieren die Fahrzeuge der A-Klasse. Dieser neue Kleinwagen soll ab seinem Verkaufsbeginn im Oktober 1997[51] in einer geplanten Stückzahl von etwa 800 pro Tag (d.h. 200.000 pro Jahr) in Deutschland hergestellt werden.[52] Die Produktion ist bis in das Jahr 2007 vorgesehen. Eine Vorabversion dieses Modells, die Studie Vision A, wurde in Space-frame Technologie (mit Aluminiumhaut)

---

46 vgl. Reil, Hermann, Mercedes S-Klasse: Weniger ist mehr, 1995, S. 16.

47 vgl. Reil, Hermann, Mercedes S-Klasse: Weniger ist mehr, 1995, S. 16 ff u. Reil, Hermann, Zukunft: der Wandel bei Mercedes Benz, 1995, S. 28 f.

48 vgl. FAZ v. 12.11.1996, Aus der Reihe tanzen für schlankere Zeiten, S. T4.

49 vgl. o. V., Schlag auf Schlag, 1996, S. 13.

50 vgl. Kacher, Georg, Neuheit: Mercedes SL: Zurück in die Zukunft, 1996, S. 34. Dieses Fahrzeug entspricht damit von seinem Konzept her der grundsätzlich unterstellten Produktstrategie von Mercedes Benz, nach der keine vollständige Substitution von Stahl durch Aluminium vorgesehen ist.

51 vgl. VDI - Nachrichten v. 04.07.1997, Ah! Noble Klasse, S. 12 u. FAZ v. 01.07.1997, Die A-Klasse von Mercedes-Benz, S. T1. Aufgrund von Fahrwerksproblemen hat das Unternehmen jedoch eine Fahrzeugüberarbeitung vornehmen müssen und den Verkauf bis März 1998 vorübergehend aussetzen müssen; vgl. o. V., Mercedes A-Klasse: Die neue Lösung, 1997, S. 6 u. o. V., ESP in der A-Klasse, 1997, S. 26.

52 vgl., auch im folgenden, Männer, Engelbert, Der Weg zur Vielfalt, 1994, S. 15 ff. u. FAZ v. 09.12.1996, Mercedes Benz bringt 1997 seinen ersten Kleinwagen, Nr. 287, S. 16.

vorgestellt.[53] Das Serienfahrzeug wird jedoch mit einer konventionellen Stahlkarosserie ausgerüstet, deren Gewicht durch gezielten Kunststoff-, Aluminium- und Magnesiumeinsatz nach Herstellerangaben um 30% reduziert worden ist.[54] Die vorderen Kotflügel sowie die Heckklappe bestehen bspw. aus Kunststoff, der Frontcrashbereich aus Aluminium und der Armaturenträger aus Magnesium.[55] Wegen des nur geringen Aluminiumeinsatzes wurde dieses Fahrzeug allerdings nicht in der Aufstellung berücksichtigt. Der Nachfolger könnte hingegen einen höheren Aluminiumanteil aufweisen und wird in den Szenarien 2 und 3 ab dem Jahr 2007 aufgenommen.

Unterhalb der A-Klasse rangiert der Swatch-Mercedes. Dabei handelt es sich um ein Kleinstfahrzeug mit einer Gesamtlänge von ca. 2,5 m. Da die Montage dieses Fahrzeugs ausschließlich in Frankreich erfolgen soll, bleibt es in der weiteren Untersuchung unberücksichtigt.[56]

3.2.5 Adam Opel AG

Die Adam Opel AG produziert in Deutschland vier Modellreihen in unterschiedlichen Karosserievarianten. Das kleinste Modell, der Opel Corsa, wird überwiegend in Spanien produziert, zusätzlich wurde die Produktion im Werk Eisenach aufgenommen. Diese Modellreihe wird aufgrund ihrer überwiegend ausländischen Produktion sowie der hohen Produktionsstückzahlen nicht weiter berücksichtigt.

Der Astra ist das Opel-Angebot in der unteren Mittelklasse (Golf-Klasse) und wurde in seiner jetzigen Form im September 1991 vorgestellt, der Nachfolger wurde auf der IAA 1997 gezeigt.[57] Neben der Kombivariante, die in **Abbildung 3-5** (folgende Seite) getrennt erfaßt ist, wird das Fahrzeug in Stufenheck- und Schrägheckform angeboten. Diese Varianten können von der Stückzahl her aber nicht unterschieden werden. Aufgrund seiner hohen Produktionsstückzahlen kommt das Fahrzeug für eine Substitution im Rahmen der Szenarien allerdings nicht in Frage.

---

[53] vgl. VDI-Nachrichten v. 27.08.1993, Kompaktmodelle mit Fahrkomfort, S. 20 u. FAZ v. 13.08.1993, Ein unkonventioneller Mercedes, S. 13.

[54] vgl. VDI - Nachrichten v. 04.07.1997, Ah! Noble Klasse, S. 12 u. Haack, Alexandra, Technik: Mercedes A-Klasse, 1997, S. 14 ff.

[55] vgl. Haack, Alexandra, Technik: Mercedes A-Klasse, 1997, S. 14 ff.

[56] vgl. FAZ v. 21.12.1994, Mercedes investiert 750 Millionen DM in Lothringen, S. 15.

[57] vgl. o. V., Neu: Golf & Astra, 1997, S. 6 f. Der Produktionsstart erfolgt jedoch erst im Frühjahr 1998.

Über dem Astra rangiert der Vectra, der in zwei Karosserievarianten im September 1995 neu präsentiert worden ist;[58] im Jahr 1996 wurde diese Baureihe durch ein Kombimodell ergänzt.[59] Alle Karosserieversionen sind in konventioneller Stahltechnik ausgeführt. Mit Nachfolgemodellen kann in den Jahren 2002 und 2008 gerechnet werden, wegen der hohen Stückzahlen erfolgt eine Umstellung jedoch nur in Szenario 3. Dabei ist zu berücksichtigen, daß die in **Abbildung 3-5** dargestellten Stückzahlen das Kombimodell nicht einschließen und daher um 50.000 Einheiten auf 375.000 Fahrzeuge pro Jahr erhöht werden müssen (geschätzter Kombianteil).

Das größte Modell des Unternehmens, der Omega, wurde in zwei Karosserievarianten im Mai 1994 vorgestellt. (Nachfolger erwartet für 2001; Jahresstückzahl 130.000 Fahrzeuge, Berücksichtigung in den Szenarien 2 und 3).

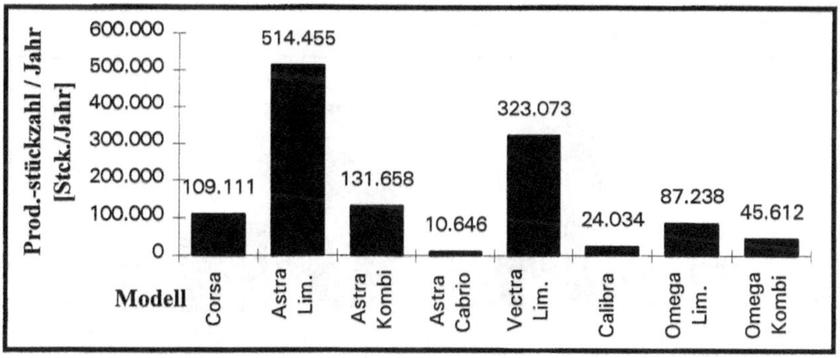

Abbildung 3-5: Jährliche Modellstückzahlen bei der Adam Opel AG im Durchschnitt der Jahre 1985 bis 1995
Quelle: VDA (Hrsg.), Tatsachen und Zahlen aus der Kraftverkehrswirtschaft, versch. Folgen und Jahrgänge, eigene Berechnung

Daneben wurde der Calibra bis Juli 1997 als sportliches Coupé angeboten.[60] Er war technisch mit dem Vorgängermodell des Vectra verwandt, verfügte jedoch über eine eigene Karosseriegestaltung. Die durchschnittliche Jahresstückzahl lag bei rund 25.000 Fahrzeugen. Unterstellt man, daß eine mögliche Nachfolgegeneration technisch eigenständiger wird, erfolgte eine Umstellung auf alumi-

---

[58] vgl., auch im folgenden, Fritsch, Jürgen, et al., Der neue Opel Vectra, 1995, S. 504 ff.

[59] o.V., Aktuell: Zur IAA: Der neue Opel Vectra, 1995, S. 6 f.

[60] Die Produktion der Opel Calibra wurde im Juli 1997 eingestellt, über ein Nachfolgemodell liegen keine Informationen vor; vgl. Kittler, Eberhard, Reportage: Abschied vom Opel Calibra, 1997, S. 86 ff.

niumintensive Karosseriebauweise. Wegen der notwendigen Vorlaufzeit könnte eine solche Umstellung jedoch nicht vor dem Jahr 2000 vorgenommen werden und würde damit vor der - szenarioabhängigen - Umstellung des Opel Omega in die Serienproduktion eingeführt werden.

3.2.6 Porsche AG

Die Porsche AG, die in der Vergangenheit drei stark unterschiedliche Modellreihen in jeweils verschiedenen Karosserievarianten herstellte (vgl. **Abbildung 3-6**), wird in Zukunft nur noch zwei Modellreihen mit einem hohen Anteil von Gleichteilen anbieten. Auf einer ähnlichen Basis entstanden zum einen der Porsche 986 als offenes Fahrzeug (Verkaufsbezeichnung: Porsche Boxster) sowie zum anderen der Porsche 996 als Nachfolger des Porsche 993 (Verkaufsbezeichnung: Porsche 911).[61]

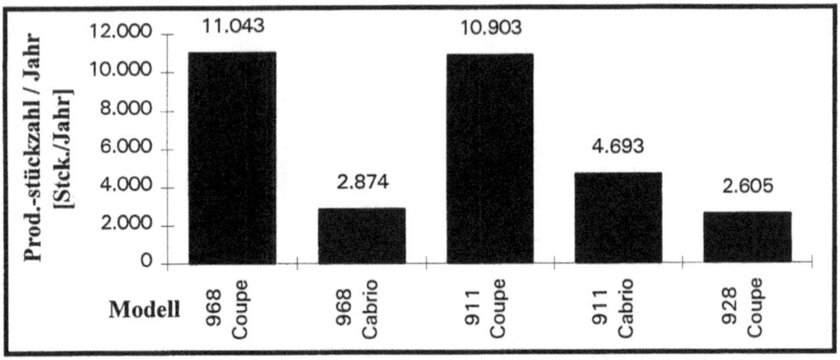

Abbildung 3-6: Jährliche Modellstückzahlen bei der Porsche AG im Durchschnitt der Jahre 1985 bis 1995
Quelle: VDA (Hrsg.), Tatsachen und Zahlen aus der Kraftverkehrswirtschaft, versch. Folgen und Jahrgänge, eigene Berechnung

Das kleinere Fahrzeug, der 986, kam 1996 auf den Markt und soll nach den Planungen von Porsche in einer jährlichen Stückzahl von 15.000 Fahrzeugen verkauft werden.[62] Das Fahrzeug ist in konventioneller Stahlbauweise ausgeführt. Aufbauend darauf wurde auf der IAA 1997 der Typ 996 (Verkaufsbezeichnung Carrera) vorgestellt.[63] Dieses Fahrzeug besteht zu 38%

---

[61] vgl. FAZ v. 27.02.1996, Kein kleinliches Paket aus Tradition und Technik, S. T4.
[62] vgl. FAZ v. 27.02.1996, Kein kleinliches Paket aus Tradition und Technik, S. T4.
[63] vgl. Leyrer, Götz, Vorstellung: Porsche Carrera, 1997, S. 14 f.

aus Gleichteilen mit dem kleineren Porsche Boxster[64] und weist ebenfalls eine Karosserie in konventioneller Stahlbauweise auf.

Eine Umstellung auf Aluminiumbauweise könnte damit erst mit den Folgegenerationen erfolgen. Die vom Hersteller geplanten Stückzahlen führen zu einer Berücksichtigung in allen Szenarien; als Umstellungszeitpunkt werden die Jahre 2004 (Typ 986) sowie 2006 (Typ 996) unterstellt.

3.2.7 Volkswagen AG

Der Polo, das derzeit kleinste Fahrzeug der VW AG, ist im Oktober 1994 in einer neuen Version vorgestellt worden.[65] Sein technisches Konzept weist eine hohe Ähnlichkeit mit dem Seat Ibiza auf, einem anderen Fahrzeug aus dem Volkswagen-Konzern (Plattformstrategie).[66] Diese technische Gleichheit macht es notwendig, bei dem Vergleich mit der Grenzstückzahl die Produktionsvolumina beider Fahrzeuge zusammen heranzuziehen, die im Jahr 1995 bei rd. 621.000 Einheiten lagen.[67] Damit wird der VW Polo bei der Ableitung der Szenarien nicht berücksichtigt.

Der VW Golf bzw. Vento (Stufenheckversion), das nächst größere Modell des Konzerns, wurde in erneuerter Form im September 1997 vorgestellt.[68] Aufgrund seiner hohen Produktionsstückzahlen - zusammen mit den Schwestermodellen des Konzerns auf gleicher Plattform - liegt diese Baureihe über den Grenzstückzahlen und eignet sich daher nicht für eine Umstellung auf Aluminium-Karosserietechnologie (vgl. **Abbildung 3-7**, folgende Seite).

Der VW Passat, das größte Modell aus dem VW Programm, wurde im Oktober 1996 in einer Stufenheckversion neu vorgestellt,[69] die neue Kombivariante folgte im Juni 1997.[70] Auch dieses Fahrzeug folgt der Plattformstrategie und

---

64 vgl. Hack, Gert, Neuheit: Porsche 996, 1996, S. 9 u. Leyrer, Götz, Vorstellung: Porsche Carrera, 1997, S. 14.

65 vgl. Böttcher, Knut, Der Kleinste will hoch hinaus, 1994, S. 6.

66 Neben der Bodengruppe einschließlich Achsen und Motoren stimmen in beiden Fahrzeugen auch die Armaturentafel, die Bedienungselemente sowie andere Teile der Innenraumgestaltung überein; vgl. Sander, Rudolf, Test: Peugeot 106 XN 1,0 - Seat Ibiza Cala 1,0i - VW Polo 1,0 45, 1995, S. 34.

67 vgl. VDA (Hrsg.), Tatsachen und Zahlen aus der Kraftverkehrswirtschaft, 1996, S. 23 f. u. 51 ff.

68 vgl. o. V., Neu: Golf & Astra, 1997, S. 6 f.

69 vgl. Kittler, Eberhard, VW Passat: Frischer Wind aus Norden, 1996, S. 31.

70 vgl. Köbler, Johannes, Fahrbericht VW Passat Variant VR 5, 1997, S. 18 ff.

weist Gemeinsamkeiten mit den Audi Modellen A4 und A6 auf.[71] Unter der Annahme durchschnittlicher Laufzeiten würden die nächsten Modelle in den Jahren 2004 bzw. 2010 erscheinen. Parallel zu den Audi-Modellen könnte auch dieses Fahrzeug dann auf Aluminiumtechnologie umgestellt werden (Stückzahl 335.000, d.h. Berücksichtigung lediglich in Szenario 3).

Darüber hinaus hat VW mit dem 1995 vorgestellten Modell Sharan erstmals ein Angebot in der Minivan-Klasse.[72] Das völlig neu konstruierte Fahrzeug wird jedoch ausschließlich in einem portugiesischen Werk hergestellt und von daher in dieser Untersuchung nicht weiter behandelt.[73]

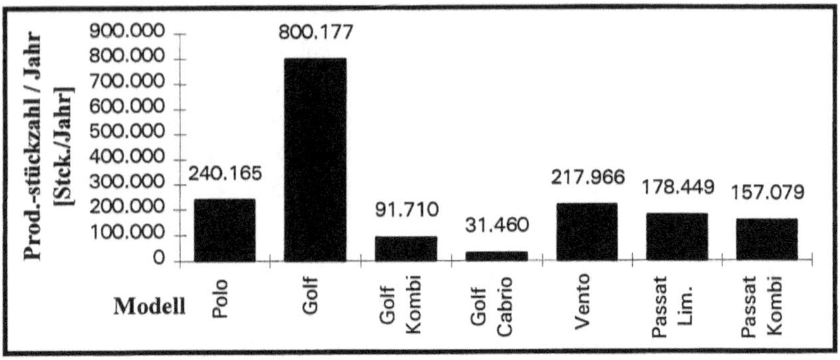

Abbildung 3-7: Jährliche Modellstückzahlen bei der Volkswagen AG im Durchschnitt der Jahre 1985 bis 1995
Quelle: VDA (Hrsg.), Tatsachen und Zahlen aus der Kraftverkehrswirtschaft, versch. Folgen und Jahrgänge, eigene Berechnung

Über die bereits bestehenden Varianten hinaus sollen ein Kleinfahrzeug auf Basis der A-Plattform sowie ein Modell in Anlehnung an den VW Käfer („VW Concept 1“[74]) zusätzlich ins Programm aufgenommen werden. Der Concept 1 - Verkaufsname: VW Beetle[75] - soll allerdings für alle Märkte zentral in Mexiko gebaut werden[76] und bleibt daher im weiteren unberücksichtigt. Der neue

---

71 vgl. Kittler, Eberhard, VW Passat: Stabilo-Baukasten, 1996, S. 40.

72 zur Konzeption des Fahrzeugs vgl. Schuster, Herbert et al., Der Sharan - Die Großraumlimousine von Volkswagen, 1995, S. 400 ff.

73 vgl. Haack, Alexandra, Neuheiten: VW Sharan - Ford Galaxy, 1995, S. 34.

74 vgl. hierzu z.B. o.V., Concept 1 wird gebaut, 1995, S. 68.

75 vgl. o.V., Der Käfer II heißt Beetle, 1996, S. 17.

76 vgl. o. V., VW Concept 1: Auf dem Weg zur Serie, 1995, S. 6.

Kleinwagen wird mit einer Stahlkarosserie ausgerüstet[77] und wegen der Ableitung von der in hohen Stückzahlen produzierten A-Plattform des Konzerns (VW Polo, Seat Ibiza) nach den Grundannahmen nicht auf eine aluminiumintensive Bauweise umgestellt.

3.2.8 Sonstige Hersteller

Unter den Herstellern mit kleineren Gesamtproduktionszahlen sind von der Firma Hotzenblitz Mobile GmbH Produktionspläne für ein Fahrzeug mit Spaceframe Aluminiumkarosserie bekannt geworden.[78] Dabei handelt es sich um einen Kleinstwagen mit Elektroantrieb, der bei einer Außenlänge von 2,70 m ein Gesamtgewicht von unter 700 kg (fahrbereit) erreicht.[79] Die im Vergleich zur Gesamtlänge sehr hohe Karosserie von 1,48 m erlaubt dennoch den Transport von 3 Personen, weist es aber andererseits als Stadtfahrzeug aus.[80] Das Unternehmen beabsichtigte zunächst, das Fahrzeug ab 1996 anzubieten und rechnete bereits im Jahr 1997 mit einer Produktionszahl von 10.000 Fahrzeugen.[81] Aufgrund der hohen Entwicklungskosten hat der Hersteller allerdings in der Zwischenzeit einen Antrag auf Gesamtvollstreckung stellen müssen[82] und alle Rechte an dem Fahrzeug an eine deutsche Investorengruppe veräußert.[83] Das Gesamtkonzept des Fahrzeugs sowie der vorgesehene Elektroantrieb machen es aber wahrscheinlich, daß sich erst bei einer Entwicklung nach Vorgabe der Szenarien 2 und 3[84] größere Stückzahlen verkaufen lassen. Aus diesem Grund wird das Fahrzeug nur unter diesen Bedingungen sowie - bedingt durch die

---

77 vgl. Reil, Hermann, Neuheit: Das Drei-Liter-Auto von Audi, 1996, S. 19.

78 vgl. o. V., Leichtbau Cabriolet, 1994, S. 211.

79 vgl. FAZ v. 13.07.1993, Alternative aus den Wäldern, S. T3 u. o. V., Hotzenblitz-Elektromobil, 1993, S. 419.

80 Eine hohe Fahrzeugkarosserie ist ein typisches Konstruktionsmerkmal für Stadtfahrzeuge: Die große Innenraumhöhe ermöglicht eine aufrechte Sitzposition der Insassen, weshalb das Fahrzeug kürzer und damit leichter ausgeführt werden kann. Andererseits resultiert aus der größeren Außenhöhe über die Ausweitung der Stirnfläche eine Erhöhung der Luftwiderstandskraft. Im Stadtverkehr mit seinem hohen Beschleunigungsanteil und nur geringen Geschwindigkeiten führt diese Auslegung zu geringeren Gesamtwiderstandskräften. Bei Fahrzeugen, die häufiger für Autobahnfahrten eingesetzt werden, empfiehlt sich aufgrund der anderen Zusammensetzung des Gesamtwiderstands hingegen eine flachere Fahrzeugkonzeption mit günstigerem Luftwiderstand; vgl. Anhang, Kap. 1 und Pippert, Horst, Karosserietechnik, 1989, S. 157 ff.

81 vgl. o. V., Leichtbau Cabriolet, 1994, S. 211.

82 vgl. FAZ v. 23.07.1996, Dem Hotzenblitz-Elektroauto droht das Aus, S. 16.

83 vgl. FAZ v. 13.12.1996, Hotzenblitz-Rechte verkauft, Nr. 291, S. 21.

84 vgl. hierzu Kap. 2.4.3.3. ff.

Entwicklungsunterbrechung - unter einer Verschiebung des Produktionstermins auf das Jahr 1999 berücksichtigt.

Ein Fahrzeug mit Aluminium Space-frame Karosserie wurde auch von der Sachsenring Automobiltechnik GmbH vorgestellt.[85] Ähnlich wie der Audi A8 ist das „Uni 1“ getaufte Konzept durch einen tragenden Rahmen aus Aluminium Profilen gekennzeichnet (Space-frame), auf den eine mittragende Karosserie aus Aluminiumblechen aufgebracht wird. Das mit einer Länge von 4,40 m (Breite: 1,80 m) recht kompakte Großraumfahrzeug bietet 7 Personen Platz und ist mit einem Hybrid-Antrieb ausgestattet.[86] Hierbei sind ein Turbodiesel-Direkteinspritzer Motor sowie ein Elektromotor kombiniert. Wenn für dieses Konzept ein Partner aus der Automobilindustrie gefunden werden kann, plant das Unternehmen für 1998 oder 1999 die Aufnahme der Serienproduktion mit rd. 10.000 Einheiten.[87] Ähnlich wie bei dem oben vorgestellten Hotzenblitz wird aber auch dieses Fahrzeugkonzept nur bei Randbedingungen nach den Szenarien 2 oder 3 gute Marktchancen haben. Aus diesem Grund folgt auch hier lediglich in diesen Szenarien eine weitere Berücksichtigung.

3.3 Berechnung der Szenariogrößen

3.3.1 Ermittlung der Stückzahlen

Die ermittelten durchschnittlichen Produktionsstückzahlen der einzelnen Fahrzeugbaureihen werden auf volle 5.000er Zahlen gerundet und anschließend mit den in den Szenarien unterschiedlich definierten Grenzstückzahlen verglichen. Liegt die ermittelte Produktionsstückzahl einer Baureihe unterhalb des Szenario-Grenzwerts, wird sie bei der nächsten Neukonstruktion auf eine aluminiumintensive Bauweise umgestellt. Bei einem niedrigeren Schwellenwert unterbleibt die Materialsubstitution im Karosseriebereich.

---

85 vgl., auch im folgenden, hierzu z.B. FAZ v. 08.11.1996, In zwei Jahren will Sachsenring die Serienproduktion starten, S. 24; FAZ v. 12.11.1996, Hybrid Auto Uni 1: Mut zur Serie, S. T3 u. VDI - Nachrichten v. 15.11.1996, Aluminium-Auto „Uni 1“ aus Zwickau fährt mit Hybrid-Frontantrieb, S. 39.

86 vgl. VDI - Nachrichten v. 15.11.1996, Aluminium-Auto „Uni 1“ aus Zwickau fährt mit Hybrid-Frontantrieb, S. 39.

87 vgl. FAZ v. 08.11.1996, In zwei Jahren will Sachsenring die Serienproduktion starten, S. 24.

Produktionsstückzahlen u. Wechselzeitpunkte

	Einheiten insges. [Stck./Jahr]	Einheiten in D. [Stck./Jahr]	*Anm.*	Wechselzeitpunkt [Jahr]	Szenarien (in Klammern: Wechselzeitpunkte)
Audi AG					
A1	50.000	50.000	b)	2000	[1,2,3]
Summe A4	310.000	310.000	a)	2007	[3]
Summe A6	130.000	125.000	a)	2003/2009	[2 (2009), 3 (2003)]
A8	15.000	15.000	b)	1995	[1,2,3] *
BMW AG					
Summe 3er	395.000	380.000	a)	2010	[3]
Summe 5er	160.000	160.000	a)	2003/2009	[2 (2009), 3 (2003)]
7er	40.000	40.000	a)	2002	[1,2,3]
8er	5.000	5.000	a)	1999	[1,2,3]
Kleinwagen	20.000	20.000	b)	1999	[2,3] **
Ford AG					
Scorpio	85.000	85.000	a)	1999	[2,3]
Mercedes Benz AG					
A-Kl.	200.000	200.000	b)	2007	[2,3]
C-Kl.	260.000	260.000	a)	2008	[3]
SLK Cabrio	40.000	40.000	b)	2003	[1,2,3]
Summe E-Kl.	265.000	260.000	a)	2010	[3]
Summe S-Kl.	75.000	75.000	a)	1999	[1,2,3]
SL Cabrio	20.000	20.000	a)	2001	[1,2,3]
Opel AG					
Vectra	375.000	250.000	a)	2008	[3]
Calibra	25.000	25.000	a)	2000	[1,2,3]
Summe Omega	130.000	130.000	a)	2001/2007	[2 (2007), 3 (2001)]
Porsche AG					
986	15.000	15.000	b)	2004	[1,2,3]
993	15.000	15.000	b)	2006	[1,2,3]
VW AG					
Summe Passat	335.000	255.000	a)	2010	[3]
Hotzenblitz	10.000	10.000	b)	1999	[2,3] **
Sachsenring	10.000	10.000	b)	1999	[2,3] **

a) Stückzahl basiert auf Produktionsziffern eines vergleichbaren Vorgängermodells
b) Stückzahl nach Herstellererwartung
* Steigerung auf 20.000 (1997) und 25.000 (1999) Fzge./Jahr durch neue Karosserievar.
** Berücksichtigung lediglich in Szenarien 2 u. 3, da der Hersteller nur bei Vorliegen der Randbedingungen dieser Szenarien die Produktion aufnehmen will bzw. Partner findet.

Abbildung 3.8: Zusammenstellung von Produktionsstückzahlen und Umstellungszeitpunkten

Aufgrund der unterschiedlichen Grenzwertvorgaben in den einzelnen Szenarien kommt es vor, daß manche Fahrzeugbaureihe nur in bestimmten Szenarien der Materialumstellung unterzogen wird. Ein Beispiel dafür ist der Audi A4, für den eine durchschnittliche jährliche Produktionsstückzahl von - gerundet - 325.000 Fahrzeugen ermittelt worden ist. Mit diesem hohen Wert erfolgt eine Umstellung nur nach Szenario 3, in den übrigen unterbleibt sie.

Auf der vorhergehenden Seite (vgl. **Abbildung 3.8**) befindet sich eine Kurzübersicht über die für eine Umstellung in Frage kommenden Baureihen, ihre Produktionsstückzahlen und unterstellten Umstellungstermine sowie die Grundlage der Stückzahlbestimmung (Ableitung von ähnlichem Vorgängermodell oder Hersteller-/Expertenschätzung).

3.3.2 Ermittlung der spezifischen Materialverbräuche

Die Bestimmung der spezifischen Materialverbräuche erfolgt grundsätzlich über die Hilfsgröße der Fahrzeugfläche. Multipliziert man diese mit dem spezifischen Flächengewicht erhält man, wie **Gleichung 3-1** zeigt, das Karosseriegewicht einer Fahrzeugbaureihe. Das so ermittelte Gewicht muß allerdings als Näherungswert angesehen werden, da herstellerspezifische Lösungen oder unterschiedliche Karosseriebauformen durch die zentrale Vorgabe eines Flächengewichts nicht exakt erfaßt werden können.

$$M_{Alu, p, i} = A_{Grund, p} * m_{Fläche, Mat\, s, i}$$

mit: $M_{Alu, p, i}$ = Karosseriegew. der Fahrzeugbaureihe p im Jahr i [kg/Stck.]

$A_{Grund, p}$ = Fahrzeuggrundfläche der Baureihe p [m^2]

$m_{Fläche, Mat\, s, i}$ = spez. Flächengewicht für Fahrzeuge mit Karosserie aus Material s im Jahr i [kg/m^2]

Gleichung 3-1: Berechnung des Fahrzeuggewichts über die Hilfsgrößen Fahrzeugfläche und Flächengewicht bei Monomaterial-Karosserie

Die in der Modellrechnung verwendeten Flächengewichte sind in **Tabelle 3-1** (folgende Seite) zusammengestellt; für ihre Berechnung wurden folgende Beispielfahrzeuge herangezogen:

Fahrzeug mit Vollaluminiumkarosserie:

Basis des angegebenen Gewichts ist der Audi A8, für den der Hersteller ein Karosseriegewicht von 254 kg angibt.[88] Bezogen auf die Fahrzeugfläche ergibt sich hieraus ein Flächengewicht von 27 kg/m^2.

	1998	**2000**	**2005**
Aluminiumausrüstung [kg/m^2]	27	25,7	24,5
Stahlausrüstung [kg/m^2]	40	38	36

Tabelle 3-1: Zusammenstellung der in der Rechnung berücksichtigten Flächengewichte

Fahrzeuge mit selbsttragender Stahlkarosserie:

Aus Gründen der Vergleichbarkeit mit den Kennwerten des Audi wurde die 1993 neu vorgestellte BMW 7er Reihe als Referenzfahrzeug ausgewählt. Der Hersteller gibt für dieses Modell ein Flächengewicht von 40,0 kg/m^2 an.[89]

Diese Vorgaben dürften sich im Untersuchungszeitraum aus unterschiedlichen Gründen verändern: zum einen gewinnen die Fahrzeughersteller in Zukunft weitere Erfahrungen im Umgang mit den einzelnen Werkstoffen, die einen effizienteren Materialeinsatz ermöglichen.[90] Daneben muß aber auch berücksichtigt werden, daß manche Nachfolgegenerationen in Zukunft kleiner dimensioniert werden. Diese Verkleinerung könnte dadurch in der Rechnung berücksichtigt werden, daß alle ermittelten Fahrzeugflächen (eine Zusammenstellung befindet sich als **Abbildung 3-9** auf der folgenden Seite) entsprechend verkleinert werden. Das gleiche mathematische Ergebnis erhält man allerdings auch durch eine entsprechende Verringerung des Flächengewichts. Da diese Korrektur aufgrund des zu erwartenden effizienteren Materialeinsatzes ohnehin not-

---

[88] vgl. Paefgen, Franz-Josef et al., Der neue Audi A8, 1994, S. 202.

[89] vgl. Lüdke, B., et al., Entwicklungsvorsprung durch konsequente Integration von Konstruktion, Berechnung und Versuch, 1994, S. 372.

[90] Bei der Audi AG bspw. wurde ein eigenes Technologiezentrum eingerichtet, das sich mit der konsequenten Weiterentwicklung der Aluminiumkarosserie beschäftigt. Bisherige Ergebnisse sind bspw. die teilweise Reduktion von Gußknoten sowie der Einsatz neuartiger Fügetechniken (Laserschweißen); vgl. FAZ v. 12.11.1996, Der Space Frame wird abgespeckt, S. T3.

Zusammenstellung der zugrunde gelegten Fahrzeugflächen

	Länge	Breite	Fahrzeugfl.	*Anmerkungen*
Audi AG	[mm]	[mm]	[m^2]	
A1	3.850	1.735	6,68	
A4 Lim.	4.152	1.735	7,20	
A4 Kombi	4.479	1.733	7,76	
A4 Coupe	4.479	1.733	7,76	*Maße auf Basis Audi 80*
A4 Cabrio	4.366	1.716	7,49	"
A6 Lim.	4.366	1.716	7,49	
A6 Kombi	4.797	1.783	8,55	
A8	4.797	1.783	8,55	
BMW AG				
3er	4.433	1.698	7,53	
3er "Compact"	4.210	1.698	7,15	
3er Kombi	4.433	1.698	7,53	
3er Cabrio	4.433	1.698	7,53	
5er	4.775	1.800	8,60	
5er Kombi	4.775	1.800	8,60	
7er	4.984	1.862	9,28	
8er	4.780	1.855	8,87	
Kleinwagen	3.674	1.640	6,03	*Maße von Studie BMW E1*
Ford AG				
Scorpio	4.825	1.760	8,49	
Scorpio Kom.	4.825	1.760	8,49	
Mercedes-Benz AG				
A-Kl.	3.580	1.650	5,91	*Breite geschätzt*
C-Kl.	4.487	1.720	7,72	
SLK Cabrio	3.995	1.715	6,85	
E-Kl. Lim.	4.795	1.799	8,63	
E-Kl. Kombi	4.816	1.799	8,66	
E-Kl. Coupe	4.555	1.720	7,83	
E-Kl. Cabrio	4.555	1.720	7,83	
S-Kl. Lim.	5.113	1.886	9,64	
S-Kl. Coupe	5.065	1.886	9,55	
SL Cabrio	4.935	1.828	9,02	
Opel AG				
Vectra	4.477	1.707	7,64	
Calibra	4.492	1.676	7,53	
Omega Lim.	4.788	1.786	8,55	
Omega Kombi	4.820	1.786	8,61	
Porsche AG				
986	4.317	1.780	7,68	*Maße auf Basis Porsche Boxster*
993	4.320	1.735	7,50	*Maße auf Basis Porsche 911*
VW AG				
Passat Lim.	4.675	1.740	8,13	
Passat Kombi	4.675	1.740	8,13	
Hotzenblitz	2.700	1.600	4,32	*Breite geschätzt*
Sachsenring	4.400	1.800	7,92	

Abbildung 3.9: Die in der Modellrechnung zugrundegelegten Fahrzeugflächen (Stand 1.1.97)

wendig wird, können hier die Folgewirkungen durch einen Trend hin zu kleineren Fahrzeugen berücksichtigt werden. In den Jahren 2000 und 2005 werden die Flächengewichte um jeweils 5% verringert. Die Tabelle ist so zu verstehen, daß bspw. der Wert eines Flächengewichts von 27 kg/m^2 (Erste Datenzeile, Spalte für 1995) für ein Fahrzeug mit Aluminiumkarosserie für das Jahr 1995 und die Folgejahre gilt, bis ab dem Jahr 2000 ein neuer Wert eingeführt wird.

Daneben müssen allerdings auch diejenigen Fahrzeuge berücksichtigt werden, deren Karosserie aus unterschiedlichen Materialien besteht. Grundsätzlich kann dies durch die Einführung prozentualer Materialanteile geschehen, wie sie in **Gleichung 3-2** beispielhaft für Aluminium dargestellt sind. Wenn sich diese prozentualen Größen auf das Volumen beziehen, können die Teilgewichte der einzelnen Materialien durch Multiplikation dieser Anteile mit dem Gesamtgewicht einer Karosserie, die vollständig aus diesem Material hergestellt worden ist, berechnet werden. Diese einfache Berechnung ist nicht möglich, wenn die Massen der einzelnen Materialfraktion als Prozentanteil des Gesamtgewichts der Karosserie in Mischbauweise angegeben werden. Die volumen- und massebezogenen Anteile eines bestimmten Karosseriebauteils müssen sich somit zwangsläufig unterscheiden. Der Volumenanteil eines Bauteils aus einem sehr leichten Material liegt bspw. entsprechend höher als der entsprechende Masseanteil.

$$m_{Alu,\,p,i} = R_{Alu,\,p,\,i} * M_{Alu,\,p,\,i}$$

mit: $m_{Alu,\,p,i}$ = Spez. Aluminiummasse der Fahrzeugbaureihe p im Jahr i [kg/Stck.]

$R_{Alu,\,p,\,i}$ = Aluminiumanteil der Baureihe p im Jahr i [%]

$M_{Alu,\,p,\,i}$ = Karosseriegewicht der Fahrzeugbaureihe p im Jahr i [kg/Stck.]

Gleichung 3-2: Berechnung des spezifischen Verbrauchs einer Materialart (hier: Aluminium) pro Fahrzeugbaureihe im Jahr i

In dieser Arbeit werden insgesamt vier unterschiedliche Karosseriebauweisen unterschieden (vgl. **Tabelle 3-2**, folgende Seite). Die beiden ersten Zeilen beschreiben Fahrzeuge mit Karosserien nach dem Space-frame Konzept. Sie unterscheiden sich durch den Werkstoff, in dem die Karosseriebeplankung ausgeführt ist. Im ersten Fall handelt es sich um Aluminiumbleche, wie sie z.B. die Audi AG in ihrem Modell A8 einsetzt. Daneben sind aber auch Lösungen mit Kunststoffoberflächen möglich; die für den Tragrahmen notwendige Aluminiummenge wurde mit dem gleichen (Volumen-) Anteil wie bei einer Ausführung mit Aluminiumblechen angesetzt.

	Stahl	Aluminium	Sonst. Materialien
SF, Aluminiumhaut [%]	0	100	0
SF, Sonst. Haut [%]	0	35	65
Gesamtausrüstung [%]	0	100	0
Teilausrüstung [%]	50	25	25

Tabelle 3-2: Materialanteile bei unterschiedlichen Karosseriekonzeptionen

Neben diesen Space-frame Lösungen sind selbsttragende Blechkonstruktionen aus Aluminiumblechen als dritte Karosseriekonzeption dargestellt. Dabei wird ebenfalls ein hundertprozentiger Aluminiumanteil erreicht.

Die vierte Konzeption beschreibt eine Mischlösung mit teilweisem Einsatz unterschiedlicher Materialien. Die sog. Anbauteile des Fahrzeugs bestehen hierbei aus Aluminium; für die Rechnung wurde der Einsatz in folgenden Baugruppen unterstellt:

* Türen mit Versteifungsblech

* Motorhaube mit Versteifungsblech

* Kofferraumdeckel mit Verstärkungsblech

* Kotflügel

Nach einer Untersuchung von Ostermann kann durch diese Maßnahmen ein Aluminiumgewicht von rd. 51 kg erreicht werden,[91] was einem Anteil von rd. 25% an einer vollständigen Aluminiumkarosserie entspricht. Die übrigen Bestandteile der Karosserie sind Stahl (angenommener Anteil 50%) und sonstige Materialien.

Für den Dateninput in das bereits vorgestellte Rechenblatt wird allerdings ein durchschnittliches Materialgewicht benötigt, das, mit den in einem bestimmten

---

91 Ostermann, Friedrich, Aluminium - Werkstoffe für den Automobilbau, 1992, S. 5.

Jahr hergestellten Stückzahlen multipliziert, den gesamten Materialverbrauch eines Jahres ergibt. Diese Größe wird nach **Gleichung 3-3** ausgerechnet. Man erhält diesen gemittelten Wert, in dem man den spezifischen Verbrauchswert für eine Baureihe mit dem Anteil ihrer Produktionsstückzahl an der gesamten Jahresstückzahl aluminiumintensiver Fahrzeuge wichtet. Eine Aufsummierung über alle Baureihen ergibt den gesuchten Wert.

$$v_{\text{Alu gesamt}, i} = \sum_{m=1}^{p} \frac{k_{m,i} \;\; * \;\; m_{Alu,p,i}}{k_{m,i}}$$

mit: $v_{\text{Alu gesamt}, i}$ = Spez. Aluminiumgesamtverbrauch im Jahr i [t]

$m_{\text{Alu}, p,i}$ = Spez. Alu.-masse der Fahrzeugbaureihe p im Jahr i [kg/Stck.]

$k_{m, i}$ = Anz. d. Fzge. von Baureihe p im Jahr 1 (m = 1..p) [Tsd. Stck.]

Gleichung 3-3: Ermittlung des spezifischen Aluminiumjahresverbrauchs

4 Berechnung des Beschäftigten-/Mengen-Quotienten in der Stahlindustrie

Für die Bestimmung des Beschäftigten-/Mengen-Quotienten müssen im ersten Schritt die Produktionsanteile von Karosserieblechen an den jeweiligen Vorprodukten ermittelt werden. Dabei wurden bspw. im Jahr 1992, dem letzten Jahr mit einem getrennten Ausweis für die Karosserieblechproduktion, folgende Relationen ermittelt:

Anteil an der Rohstahlerzeugung:	4,8%
Anteil an der Warmbreitbanderzeugung	10,1%
Anteil an der Blecherzeugung	14,6%

Grundsätzlich wird damit unterstellt, daß sämtliche Vorprodukte für die deutsche Karosserieblecherzeugung ebenfalls in der Bundesrepublik hergestellt werden. Angesichts der vertikalen Integration dieser Branche ist diese Annahme plausibel. Man erkennt in der Tabelle, daß der Anteil der Karosserieblechproduktion an der jeweiligen Gesamtproduktion mit jeder nachgelagerten Bearbeitungsstufe zunimmt: der Wert steigt von 4,8% an der gesamten Rohstahlerzeugung auf rd. 15% an der Blecherzeugung, d.h. auf rd. das 3-fache. Außerdem werden in der überschlägigen Rechnung innerbetriebliche Schrottanfälle nicht berücksichtigt.

Diese Mengenanteile werden linear auf die Beschäftigtenzahlen übertragen, die für die einzelnen Betriebsteile getrennt ausgewiesen werden (vgl. **Tabelle 4-1**, folgende Seite). Damit wird unterstellt, daß die einzelnen Produkte in den unterschiedlichen Prozeßstufen den gleichen Bearbeitungsaufwand erfordern. Dies ist jedoch nur annähernd richtig, da für die Erreichung bestimmter Blech- und Oberflächengüten bzw. Oberflächenbeschichtungen aufwendigere Verfahrensschritte notwendig sind.

Ein weiterer Fehler ergibt sich daraus, daß ein konstantes Verhältnis zwischen der Outputmenge einer Prozeßstufe und der dort eingesetzten Beschäftigtenzahl angenommen wird. In der Realität ist dieser lineare Zusammenhang jedoch nicht gegeben. Aufgrund der vorherrschenden Großanlagen, die nur mit einer Mindestzahl von Bedienungspersonal betrieben werden können, ist es nicht möglich, die Beschäftigtenzahl direkt mit dem Output zu variieren.[92] Die errechnete, anteilige Beschäftigtenzahl muß damit als theoretische, überschlägige Rechengröße angesehen werden.

	Beschäftigten-zahl	**Anteil der Kar.-blechprod.**	**Beschäftigten-anteil**
Stahlerzeugung	22.420	4,8%	1.073
Warmwalzbetriebe	23.770	10,1%	2.397
Kaltwalzwerke	9.737	14,6%	1.418
Hilfs- u. Nebenbetriebe	39.150	4,8%	1.873
Ant. an den Verwaltungsabteilungen	2.229	4,8%	107
Angestellte	44.070	4,8%	2.109
Summe:	141.376		8.977

Tabelle 4-1: Beschäftigte in einzelnen Bereichen der Stahlindustrie sowie Anteile für die Produktion von Karosserieblechen im Jahr 1992
Quelle: Stat. Bundesamt, Außenstelle Düsseldorf (Hrsg.), Produzierendes Gewerbe, FS 4, Reihe 8.1, 4. Vierteljahr 1994, 1995, S. 34 f.

Nach dieser Rechnung waren im Untersuchungszeitraum durchschnittlich rd. 9.000 Arbeitnehmer mit der Produktion von Karosserieblechen beschäftigt. Setzt man diese Zahl in Relation zu der hergestellten Menge, läßt sich eine Beschäftigtenzahl von rd. 4.690 Mitarbeitern pro 1 Mio. t für die Jahre von 1987 bis 1992 errechnen.

---

92 vgl. VDI - Nachrichten v. 17.11.1995, Stahlindustrie bleibt unter Produktivitätsdruck, S. 15.

Literaturverzeichnis

1. Monographien

Ad-hoc-Ausschuß beim Bundesminister für Forschung und Technologie (Hrsg.): Solare Wasserstoffenergiewirtschaft - Gutachten und wissenschaftliche Beiträge, Bonn 1988.

Akademie für Technikfolgenabschätzung in Baden-Württemberg (Hrsg.): Jahrbuch 1992/93, Stuttgart 1994.

Altenpohl, Dietrich: Aluminium von innen - Das Profil eines modernen Metalls, 5. Auflage, Düsseldorf 1994.

Aluminium Zentrale e.V. (Hrsg.): Aluminium-Taschenbuch, 14. Auflage, 3. datenaktualisierter Druck, Düsseldorf 1988.

Anderseck, K.: Personalentwicklung: Konstruktive Ansätze der Personalentwicklung, Hagen 1993.

Andrä, Bernd Olaf: Die Zielhierarchie des Betriebes. Versuch einer Darstellung der Eigenschaften eines rationalen Zielsystems erwerbswirtschaftlich orientierter Betriebe, Dissertation, Frankfurt 1975.

Bamberg, Günter u. Coenenberg, Adolf Gerhard: Betriebswirtschaftliche Entscheidungslehre, 8. Auflage, München 1994.

Batelle Institut e.V. (Hrsg.): Technology Assessment. Methoden, internationale Entwicklungen, Auswirkungen auf die unternehmerische und staatliche Planung, Frankfurt 1976.

Berger, Roland; Servatius, Hans-Gerd: Die Zukunft des Autos hat erst begonnen, München 1994.

Bosch GmbH (Hrsg.): Kraftfahrtechnisches Taschenbuch, 20. Auflage, Düsseldorf 1987.

Buschmann, H. u. Koessler, P.: Handbuch der Kraftfahrzeugtechnik in 2 Bänden, Stuttgart 1976.

Canzler, Weert u. Knie, Andreas: Das Ende des Automobils: Fakten und Trends zum Umbau der Autogesellschaft, 1. Auflage, Heidelberg 1994.

Cissarz, A.: Untersuchungen über Angebot und Nachfrage mineralischer Rohstoffe, III Aluminium, Hrsg.: Bundesanstalt für Bodenforschung, Deutsches Institut für Wirtschaftsforschung, Hannover u. Berlin 1973.

Daimler-Benz AG (Hrsg.): Daimler-Benz: Die Technik, Mainz 1986.

Damschen, Karl: Karosserie-Instandsetzung, 3. Auflage, Würzburg 1992.

Grabow-von Dahlen, Barbara Maria: Das Kartell der bauxitproduzierenden Staaten - Eine Studie über Marktwirkungen und entwicklungspolitische Relevanz, Dissertation, Aachen 1987.

Haas, Ulrike: Standortperspektiven stromintensiver Produktionen in der Bundesrepublik Deutschland, 1990.

Heinen, Edmund: Grundlagen betriebswirtschaftlicher Entscheidungen. Das Zielsystem der Unternehmung, erschienen als Band 1 in der Schriftenreihe „Die Betriebswirtschaft in Forschung und Praxis", 2. Auflage, Wiesbaden 1971.

Huisinga, Richard: Technikfolgenbewertung. Bestandsaufnahme, Kritik, Perspektiven, Frankfurt 1985.

Koewius, Alexander : Energiebilanz bei substituierender Verwendung von Aluminium in Fahrzeugen, Düsseldorf 1983.

Lenz, H.P. et. al.: Emissionen, Immissionen und Wirkung von Abgaskomponenten, erschienen als VDI-Fortschrittsbericht Nr. 183 in der Reihe 12, Verkehrstechnik/Fahrzeugtechnik, Düsseldorf 1993.

Mag, Wolfgang: Grundzüge der Entscheidungstheorie, München 1990.

Mehler, Franz: Ziel-Mittel-Konflikte als Problem der Wirtschaftspolitik, erschienen als Heft 149 der Reihe „Volkswirtschaftliche Schriften", Hrsg.: v. Broermann, J., Berlin 1970.

Meier, Bernd: Technikfolgen: Abschätzung und Bewertung, erschienen als Band 151 der Reihe „Beiträge zur Wirtschafts- und Sozialpolitik" des Instituts der deutschen Wirtschaft, Köln 1987.

Musgrave, Richard A.: Die öffentlichen Finanzen in Theorie und Praxis, 5. Auflage, Band 1, Tübingen 1990.

Oechsler, Walter A.: Personal und Arbeit, 4. Auflage, München 1992.

Paschen, Herbert; Gresser, Klaus u. Conrad, Felix: Technology Assessment - Technikfolgenabschätzung, Frankfurt u. New York 1978.

Paul, Ingeborg: Technikfolgen-Abschätzung als Aufgabe für Staat und Unternehmung, Frankfurt 1987.

Pippert, Horst: Karosserietechnik: PKW, Nutzfahrzeuge, Omnibus, Würzburg 1989.

Seiffert, Ulrich: Automobiltechnik der Zukunft, Düsseldorf 1989.

Seiffert, Ulrich: Fahrzeugsicherheit - Personenwagen, Düsseldorf 1992.

Seraphim, H. J.: Theorie der allgemeinen Volkswirtschaftspolitik, Göttingen 1963.

2. Aufsätze

Altmann, O.: Karosserie- und Automobilkonzepte mit Polymerwerkstoffen, in: VDI-Gesellschaft Fahrzeugtechnik (Hrsg.): Entwicklungen im Karosseriebau, Bericht zur Tagung in Hamburg am 26. und 27. Mai 1992, erschienen als VDI-Bericht Nr. 968, Düsseldorf 1992, S. 591 - 652.

Bárdossy, G. u. Bourke, D. J.: An assessment of world bauxite deposits as sources for greenfield alumina plant developments, in: Aluminium, Nr. 10, 69. Jahrgang 1993, S. 888 - 894.

Bald, L.; Kehlenbeck, G. u. Sanhen, N.: Primärenergieverbrauch - ein ökologischer Indikator, in: Aluminium, Nr. 5, 66. Jahrgang 1990, S. 414 - 418.

Bauer, Jürgen; Löffler, Albert; Rastel, Hans u. Winterling, Othmar: Leichtbau im Antriebsstrang der neuen BMW 5er Baureihe, in: Automobiltechnische Zeitschrift, Nr. 5, 99. Jahrgang 1997, S. 256 - 263.

Becks, Rolf: Möglichkeiten und Grenzen der Zukunftsforschung, in: V. Nitzschke (Hrsg.), Politische Didaktik, Zeitschrift für Theorie und Praxis des Unterrichts, Heft 4/1979, Stuttgart 1979, S. 1 - 21.

Berger, Roland: Wirtschaftsstandort Deutschland, in: Technologie & Management, Nr. 1, 43. Jahrgang 1994, S. 9 - 13.

Berkefeld, Volker; Görich, Hans-Jürgen; Schote, Norbert und Wöhler, Hans-Jürgen: Die LSA-Hinterradaufhängung des neuen Porsche 911 Carrera, in: Automobiltechnische Zeitschrift, Nr. 6, 96. Jahrgang 1994, S. 340 - 351.

Bieger, Erhard u. Wienecke, Peter: Die Altautoverwertung - Stand und weitere Entwicklung, in: Metall, Nr. 3, 45. Jahrgang 1991, S. 266 - 270.

Bielfeldt, K.; Winkhaus, G.: Aluminiumverbindungen, in: Winnacker; Küchler: Chemische Technologie, Bd. 3, 4. Auflage, München/Wien 1983.

Birch, Stuart: Aluminum space frame technology, in: Automotive Engineering, Nr. 1, 102. Jahrgang 1994, S. 70 - 73.

Birch, Stuart: Frankfurt Motor Show, in: Automotive engineering, Nr. 11, 101. Jahrgang 1993, S. 27 - 35.

Birnbreier, H.: Vergleich des Primärenergieverbrauches und der CO_2-Emission eines Nahverkehrs-Pkw mit konventionellen und alternativen Antrieben, in: VDI-Gesellschaft Fahrzeugtechnik (Hrsg.): Aspekte alternativer Energieträger für Fahrzeugantriebe, Bericht zur Tagung in Wolfsburg am 24. und 26. November 1992, erschienen als VDI-Bericht Nr. 1020, Düsseldorf 1992, S. 69 - 77.

Blümel, H.: Nur noch mit Batterie- oder Hybrid-Antrieb in die Städte? Eine vergleichende Betrachtung aus Sicht der Luftreinhaltung, in: VDI-Gesellschaft

Fahrzeugtechnik (Hrsg.): Aspekte alternativer Energieträger für Fahrzeugantriebe, Bericht zur Tagung in Wolfsburg am 24. und 26. November 1992, erschienen als VDI-Bericht Nr. 1020, Düsseldorf 1992, S. 79 - 112.

Bleck, W.; Blümel, K. u. Prange, W.: Leichtbau mit intelligenten Stahllösungen, in: VDI-Gesellschaft Werkstofftechnik (Hrsg.): Werkstofftag '94, Tagungsbericht zur Tagung in Duisburg am 9. und 10. März 1994, erschienen als VDI-Bericht, Nr. 1080, S. 25 - 34.

Böcker, Günter: Zukunftspersepktiven: Schadstoffe und Verkehrsprobleme erzwingen neue Automobilkonzepte, in: Krafthand, Heft Nr. 1/2 vom 18. Januar 1992, 65. Jahrgang 1992, S. 20 - 27.

Bonnet, Petra: Methoden und Verfahren der Technikfolgenabschätzung: Exotische Hausmannskost?, in: Bullinger, Hans-Jörg (Hrsg.): Technikfolgenabschätzung, Stuttgart 1994, S. 33 - 54.

Braess, Hans-Hermann u. Frank, Detlef: Mensch-Auto-Zukunft - Teil 1, in: Automobiltechnische Zeitschrift, Nr. 4, 88. Jahrgang 1986, S. 181 - 193.

Braess, Hans-Hermann u. Frank, Detlef: Mensch-Auto-Zukunft - Teil 2, in: Automobiltechnische Zeitschrift, Nr. 5, 88. Jahrgang 1986, S. 319 - 324.

Braess, Hans-Hermann: „Nichts steigt so schnell wie Ansprüche" - Gedanken zur weiteren Entwicklung des Personenwagens, in: Automobiltechnische Zeitschrift, Nr. 9, 95. Jahrgang 1993, S. 452 - 458.

Braess, Hans-Hermann: Die Karosserie - typisches Beispiel für Zielkonflikte und Zielkonfliktlösungen für Automobile, in: VDI-Gesellschaft Fahrzeugtechnik (Hrsg.): Entwicklungen im Karosseriebau, Bericht zur Tagung in Hamburg am 26. und 27. Mai 1992, erschienen als VDI-Bericht Nr. 968, Düsseldorf 1992, S. 1 - 23.

Buchta, Bernhard: Demontieren vor shreddern, in: Entsorga-Magazin, Nr. 12, 11. Jahrgang 1992, S. 35 - 38.

Bugl, Josef: Technikfolgenabschätzung: Ein Instrument für Chancenmanagement in der Wirtschaft, in: Bullinger, Hans-Jörg (Hrsg.): Technikfolgenabschätzung, Stuttgart 1994, S. 245 - 268.

Bullinger, Hans-Jörg: Was ist Technikfolgenabschätzung?, in: Bullinger, Hans-Jörg (Hrsg.): Technikfolgenabschätzung, Stuttgart 1994, S. 3 - 31.

Damschen, Karl: Karosserie-Kunststoffe - Grundlagen, Reparatur, Lackierung, in: Krafthand, Heft Nr. 9 vom 11. Mai 1991, 64. Jahrgang 1991, S. 628 - 638.

Damschen, Karl: Reparaturhinweise für Aluminium-Karosserien, in: Krafthand, Heft Nr. 4 vom 26. Februar 1994, 67. Jahrgang 1994, S. 160 - 161.

Dörner, Karl-Heinz: Aluminium und Automobil - eine Partnerschaft mit Perspektive, in: Aluminium, Nr. 3, 64. Jahrgang 1988, S. 218 - 222.

Drasdo, Peter; Schmitt, Dieter und Schulz, Walter: Daten zur Entwicklung der Kosten- und Ertragslage der Mineralölindustrie in der Bundesrepublik Deutschland im Jahre 1996, in: Zeitschrift für Energiewirtschaft, Nr. 2, 21. Jahrgang 1997, S. 79 - 92.

Drewes, Ernst Jürgen; Geiger, Rolf und Neubert, Jörg: Neue Ansätze zur Gewichts- und Verbrauchsreduzierung bei Automobilen aus der Sicht eines Systemlieferanten, in: Stahl und Eisen, Nr. 1, 114. Jahrgang 1994, S. 43 - 47.

Dreyer, Arend: Scoring-Modelle bei Mehrfachzielsetzungen, in: Zeitschrift für Betriebswirtschaft, Nr. 4, 44. Jahrgang 1974, S. 255 - 274.

Eichhorn, Ulrich, Sauerwein, Dieter, Schmitz, Thomas, de Vlugt, Alex u. Teubner, Hans-Jürgen: Kundenorientierte Entwicklung am neuen Ford Fiesta, in: Automobiltechnische Zeitschrift, Nr. 9, 97. Jahrgang 1995, S. 522 - 531.

Elmendorp, J. J. u. van Leeuwen, P. A.: Epoxy resin composites for the manufacture of structural automotive parts, in: VDI-Gesellschaft Fahrzeug- und Verkehrstechnik (Hrsg.): Beiträge der Fahrzeugtechnik zur Verbrauchssenkung, Bericht zur Tagung in Wolfsburg am 24. und 26. November 1993, erschienen als VDI-Bericht Nr. 1099, Düsseldorf 1993, S. 287 - 303.

Engl, B. und Drewes, E.-J.: Höherfeste Stähle zur Gewichtsoptimierung im Automobilbau, in: VDI-Gesellschaft Werkstofftechnik (Hrsg.): Werkstofftag '94, Tagungsbericht zur Tagung in Duisburg am 9. und 10. März 1994, erschienen als VDI-Bericht, Nr. 1080, S. 35 - 47.

Farnschläder, Franz: Fahrwerkslenker aus Aluminium-Strangpressprofilen, in: Aluminium, Nr. 9, 67. Jahrgang 1991, S. 103 - 107.

Fersen, Olaf von: Leichtbau bei Automobilen ist gefragt: Der Speck muß weg, in: Krafthand, Nr. 4, 67 Jahrgang 1994, S. 146 - 150.

Fiala, E.: Kraftfahrzeugtechnik, in: Beitz, W. u. Küttner, K.H. (Hrsg.), Dubbel-Taschenbuch für den Maschinenbau, 16. korrigierte und ergänzte Auflage, Berlin 1987, S. Q1 - Q26.

Fleischer, Günter: Abfallvermeidung in der Metallindustrie, in: Fleischer, Günter: Abfallvermeidung in der Metallindustrie, Berlin 1989, S. 1 - 21.

Förster, Hans Joachim: Entwicklungsreserven des Verbrennungsmotors zur Schonung von Energie und Umwelt - Teil 2, in: Automobiltechnische Zeitschrift, Nr. 6, 93. Jahrgang 1991, S. 342 - 352.

Fraidl, Günter Karl; Piock, Walter; Wirth, Martin u. Schöggl, Peter: Direkteinspritzung bei Ottomotoren: Aktuelle Trends und zukünftige Strategien, in: Motortechnische Zeitschrift, Nr. 2, 58. Jahrgang 1997, S. 82 - 85.

Fritsch, Jürgen und Kiy, Burghardt P.: Der neue Opel Vectra, in: Automobiltechnische Zeitschrift, Nr. 9, 97. Jahrgang 1995, S. 504 - 518.

Fuchs, H. u. Zeumer, N.: Aluminium und Magnesium - neue Möglichkeiten für den Leichtbau, in: Metalloberfläche, Nr. 7, 47. Jahrgang 1993, S. ZM 102 - ZM 106.

Fuchs, H. u. Zeumer, N.: Werkstofflicher und konstruktiver Leichtbau durch Einsatz von Aluminium- und Magnesiumguß, in: VDI-Gesellschaft Fahrzeug- und Verkehrstechnik (Hrsg.): Beiträge der Fahrzeugtechnik zur Verbrauchssenkung, Bericht zur Tagung in Wolfsburg am 24. und 26. November 1993, erschienen als VDI-Bericht Nr. 1099, Düsseldorf 1993, S. 305 - 321.

Furrer, P., Bassi, C., Timm, J. u. Textor, M.: Erfolg dank gezielter Oberflächenoptimierung, Sonderdruck aus der Zeitschrift „Oberflächen Werkstoffe", Nr. 7/1993, ohne Jahrgangsangabe, S. 1 - 7.

Gaus, Hermann, Leucht, Rainer und Bardehle, Horst D.: Die neue E-Klasse von Mercedes Benz, in: Automobiltechnische Zeitschrift, Nr. 6, 97. Jahrgang 1995, S. 316 - 328.

Gaus, Hermann; von Kamp, Wilhelm u. Glaser, Gerhard: Die neue C-Klasse von Mercedes-Benz, in: Automobiltechnische Zeitschrift, Nr. 9, 95. Jahrgang 1993, S. 402 - 416.

Gerdes, Albert: Katastrophe oder Psychose, in: Bild der Wissenschaft, Nr. 2/1994, ohne Jahrgangsangabe, S. 60 - 65.

Geschka, H. u. v. Reibnitz, U.: Die Szenario-Technik - ein Instrument der Zukunftsanalyse und der strategischen Analyse, in: Töpfer, A. u. Afheldt, H. (Hrsg.): Praxis der strategischen Unternehmensplanung, 2. Auflage, Frankfurt 1983, S. 125 - 170.

Gibbons, John: Technikfolgenabschätzung am Office for Technology Assessment: Die Entwicklungsgeschichte eines Experiments, in: Kornwachs, Klaus (Hrsg.): Reichweite und Potential der Technikfolgenabschätzung, Stuttgart 1991, S. 23 - 48.

Gilgen, P. W.: Aluminium ist kein Energiefresser, in: Aluminium, Nr. 5, 66. Jahrgang 1990, S. 469 - 471.

Gloede, Fritz und Paschen, Herbert: Technikfolgenabschätzung und Technikfolgenforschung, in: VDI-Technologiezentrum (Hrsg.): Aspekte und Perspektiven der Technikfolgenforschung, Düsseldorf 1992, S. 12 - 30.

Götze, Uwe: Strategische Planung auf der Grundlage von Szenarien, in: Zeitschrift für Planung, Nr. 4, 1. Jahrgang 1990, S. 303 - 324.

Greven, Emil: Werkstoffkunde und Werkstoffprüfung, 10. Auflage, Hamburg 1986.

Grupp, Hariolf: Einordnung der Methoden der Technikfolgenabschätzung in das Gefüge der Wissenschaften, in: Bullinger, Hans-Jörg (Hrsg.): Technikfolgenabschätzung, Stuttgart 1994, S. 55 - 86.

Haldenwanger, Hans Günther u. Schäper, Siegfried: Öko-/Energiebilanzierung im Pkw-Bau mit verschiedensten Werkstoffen, in: VDI (Hrsg.), Kunststoffe im Automobilbau - Rohstoffe, Bauteile, Systeme, Bericht zur Tagung in Mannheim am 23./24. März 1994, 1994, S. 140 - 152.

Härdtle, Georg: Vermeidung, Verwertung und Entsorgung von Abfällen aus Altautos, in: Fleischer, Günter: Abfallvermeidung in der Metallindustrie, Berlin 1989, S. 203 - 211.

Heinrich, H.; Decker, G. u. Wegener, R.: Alternative Kraftstoffe - Chancen und Risiken aus der Sicht von Volkswagen, in: VDI-Gesellschaft Fahrzeugtechnik (VDI, Hrsg.): Aspekte alternativer Energieträger für Fahrzeugantriebe, Bericht zur Tagung in Wolfsburg am 24. und 26. November 1992, erschienen als VDI-Bericht Nr. 1020, Düsseldorf 1992, S. 37 - 68.

Hensing, Ingo und Schmitt, Dieter: Daten zur Entwicklung der Kosten- und Ertragslage der Mineralölindustrie in der Bundesrepublik Deutschland im Jahre 1994, in: Zeitschrift für Energiewirtschaft, Nr. 2, 19. Jahrgang 1995, S. 77 - 90.

Hielscher, U.: Gewichtsreduzierung durch Aluminiumguß, in: Aluminium, Nr. 4, 66. Jahrgang 1990, S. 356 - 360.

Hillmann, J.; Morsch, D. u. Welsch, F.: Der schwierige Weg zum Leichtbau, in: VDI-Gesellschaft Fahrzeug- und Verkehrstechnik (VDI, Hrsg.): Entwicklungen im Karosseriebau, Bericht zur Tagung in Hamburg am 14. und 15. Mai 1996, erschienen als VDI-Bericht Nr. 1264, Düsseldorf 1996, S. 457 - 475.

Hornig, J.: Laser-strahlende - Zukunftsaussichten beim Schweißen im Karosseriebau, in: VDI-Gesellschaft Fahrzeug- und Verkehrstechnik (VDI, Hrsg.): Entwicklungen im Karosseriebau, Bericht zur Tagung in Hamburg am 14. und 15. Mai 1996, erschienen als VDI-Bericht Nr. 1264, Düsseldorf 1996, S. 149 - 178.

Huber, G.; Schwede, W.; Heiß, W. und Brambilla, W.: Der neue Mercedes Benz Roadster; Karosserie, Passive Sicherheit, in: ATZ, Nr. 5, 91. Jahrgang 1989, S. 227 - 235.

Hüttebräucker, D.; Stotz, M.; Weymann, P. u. Scherenberg, D.: Das Flexible-Fuel-Konzept von Mercedes-Benz, in: VDI-Gesellschaft Fahrzeugtechnik (Hrsg.): Aspekte alternativer Energieträger für Fahrzeugantriebe, Bericht zur Tagung in Wolfsburg am 24. und 26. November 1992, erschienen als VDI-Bericht Nr. 1020, Düsseldorf 1992, S. 113 - 130.

Janach, W. u. Chastonay, M.: Der Erdgas-Magermotor für leichte Stadtautos, in: VDI-Gesellschaft Fahrzeugtechnik (VDI, Hrsg.): Aspekte alternativer Energieträger für Fahrzeugantriebe, Bericht zur Tagung in Wolfsburg am 24. und 26. November 1992, erschienen als VDI-Bericht Nr. 1020, Düsseldorf 1992, S. 269 - 278.

Joliet, Hans: Mit Aluminium leichter zum Ziel, in: Aluminium, Nr. 7/8, 70. Jahrgang 1994, S. 420 - 422.

Kaiser, A.; Kreth, L.; Leopold, F.; Mathes, G.; Süss, U. u. Demant, H.: Der Opel Maxx als Beispiel für ein neuartiges Fahrzeugkonzept, in: VDI-Gesellschaft Fahrzeug- und Verkehrstechnik (VDI, Hrsg.): Entwicklungen im Karosseriebau, Bericht zur Tagung in Hamburg am 14. und 15. Mai 1996, erschienen als VDI-Bericht Nr. 1264, Düsseldorf 1996, S. 1 - 17.

Kalberlah, A.: Hybrid drive systems for cars, in: Automotive Engineering, Nr. 7, 99. Jahrgang 1991, S. 17 - 19.

Kallina, I., Bartesch, H.-G. u. Colmsee H.: Intelligente Leichtbauweise - Das Leichtbaukonzept für die Karosserie-Rohbauentwicklung bei der Mercedes-Benz AG, in: VDI-Gesellschaft Fahrzeugtechnik (Hrsg.): Entwicklungen im Karosseriebau, Tagungsbericht, erschienen als VDI-Bericht, Nr. 1134, Düsseldorf 1994, S. 9 - 22.

Kirstein, W. u. Schleser, G. H.: Klimaänderungen und Treibhauseffekt, in: Borsch, Peter (Hrsg.): Was wird aus unserem Klima?, München 1992, S. 13 - 57.

Klein, R.; Fischer, R.; Poprawe, H. u. Zimmermann, K.: Aspekte des Laserstrahlschweißens von Komponenten für den Automobilbau, in: VDI-Gesellschaft Fahrzeugtechnik (Hrsg.): Entwicklungen im Karosseriebau, Tagungsbericht, erschienen als VDI-Bericht, Nr. 1134, Düsseldorf 1994, S. 127 - 142.

Knoth, J.: Ford Elektrofahrzeuge in den neunziger Jahren, in: VDI-Gesellschaft Fahrzeugtechnik (Hrsg.): Aspekte alternativer Energieträger für Fahrzeugantriebe, Bericht zur Tagung in Wolfsburg am 24. und 26. November 1992, erschienen als VDI-Bericht Nr. 1020, Düsseldorf 1992, S. 359 - 373.

Knorr, H.: Komprimiertes Erdgas (CNG) - Ein Kraftstoff für Stadtbusse und Kommunal-Lkw´s, in: Verein Deutscher Ingenieure (VDI, Hrsg.): Aspekte alternativer Energieträger für Fahrzeugantriebe, Bericht zur Tagung in Wolfsburg am 24. und 26. November 1992, erschienen als VDI-Bericht Nr. 1020, Düsseldorf 1992, S. 243 - 268.

Koewius, Alexander: Aluminium-Spaceframe-Technologie: Der Leichtbau des Serienautomobils erreicht eine neue Dimension - Teil 1, in: Aluminium, Nr. 1/2, 70. Jahrgang 1994, S. 38 - 48.

Koewius, Alexander: Energiebilanzvergleich bei Metallen im Lichte physikalisch orientierter Betrachtungsweisen, in: Sonderausgabe von Automobiltechnischer Zeitschrift und Motortechnischer Zeitschrift „Leichtmetalle im Automobilbau", 1995, S. 14 - 22.

Köpf, P.: Energieeinsparungen bei Nebenaggregaten am Beispiel des Lenksystems, in: VDI-Gesellschaft Fahrzeugtechnik (VDI, Hrsg.): Beiträge der Fahrzeugtechnik zur Verbrauchssenkung, Bericht zur Tagung in Wolfsburg am 24. und 26. November 1993, erschienen als VDI-Bericht Nr. 1099, Düsseldorf 1993, S. 163 - 175.

Lamour, J. P. u. Derenbach, T.: Reifen der neuen Generation mit geringerem Rollwiderstand, in: VDI-Gesellschaft Fahrzeug- und Verkehrstechnik (Hrsg.): Beiträge der Fahrzeugtechnik zur Verbrauchssenkung, Bericht zur Tagung in Wolfsburg am 24. und 26. November 1993, erschienen als VDI-Bericht Nr. 1099, Düsseldorf 1993, S. 189 - 200.

Langkabel, Gönke-Iris: Crash ist nicht gleich Crash, Interview mit Anton Hünnerkopf, in: Automobil Industrie, Nr. 4, 39. Jahrgang 1994, S. 15.

Larsson, G.; Wester, H.; Hazelaar, M. u. Schneider, F.: Fahrzeugkonzepte im Verbrauchsvergleich - Grenzen und Machbarkeit, in: VDI-Gesellschaft Fahrzeug- und Verkehrstechnik (Hrsg.): Beiträge der Fahrzeugtechnik zur Verbrauchssenkung, Bericht zur Tagung in Wolfsburg am 24. und 26. November 1993, erschienen als VDI-Bericht Nr. 1099, Düsseldorf 1993, S. 17 - 39.

Larsson, J. K.; Petterson, A.; Strandberg, Ö.; Nilsson H. u. Currie M.: Rationalisierung des Karosseriebauprozesses mit umweltverträglicher Druckfügetechnik, in: VDI-Gesellschaft Fahrzeug- und Verkehrstechnik (Hrsg.): Entwicklungen im Karosseriebau, Tagungsbericht, erschienen als VDI-Bericht, Nr. 1134, Düsseldorf 1994, S. 111 - 126.

Ledjeff, K.: Batterien für Elektrofahrzeuge im Vergleich, in: VDI-Gesellschaft Fahrzeugtechnik (Hrsg.): Aspekte alternativer Energieträger für Fahrzeugantriebe, Bericht zur Tagung in Wolfsburg am 24. und 26. November 1992, erschienen als VDI-Bericht Nr. 1020, Düsseldorf 1992, S. 315 - 340.

Leemhuis, J. P.: Using scenarios to develop strategies, in: Long Range Planning, Nr. 2, 18. Jahrgang 1985, S. 30 - 37.

Leuschen, B. u. Hopf, B.: Fügen von Stahl, Aluminium und deren Kombinationen - Karosserie-Fügeverfahren im Vergleich, in: VDI-Gesellschaft Fahrzeug- und Verkehrstechnik (Hrsg.): Entwicklungen im Karosseriebau, Bericht zur Tagung in Hamburg am 14. und 15. Mai 1996, erschienen als VDI-Bericht Nr. 1264, Düsseldorf 1996, S. 113 - 131.

Loechelt, E.: Übersichtsvortrag: Leichtbau in der Luft- und Raumfahrt, in: VDI-Gesellschaft Werkstofftechnik (Hrsg.): Werkstofftag '94, Tagungsbericht zur Tagung in Duisburg am 9. und 10. März 1994, erschienen als VDI-Bericht, Nr. 1080, S. 461 - 471.

Lüdke, B. u. Richter, V: Entwicklungsvorsprung durch konsequente Integration von Konstruktion, Berechnung und Versuch, in: VDI-Gesellschaft Fahrzeug- und Verkehrstechnik (Hrsg.): Entwicklungen im Karosseriebau, Bericht zur Tagung in Hamburg am 5. und 6. Mai 1992, erschienen als VDI-Bericht Nr. 1134, Düsseldorf 1994, S. 361 - 375.

Magers, Dwain: Einsatzmöglichkeiten von Magnesium im Automobilbau, in: Sonderausgabe von Automobiltechnischer Zeitschrift und Motortechnischer Zeitschrift „Leichtmetalle im Automobilbau", 1995, S. 10 - 13.

Matthias, K. u. Dieckmann, D.: Das Leichtbaupotential bei der Entwicklung von Personenwagen-Aufbauten und der Einfluß auf den Kraftstoffverbrauch, in: VDI-Gesellschaft Fahrzeugtechnik (Hrsg.): Entwicklungen im Karosseriebau, Bericht zur Tagung in Hamburg am 26. und 27. Mai 1992, erschienen als VDI-Bericht Nr. 968, Düsseldorf 1992, S. 307 - 333.

May, Hans; Hattingen, Ulrich; Klee, Peter u. Spitz, Markus: Vergleichende Emissionsuntersuchungen beim Betrieb verschiedener Dieselmotoren mit Dieselkraftstoff und Rapsölmethylester, in: Motortechnische Zeitschrift, Nr. 1, 58. Jahrgang 1997, S. 42 - 50.

Mikulic, Leopold; Knörzer, Günther; Panten, Detlef; Wolf, Klaus und Schröter, Dirk: Elektrofahrzeuge der Zukunft - Lösungsansätze und Technologie, in: Automobiltechnische Zeitschrift, Nr. 7/8, 96. Jahrgang 1994, S. 450 - 459.

Minet, Gert-Walter: Ökobilanzen - der nächste Schritt, in: Aluminium, Nr. 1/2, 70. Jahrgang 1994, S. 49 - 50.

Mohnfeld, Jochen und Heinze, Wolf: Die Entwicklung des Mineralölmarktes in der Bundesrepublik Deutschland im Jahre 1992, in: Zeitschrift für Energiewirtschaft, Nr. 2, 17. Jahrgang 1993, S. 125 - 167.

Müller, Axel: Als Karosseriewerkstoff hat Aluminium gute Chancen, in: Aluminium, Nr. 5, 69. Jahrgang 1993, S. 403 - 405.

Müller-Merbach, Heiner: Energiewirtschaft - eine Lektion des dynamischen Wandels, in: Technologie & Management, Nr. 1, 44. Jahrgang 1995, S. 40 - 45.

Müller-Merbach, Heiner: Struktur des deutschen Technologieaußenhandels, in: Technologie & Management, Nr. 4, 44. Jahrgang 1995, S. 180 - 187.

Muntzinger, Werner, Groche, Peter u. Raab, Jochen: Pkw-Sitze in Leichtbauweise, in: Automobiltechnische Zeitschrift, Nr. 11, 97. Jahrgang 1995, S. 732 - 735.

Niggemeyer, Heinz: Reduzierung der Schadstoffemissionen bei Fahrzeugen mit Ottomotor, in: Gruden, Dusan (Hrsg.), Die ökologische Dimension des Automobils, Renningen-Malmsheim 1996, S. 189 - 207.

ohne Verfasserangabe: "All aluminum car", in: Automotive Engineering, Nr. 12, 99. Jahrgang 1991, S. 21 - 27.

ohne Verfasserangabe: Instandsetzen von Aluminium-Karosserien, in: Krafthand, Heft Nr. 24 vom 21. Dezember 1991, 64. Jahrgang 1991, S. 2052 - 2054.

ohne Verfasserangabe: Kfz-Gewerbe: Zurück in die automobile Normalität, in: Krafthand, Heft Nr. 9 vom 9. Mai 1992, 65. Jahrgang 1992, S. 784 - 788.

ohne Verfasserangabe: Design of a magnesium/aluminum door frame, in: Automotive Engineering, Nr. 5, 101. Jahrgang 1993, S. 57 - 60.

ohne Verfasserangabe: Design for aluminum recycling, in: Automotive Engineering, Nr. 10, 101. Jahrgang 1993, S. 65 - 68.

Ostermann, Friedrich: Aluminium-Werkstoffe für den Automobilbau, in: Ostermann, Friedrich: Aluminium-Werkstofftechnik für den Automobilbau, erschienen als Band 375 in der Reihe Kontakt & Studium, Ehningen bei Böblingen 1992, S. 1 - 22.

Paefgen, F.-J. u. Leitermann, W.: Audi Space Frame - ASF. Ein neues Rohbaukonzept in Aluminium, in: VDI-Gesellschaft Fahrzeug- und Verkehrstechnik (Hrsg.): Entwicklungen im Karosseriebau, Bericht zur Tagung in Hamburg am 5. und 6. Mai 1994, erschienen als VDI-Bericht Nr. 1134, Düsseldorf 1994, S. 23 - 70.

Paefgen, F.-J. u. Timm, H.: Aluminium Space Frame - Ein neuer Weg im Pkw-Bau, in: VDI-Gesellschaft Fahrzeug- und Verkehrstechnik (Hrsg.): Beiträge der Fahrzeugtechnik zur Verbrauchssenkung, Bericht zur Tagung in Wolfsburg am 24. und 26. November 1993, erschienen als VDI-Bericht Nr. 1099, Düsseldorf 1993, S. 359 - 373.

Paefgen, Franz-Josef; Kreiner, Herwart und Wilmers, Gottlieb: Der neue Audi A8 - Teil 1, in: Automobiltechnische Zeitschrift, Nr. 4, 96. Jahrgang 1994, S. 198 - 211.

Petermann, Thomas: Historie und Institutionalisierung der Technikfolgenabschätzung, in: Bullinger, Hans-Jörg (Hrsg.): Technikfolgenabschätzung, Stuttgart 1994, S. 89 - 113.

Peters, M. u. Kayser W. A.: Das Potential metallischer Leichtbauwerkstoffe in der Luft- und Raumfahrt, in: VDI-Gesellschaft Werkstofftechnik (Hrsg.): Werkstofftag ´94, Tagungsbericht zur Tagung in Duisburg am 9. und 10. März 1994, erschienen als VDI-Bericht, Nr. 1080, S. 483 - 490.

Pfanzeder, Rolf Dieter und Wohnig, Walter: Der neue BMW 7'- Teil 3, in: Automobiltechnische Zeitschrift, Nr. 7/8, 89. Jahrgang 1987, S. 357 - 362.

Piech, Ferdinand: 3 Liter/100 km im Jahr 2000?, in: Automobiltechnische Zeitschrift, Nr. 1, 94. Jahrgang 1992, S. 20 - 23.

Pohl, E.; Rödter, H. U.; Schurr, U. G. u. Schneider, M.: Recycling von Kunststoff-Verbundwerkstoffen, in: VDI-Gesellschaft Fahrzeugtechnik (Hrsg.): Entwicklungen im Karosseriebau, Bericht zur Tagung in Hamburg am 26. und 27. Mai 1992, erschienen als VDI-Bericht Nr. 968, Düsseldorf 1992, S. 355 - 370.

Pohmer, Dieter: Zur Problematik wirtschaftspolitischer Prognosen, in: Jahrbuch für Nationalökonomie und Statistik, Nr. 3, 208. Jahrgang 1991, S. 225 - 238.

Pommerening, Gerd: Die Bedeutung der Stromtarife für die Zukunft der NE-Metallindustrie, in: Metall, Nr. 4, 41. Jahrgang 1987, S. 416 - 418.

Pucher, Ernst: Zielkonflikte in der Motorenentwicklung bei der Reduzierung von Abgasemissionen, in: Gruden, Dusan (Hrsg.), Die ökologische Dimension des Automobils, Renningen-Malmsheim 1996, S. 230 - 247.

Rapp, J.; Glumann, C.; Dausinger, F.; Hügel, H.; Ellermann, F. u. Kühlein, W.: Laserschweißen von Aluminiumwerkstoffen - neues fertigungstechnisches Potential im Leichtbau, in: VDI-Gesellschaft Werkstofftechnik (Hrsg.): Werkstofftag '94, Tagungsbericht zur Tagung in Duisburg am 9. und 10. März 1994, erschienen als VDI-Bericht, Nr. 1080, S. 147 - 151.

Razim, C.: Möglichkeiten und Grenzen der Anwendung von Aluminium im Starßenfahrzeugbau, in: Dokumentation von Vorträgen anläßlich eines internationalen Symposiums der Aluminium-Zentrale, Düsseldorf, am 3. und 4. Februar 1988 in Neuß, Düsseldorf 1988, S. 20 - 40.

Rechs, M.; Menne, R. J.; Hansen, J. u. Walder, K.: Maßnahmen zur Verbrauchs- und Abgasemissionsreduzierung auf Basis der Vierventiltechnologie, in: VDI-Gesellschaft Fahrzeug- und Verkehrstechnik (Hrsg.): Beiträge der Fahrzeugtechnik zur Verbrauchssenkung, Bericht zur Tagung in Wolfsburg am 24. und 26. November 1993, erschienen als VDI-Bericht Nr. 1099, Düsseldorf 1993, S. 41 - 57.

Reglitzky, A. A.; Schnieder, H. u. Krumm, H.: Chancen zur Emissionsminderung durch konventionelle und alternative Kraftstoffe, in: VDI-Gesellschaft Fahrzeugtechnik (Hrsg.): Aspekte alternativer Energieträger für Fahrzeugantriebe, Bericht zur Tagung in Wolfsburg am 24. und 26. November 1992, erschienen als VDI-Bericht Nr. 1020, Düsseldorf 1992, S. 1 - 36.

Reibnitz, Ute v.: Szenario-Technik, in: Planung und Analyse, Nr. 2/1993, ohne Jahrgangsangabe, S. 23 - 26.

Reister, D. u. Regar, K.-N.: Von der Änderung von Serienfahrzeugen zur zielgerichteten Entwicklung - BMW-Konzept für Elektrofahrzeuge, in: VDI-Gesellschaft Fahrzeugtechnik (Hrsg.): Aspekte alternativer Energieträger für Fahrzeugantriebe, Bericht zur Tagung in Wolfsburg am 24. und 26. November 1992, erschienen als VDI-Bericht Nr. 1020, Düsseldorf 1992, S. 375 - 387.

Reitzle, Wolfgang: Neue Entwicklungen in der Blechbearbeitung der Automobilindustrie, in: Blech Rohre Profile, Nr. 12, 39. Jahrgang 1992, S. 1005 - 1007.

Richter, H.; Huynh, N. H..; Krickelberg, E. u. Schulz, H.: Erfahrungen im Hause Porsche mit Methanolkraftstoffen, in: VDI-Gesellschaft Fahrzeugtechnik (Hrsg.): Aspekte alternativer Energieträger für Fahrzeugantriebe, Bericht zur Tagung in Wolfsburg am 24. und 26. November 1992, erschienen als VDI-Bericht Nr. 1020, Düsseldorf 1992, S. 131 - 148.

Rion, C.: Aluminiumguß, eine Perspektive in der Sitzentwicklung?, in: Dokumentation von Vorträgen anläßlich eines internationalen Symposiums der Aluminium-Zentrale, Düsseldorf, am 3. und 4. Februar 1988 in Neuß, Düsseldorf 1988, S. 88 - 92.

Risse, Hermann-Josef: Rollwiderstand und Kraftstoffverbrauch, in: Automobiltechnische Zeitschrift, Nr. 6, 88. Jahrgang 1986, S. 383 - 388.

Robberstad, Finn: Der Space-Frame und die Unfallsicherheit, in: Automobiltechnische Zeitschrift, Nr. 10, 96. Jahrgang 1994, S. 604.

Robberstad, Finn: Magnesium oder Aluminium: Ergänzung statt Wettbewerb, in: Automobiltechnische Zeitschrift, Nr. 4, 96. Jahrgang 1994, S. 235 - 236.

Röhrig, Klaus u. Deike, Rüdiger: Aluminium - der Werkstoff von morgen im Motorenbau?, in: Sonderausgabe von Automobiltechnischer Zeitschrift und Motortechnischer Zeitschrift „Werkstoffe im Automobilbau", 1997, S. 14 - 21.

Rösch, Fritz: Aluminium - Leicht und deshalb besonders geeignet - Leistungsfähigkeit von Aluminium-Automobilstrukturen, in: VDI-Gesellschaft Fahrzeug- und Verkehrstechnik (Hrsg.): Beiträge der Fahrzeugtechnik zur Verbrauchssenkung, Bericht zur Tagung in Wolfsburg am 24. und 26. November 1993, erschienen als VDI-Bericht Nr. 1099, Düsseldorf 1993, S. 345 - 357.

Rösch, Fritz: Die Automobilkarosserie in Blechschalenbauweise, in: Sonderausgabe von Automobiltechnischer Zeitschrift und Motortechnischer Zeitschrift „Leichtmetalle im Automobilbau", 1995, S. 58 - 61.

Rumpel, G. u. Sondershausen, H.D.: Mechanik, in: Beitz, W. u. Küttner, K.H. (Hrsg.), Dubbel-Taschenbuch für den Maschinenbau, 16. korrigierte und ergänzte Auflage, Berlin 1987, S. B1 - B64.

Schade, Diethard: Die Akademie für Technikfolgenabschätzung in Baden-Württemberg, in: Bullinger, Hans-Jörg (Hrsg.): Technikfolgenabschätzung, Stuttgart 1994, S. 115 - 133.

Schade, Diethard: Technikfolgenabschätzung im Staat, Produktfolgenabschätzung in der Wirtschaft, in: Daimler-Benz AG (Hrsg.): Technikfolgenabschätzung und Technikbewertung, erschienen als Report Nr. 10 in der Schriftenreihe der Daimler-Benz AG, Düsseldorf 1987, S. 7 - 14.

Scherm, Ewald: Die Szenario-Technik - Grundlage effektiver strategischer Planung, in: Das Wirtschaftsstudium, Nr. 2, 21. Jahrgang 1992, S. 95 - 97.

Schlegel, Harto: Produktbewertungsmodelle, in: Wirtschaftswissenschaftliches Studium, Nr. 10, 4. Jahrgang 1975, S. 464 - 471.

Schleser, G. H u. Kirstein, W.: Der Einfluß des atmosphärischen Kohlendioxid-Anstiegs auf die Biosphäre, in: Borsch, Peter (Hrsg.): Was wird aus unserem Klima?, München 1992, S. 58 - 93.

Schlott, Stefan: Es muß nicht immer Alu sein, in: Automobil Indsutrie, Nr. 5, 38. Jahrgang 1993, S. 62/63.

Schneider, Horst: Auto und Umwelt. Perspektiven für das Jahr 2000 - Teil 1, in: Automobiltechnische Zeitschrift, Nr. 6, 93. Jahrgang 1991, S. 354 - 362.

Schneider, Horst: Auto und Umwelt. Perspektiven für das Jahr 2000 - Teil 2, in: Automobiltechnische Zeitschrift, Nr. 7/8, 93. Jahrgang 1991, S. 448 - 455.

Schönleber, G.: Großserienfertigung von Faserverbundbauteilen für Leichtbaustrukturen im Automobilbau, in: VDI-Gesellschaft Fahrzeug- und Verkehrstechnik (Hrsg.): Beiträge der Fahrzeugtechnik zur Verbrauchssenkung, Bericht zur Tagung in Wolfsburg am 24. und 26. November 1993, erschienen als VDI-Bericht Nr. 1099, Düsseldorf 1993, S. 271 - 285.

Schulz, Ekkehard: Stahl, ein Werkstoff mit Zukunft - Neue Technologien zur Stahlherstellung und Stahlanwendung, Sonderdruck aus Thyssen Technische Berichte, Heft 1/90, S. 1 - 11.

Schulz, V.: Sitzschienen aus stranggepreßten Aluminiumprofilen, in: Dokumentation von Vorträgen anläßlich eines internationalen Symposiums der Aluminium-Zentrale, Düsseldorf, am 3. und 4. Februar 1988 in Neuß, Düsseldorf 1988, S. 93 - 95.

Schulze, Th.: Der Rollwiderstand von Reifen und seine Auswirkung auf den Kraftstoffverbrauch von Pkws, in: VDI-Gesellschaft Fahrzeug- und Verkehrstechnik (Hrsg.): Beiträge der Fahrzeugtechnik zur Verbrauchssenkung, Bericht zur Tagung in Wolfsburg am 24. und 26. November 1993, erschienen als VDI-Bericht Nr. 1099, Düsseldorf 1993, S. 177 - 187.

Schuster, Herbert, Balk, Axel u. Oehlschlaeger, Horst: Der Sharan - Die Großraumlimousine von Volkswagen, in: Automobiltechnische Zeitschrift, Nr. 7/8, 97. Jahrgang 1995, S. 400 - 415.

Schweissgut, J. : Dachreling aus Aluminium für Kombinationskraftwagen, in: Dokumentation von Vorträgen anläßlich eines internationalen Symposiums der Aluminium-Zentrale, Düsseldorf, am 3. und 4. Februar 1988 in Neuß, Düsseldorf 1988, S. 83 - 87.

Schwethelm, K. J. u. Fang, X. F.: Verstärkter Einsatz höherfester Stähle zur Reduzierung des Fahrzeuggewichts, in: VDI-Gesellschaft Fahrzeug- und Verkehrstechnik (Hrsg.): Entwicklungen im Karosseriebau, Tagungsbericht, erschienen als VDI-Bericht, Nr. 1134, Düsseldorf 1994, S. 71 - 88.

Seebauer, Hansgeorg: The aluminium industry in a Unified Europe, in: Aluminium, Nr. 5, 69. Jahrgang 1993, S. 396 - 401.

Seiffert, U. u. Beckmann, H. D.: Substitutionsmöglichkeiten von Stahl durch Aluminium im Pkw, in: Dokumentationsband der Aluminium-Zentrale zum Symposium „Aluminium + Automobil" am 3./4.12.1980, Düsseldorf 1980, S. 7/1 bis 7/6.

Seiffert, Ulrich: Betrachtungen über die Zukunft des Automobils, in: Technische Mitteilungen, Nr. 8, 80. Jahrgang 1987, S. 508 - 514.

Servatius, Hans-Gerd: Ökologische Innovationen als Differenzierungschance im internationalen Wettbewerb, in: Meyer-Krahmer, Frieder (Hrsg.): Innovationsökonomie und Technologiepolitik, Heidelberg 1993, S. 150 - 167.

Sheasby, Peter Geoffrey u. Wheeler, Michael John: Überblick über die Technologie von Aluminiumkonstruktionen im Fahrzeugbau, in: Automobiltechnische Zeitschrift, Nr. 5, 92. Jahrgang 1990, S. 258 - 265.

Sposta, Kurt: BMW - Konzept für die Entsorgung von Altfahrzeugen, in: Automobiltechnische Zeitschrift, Nr. 10, 92. Jahrgang 1990, S. 611 - 612.

Springe, Gerd: Der Aluminiumkarosserie ist der Durchbruch gelungen, in: Aluminium, Nr. 5/6, 70. Jahrgang 1994, S. 255.

Springe, Gerd: Durchbruch der Aluminium-Anwendung beim Bau von Automobil-Karosserien, in: Blech Rohre Profile, Nr. 12, 39. Jahrgang 1992, S. 1036 - 1038.

Stähler, Frank: Der Erklärungswert von Weltenergieszenarien zur Abschätzung zukünftiger CO_2-Emissionen, in: Zeitschrift für Energiewirtschaft, Nr. 4, 12. Jahrgang 1988, S. 273 - 284.

Stark, B. u. Frank, U.: Mercedes-Benz Recycling - im Tandem mit dem Zulieferer, in: VDI-Gesellschaft Fahrzeug- und Verkehrstechnik (VDI, Hrsg.): Entwicklungen im Karosseriebau, Bericht zur Tagung in Hamburg am 5. und 6. Mai 1994, erschienen als VDI-Bericht Nr. 1134, Düsseldorf 1994, S. 319 - 348.

Steed, Diane: Automotive Fuel Economy: How far should we go?, in: VDI-Gesellschaft Fahrzeug- und Verkehrstechnik (VDI, Hrsg.): Beiträge der Fahrzeugtechnik zur Verbrauchssenkung, Bericht zur Tagung in Wolfsburg am 24. und 26. November 1993, erschienen als VDI-Bericht Nr. 1099, Düsseldorf 1993, S. 1 - 15.

Syassen, Onno: Chancen und Problematik nachwachsender Kraftstoffe, Teil 1 in: Motortechnische Zeitschrift, Nr. 11, 53. Jahrgang 1992, S. 510 - 517.

Syassen, Onno: Chancen und Problematik nachwachsender Kraftstoffe, Teil 2 in: Motortechnische Zeitschrift, Nr. 12, 53. Jahrgang 1992, S. 560 - 568.

Taschner, Wolfgang: Mit Aluminium auf die Schiene, in: Ingenieur-Werkstoffe, Nr. 3, 5. Jahrgang 1993, S. 52/53.

Thull, W.: Konstruktion und Erprobung eines Pkw mit selbsttragender Ganzaluminium-Karosserie, in: Dokumentation von Vorträgen anläßlich eines internationalen Symposiums der Aluminium-Zentrale, Düsseldorf, am 3. und 4. Februar 1988 in Neuß, Düsseldorf 1988, S. 41 - 44.

Tikal, Franz u. Vollmer, Chrstian: Pkw-Türrahmen aus Magnesium, in: Sonderausgabe von Automobiltechnischer Zeitschrift und Motortechnischer Zeitschrift „Werkstoffe im Automobilbau“, 1997, S. 30 - 32.

Timm, H. u. Reiter, K.: Karosseriekonzepte in Aluminium und deren Auswirkungen, in: VDI-Gesellschaft Fahrzeugtechnik (Hrsg.): Entwicklungen im Karosseriebau, Bericht zur Tagung in Hamburg am 26. und 27. Mai 1992, erschienen als VDI-Bericht Nr. 968, Düsseldorf 1992, S. 335 - 353.

Trommer, Jörg: Längswelle aus Aluminium - Eine Zielsetzung der GKN-Leichtbaustrategie, in: Automobiltechnische Zeitschrift, Nr. 11, 97. Jahrgang 1995, S. 778 - 782.

Tuchtfeldt, Egon: Zielbeziehungen in der Wirtschaftspolitik, in: Wirtschaftswissenschaftliches Studium, Nr. 10, 4. Jahrgang 1975, S. 471 - 478.

van der Weide, J.; Seppen, J. J. u. Hollemans, B.: Alternative fuels in the Netherlands: backgrounds, demonstrations, new developments, in: VDI-Gesellschaft Fahrzeugtechnik (VDI, Hrsg.): Aspekte alternativer Energieträger für Fahrzeugantriebe, Bericht zur Tagung in Wolfsburg am 24. und 26. November 1992, erschienen als VDI-Bericht Nr. 1020, Düsseldorf 1992, S. 213 - 242.

van Schaik, Marcel: XMple - Ein Cabriolet-Chassis-Konzept aus Stahl und Aluminium, in: Sonderausgabe von Automobiltechnischer Zeitschrift und Motortechnischer Zeitschrift „Leichtmetalle im Automobilbau“, 1995, S. 50 - 52.

Voß, B. u. Gern, G.: Bedarfsorientierte Nebenaggregate, in: VDI-Gesellschaft Fahrzeugtechnik (VDI, Hrsg.): Beiträge der Fahrzeugtechnik zur Verbrauchssenkung, Bericht zur Tagung in Wolfsburg am 24. und 26. November 1993, erschienen als VDI-Bericht Nr. 1099, Düsseldorf 1993, S. 137 - 152.

Vondran, Ruprecht: Haben private europäische Unternehmen eine Chance auf den Stahlmärkten der Zukunft?, in: Stahl und Eisen, Nr. 4, 115. Jahrgang 1995, S. 47 - 52.

Voy, Christian und Schmidt, Joachim: Automobilrecycling - Quo vadis?, in: Automobiltechnische Zeitschrift, Nr. 3, 96. Jahrgang 1994, S. 148 - 160.

Wähling, H.-G.: Karosseriebauteile aus Aluminium-Strangpreßprofilen, in: Aluminium, Nr. 1, 69. Jahrgang 1993, S. 49 - 51.

Wallentowitz, H.; Adam, H. u. Bröcking, J.: Einsatzpotential von Space-Frame-Strukturen aus Faserverbundkunststoffen im Karosseriebau, in: VDI-Gesellschaft Fahrzeug- und Verkehrstechnik (VDI, Hrsg.): Entwicklungen im Karosseriebau, Bericht zur Tagung in Hamburg am 14. und 15. Mai 1996, erschienen als VDI-Bericht Nr. 1264, Düsseldorf 1996, S. 477 - 495.

Weber, Anton: Die Kunststoffe und das Automobil, in: Automobiltechnische Zeitschrift, Nr. 9, 97. Jahrgang 1995, S. 589 - 592.

Weidmann, K. u. Heinrich, H.: Einsatz von Kraftstoffen aus nachwachsenden Rohstoffen im VW/Audi Dieselmotor, in: VDI-Gesellschaft Fahrzeugtechnik (VDI, Hrsg.): Aspekte alternativer Energieträger für Fahrzeugantriebe, Bericht zur Tagung in Wolfsburg am 24. und 26. November 1992, erschienen als VDI-Bericht Nr. 1020, Düsseldorf 1992, S. 149 - 172.

Weinberger, K.: Korrosionsschutz im Automobilbau - Stand der Technik und Weiterentwicklungen, in: VDI-Gesellschaft Fahrzeugtechnik (VDI, Hrsg.): Entwicklungen im Karosseriebau, Bericht zur Tagung in Hamburg am 26. und 27. Mai 1992, erschienen als VDI-Bericht Nr. 968, Düsseldorf 1992, S. 533 - 564.

Willeke, Rolf; Ewers, Rudolf und Kreutzer, Hans Wilhelm: Stahlschrott als Rohstoff für die Stahlerzeugung, in: Stahl und Eisen, Nr. 4, 114. Jahrgang 1994, S. 83 - 88.

Woithe, Herbert: Komponenten und Untergruppen für Aluminium-Tragrahmen, in: ATZ/MTZ Sonderheft Fertigungstechnik 94/95, S. 18 - 21.

Wurl, W.: Stand der Entwicklung von Aluminium-Karosserien für Kraftfahrzeuge, in: VDI-Gesellschaft Werkstofftechnik (Hrsg.): Werkstofftag ´94, Tagungsbericht zur Tagung in Duisburg am 9. und 10. März 1994, erschienen als VDI-Bericht, Nr. 1080, S. 55 - 64.

Yamaguchi, Jack: Anatomy of Honda NSX, in: Automotive Engineering, Nr. 1, 99. Jahrgang 1991, S. 35 - 39.

Yamaguchi, Jack: Building aluminum super-cars, Honda's NSX factory, in: Automotive Engineering, Nr. 4, 99. Jahrgang 1991, S. 46 - 49.

Yamaguchi, Jack: Global view points: Tokyo motor show, in: Automotive Engineering, Nr. 2, 100. Jahrgang 1992, S. 109 - 122.

Zeranski, Peter: Neue Chancen durch Altauto-Verwertung, in: Automobiltechnische Zeitschrift, Nr. 10, 94. Jahrgang 1992, S. 532 - 536.

Zerres, Michael P.: Die Szenario-Technik, in: Archiv für das Post- und Fernmeldewesen, Nr. 1, 41. Jahrgang 1989, S. 58 - 61.

3. Enzyklopädien/Nachschlagewerke

Brockhaus-Enzyklopädie: Versch. Bände, 19. Auflage, Mannheim, versch. Jahrgänge.

4. Zeitungsartikel

Die Zeit (05.02.1993): Rapsöl contra Diesel, 48. Jahrgang, Nr. 6, S. 36, ohne Verfasserangabe.

Die Zeit (26.02.1993): Verunglückte Statistik, 48. Jahrgang, Nr. 9, S. 85, Verfasser: Jan Kutscher.

Die Zeit (11.02.1994): Bäume als Endlager, 49. Jahrgang, Nr. 7, S. 41, Verfasser: Peter H. Hufschmid.

Die Zeit (11.08.1995): Knackpunkt Spritpreis, 50. Jahrgang, Nr. 33 S. 15, Verfasser: Heinz Blüthmann.

FAZ (23.10.1992): VAW Aluminium AG, Berlin/Bonn, ohne Jahrgangsangabe, Nr. 247, S. 20, Verfasser: Reuter-Meldung.

FAZ (26.10.1992): Bosch erwartet bei ABS kräftiges Wachstum, ohne Jahrgangsangabe, Nr. 249, S. 20, Verfasser: Michael Heller.

FAZ (17.11.1992): GUS-Aluminium stört die westlichen Märkte, ohne Jahrgangsangabe, Nr. 268, S. 20, Verfasser: Siegfried Sterner.

FAZ (08.12.1992): Begleiter auf dem Weg zum "sauberen" Motor, ohne Jahrgangsangabe, Nr. 285, S. T3, Verfasser: Johann-Christoph Spira.

FAZ (15.12.1992): Der Dieselmotor ist umweltverträglich, ohne Jahrgangsangabe, Nr. 291, S. T4, Verfasser: Christian Bartsch.

FAZ (21.12.1992): Zu früh zuviel versprochen?, ohne Jahrgangsangabe, Nr. 296, S. T1, Verfasser: Gerold Lingnau.

FAZ (13.01.1993): Subventionen für Illusionen, ohne Jahrgangsangabe, Nr. 10, S. 13, Verfasser: Klaus Boichhausen.

FAZ (27.01.1993): Mercedes-Benz weitet seine Produktpalette aus, ohne Jahrgangsangabe, Nr. 22, S. 15, Verfasser: Michael Heller.

FAZ (16.02.1993): "Altgummi verwerten statt deponieren", ohne Jahrgangsangabe, Nr. 39, S. 15, Verfasser: Ingrid Hielle.

FAZ (02.03.1993): Das Abgas hängt vom Kraftstoff ab, ohne Jahrgangsangabe, Nr. 51, S. T1, Verfasser: Walter Hönscheidt.

FAZ (09.03.1993): Sauberer Siegeszug mit Schwachpunkten, ohne Jahrgangsangabe, Nr. 57, S. T4, Verfasser: Gerhard Vollheim.

FAZ (09.03.1993): Ohne Dampf marsch, ohne Jahrgangsangabe, Nr. 57, S. T4, Verfasser: Georg Küffner.

FAZ (06.04.1993): Gas geben - wörtlich genommen, ohne Jahrgangsangabe, Nr. 81, S. T4, Verfasser: Frank Grösch.

FAZ (06.04.1993): Mercedes-Benz baut Geländewagen in den Vereinigten Staaten, ohne Jahrgangsangabe, Nr. 81, S. 18, Verfasser: Benedikt Fehr.

FAZ (20.04.1993): Das Vier-mal-Vier gehört zum Einmaleins der Sicherheit, ohne Jahrgangsangabe, Nr. 91, S. T1, Verfasser: Johann-Christoph Spira.

FAZ (04.05.1993): Der Diesel duftet nach Zukunft, ohne Jahrgangsangabe, Nr. 102, S. 13, Verfasser: Olaf von Fersen.

FAZ (28.06.1993): Aluminium aus Rußland überschwemmt den Weltmarkt, ohne Jahrgangsangabe, Nr. 146, S. 17, Verfasser: Ingrid Hielle.

FAZ (29.06.1993): Schleudern - bald nicht mehr Autofahrers Alptraum?, ohne Jahrgangsangabe, Nr. 147, S. T4, Verfasser: Johann-Christoph Spira.

FAZ (06.07.1993): Der Fortschritt heißt Diesel, ohne Jahrgangsangabe, Nr. 153, S. T3, Verfasser: Wolfgang Peters.

FAZ (13.07.1993): Alternative aus den Wäldern, ohne Jahrgangsangabe, Nr. 159, S. T3, Verfasser: Wolfgang Peters.

FAZ (10.08.1993): EG beschränkt Import von GUS-Aluminium, ohne Jahrgangsangabe, Nr. 183, S. 11, Verfasser: Reuter-Meldung.

FAZ (13.08.1993): Ein unkonventioneller Mercedes, ohne Jahrgangsangabe, Nr. 186, S. 13, Verfasser: Uwe Lill.

FAZ (20.09.1993): Thyssen Stahl will den Einsatz des CPR-Verfahrens vorantreiben, ohne Jahrgangsangabe, Nr. 218, S. 22, Verfasser: Siegfried Sterner.

FAZ (30.09.1993): Bei Arbed hat die Umstellung auf Elektrostahl begonnen, ohne Jahrgangsangabe, Nr. 227, S. 20, Verfasser: Hans Jürgensen.

FAZ (05.10.1993): Neues Alu-Auto von Audi: Leichter und exklusiv, ohne Jahrgangsangabe, Nr. 231, S. T3, Verfasser: Gerd Gregor Feth.

FAZ (06.10.1993): Mehr Wachstum im Treibhaus? Düngereffekt des Kohlendioxyds fraglich, ohne Jahrgangsangabe, Nr. 239, S. N1, Verfasser: Caroline Möhring.

FAZ (06.10.1993): Kohlendioxyd gesucht, ohne Jahrgangsangabe, Nr. 232, S. N2, Verfasser: Horst Rademacher.

FAZ (30.10.1993): Nußöl treibt Motoren in Mali an, ohne Jahrgangsangabe, Nr. 253, S. 8, Verfasser: dpa-Meldung.

FAZ (10.11.1993): Mannesmann setzt auf endabmessungsnahes Gießen, ohne Jahrgangsangabe, Nr. 262, S. 25, Verfasser: Siegfried Sterner.

FAZ (25.11.1993): Kein Hinweis auf Klima-Änderung, ohne Jahrgangsangabe, Nr. 274, S. 10, Verfasser: dpa-Meldung.

FAZ (30.11.1993): Airbags am wichtigsten für Kleinwagen, ohne Jahrgangsangabe, Nr. 278, S. 17, Verfasser: Dorotheé Ostle.

FAZ (23.12.1993): Der Stellenabbau wird auch im kommenden Jahr weitergehen, ohne Jahrgangsangabe, Nr. 298, S. 14, Verfasser: Nico Fickinger.

FAZ (25.01.1994): Mit Wasserstoffantrieb vom Regen in die Traufe?, ohne Jahrgangsangabe, Nr. 20, S. T3, Verfasser: Sibylle Kischka/ Walter Hönscheidt.

FAZ (03.02.1994): Amerikaner wollen das Elektroauto einführen, ohne Jahrgangsangabe, Nr. 28, S. 11, Verfasser: Benedikt Fehr.

FAZ (23.02.1994): Fachleute plädieren für höhere Mineralölsteuer, ohne Jahrgangsangabe, Nr. 45, S. 3, Verfasser: Heinz Stüwe.

FAZ (08.03.1994): Benzinsteuer-Erhöhung wirkt, ohne Jahrgangsangabe, Nr. 56, S. 13, Verfasser: Siegfried Sterner.

FAZ (10.03.1994): Audi-Vorstandssprecher Demel: „Ich habe genug Kraft", ohne Jahrgangsangabe, Nr. 58, S. 13, Verfasser: Cornelia Knust.

FAZ (12.04.1994): „Endabmessungsnahes Gießen" senkt die Investitionskosten deutlich, ohne Jahrgangsangabe, Nr. 84, S. 22, Verfasser: Georg Küffner.

FAZ (13.04.1994): Neuer Audi A8: Quantensprung in der Oberklasse?, ohne Jahrgangsangabe, Nr. 85, S. T1, Verfasser: Boris Schmidt.

FAZ (13.04.1994): Energieverbrauch steigt bis 2010 um die Hälfte, ohne Jahrgangsangabe, Nr. 85, S. 15, Verfasser: dpa-Meldung.

FAZ (14.04.1994): Alcoa braucht neben Audi weitere Kunden, ohne Jahrgangsangabe, Nr. 86, S. 22, Verfasser: Cornelia Knust.

FAZ (15.04.1994): Der Bundestag beschließt ein neues Abfallrecht, ohne Jahrgangsangabe, Nr. 87, S. 14, Verfasser: Heinz Stüwe.

FAZ (26.04.1994): Mühsamer Weg zum Auto-Recycling, ohne Jahrgangsangabe, Nr. 96, S. T8, Verfasser: Monika Etspüler.

FAZ (26.04.1994): Der schwere Weg zur Sortenreinheit, ohne Jahrgangsangabe, Nr. 96, S. T8, Verfasser: Christian Bartsch.

FAZ (03.05.1994): Die Batterien sind die Achillesfersen der Elektrischen, ohne Jahrgangsangabe, Nr. 102, S. T4, Verfasser: Martina Lanzrath.

FAZ (09.05.1994): Autofahren soll erschwinglich bleiben, ohne Jahrgangsangabe, Nr. 107, S. 1, ohne Verfasserangabe.

FAZ (17.05.1994): Der Einsatz von Technik erhöht die Verkehrssicherheit, ohne Jahrgangsangabe, Nr. 113, S. T1, Verfasser: Dorothée Ostle.

FAZ (17.05.1994): Aus alt mach neu, ohne Jahrgangsangabe, Nr. 113, in: Verlagsbeilage „Umwelt und Technik", S. B9, Verfasser: Christian Hagelüken.

FAZ (17.05.1994): Zwei Jahre nach Rio, ohne Jahrgangsangabe, Nr. 113, in der Verlagsbeilage „Umwelt und Technik" auf S. B1 u. B2, Verfasser: Klaus Töpfer.

FAZ (27.05.1994): Mineralölverband: Die Branche bleibt in der Zange, ohne Jahrgangsangabe, Nr. 121, S. 16, Verfasser: Klaus Wiborg.

FAZ (03.06.1994): Viele Tankstellen leben in erster Linie vom Lebensmittelverkauf, ohne Jahrgangsangabe, Nr. 126, S. 17, Verfasser: Georg Giersberg.

FAZ (07.06.1994): Elektrohydraulik statt Hand und Fuß, ohne Jahrgangsangabe, Nr. 129, S. T4, Verfasser: Christian Bartsch.

FAZ (21.06.1994): Preussag Stahl erwartet besseres Ergebnis, ohne Jahrgangsangabe, Nr. 141, S. 16, Verfasser: Wolfgang Helmer.

FAZ (06.07.1994): Solare Wasserstoffgewinnung, ohne Jahrgangsangabe, Nr. 154, S. N2, Verfasser: Christoph Ettl.

FAZ (09.07.1994): Mammutprogramm im Bundesrat: Mehr als 130 Themen an einem einzigen Tag, ohne Jahrgangsangabe, Nr. 157, S. 12, Verfasser: Walter Kannengießer/ Heinz Stüwe/ Heike Göbel.

FAZ (26.08.1994): Wertvolle Rohstoffe aus Auto-Katalysatoren, ohne Jahrgangsangabe, Nr. 198, S. 20, Verfasser: Gerold Lingnau.

FAZ (06.09.1994): Der erste Seiten-Airbag kommt von Volvo, ohne Jahrgangsangabe, Nr. 207, S. T3, Verfasser: Wolfgang Peters.

FAZ (07.09.1994): RWI: Benzinpreise ohne Einfluß, ohne Jahrgangsangabe, Nr. 208, S. 17, Verfasser: dpa-Meldung.

FAZ (16.09.1994): Autos werden immer seltener repariert, ohne Jahrgangsangabe, Nr. 216, S. 17, Verfasser: Cornelia Knust.

FAZ (27.09.1994): Aluminium-Audi: Problemlos reparabel, ohne Jahrgangsangabe, Nr. 225, S. T3, Verfasser: Jan Erik Zimmermann.

FAZ (28.09.1994): Wissenschaftler warnen vor Zusatzstoffen in Benzin, ohne Jahrgangsangabe, Nr. 226, S. 10, Verfasser: Hans-Joachim Rudolph.

FAZ (08.10.1994): Die bekannten Ölreserven reichen für 43 Jahre, ohne Jahrgangsangabe, Nr. 234, S. 11, Verfasser: Ingrid Hielle.

FAZ (11.10.1994): Ein Assistent für besseres Bremsen, ohne Jahrgangsangabe, Nr. 236, S. T5, Verfasser: Christian Bartsch.

FAZ (18.10.1994): Um Windkanäle ist es still geworden, ohne Jahrgangsangabe, Nr. 242, S. T4, Verfasser: Wolf-Heinrich Hucho.

FAZ (25.10.1994): Schmiede-Leichtrad: Fuchs hilft sparen, ohne Jahrgangsangabe, Nr. 248, S. T3, Verfasser: Gerold Lingnau.

FAZ (08.11.1994): Bessere Aussichten für die deutsche Aluminiumindustrie, ohne Jahrgangsangabe, Nr. 260, S. 24, Verfasser: Hans Jürgensen.

FAZ (22.11.1994): BMW will erstmals Autos seiner Marke aus dem Ausland einführen, ohne Jahrgangsangabe, Nr. 271, S. 24, Verfasser: Lorenz Goslich.

FAZ (29.11.1994): Die Hauptrolle spielt der Motor, ohne Jahrgangsangabe, Nr. 277, S. T3, Verfasser: Johann-Christoph Spira.

FAZ (08.12.1994): Vom schlichten Kassenhäuschen zum modernen Tante-Emma-Laden, ohne Jahrgangsangabe, Nr. 285, S. 23, Verfasser: Peter Poppe.

FAZ (13.12.1994): Nur kurz nach der scharfen Krise vor einem neuen Umsatzrekord, ohne Jahrgangsangabe, Nr. 289, S. 24, Verfasser: Siegfried Sterner.

FAZ (20.12.1994): Kampf um weniger Gewicht und mehr Sicherheit , ohne Jahrgangsangabe, Nr. 295, S. T4, Verfasser: Gerd Gregor Feth.

FAZ (21.12.1994): Mercedes investiert 750 Millionen DM in Lothringen, Nr. 296, S. 15, Verfasser: Michael Heller.

FAZ (04.01.1995): Loch im Kohlenstoffhaushalt, Nr. 3, S. N3, Verfasser: Petra Volkmar.

FAZ (18.01.1995): Airbag verändert Verletzungsmuster, Nr. 15, S. N3, ohne Verfasserangabe.

FAZ (26.01.1995): Heftiger Disput über Ökobilanzen, Nr. 22, S. 13, Verfasser: Manfred Schäfers.

FAZ (27.01.1995): Hintergrund: Der Konflikt über Ökobilanzen geht in die nächste Runde, Nr. 23, S. 15, Verfasser: Manfred Schäfers.

FAZ (31.01.1995): Der Allrad-Markt schrumpft, Nr. 26, S. 15, Verfasser: Frank Boris Schmidt.

FAZ (21.02.1995): Ein Fingerabdruck der Klimaentwicklung, Nr. 44, S. 9, ohne Verfasserangabe.

FAZ (21.03.1995): Karosseriereparatur: Schwieriger Audi A8, Nr. 68, S. T6, Verfasser: Gerold Lingnau.

FAZ (22.03.1995): Drei Säulen des Klimaschutzes, Nr. 69, S. 3, Verfasser: Reinhard Wandtner.

FAZ (24.03.1995): Autoindustrie will Benzinverbrauch senken, Nr. 71, S. 19, Verfasser: Carl Graf Hohenthal.

FAZ (28.03.1995): Deutschland mit voller Kraft voraus, Nr. 74, S. B3 der Verlagsbeilage „Klimaschutz", ohne Verfasserangabe.

FAZ (28.03.1995): Es ist noch nicht zu spät, Nr. 74, S. B3 der Verlagsbeilage „Klimaschutz", Verfasser: Klaus Hasselmann.

FAZ (28.03.1995): Das Ende des Erdölzeitalters wird eingeläutet, Nr. 74, S. B3 der Verlagsbeilage „Klimaschutz", Verfasser: Hans-Hermann Braess.

FAZ (28.03.1995): Klimakonferenz in Berlin: Wie Technik das Kohlendioxid vermindern helfen könnte, Nr. 74, S. T1, Verfasser: Georg Küffner/ Gerold Lingnau/ Dieter Vogt.

FAZ (07.04.1995): Audi fährt schneller als erwartet in die Gewinnzone zurück, Nr. 35, S. 16, Verfasser: Michael Psotta.

FAZ (08.04.1995): Nach langem Hin und Her in Berlin ein Mandat für weitere Verhandlungen, Nr. 35, S. 1/2, Verfasser: Carl Graf Hohenthal/ Caroline Möhring.

FAZ (12.04.1995): Unsichtbare Hand lenkt Klimaforschung, Nr. 87, S. N1, Verfasser: Rainer Flöhl.

FAZ (27.04.1995): Koalition und Opposition weiter uneins über Energiepolitik, Nr. 98, S. 1/2, Verfasser: Carl Graf Hohenthal.

FAZ (27.04.1995): Mercedes setzt verstärkt auf Produktion und Einkauf im Ausland, Nr. 98, S. 21, Verfasser: Michael Heller.

FAZ (02.05.1995): Kat-Heizung für sauberen Kaltstart, Nr. 101, S. T4, Verfasser: Ralf Schuler.

FAZ (09.05.1995): Sicherheit als Temperaturfrage, Nr. 107, S. T4, Verfasser: Wolfgang Peters.

FAZ (12.05.1995): Aral stellt sich auf stagnierende Kraftstoffnachfrage ein, Nr. 110, S. 25, Verfasser: Brigitte Koch.

FAZ (17.05.1995): Treibhauseffekt noch nicht meßbar, Nr. 114, S. N1, ohne Verfasserangabe.

FAZ (18.05.1995): Die Grünen: Fünf DM für das Benzin in zehn Jahren, Nr. 116, S. 15, Verfasser: Heike Göbel.

FAZ (02.06.1995): Mobil Oil schließt die Raffinerie in Wörth, Nr. 35, S. 16, Verfasser: Axel Schnorbus.

FAZ (03.06.1995): Ruf nach Mineralöl-Krisenkartell, Nr. 128, S. 12, Verfasser: Axel Schnorbus.

FAZ (10.06.1995): Autoversicherer planen Änderung der Haftpflicht, Nr. 133, S. 12, Verfasser: Erich Erlenbach.

FAZ (16.06.1995): Mobil Oil: Die Stillegung der Raffinerie Wörth ist unumgänglich, Nr. 137, S. 26, Verfasser: Axel Schnorbus.

FAZ (26.06.1995): Schrottautos sollen besser verwertet werden, Nr. 145, S. 11, Verfasser: Carl Graf Hohenthal.

FAZ (27.06.1995): Die Lichtmaschine von morgen muß effizienter arbeiten, Nr. 146, S. T3, Verfasser: Christian Bartsch.

FAZ (12.07.1995): RWI: Rohstahlerzeugung steigt, Nr. 159, S. 14, Verfasser: Hans Jürgensen.

FAZ (18.07.1995): Auf dem Weg zum Drei-Liter-Fahrer, Nr. 164, S. T1, Verfasser: Reinhold Wagner.

FAZ (29.07.1995): Benzolarmer Kraftstoff kommt im September, Nr. 174, S. 11, Verfasser: Heinz Stüwe/ Axel Schnorbus.

FAZ (17.08.1995): Allianz Vorreiter bei neuen Auto-Tarifen, Nr. 190, S. 11, Verfasser: Michael Psotta.

FAZ (26.09.1995): Schwefelärmerer Dieselkraftstoff von Oktober an, Nr. 224, S. T1, Verfasser: Hans-Jürgen Wildhage.

FAZ (27.09.1995): Shredderindustrie beklagt hohe Deponiekosten, Nr. 225, S. 22, Verfasser: dpa-Meldung.

FAZ (02.10.1995): Gewicht sparen und Komfort erhöhen, Nr. 229, S. T5, Verfasser: Dorotheé Ostle.

FAZ (07.12.1995): Bloße Größe gehört für Voith in Brasilien zur Vergangenheit, Nr. 281, S. 29, Verfasser: Christian Schubert.

FAZ (12.12.1995): Der Energieverbrauch steigt nur wenig, Nr. 289, S. 15, Verfasser: Carl Graf Hohenthal.

FAZ (19.12.1995): Fröhliches Einkaufen mit Gabi von der Tankstelle, Nr. 295, S. 20, Verfasser: Cornelia Knust.

FAZ (19.12.1995): Aus Tankstellenpächtern werden zunehmend Einzelhändler, Nr. 295, S. 20, Verfasser: Axel Schnorbus.

FAZ (21.12.1995): Europäische Kommission will das Fünf-Liter-Auto, Nr. 297, S. 13, Verfasser: Peter Hort.

FAZ (05.01.1996): Autoindustrie über Beschäftigungsprognose ihres Verbandes erstaunt, Nr. 4, S. 13, Verfasser: hap.

FAZ (03.02.1996): 3,42 Millionen Neuzulassungen erwartet, Nr. 29, S. 14, ohne Verfasserangabe.

FAZ (08.02.1996): Die Aussichten auf dem deutschen Arbeitsmarkt bleiben auch 1996 düster, Nr. 33, S. 15, Verfasser: Nico Fickinger.

FAZ (27.02.1996): Kein kleinliches Paket aus Tradition und Technik, Nr. 49, S. T4, Verfasser: Wolfgang Peters.

FAZ (01.03.1996): Verbleites Benzin weiterhin auf dem Rückzug, Nr. 52, S. 16, Verfasser: Werner Sturbeck.

FAZ (08.03.1996): Kraftfahrzeuggewerbe klagt über die Rendite, Nr. 58, S. 19, Verfasser: Cornelia Knust.

FAZ (27.03.1996): Mehr Erdgas und Erdöl gefördert, Nr. 74, S. 20, Verfasser: Wolfgang Helmer.

FAZ (02.04.1996): Das Schlachtfest am Ende eines Autolebens, Nr. 79, S. T3, Verfasser: Gerd Gregor Feth.

FAZ (09.04.1996): Aufschub für Elektroautos, Nr. 83, S. T6, ohne Verfasserangabe.

FAZ (09.04.1996): Nun endlich auch europäische Normen für Aufpralltests, Nr. 83, S. T4, Verfasser: Wolf Heinrich Hucho.

FAZ (17.04.1996): Der Lebensmittelverkauf an Tankstellen ist kräftig gestiegen, Nr. 90, S. 29, Verfasser: Bettina Schulz.

FAZ (24.04.1996): Volkswagen setzt auf Leichtbau, Nr. 96, S. 27, Verfasser: Wolfgang Helmer.

FAZ (26.04.1996): „Raffineriestandort Deutschland gefährdet“, Nr. 98, S. 18, Verfasser: Axel Schnorbus.

FAZ (30.04.1996): Größte Aluminiumschmelze steht in Südafrika, Nr. 101, S. 29, Verfasser: Robert von Lucius.

FAZ (02.05.1996): Audi baut jetzt auch in Ungarn Autos, Nr. 102, S. 23, Verfasser: Michael Psotta.

FAZ (03.05.1996): „Versicherungstarife an Autotypen binden“, Nr. 103, S. 17, Verfasser: Carl Graf Hohenthal.

FAZ (18.05.1996): VW investiert in Israel, Nr. 115, S. 15, Verfasser: Wolfgang Helmer.

FAZ (21.05.1996): Mit Wasserdampf-Fähnchen in die Zukunft, Nr. 117, S. T3, Verfasser: Gerold Lingnau.

FAZ (22.05.1996): Vier Mineralölkonzerne legen Raffinerien in Karlsruhe zusammen, Nr. 118, S. 17, Verfasser: Axel Schnorbus.

FAZ (22.05.1996): Deutschland wird als Raffineriestandort immer weniger attraktiv, Nr. 118, S. 14, Verfasser: Axel Schnorbus.

FAZ (23.05.1996): Vondran sieht Überkapazitäten bei Stahl, Nr. 11, S. 17, Verfasser: Werner Sturbeck.

FAZ (03.06.1996): Bäume gegen den Treibhauseffekt, Nr. 127, S. B4 der Verlagsbeilage „Umwelt und Technik“, Verfasser: Karl Peter Hasenkamp.

FAZ (17.06.1996): Viel Dreck für sauberes Tanken, Nr. 138, S. 19, ohne Verfasserangabe.

FAZ (18.06.1996): Der Pneu in der Schlüsselposition, Nr. 139, S. T1, Verfasser: Gerd Gregor Feth.

FAZ (20.06.1996): 70 Prozent weniger Autoabgase bis 2010, Nr. 141, S. 15, Verfasser: Michael Stabenow.

FAZ (27.06.1996): Fünf-Liter-Auto wohl erst im Jahr 2010, Nr. 147, S. 14, ohne Verfasserangabe.

FAZ (29.06.1996): Tankstellenpächter: keine Angst vor Lockerung des Ladenschlusses, Nr. 149, S. 13, Verfasser: Axel Schnorbus.

FAZ (02.07.1996): Mit Golf-Technik noch besser als der Golf, Nr. 151, S. T3, Verfasser: Gerold Lingnau.

FAZ (02.07.1996): Der automatische Nothelfer greift ein, Nr. 151, S. T4, Verfasser: Christian Bartsch.

FAZ (02.07.1996): Fahren und Heizen ohne Kohlenstoff, Nr. 151, S. T1, Verfasser: Georg Küffner.

FAZ (03.07.1996): Die hungrigen Wälder des Nordens, Nr. 152, S. N1/N2, Verfasser: Joachim Müller-Jung.

FAZ (16.07.1996): Den TDI von VW im Visier, Nr. 163, S. T3, Verfasser: Christian Bartsch.

FAZ (17.07.1996): Von Herbst an soll es kein bleihaltiges Benzin mehr geben, Nr. 61, S. 2, Verfasser: Carl Graf Hohenthal.

FAZ (17.07.1996): Der gläserne Motor im Laserlicht, Nr. 164, S. N2, Verfasser: Jürgen Wolfrum.

FAZ (23.07.1996): Dem Hotzenblitz-Elektroauto droht das Aus, Nr. 168, S. 16, Verfasser: dpa-Meldung.

FAZ (23.07.1996): Der totale Abschied vom Testarossa, Nr. 169, S. T3, Verfasser: Gerold Lingnau.

FAZ (24.07.1996): Pflanzen im Norden wachsen länger, Nr. 170, S. N2, ohne Verfasserangabe.

FAZ (09.08.1996): Thyssen will 500 Millionen DM in neue Stahltechnik investieren, Nr. 184, S. 15, Verfasser: Werner Sturbeck.

FAZ (13.08.1996): Die Briten finden immer weniger Öl und Gas in der Nordsee, Nr. 187, S. 12, Verfasser: Bettina Schulz.

FAZ (15.08.1996): Nachweis anstelle von Genehmigung, Nr. 189, S. 1, Verfasser: Carl Graf Hohenthal.

FAZ (20.08.1996): Die moderne Fahrzeugverwertung nutzt die Ressourcen besser, Nr. 193, S. 12, ohne Verfasserangabe.

FAZ (20.08.1996): Mitsubishi bringt den direkteinspritzenden Ottomotor, Nr. 193, S. T3, Verfasser: Boris Schmidt.

FAZ (02.09.1996): Ford nimmt in Spanien die Fertigung des neuen Kleinwagens auf, Nr. 204, S. 19, Verfasser: Wolfram Weimer.

FAZ (11.09.1996): Die Abhängigkeit von Öl aus dem Persischen Golf nimmt zu, Nr. 212, S. 18, Verfasser: Carola Kaps.

FAZ (24.09.1996): Ein unauffälliges Stück Technik für Kaliforniens Straßen, Nr. 223, S. T7, Verfasser: Horst Rademacher.

FAZ (01.10.1996): Asien treibt den Weltstahlverbrauch an, Nr. 219, S. 18, Verfasser: Werner Sturbeck.

FAZ (04.10.1996): Die Bleizeit an den Tankstellen ist zu Ende gegangen, Nr. 231, S. 18, Verfasser: Axel Schnorbus.

FAZ (15.10.1996): Das schnelle Ende der Bleizeit, Nr. 240, S. T1, Verfasser: Reinhard Ludwig.

FAZ (18.10.1996): Die Zeiten des billigen Öls sind vorbei, Nr. 243, S. 20, Verfasser: Axel Schnorbus.

FAZ (08.11.1996): In zwei Jahren will Sachsenring die Serienproduktion starten, Nr. 261, S. 24, Verfasser: Joachim Herr.

FAZ (12.11.1996): Der Space Frame wird abgespeckt, Nr. 264, S. T3, Verfasser: Gerd Gregor Feth.

FAZ (12.11.1996): Hybrid Auto Uni 1: Mut zur Serie, Nr. 264, S. T3, Verfasser: Boris Schmidt.

FAZ (12.11.1996): Aus der Reihe tanzen für schlankere Zeiten, Nr. 264, S. T4, Verfasser: Wolfgang Peters.

FAZ (12.11.1996): Typentarif, Nr. 264, S. B1 der Verlagsbeilage „Versicherungen“, Verfasser: Rolf-Peter Hoenen.

FAZ (19.11.1996): Besser, sicherer, leiser und trotzdem leichter, Nr. 270, S. T4, Verfasser: Dortheé Ostle.

FAZ (22.11.1996): Erdgas und Erdöl wichtigste Energieträger, Nr. 273, S. 18, Verfasser: Axel Schnorbus.

FAZ (26.11.1996): Die magere Lösung für die Zukunft, Nr. 276, S. T4, Verfasser: Olaf von Fersen.

FAZ (05.12.1996): Esso erwartet moderat steigende Ölpreise, Nr. 284, S. 18, Verfasser: Ingrid Hielle.

FAZ (09.12.1996): Mercedes Benz bringt 1997 seinen ersten Kleinwagen, Nr. 287, S. 16, Verfasser: Gerold Lingnau.

FAZ (10.12.1996): Motoröl: Der Stoff, ohne den keine Maschine läuft, Nr. 288, S. T1, Verfasser: Boris Schmidt.

FAZ (13.12.1996): Hotzenblitz-Rechte verkauft, Nr. 291, S. 21, Verfasser: dpa - Meldung.

FAZ (24.12.1996): Der deutsche Automobilmarkt hat deutlich zugelegt, Nr. 300, S. 12, ohne Verfasserangabe.

FAZ (02.01.1997): Die Automobilindustrie will 1997 mehr investieren, Nr. 1, S. 9, ohne Verfasserangabe.

FAZ (28.01.1997): Wenn die Pumpe völlig unnötig pumpt, Nr. 23, S. T4, Verfasser: Martina Lanzrath.

FAZ (28.01.1997): Der Werkstoff Magnesium kehrt ins Auto zurück, Nr. 23, S. T4, Verfasser: Christian Bartsch.

FAZ (20.02.1997): Die Kooperation BP/Mobil Oil soll 1997 erste Früchte abwerfen, Nr. 43, S. 16, Verfasser: Axel Schnorbus.

FAZ (04.03.1997): Kohlendioxid-Emissionen haben weiter zugenommen, Nr. 53, S. 13, Verfasser: Werner Sturbeck.

FAZ (04.03.1997): Die EU will Vorreiterin beim Umweltschutz sein, Nr. 53, S. 13, Verfasser: Michael Stabenow.

FAZ (04.03.1997): Einer klugen Mischung der Materialien gehört die Zukunft, Nr. 53, S. T1, Verfasser: Gerold Lingnau.

FAZ (05.03.1997): Partnerschaft für Wasserstoffbus gegründet, Nr. 54, S. 24, Verfasser: Cornelia Knust.

FAZ (07.03.1997): Autohändler sehen sich um den Erfolg betrogen, Nr. 56, S. 18, Verfasser: Cornelia Knust.

FAZ (08.03.1997): Aral-Prognose: Weitere 3000 Tankstellen werden schließen, Nr. 57, S. 16, Verfasser: Werner Sturbeck.

FAZ (13.03.1997): Bund und Länder einig bei Kraftfahrzeugsteuer, Nr. 61, S. 15, Verfasser: Heike Göbel.

FAZ (13.03.1997): Für eine höhere Mineralölsteuer, Nr. 61, S. 2, Verfasser: Manfred Schäfers.

FAZ (18.03.1997): Rügen: Viel Strom für wenig Erkenntnis, Nr. 65, S. T1, Verfasser: Boris Schmidt.

FAZ (19.03.1997): Der Autohersteller Audi gibt sich angriffslustig wie nie, Nr. 66, S. 21, Verfasser: Cornelia Knust.

FAZ (16.04.1997): Volkswagen entwickelt Brennstoffzelle auf Methanolbasis, Nr. 88, S. 20, Verfasser: Wolfgang Helmer.

FAZ (13.05.1997): Das Problem sind die Stickoxyde, Nr. 109, S. T4, Verfasser: Boris Schmidt.

FAZ (13.05.1997): Erfrischendes Abgas: Wasserdampf, Nr. 109, S. B5 der Verlagsbeilage „Umwelt und Technik“, Verfasser: Thomas Steffes.

FAZ (17.05.1997): Der Bundesrat billigt die Altautoverordnung, Nr. 113, S. 14, Verfasser: Manfred Schäfers.

FAZ (20.05.1997): Die Feinde der E-Mobile sind die alten Gewohnheiten, Nr. 114, S. T6, Verfasser: Ulrich Günther.

FAZ (27.05.1997): Die Brennstoffzelle wird serienreif, Nr. 120, S. T4, Verfasser: Walter Hönscheidt.

FAZ (17.06.1997): Asien wird in der Stahlproduktion und im Verbrauch immer stärker, Nr. 137, S. 22, ohne Verfasserangabe.

FAZ (19.06.1997): Naturschutzring für ökologische Steuerreform, Nr. 139, S. 15, Verfasser: Heike Göbel.

FAZ (21.06.1997): Henkel: Spielregeln für Ökobilanzen einhalten, Nr. 141, S. 16, Verfasser: Manfred Schäfers.

FAZ (21.06.1997): EU-Umweltminister beschließen schärfere Abgasgrenzwerte, Nr. 141, S. 6, Verfasser: Michael Stabenow.

FAZ (25.06.1997): Am Ölmarkt herrscht auch vor der Opec-Sitzung Ruhe, Nr. 144, S. 14, Verfasser: Ingrid Hielle.

FAZ (01.07.1997): Die A-Klasse von Mercedes-Benz, Nr. 149, S. T1, Verfasser: Wolfgang Peters.

FAZ (01.07.1997): Für ältere Autos wird die Kraftfahrzeugsteuer teurer, Nr. 149, S. 13, Verfasser: Heike Göbel.

FAZ (03.07.1997): Forstwirtschaft für Klimaschutz, Nr. 151, S. 14, Verfasser: Lisa Becker.

FAZ (08.07.1997): „Kohlendioxid-Ausstoß der Autos begrenzen“, Nr. 155, S. 14, Verfasser: Manfred Schäfers.

FAZ (05.09.1997): Noch sind die Brennstoffzellen für Autos zu teuer und zu unsicher, Nr. 206, S. 29, ohne Verfasserangabe.

FAZ (08.09.1997): Schritt für Schritt zum Drei-Liter-Mobil, Nr. 208, Verlagsbeilage „Automobilzulieferer“, S. B15, Verfasser: Peter Klotzbach u. Bernhard Radermacher.

FAZ (10.09.1997): Audi stellt kompaktes Aluminium-Auto vor, Nr. 210, S. 21, ohne Verfasserangabe.

FAZ (16.09.1997): Die A-Klasse mit Brennstoffzelle, Nr. 215, S. T5, Verfasser: Walter Hönscheidt.

FAZ (07.10.1997): Erste öffentliche Wasserstoff-Tankstelle, Nr. 232, S. T1, Verfasser: Hans-Jürgen Wildhage.

FAZ (20.10.1997): Island lockt mit niedrigen Strompreisen die Aluminium-Produzenten, Nr. 243, S. 25, ohne Verfasserangabe.

FAZ (21.10.1997): Materialschlacht um die Karosserie, Nr. 244, S. T4, Verfasser: Walter Hönscheidt.

FAZ (30.10.1997): Strukturwandel im Kraftfahrzeuggewerbe, Nr. 252, S. 17, ohne Verfasserangabe.

FAZ (22.11.1997): Esso: Energieverbrauch geht weiter zurück, Nr. 272, S. 16, Verfasser: Axel Schnorbus.

FAZ (25.11.1997): Der künftige Airbag kann unterscheiden, Nr. 274, S. T4, Verfasser: Ulrich Günther.

FAZ (01.12.1997): Opec erhöht die Förderquote für Erdöl, Nr. 279, S. 17, ohne Verfasserangabe.

FAZ (02.12.1997): Volkswagen will den Flottenverbrauch weiter senken, Nr. 280, S. 23, Verfasser: Wolfgang Helmer.

FAZ (11.12.1997): In Kyoto bis zuletzt Streit über Handelsklauseln für Treibhausgase, Nr. 288, S. 1, Verfasser: Manfred Schäfers.

FAZ (12.12.1997): Klimakompromiß von Kyoto angenommen, Nr. 289, S. 7, ohne Verfasserangabe.

FAZ (12.12.1997): Das „dreckige“ halbe Dutzend, Nr. 289, S. 7, ohne Verfasserangabe.

FAZ (16.12.1997): Benzinpreis soll auf fünf Mark steigen, Nr. 292, S. 4, ohne Verfasserangabe.

FAZ (17.12.1997): EU-Umweltminister wollen Abgase aus dem Schwerverkehr drosseln, Nr. 293, S. 19, Verfasser: Michael Stabenow.

FAZ (18.12.1997): Zahl der Todesopfer im Straßenverkehr gesunken, Nr. 294, S. 11, ohne Verfasserangabe.

FAZ (30.12.1997): „Große Schäden durch Klimaveränderung“, Nr. 302, S. 11, ohne Verfasserangabe.

FAZ (30.12.1997): Mehr Shopping, weniger Tanken, Nr. 302, S. 14, ohne Verfasserangabe.

Handelsblatt (19.01.1993): Mit dem Öko-Argument soll nur ein neues Subventionsfaß angeschlagen werden, ohne Jahrgangsangabe, Nr. 12, S. 5, Verfasser: Rudolf Eickeler.

Handelsblatt (03.03.1993): Technische Linie: Wertvolles Energiepotential nur unzureichend genutzt, ohne Jahrgangsangabe, Nr. 43, S. 8, Verfasser: Sibylle Kischka.

Handelsblatt (08.03.1995): Bau von leichteren Autos kann teuer werden, ohne Jahrgangsangabe, Nr. 48, S. 38, Verfasser: Stefan Schlott.

VDI-Nachrichten (07.08.1992): Edelmetalle überleben den Kat, 46. Jahrgang, Nr. 32, S. 15, ohne Verfasserangabe.

VDI-Nachrichten (21.08.1992): Alternative Antriebe kommen nur langsam in Fahrt, 46. Jahrgang, Nr. 34, S. 1, ohne Verfasserangabe.

VDI-Nachrichten (21.08.1992): Bei alternativen Kraftstoffen häufen sich Fragezeichen, 46. Jahrgang, Nr. 34, S. 5, Verfasser: Dietmar Kippels.

VDI-Nachrichten (11.09.1992): Leichtlaufreifen rollt auf nachwachsenden Kunststoffen, 46. Jahrgang, Nr. 37, S. 32, ohne Verfasserangabe.

VDI-Nachrichten (02.10.1992): Strahltechnik setzt im Karosseriebau neue Maßstäbe, 46. Jahrgang, Nr. 40, S. 32, Verfasser: Andreas Hülsmann.

VDI-Nachrichten (09.10.1992): Nur selten lohnt der Raps im Tank, 46. Jahrgang, Nr. 41, S. 9, Verfasser: Katharina Otzen.

VDI-Nachrichten (16.10.1992): Sparsame PKW sind nur langsam auf dem Vormarsch, 46. Jahrgang, Nr. 42, S. 5, Verfasser: Thomas A. Friedrich.

VDI-Nachrichten (29.01.1993): Biodiesel fällt in der Ökobilanz durch, 47. Jahrgang, Nr. 4, S. 2, Verfasser: Michael Peter.

VDI-Nachrichten (16.04.1993): Direkteinspritzung führt zu erheblich sparsameren Ottomotoren, 47. Jahrgang, Nr. 15, S. 31, ohne Verfasserangabe.

VDI-Nachrichten (23.04.1993): Kreislaufwirtschaft am Beispiel Automobil, 47. Jahrgang, Nr. 16, S. 7, ohne Verfasserangabe.

VDI-Nachrichten (07.05.1993): Kfz-Demontage nach industriellen Konzept, 47. Jahrgang, Nr. 18, S. 24, Verfasser: Hans Werner Heene.

VDI-Nachrichten (07.05.1993): Dieselmotor zwischen Ökologie und Steuerschraube, 47. Jahrgang, Nr. 18, S. 26, Verfasser: Dieter Mutard.

VDI-Nachrichten (04.06.1993): Sicherheitstechnik im Auto rettet Menschenleben, 47. Jahrgang, Nr. 22, S. 18, Verfasser: IR.

VDI-Nachrichten (18.06.1993): Diesel für "feinere" Kreise, 47. Jahrgang, Nr. 24, S. 19, Verfasser: Olaf von Fersen.

VDI-Nachrichten (18.06.1993): Aluminiumprofil stärkt die Autotür von morgen, 47. Jahrgang, Nr. 24, S. 18, Verfasser: Wolfgang Taschner.

VDI-Nachrichten (20.08.1993): Weniger Aluminium-Importe aus der GUS, 47. Jahrgang, Nr. 33, S. 2, Verfasser: Rudolf Schulze.

VDI-Nachrichten (20.08.1993): Wasserdampf als große Unbekannte, 47. Jahrgang, Nr. 33, S. 16, Verfasser: Martin Boeckh.

VDI-Nachrichten (27.08.1993): Kompaktmodelle mit Fahrkomfort, 47. Jahrgang, Nr. 34, S. 20, Verfasser: Olaf von Fersen.

VDI-Nachrichten (10.09.1993): Stahl behält gute Chancen beim Leichtbau, 47. Jahrgang, Nr. 36, S. 26, Verfasser: Wolfgang Pester.

VDI-Nachrichten (24.09.1993): Kat auf dem Weg zu High-Tech, 47. Jahrgang, Nr. 38, S. 11, Verfasser: Andreas Wolf.

VDI-Nachrichten (24.09.1993): Automatik spart Kraftstoff, 47. Jahrgang, Nr. 38, S. 35, ohne Verfasserangabe.

VDI-Nachrichten (08.10.1993): Aluminium-Anwendung soll verstärkt werden, 47. Jahrgang, Nr. 40, S. 24, ohne Verfasserangabe.

VDI-Nachrichten (08.10.1993): Kalifornien will Elektroautos, 47. Jahrgang, Nr. 40, S. 32, Verfasser: Werner Schulz.

VDI-Nachrichten (22.10.1993): Wie kommt CO_2 ins Meer?, 47. Jahrgang, Nr. 42, S. 19, ohne Verfasserangabe.

VDI-Nachrichten (22.10.1993): Ökobilanzen geben keine einfachen Antworten, 47. Jahrgang, Nr. 42, S. 28, Verfasser: R. Helmüller.

VDI-Nachrichten (05.11.1993): Ministahlwerke werden stärker, 47. Jahrgang, Nr. 44, S. 20, Verfasser: S. Kämpfer.

VDI-Nachrichten (19.11.1993): Preiswerter Strom soll aus alten Reifen erzeugt werden, 47. Jahrgang, Nr. 46, S. 23, ohne Verfasserangabe.

VDI-Nachrichten (11.03.1994): Die Maxhütte: Stahlwerk auf Schrottbasis, 48. Jahrgang, Nr. 10, S. 3, Verfasser: Rolf Thym.

VDI-Nachrichten (11.03.1994): Stahlproduktion steigt nur noch in Entwicklungsländern und Südostasien, 48. Jahrgang, Nr. 10, S. 10, ohne Verfasserangabe.

VDI-Nachrichten (18.03.1994): Aluminium spart Energie mit Leichtigkeit, 48. Jahrgang, Nr. 11, S. 21, Verfasser: Egon Schmidt.

VDI-Nachrichten (25.03.1994): Fabrik für Aluminium-Motorblöcke spart Nachbearbeitungsschritte, 48. Jahrgang, Nr. 12, S. 20, ohne Verfasserangabe.

VDI-Nachrichten (25.03.1994): Leichtbau verändert industrielle Strukturen, 48. Jahrgang, Nr. 12, S. 17, Verfasser: Bernhard Janssen.

VDI-Nachrichten (01.04.1994): Ab 1996 werden Neu-PKW sauberer, 48. Jahrgang, Nr. 13, S. 4, ohne Verfasserangabe.

VDI-Nachrichten (15.04.1994): Automobilbau im Bewertungszwiespalt, 48. Jahrgang, Nr. 15, S. 4, Verfasser: Hans Hagen.

VDI-Nachrichten (15.04.1994): Automobilabsatz gewinnt neuen Schwung, 48. Jahrgang, Nr. 15, S. 1, Verfasser: Wolfgang Pester.

VDI-Nachrichten (29.04.1994): Mit Marktwirtschaft gegen Müllberge, 48. Jahrgang, Nr. 17, S. 2, Verfasser: Monika Schaake.

VDI-Nachrichten (29.04.1994): Mehr Schutz mit Seitenairbag, 48. Jahrgang, Nr. 17, S. 20, Verfasser: Ingo Reuss.

VDI-Nachrichten (29.04.1994): Aluminium-Auto soll umweltfreundlich sein, 48. Jahrgang, Nr. 17, S. 19, Verfasser: Rudolf Schulze.

VDI-Nachrichten (20.05.1994): Neue Perspektiven für die „Entlassungsgesellschaft", 48. Jahrgang, Nr. 20, S. 6, Verfasser: Frieder Meyer-Krahmer.

VDI-Nachrichten (17.06.1994): PKW-Teile bald ein Drittel leichter, 48. Jahrgang, Nr. 24, S. 6, ohne Verfasserangabe.

VDI-Nachrichten (17.06.1994): Leichtmetallaggregat ersetzt den „Eisenmotor", 48. Jahrgang, Nr. 24, S. 22, Verfasser: Olaf von Fersen.

VDI-Nachrichten (15.07.1994): E-Mobile sind eine Zukunftsinvestition, 48. Jahrgang, Nr. 28, S. 14, Verfasser: Peter Kudlicza.

VDI-Nachrichten (16.09.1994): Auto-Hersteller: Mehr Produktion, weniger Mitarbeiter, 48. Jahrgang, Nr. 37, S. 10, Verfasser: Jürgen Salz.

VDI-Nachrichten (16.09.1994): 25 Stahlhersteller und Porsche-USA entwikkeln ultraleichte Pkw-Karosserie, 48. Jahrgang, Nr. 37, S. 24, ohne Verfasserangabe.

VDI-Nachrichten (23.09.1994): Edelstahl aus dem Elektrolichtbogenofen, 48. Jahrgang, Nr. 38, S. 6, Verfasser: Andreas Hülsmann.

VDI-Nachrichten (23.09.1994): Im Jahr 2000 fallen rund 6 Mio. Auto-Katalysatoren zum Recycling an, 48. Jahrgang, Nr. 38, S. 25, ohne Verfasserangabe.

VDI-Nachrichten (23.09.1994): High-Tech gegen Verkehrsinfarkt, 48. Jahrgang, Nr. 38, S. 1, ohne Verfasserangabe.

VDI-Nachrichten (07.10.1994): Benzin bleibt beim Auto erste Wahl, 48. Jahrgang, Nr. 40, S. 32, Verfasser: Peter Kudlicza.

VDI-Nachrichten (07.10.1994): Deutsche Stahlindustrie setzt auf Leistung, 48. Jahrgang, Nr. 40, S. 12, Verfasser: Käm.

VDI-Nachrichten (07.10.1994): Stahlindustrie der Zukunft boomt in Asien, 48. Jahrgang, Nr. 40, S. 1, Verfasser: Siegfried Kämpfer.

VDI-Nachrichten (04.11.1994): Elektronik führt Auto der Zukunft, 48. Jahrgang, Nr. 44, S. 27, Verfasser: Thomas Steffes.

VDI-Nachrichten (09.12.1994): Motorblöcke aus Aluminium, 48. Jahrgang, Nr. 49, S. 14, Verfasser: Vaw/Käm.

VDI-Nachrichten (16.12.1994): Laser schweißt Aluminium, 48. Jahrgang, Nr. 50, S. 12, Verfasser: dpa/cf.

VDI-Nachrichten (16.12.1994): Aramidgürtel reduziert Reifengewicht um bis zu 30%, 48. Jahrgang, Nr. 50, S. 19, Verfasser: Ingo Reuss.

VDI-Nachrichten (13.01.1995): Spektroskopie spürt Schadstoffe auf, 49. Jahrgang, Nr. 2, S. 16, Verfasser: Silvia von der Weiden.

VDI-Nachrichten (13.01.1995): Magnesium macht's den Konstrukteuren leicht, 49. Jahrgang, Nr. 2, S. 13, Verfasser: Stefan Schlott.

VDI-Nachrichten (03.02.1995): Reifen rollen ins Recycling, 49. Jahrgang, Nr. 5, S. 22, Verfasser: Gottfried Plehn.

VDI-Nachrichten (03.02.1995): High-Tech gegen Treibhausgas, 49. Jahrgang, Nr. 5, S. 12, Verfasser: Frank Grotelüschen.

VDI-Nachrichten (10.02.1995): Leichtbau mit Varianten in Stahl, Kunststoff und Aluminium, 49. Jahrgang, Nr. 6, S. 16, Verfasser: B. Janssen.

VDI-Nachrichten (24.02.1995): Aluminium geschweißt und geklebt, 49. Jahrgang, Nr. 8, S. 16, Verfasser: MID/KIP.

VDI-Nachrichten (10.03.1995): Solar-Wasserstoff in weiter Ferne, 49. Jahrgang, Nr. 10, S. 23, Verfasser: Hans Dieter Sauer.

VDI-Nachrichten (17.03.1995): Automobile als „Verwandlungskünstler", 49. Jahrgang, Nr. 11, S. 32, Verfasser: Ingo Reuss.

VDI-Nachrichten (24.03.1995): Finanzkollaps kommt vor der Ökokatastrophe, 49. Jahrgang, Nr. 12, S. 2, Verfasser: C. Friedl/ M. Ronzheimer.

VDI-Nachrichten (24.03.1995): Wasserstoff revolutioniert die Energietechnologie, 49. Jahrgang, Nr. 12, S. 4, ohne Verfasserangabe.

VDI-Nachrichten (31.03.1995): Debatte im Treibhaus, 49. Jahrgang, Nr. 13, S. 3, Verfasser: Christa Friedl.

VDI-Nachrichten (28.04.1995): Elektroautos für den Nischeneinsatz, 49. Jahrgang, Nr. 17, S. 22, Verfasser: Hermann Appel.

VDI-Nachrichten (05.05.1995): Auf dem Weg zum Super-Kat, 49. Jahrgang, Nr. 18, S. 24, Verfasser: Gottfried Plehn.

VDI-Nachrichten (12.05.1995): Autoreifen flüstern auf grobkörniger Betonoberfläche, 49. Jahrgang, Nr. 19, S. 26, Verfasser: Elmar Wallerang.

VDI-Nachrichten (19.05.1995): Wiederverwertungsquote 95% lautet das ehrgeizige Ziel, 49. Jahrgang, Nr. 20, S. 23, Verfasser: Beatrix Alke.

VDI-Nachrichten (19.05.1995): Weltweiter Energiebedarf steigt weiter an, 49. Jahrgang, Nr. 20, S. 25, Verfasser: R.D.

VDI-Nachrichten (02.06.1995): Mercedes-Benz startet mit neuem Gesicht, 49. Jahrgang, Nr. 22, S. 26, Verfasser: Ingo Reuss.

VDI-Nachrichten (02.06.1995): Deutscher Ingenieurtag: Produkt- und Struktur-Innovationen können Standortnachteile kompensieren, 49. Jahrgang, Nr. 22, S. 4, Verfasser: R. Schulze.

VDI-Nachrichten (09.06.1995): Das E-Mobil braucht Förderung auf dem Weg zum Nischen-Einsatz, 49. Jahrgang, Nr. 23, S. 15, Verfasser: Jürgen Heinrich.

VDI-Nachrichten (30.06.1995): Onboard-Diagnose erhöht die Effektivität von Kat-Systemen, 49. Jahrgang, Nr. 26, S. 15, Verfasser: Wolf-Heinrich Hucho.

VDI-Nachrichten (07.07.1995): Mini-Stahlwerke in Japan ganz groß, 49. Jahrgang, Nr. 27, S. 16, Verfasser: Barbara Odrich.

VDI-Nachrichten (07.07.1995): Dünnbrammengießen breitet sich aus, 49. Jahrgang, Nr. 27, S. 16, ohne Verfasserangabe.

VDI-Nachrichten (21.07.1995): Pkw hält automatisch sicheren Abstand zum Vordermann, 49. Jahrgang, Nr. 29, S. 17, Verfasser: Rolf Helmüller.

VDI-Nachrichten (21.07.1995): Markt für E-Pkw in den USA, 49. Jahrgang, Nr. 29, S. 17, Verfasser: vwd.

VDI-Nachrichten (28.07.1995): Abschied vom Metall im Waggonbau, 49. Jahrgang, Nr. 30, S. 16, Verfasser: Ralf Roman Rossberg.

VDI-Nachrichten (11.08.1995): Weniger Benzol im Benzin, 49. Jahrgang, Nr. 32, S. 3, Verfasser: Christa Friedl.

VDI-Nachrichten (18.08.1995): Die schnelle Markteinführung des 3-l-Diesel bleibt umstritten, 49. Jahrgang, Nr. 33, S. 3, Verfasser: W. Mock.

VDI-Nachrichten (01.09.1995): Umwelt-Prioritäten verändern Motorenbau, 49. Jahrgang, Nr. 35, S. 20, Verfasser: Olaf von Fersen.

VDI-Nachrichten (01.09.1995): Altautos im Hochofen, 49. Jahrgang, Nr. 35, S. 22, Verfasser: Martin Rothenberg.

VDI-Nachrichten (15.09.1995): Leichtbau macht Tempo, 49. Jahrgang, Nr. 37, S. 25, Verfasser: Stefan Schlott.

VDI-Nachrichten (06.10.1995): Aluminiumproduktion von heute zu niedrig für das Jahr 2000, 49. Jahrgang, Nr. 40, S. 30, Verfasser: VWD/Käm.

VDI-Nachrichten (06.10.1995): Diesel fährt auf Öko ab, 49. Jahrgang, Nr. 40, S. 35, Verfasser: Andreas Wolf.

VDI-Nachrichten (17.11.1995): Stahlindustrie bleibt unter Produktivitätsdruck, 49. Jahrgang, Nr. 46, S. 15, Verfasser: RWI/Käm.

VDI-Nachrichten (17.11.1995): Ultralight steel auto body wird international entwickelt, 49. Jahrgang, Nr. 46, S. 15, Verfasser: SIZ/Käm.

VDI-Nachrichten (22.12.1995): Raffinerien mit Überkapazitäten, 49. Jahrgang, Nr. 51/52, S. 9, Verfasser: Rolf Helmüller.

VDI-Nachrichten (05.01.1996): Neue Autokonstruktionen integrieren zunehmend das Recycling, 50. Jahrgang, Nr. 1, S. 15, Verfasser: Rolf Helmüller.

VDI-Nachrichten (05.01.1996): Hohe Kosten drücken GUS-Aluminiumexporte, 50. Jahrgang, Nr. 1, S. 13, Verfasser: vwd/Käm.

VDI-Nachrichten (19.01.1996): GM setzt auf Elektroauto „EV 1", 50. Jahrgang, Nr. 3, S. 18, Verfasser: Werner Schulz.

VDI-Nachrichten (19.01.1996): Aluminiumschrott ist Energiespeicher, 50. Jahrgang, Nr. 3, S. 17, Verfasser: Käm.

VDI-Nachrichten (09.02.1996): Fiskus schwächt Pkw-Fortschritt, 50. Jahrgang, Nr. 6, S. 4, Verfasser: Wolfgang Pester.

VDI-Nachrichten (09.02.1996): Wasserstoff marsch, 50. Jahrgang, Nr. 6, S. 24, Verfasser: Christa Friedl.

VDI-Nachrichten (16.02.1996): Stahl- und Walzwerke wurden produktiver, 50. Jahrgang, Nr. 7, S. 15, ohne Verfasserangabe.

VDI-Nachrichten (08.03.1996): Stahl im Kreislauf spart Energie und erleichtert die Sekundärmetallurgie für ein optimales Endprodukt, 50. Jahrgang, Nr. 10, S. 15, Verfasser: Herbert Joka.

VDI-Nachrichten (05.04.1996): Elektronischer Chauffeur im Test, 50. Jahrgang, Nr. 14, S. 21, ohne Verfasserangabe.

VDI-Nachrichten (05.04.1996): Frontscheibe als Display zeigt auch, was im Dunkeln liegt, 50. Jahrgang, Nr. 14, S. 20, Verfasser: Christine Rubas.

VDI-Nachrichten (03.05.1996): Erste Wasserstoffbusse gehen an den Start, 50. Jahrgang, Nr. 18, S. 1, ohne Verfasserangabe.

VDI-Nachrichten (10.05.1996): Audi fertigt verstärkt im Verbund mit Ungarn, 50. Jahrgang, Nr. 19, S. 1, ohne Verfasserangabe.

VDI-Nachrichten (10.05.1996): Leichtmetall macht Druck beim Guß, 50. Jahrgang, Nr. 19, S. 21, Verfasser: Rainer Hofmann.

VDI-Nachrichten (17.05.1996): Schwere Entscheidung zum leichten Pkw, 50. Jahrgang, Nr. 20, S. 14, ohne Verfasserangabe.

VDI-Nachrichten (24.05.1996): Auto mit Brennstoffzelle emittiert keine Schadstoffe, 50. Jahrgang, Nr. 21, S. 17, Verfasser: Jürgen Heinrich.

VDI-Nachrichten (24.05.1996): Gezähmtes Knallgas, 50. Jahrgang, Nr. 21, S. 17, Verfasser: Heiko Schwarzburger.

VDI-Nachrichten (07.06.1996): China will bis 2000 größter Stahlproduzent sein, 50. Jahrgang, Nr. 23, S. 20, ohne Verfasserangabe.

VDI-Nachrichten (07.06.1996): Strukturfonds, um die Stahlindustrie zu sanieren, 50. Jahrgang, Nr. 23, S. 20, ohne Verfasserangabe.

VDI-Nachrichten (28.06.1996): Crash-Sicherheit im Vergleich, 50. Jahrgang, Nr. 26, S. 15, ohne Verfasserangabe.

VDI-Nachrichten (28.06.1996): Weiter Weg zum Wasserstoff, 50. Jahrgang, Nr. 26, S. 3, Verfasser: Christa Friedl.

VDI-Nachrichten (05.07.1996): CSP-Verfahren für Warmband breitet sich weltweit in der Stahlindustrie aus, 50. Jahrgang, Nr. 27, S. 13, ohne Verfasserangabe.

VDI-Nachrichten (12.07.1996): Verkehrssektor liegt bei CO_2-Reduktion hinter Zielvorgaben weit zurück, 50. Jahrgang, Nr. 28, S. 1, ohne Verfasserangabe.

VDI-Nachrichten (12.07.1996): Mit Lasertechnik zu sparsamen und schadstoffarmen Motoren, 50. Jahrgang, Nr. 28, S. 5, Verfasser: Almuth-Sigrun Jandel.

VDI-Nachrichten (19.07.1996): Tailored blanks verschweißt aus unterschiedlichen Blechgüten, 50. Jahrgang, Nr. 29, S. 15, ohne Verfasserangabe.

VDI-Nachrichten (19.07.1996): Wasserstoff auf japanisch, 50. Jahrgang, Nr. 29, S. 20, Verfasser: A. Müller u. C. Friedl.

VDI-Nachrichten (09.08.1996): Mehr Erdöl gefunden als gefördert, 50. Jahrgang, Nr. 32, S. 1, Verfasser: M. Grotelüschen.

VDI-Nachrichten (16.08.1996): Stahl-Strategen setzen auf flexible Produktionseinheiten, 50. Jahrgang, Nr. 33, S. 11, ohne Verfasserangabe.

VDI-Nachrichten (16.08.1996): Zeitwertgerechte Reparatur mit Bauteilen aus dem Alt-Auto-Recycling, 50. Jahrgang, Nr. 33, S. 11, ohne Verfasserangabe.

VDI-Nachrichten (23.08.1996): Die hohen Materialpreise lohnen das Recycling von NE-Metall und Halbzeug, 50. Jahrgang, Nr. 34, S. 16, ohne Verfasserangabe.

VDI-Nachrichten (04.10.1996): Motoren sollen effizient werden, 50. Jahrgang, Nr. 40, S. 27 Verfasser: Heiko Schwarzburger.

VDI-Nachrichten (25.10.1996): Dieselmotor arbeitet rein mit Biokost, 50. Jahrgang, Nr. 43, S. 24, Verfasser: Almuth-Sigrun Jandel.

VDI-Nachrichten (08.11.1996): „Macht Ihr den Stahl, wir bauen die Autos“ - das läuft nicht mehr, 50. Jahrgang, Nr. 45, S. 11, Verfasser: S. Kämpfer.

VDI-Nachrichten (15.11.1996): Leichtbau-Felgen rollen in den Rädermarkt, 50. Jahrgang, Nr. 46, S. 33, ohne Verfasserangabe.

VDI-Nachrichten (15.11.1996): Erdöl geht allmählich zur Neige, 50. Jahrgang, Nr. 46, S. 38, Verfasser: Klaus Jopp.

VDI-Nachrichten (15.11.1996): Aluminium-Auto „Uni 1“ aus Zwickau fährt mit Hybrid-Frontantrieb, 50. Jahrgang, Nr. 46, S. 39, Verfasser: Christian Bartsch.

VDI-Nachrichten (20.12.1996): Multi-Bag-Systeme schützen rundum, 50. Jahrgang, Nr. 51/52, S. 21, Verfasser: Rolf Müller.

VDI-Nachrichten (07.02.1997): Wettbewerb der Stahlstandorte forciert neue Technik der Warmbandherstellung, 51. Jahrgang, Nr. 6, S. 6, ohne Verfasserangabe.

VDI-Nachrichten (07.03.1997): Bayerische Industriegruppe startet Brennstoffzellenbus-Projekt, 51. Jahrgang, Nr. 10, S. 21, ohne Verfasserangabe.

VDI-Nachrichten (07.03.1997): Batterien im Antrieb brauchen höhere Leistung, 51. Jahrgang, Nr. 10, S. 24, Verfasser: Silvia von der Weiden.

VDI-Nachrichten (07.03.1997): Brüssel: Auto-Öl-Programm sorgt für dicke Luft, 51. Jahrgang, Nr. 10, S. 9, Verfasser: Christa Friedl.

VDI-Nachrichten (11.04.1997): Aluminium als Allrounder, 51. Jahrgang, Nr. 15, S. 13 des Sonderteils „Hannover Messe Industrie ´97, ohne Verfasserangabe.

VDI-Nachrichten (02.05.1997): Ottomotor lernt nun vom Diesel das Sparen, 51. Jahrgang, Nr. 18, S. 16, Verfasser: Peter Kudlicza.

VDI-Nachrichten (30.05.1997): Antriebskonzepte im Vergleich, 51. Jahrgang, Nr. 22, S. 9, ohne Verfasserangabe.

VDI-Nachrichten (30.05.1997): Klima im Kühlhaus, 51. Jahrgang, Nr. 22, S. 15, Verfasser: Ursula Schiele-Trauth.

VDI-Nachrichten (30.05.1997): Linienbus mit Null-Emissionen, 51. Jahrgang, Nr. 22, S. 9, Verfasser: G. Jacobi.

VDI-Nachrichten (30.05.1997): Selbstverpflichtung bremst Altautoverwertung, 51. Jahrgang, Nr. 22, S. 4, Verfasser: Rolf Müller.

VDI-Nachrichten (27.06.1997): Automobilbau will preiswertes Magnesium, 51. Jahrgang, Nr. 26, S. 12, Verfasser: Werner Schulz.

VDI-Nachrichten (04.07.1997): Ah! Noble Klasse, 51. Jahrgang, Nr. 27, S. 12, Verfasser: W. Pester.

VDI-Nachrichten (04.07.1997): Im Ruhrgebiet entsteht Deutschlands erste Dünnbrammengießanlage, 51. Jahrgang, Nr. 27, S. 18, Verfasser: Martin Rothenberg.

VDI-Nachrichten (18.07.1997): Altöl: Ein Kreislauf mit Macken, 51. Jahrgang, Nr. 29, S. 14, Verfasser: Christa Friedl.

VDI-Nachrichten (29.08.1997): Mikrosysteme lassen Autos wahrnehmen und handeln, 51. Jahrgang, Nr. 35, S. 12, Verfasser: W. Hönscheidt.

VDI-Nachrichten (05.09.1997): Erdöl und Gas: mehr verbraucht, aber noch mehr neu entdeckt, 51. Jahrgang, Nr. 36, S. 1, Verfasser: M. Grotelüschen.

VDI-Nachrichten (05.09.1997): Benzinpumpe liefert nur noch bei Bedarf, 51. Jahrgang, Nr. 36, S. 32, Verfasser: Rolf Müller.

VDI-Nachrichten (19.09.1997): Audi-Studie für nahe Zukunft, 51. Jahrgang, Nr. 38, S. 24, ohne Verfasserangabe.

VDI-Nachrichten (26.09.1997): Tankstellen mausern sich zu Supermärkten, 51. Jahrgang, Nr. 39, S. 18, Verfasser: Robert Donnerbauer.

VDI-Nachrichten (26.09.1997): Motorenbau läuft auf Aluminiumkurs, 51. Jahrgang, Nr. 39, S. 26, Verfasser: Olaf von Fersen.

VDI-Nachrichten (10.10.1997): Neuling räumt im Motorraum auf, 51. Jahrgang, Nr. 41, S. 24, Verfasser: Rolf Müller.

VDI-Nachrichten (28.11.1997): Kraftstoffbedarf sinkt stetig, 51. Jahrgang, Nr. 48, S. 18, ohne Verfasserangabe.

VDI-Nachrichten (19.12.1997): Klimaschutz á la Kioto: „Kaufe CO_2, biete Devisen“, 51. Jahrgang, Nr. 51/52, S. 12, Verfasser: Matthias Urbach.

5. Sonstiges

Aral AG (Hrsg.): Verkehrstaschenbuch, versch. Jahrgänge, Bochum.

Audi AG (Hrsg.): Verkaufsprospekt Audi A4, Ingolstadt 1995.

Audi AG (Hrsg.): Verkaufsprospekt Audi A8, Ingolstadt 1995.

Becker, Clauspeter: Konstruktionen nach dem Vorbild der Biologie: Die ganz natürliche Technik, in: Start, Nr. 2/1995, keine Jahrgangsangabe, S. 56 - 59.

Bernhardt, Wolfgang: Strammer Max, in: Start, Nr. 2/1995, keine Jahrgangsangabe, S. 30 - 34.

Blumenstock, Klaus-Ulrich: Auto und Umwelt: Abgasgesetzgebung, in: Mot, Nr. 7 vom 19.3.1994, ohne Jahrgangsangabe, S. 86 - 91.

BMW AG (Hrsg.): Eine Alternative der Zukunft: BMW E1, München 1991.

Böttcher, Knut: Der Kleinste will hoch hinaus, in: KFT-Kraftfahrzeugtechnik, Heft Nr. 7/1994, ohne Jahrgangsangabe, S. 6 - 7.

Bund für Umwelt und Naturschutz e.V. (Hrsg.): Verkehrspolitisches Grundsatzprogramm, Bonn, ohne Jahresangabe.

Bundesamt für Wirtschaft (Hrsg.): Erhebungsergebnisse der NE-Metallfachstatistik, versch. Jahrgänge, Eschborn.

Bundesminister für Wirtschaft: Antwort der Bundesregierung auf die Große Anfrage der Abgeordneten Dr. Jürgen Rochlitz, Michaele Hustedt, Gila Altmann (Aurich), Albert Schmidt (Hitzhofen) und der Fraktion Bündnis 90/ Die Grünen, Aluminium - ökonomische, ökologische und soziale Folgen, veröffentlicht als Drucksache des Deutschen Bundestages, Nr. 13/6833, Bonn 1997.

Bundesministerium für Umwelt, Naturschutz und Reaktorsicherheit (Hrsg.): Umweltpolitik - Klimaschutz in Deutschland, Bonn 1993.

Bundesministerium für Umwelt, Naturschutz und Reaktorsicherheit (Hrsg.): Umweltpolitik - Synopse von CO_2-Minderungs-Maßnahmen und -Potentialen in Deutschland, Bonn 1993.

Bundesministerium für Wirtschaft (Hrsg.): Energie Daten ′91, Bonn 1992.

Deger, Christian: Auf ABS und ASR folgt ESP: Anti-Schleuder-Kommando, in: Mot, Nr. 11 vom 13.5.1995, ohne Jahrgangsangabe, S. 28 - 34.

Demel, Herbert: Pro Stellungnahme bei „Pro und Contra: Aluminium - der Wunderwerkstoff für die Zukunft?“, in: Auto, Motor und Sport, Nr. 21/1993, ohne Jahrgangsangabe, S. 68.

Der Bundesminister für Forschung und Technologie (Hrsg.): Alternative Energien für den Straßenverkehr - Methanol. Voraussetzungen für die Einführung von Alkoholkraftstoffen. Bericht im Rahmen des BMFT Schwerpunktprojektes „Alternative Energien für den Straßenverkehr“, Köln 1983.

Deutsche Gesellschaft für Technische Zusammenarbeit (Hrsg.): Die Pugiernuß - Mehrzweckpflanze als Kraftstoffquelle der Zukunft, Eschborn 1989.

Deutsche Shell AG (Hrsg.): Aufbruch zu neuen Dimensionen, Hamburg 1991.

Deutscher Normenausschuß (Hrsg.): DIN 8593, Teil 5. Fertigungsverfahren Fügen, Köln 1985.

Deutsches Atomforum e.V. (Hrsg.): CO_2-Emissionen der weltweiten Stromerzeugung, Bonn 1991.

Döhmann, Lars: Das Light-Rad, in: Mot, Nr. 23 vom 29.10.1994, ohne Jahrgangsangabe, S. 128 - 129.

Esso AG: Anzeige auf Umschlagseite, in: Der Spiegel, Heft 36/1995, ohne Jahrgangsangabe, Rückseite.

Esso AG (Hrsg.): Esso Energieprognose, Hamburg 1995.

Fischer, Thomas: Audi Programm bis 1998: Das Maß aller Ringe, in: Auto Motor und Sport, Heft Nr. 2 vom 13. Januar 1995, ohne Jahrgangsangabe, S. 10 - 16.

Fischer, Thomas: Opel Calibra Turbo: Sanfte Gewalt, in: Auto Motor und Sport Testjahrbuch 1993, ohne Jahrgangsangabe, S. 74 - 77.

Fischer, Thomas: Test BMW 740i, in: Auto Motor und Sport Testjahrbuch 1995, ohne Jahrgangsangabe, S. 152 - 157.

Gesamtverband der deutschen Aluminiumindustrie e.V. (Hrsg.): Branchenportrait der deutschen Aluminiumindustrie 1995 (Pressemitteilung), Düsseldorf 1995.

Haack, Alexandra: Neuheiten: VW Sharan - Ford Galaxy, in: Mot, Nr. 7 vom 18.03.1995, ohne Jahrgangsangabe, S. 34/35.

Haack, Alexandra: Technik: Mercedes A-Klasse, in: Mot, Nr. 9 vom 12.04.1997, ohne Jahrgangsangabe, S. 14/17.

Hack, Gert: Crashtest Audi A8 4,2: Hart wie Stahl, in: Auto Motor und Sport, Heft Nr. 10 vom 6. Mai 1994, ohne Jahrgangsangabe, S. 34 - 38.

Hack, Gert: Gute Besserung, in: Auto Motor und Sport Testjahrbuch 1995, ohne Jahrgangsangabe, S. 8 - 13.

Hack, Gert: Neuheit: Porsche 996, in: Auto Motor und Sport, Heft Nr. 20 vom 20. September 1996, ohne Jahrgangsangabe, S. 8 - 12.

Hamm, L.: Möglichkeiten des Recyclings von Aluminium im Automobilbau, in: Dokumentationsband der Aluminium-Zentrale zum Symposium „Aluminium + Automobil" am 3./4.12.1980, Düsseldorf 1980, S. 5/1 bis 5/5.

Hill, V. G. u. Ostojic, S.: The Bauxite Supply Potential for the Aluminium Industry, in: Aluminium Production 2000, Tihany 1981.

Hoffmann, V.: Lernen in und mit Szenarien, in: Gabler's Magazin, Nr. 10, 1993, S. 25 - 28.

Imhof, Thomas M.: Die Zeitmaschine, in: Mot, Nr. 23 vom 25.10.1997, ohne Jahrgangsangabe, S. 39/40.

Institut der deutschen Wirtschaft (Hrsg.): Zahlen zur wirtschaftlichen Entwicklung der Bundesrepublik Deutschland, versch. Jahrgänge, Köln.

Institut für Kraftfahrwesen Universität Hannover (Hrsg.): Aluminium, Automobil und Recycling, Bericht Nr. 515, erschienen im Aluminium-Verlag, Düsseldorf 1994.

International Iron and Steel Institute (Hrsg.): Competition between Steel and Aluminium for the passenger car, Brüssel 1994.

Kacher, Georg: Neuheit: Mercedes SL: Zurück in die Zukunft, in: Auto Zeitung, Nr. 11 vom 10.05.1996, ohne Jahrgangsangabe, S. 34 - 36.

Kittler, Eberhard: Audi A6: Technik und Design, in: Mot, Nr. 11 vom 10.5.1997, ohne Jahrgangsangabe, S. 54 - 57.

Kittler, Eberhard: Reportage: Abschied vom Opel Calibra, in: Mot, Nr. 14 vom 21.06.1997, ohne Jahrgangsangabe, S. 86 - 90.

Kittler, Eberhard: VW Passat: Frischer Wind aus Norden, in: Mot, Nr. 19 vom 31.8.1996, ohne Jahrgangsangabe, S. 30 - 34.

Kittler, Eberhard: VW Passat: Stabilo-Baukasten, in: Mot, Nr. 19 vom 31.8.1996, ohne Jahrgangsangabe, S. 40 - 47.

Köbler, Johannes: Fahrbericht Mercedes SLK 230 Kompressor, in: Mot, Nr. 16 vom 20.07.1996, ohne Jahrgangsangabe, S. 16 - 19.

Köbler, Johannes: Fahrbericht VW Passat Variant VR 5, in: Mot, Nr. 12 vom 24.05.1997, ohne Jahrgangsangabe, S. 18 - 25.

König, Wolfgang: Schwere Not, in: Auto, Motor und Sport, Nr. 11/93, ohne Jahrgangsangabe, S. 62 - 64.

Kruse, Jochen: Interview mit Audi-Chef Dr. Herbert Demel: „Jetzt fährt Audi richtig", in: Mot, Nr. 13 vom 11.06.1994, ohne Jahrgangsangabe, S. 58/59.

Leyrer, Götz: Alle Achtung: Test Aston Martin Virage, in: Auto Motor und Sport Testjahrbuch 1992, ohne Jahrgangsangabe, S. 98 - 101.

Leyrer, Götz: Bayern vor, in: Auto Motor und Sport, Heft Nr. 20 vom 22. September 1995, ohne Jahrgangsangabe, S. 10 - 15.

Leyrer, Götz: Sie werden Augen machen, in: Auto Motor und Sport, Nr. 24 vom 18.11.1994, ohne Jahrgangsangabe, S. 10 - 15.

Leyrer, Götz: Vorstellung: Porsche Carrera, in: Auto Motor und Sport, Heft Nr. 15 vom 11. Juli 1997, ohne Jahrgangsangabe, S. 14 - 17.

Männer, Engelbert: Der Weg zur Vielfalt, in: Mot, Nr. 8 vom 31.03.1994, ohne Jahrgangsangabe, S. 14 - 18.

Männer, Engelbert: Vorwärts mit Elan, in: Mot, Nr. 13 vom 11.06.1994, ohne Jahrgangsangabe, S. 16 - 21.

Metallgesellschaft AG (Hrsg.): Metallstatistik 1981 - 1991, 79. Jahrgang, Frankfurt am Main 1992.

Mineralölwirtschaftsverband e.V. (Hrsg.): MWV-Ölprognose 2010 für die Bundesrepublik Deutschland, Hamburg 1994.

Obst, Mathias: Antiblockiersystem: Sicherheit für alle, in: KFT-Kraftfahrzeugtechnik, Nr. 11, ohne Jahrgangsangabe 1993, S. 32.

Obst, Mathias: Katalysatoren: Chemische Fabrik im Auto, in: KFT-Kraftfahrzeugtechnik, Nr. 2, ohne Jahrgangsangabe 1992, S. 32.

Obst, Mathias: Motorenöl: Wie geschmiert, in: KFT-Kraftfahrzeugtechnik, Heft Nr. 8/1991, ohne Jahrgangsangabe, S. 34 - 37.

Obst, Mathias: Stand der Reifentechnik: Belag und Profil, in: KFT-Kraftfahrzeugtechnik, Heft Nr. 10/1993, ohne Jahrgangsangabe, S. 42 - 44.

Obst, Mathias: Technik Report: Allradantrieb, in: KFT-Kraftfahrzeugtechnik, Nr. 10, ohne Jahrgangsangabe 1992, S. 36 - 38.

ohne Verfasserangabe: Wirkungsgrad, in: Mot Spezial, Alles über Motoren, ohne Jahrgangsangabe, S. 52/53.

ohne Verfasserangabe: Blick nach vorn, in: Mot Spezial, Alles über Motoren, ohne Jahrgangsangabe, S. 46/47.

ohne Verfasserangabe: Die Brennräume, in: Mot Spezial, Alles über Motoren, ohne Jahrgangsangabe, S. 78 - 84.

ohne Verfasserangabe: Passive Sicherheit, in: Mot Spezial, Alles über Sicherheit, ohne Jahrgangsangabe, S. 16 - 25.

ohne Verfasserangaben: Altreifen für Elektrizitätserzeugung, in: Automobiltechnische Zeitschrift, Nr. 9, 93. Jahrgang 1991, S. 498.

ohne Verfasserangabe: Wartungs- und Instandsetzungsmarkt mit stabilisierenden Tendenzen, in: Krafthand, Heft Nr. 20 vom 24. Oktober 1992, 65. Jahrgang 1992, S. 1800 - 1806.

ohne Verfasserangabe: Wieder eine Nummer größer, in: Mot, Nr. 24 vom 7.11.1992, ohne Jahrgangsangabe, S. 20/21.

ohne Verfasserangabe: Wiederverwertung von Aluminium-Neuschrott bei Audi, in: Aluscope, Nr.1, ohne Jahrgangsangabe, 1993, S. 14/15.V

ohne Verfasserangabe: Automatische Sortierung von Nichteisenmetallen, in: Aluminium, Nr. 1, 69. Jahrgang 1993, S. 26.

ohne Verfasserangabe: Strategien zur Standortsicherung, in: Der Volks- und Betriebswirt, Nr. 2/1993, ohne Jahrgangsangabe, S. 22 - 24.

ohne Verfasserangabe: Z13: Neue Studie von BMW, in: Automobiltechnische Zeitschrift, Nr. 3, 95. Jahrgang 1993, S. 138.

ohne Verfasserangaben: Leichtbau im Verbund, in: Automobil Industrie, Nr. 5, 38. Jahrgang 1993, S. 64.

ohne Verfasserangabe: Hotzenblitz-Elektromobil, in: Automobiltechnische Zeitschrift, Nr. 9, 95. Jahrgang 1993, S. 419.

ohne Verfasserangabe: Tailored steel, in: Automotive Engineering, Nr. 10, 101. Jahrgang 1993, S. 16.

ohne Verfasserangabe: Technik-Lexikon, Stichwort: Aerodynamik, in: KFT-Kraftfahrzeugtechnik, Nr. 1, ohne Jahrgangsangabe 1994, S. 37.

ohne Verfasserangabe: Alcoa liefert Aluminiumstoßstangen für Toyota, in: Aluminium, Nr. 1/2, 70. Jahrgang 1994, S. 22.

ohne Verfasserangabe: Metallsortieranlage erkennt zwölf NE-Metalle gleichzeitig, in: Aluminium, Nr. 3/4, 70. Jahrgang 1994, S. 197/198.

ohne Verfasserangaben: Leichtbau-Cabriolet, in: Automobiltechnische Zeitschrift, Nr. 4, 94. Jahrgang 1994, S. 211.

ohne Verfasserangabe: Aus Schrott mach` Blei, in: Automobil Industrie, Nr. 2, 39. Jahrgang 1994, S. 59/60.

ohne Verfasserangabe: Drei Wege zum Leichtbau, in: Automobil Industrie, Nr. 2, 39. Jahrgang 1994, S. 42/43.

ohne Verfasserangabe: Neue Nummer, in: Mot, Nr. 7 vom 19.03.1994, ohne Jahrgangsangabe, S. 20/21.

ohne Verfasserangabe: Auf dem Weg zum Dreiliter-Auto, in: Krafthand, Heft Nr. 7 vom 16. April 1994, 67. Jahrgang 1994, S. 392 - 394.

ohne Verfasserangabe: Nachgefragt; Interview mit Dr. Christoph Schneider, Thyssen AG, in: KFT-Kraftfahrzeugtechnik, Heft Nr. 7/1994, ohne Jahrgangsangabe, S. 28.

ohne Verfasserangaben: Versicherungssteuer und Selbstbehalt, in: Zeitschrift für Versicherungswesen, Nr. 20, 45. Jahrgang 1994, S. 517.

ohne Verfasserangabe: Studie aus Norwegen, in: Automobiltechnische Zeitschrift, Nr. 9, 96. Jahrgang 1994, S. 488.

ohne Verfasserangaben: Kurz Notiert: Der BMW 328i, in: Mot, Nr. 23 vom 29.10.1994, ohne Jahrgangsangabe, S. 9.

ohne Verfasserangabe: Ein Strauß Blumen, in: Der Spiegel, Heft 10/1994, ohne Jahrgangsangabe, S. 100 - 102.

ohne Verfasserangabe: Erfolg im Umweltschutz, in: Krafthand, Heft Nr. 7 vom 16. April 1994, 67. Jahrgang 1994, S. 410 - 411.

ohne Verfasserangabe: Interesse an Space-Frame-Konstruktionen, in: Aluminium, Heft Nr. 5/6, 70. Jahrgang 1994, S. 284.

ohne Verfasserangabe: Karosseriewerkstoffe im Wettbewerb, in: Sonderausgabe von Automobiltechnischer Zeitschrift und Motortechnischer Zeitschrift „Leichtmetalle im Automobilbau“, 1995, S. 56 - 57.

ohne Verfasserangaben: Wirtschaftskommentar: Bestrafte Versicherungsnehmer, in: Zeitschrift für Versicherungswesen, Nr. 1, 46. Jahrgang 1995, S. 1.

ohne Verfasserangabe: Neuer Ford Escort, in: Mot, Nr. 3 vom 21.01.1995, ohne Jahrgangsangabe, S. 6/7.

ohne Verfasserangabe: Folge 6: BMW 840/850 Coupé, in: Mot, Nr. 4 vom 04.02.1995, ohne Jahrgangsangabe, S. 59.

ohne Verfasserangabe: Concept 1 wird gebaut, in: Automobiltechnische Zeitschrift, Nr. 2, 97. Jahrgang 1995, S. 68.

ohne Verfasserangaben: Mäxchen und MAXX, in: Mot, Nr. 7 vom 18.03.1995, ohne Jahrgangsangabe, S. 6.

ohne Verfasserangaben: Immer etwas Be-S-onderes, in: Mot, Nr. 7 vom 18.03.1995, ohne Jahrgangsangabe, S. 19.

ohne Verfasserangaben: Märkte und Modelle: Audi, in: Auto-Zeitung, Nr. 11 vom 12.05.1995, ohne Jahrgangsangabe, S. 10.

ohne Verfasserangaben: Zur IAA: Der neue Opel Vectra, in: Mot, Nr. 12 vom 27.05.1995, ohne Jahrgangsangabe, S. 6/7.

ohne Verfasserangaben: Betriebskosten: Auto auf Heller und Pfennig, in: Mot, Nr. 13 vom 10.06.1995, ohne Jahrgangsangabe, S. 86.

ohne Verfasserangabe: Fünfer-BMW: Auf Komfort Kurs, in: Mot, Nr. 20 vom 16.09.1995, ohne Jahrgangsangabe, S. 54.

ohne Verfasserangabe: Fax-Frage, in: Mot, Nr. 20 vom 16.9.1995, ohne Jahrgangsangabe, S. 158/159.

ohne Verfasserangabe: Coupé Studie Audi TT: Die neue Welt der Leidenschaft, in: Mot, Nr. 20 vom 16.09.1995, ohne Jahrgangsangabe, S. 34 - 36.

ohne Verfasserangabe: Ford Fiesta, Das 98 Prozent Auto, in: Mot, Nr. 20 vom 16.09.1995, ohne Jahrgangsangabe, S. 48/49.

ohne Verfasserangabe: VW Concept 1: Auf dem Weg zur Serie, in: Mot, Nr. 24 vom 11.11.1995, ohne Jahrgangsangabe, S. 6.

ohne Verfasserangabe: Opel Maxx, in: Concept Cars, Special supplement to Automotive international, January 1996, S. 27.

ohne Verfasserangaben: Hintergrund: Nacharbeit am Z3, in: Mot, Nr. 5 vom 17.02.1996, ohne Jahrgangsangabe, S. 20.

ohne Verfasserangaben: Der Käfer II heißt Beetle, in: Mot, Nr. 6 vom 02.03.1996, ohne Jahrgangsangabe, S. 17.

ohne Verfasserangaben: Neuheiten, in: Mot, Nr. 16 vom 20.07.1996, ohne Jahrgangsangabe, S. 26/27.

ohne Verfasserangabe: Statt kaufen: Roadster mieten, in: Mot, Nr. 21 vom 28.09.1996, ohne Jahrgangsangabe, S. 32.

ohne Verfasserangabe: Schlag auf Schlag, in: Auto Motor und Sport, Heft Nr. 24 vom 15. November 1996, ohne Jahrgangsangabe, S. 12/13.

ohne Verfasserangabe: Ölwechsel künftig seltener, in: Auto Motor und Sport, Heft Nr. 1 vom 27. Dezember 1996, ohne Jahrgangsangabe, S. 7.

ohne Verfasserangabe: Klimatische Differenzen, in: Traffic Tech, Nr. 1, 7. Jahrgang 1997, S. 24 - 26.

ohne Verfasserangabe: Zweiter japanischer Ottomotor mit Direkteinspritzung in Serie, in: Motortechnische Zeitschrift, Nr. 3, 58. Jahrgang 1997, S. 126.

ohne Verfasserangabe: Neue Kraftfahrzeugsteuer ab Juli 1997: Weniger Steuer für saubere Autos, in: Mot, Nr. 8 vom 27.3.1997, ohne Jahrgangsangabe, S. 6.

ohne Verfasserangabe: CO_2-Senkung um 25% unrealistisch, in: Automobiltechnische Zeitschrift, Nr. 5, 99. Jahrgang 1997, S. 254.

ohne Verfasserangabe: Audi A8 2,5 TDI: Flüster-Diesel, in: Mot, Nr. 13 vom 7.6.1997, ohne Jahrgangsangabe, S. 6.

ohne Verfasserangabe: Katalogteil: Alle Autos in Deutschland, in: Mot, Nr. 14 vom 21.06.1997, ohne Jahrgangsangabe, S. 92 - 102.

ohne Verfasserangabe: Neu: Golf & Astra, in: Mot, Nr. 14 vom 21.06.1997, ohne Jahrgangsangabe, S. 6/7.

ohne Verfasserangabe: Aktuell: Der kleine Alu-Audi, in: Mot, Nr. 20 vom 13.9.1997, ohne Jahrgangsangabe, S. 10/11.

ohne Verfasserangaben: Mercedes A-Klasse: Die neue Lösung, in: Mot, Nr. 25 vom 22.11.1997, ohne Jahrgangsangabe, S. 6.

ohne Verfasserangaben: Verkaufsstart im Mai 1998: Neuer 3er ist ein kleiner 5er, in: Mot, Nr. 25 vom 22.11.1997, ohne Jahrgangsangabe, S. 12.

ohne Verfasserangaben: ESP in der A-Klasse, in: Mot, Nr. 1 vom 20.12.1997, ohne Jahrgangsangabe, S. 26.

Olbrich, Chr.: Forschung und Entwicklung: Airbag auf Wunsch, in: KFT-Kraftfahrzeugtechnik, Nr. 2, ohne Jahrgangsangabe 1991, S. 33.

Presse- und Informationsamt der Bundesregierung (Hrsg.): Umweltpolitik - Chancen für unsere Zukunft, Bonn 1993.

Projektbegleitung Kraftfahrzeuge u. Straßenverkehr, TÜV Rheinland e.V. (Hrsg.): Alternative Energien für den Straßenverkehr - Wasserstoffantrieb in der Erprobung. Im Auftrag d. Bundesministers für Forschung und Technologie, Köln 1989.

Reil, Hermann: Alles wird gut. Die Pläne von VW, in: Mot, Nr. 7 vom 19.03.1994, ohne Jahrgangsangabe, S. 14 - 28.

Reil, Hermann: Audi TTS-Roadster und TT-Coupé: Die Verdichtung der Fahrmaschine, in: Mot, Nr. 23 vom 28.10.1995, ohne Jahrgangsangabe, S. 10 - 17.

Reil, Hermann: Der letzte Versuch, in: Mot, Nr. 4 vom 5.2.1994, ohne Jahrgangsangabe, S. 18 - 26.

Reil, Hermann: Fahrbericht BMW 730i/740i, in: Mot, Nr. 11 vom 14.05.1995, ohne Jahrgangsangabe, S. 16 - 21.

Reil, Hermann: Mercedes S-Klasse: Weniger ist mehr, in: Mot, Nr. 7 vom 18.3.1995, ohne Jahrgangsangabe, S. 16 - 18.

Reil, Hermann: Neue Mercedes E-Klasse, in: Mot, Nr. 4 vom 4.2.1995, ohne Jahrgangsangabe, S. 6/7.

Reil, Hermann: Neuheit: Das Drei-Liter-Auto von Audi, in: Mot, Nr. 25 vom 23.11.1996, ohne Jahrgangsangabe, S. 16 - 19.

Reil, Hermann: Viel Golf im Blut, in: Mot, Nr. 17 vom 05.08.1995, ohne Jahrgangsangabe, S. 14/15.

Reil, Hermann: Zukunft: Der Wandel bei Mercedes Benz, in: Mot, Nr. 21 vom 30.09.1995, ohne Jahrgangsangabe, S. 28 - 32.

Sander, Rudolf: Sidebags auf dem Vormarsch: Auf der sicheren Seite, in: Mot, Nr. 4 vom 1.2.1997, ohne Jahrgangsangabe, S. 72.

Sander, Rudolf: Technik bei Opel - Diskussion mit Cheftechniker Peter H. Hanenberger, in: Mot, Nr. 20/1992, ohne Jahrgangsangabe, S. 138 - 145.

Sander, Rudolf: Test: Peugeot 106 XN 1,0 - Seat Ibiza Cala 1,0i - VW Polo 1,0 45, in: Mot, Nr. 1/1995, ohne Jahrgangsangabe, S. 32 - 42.

Schmidt-Offhaus, Eberhard: Zur Sache: Das 21. Jahrhundert hat schon begonnen, in: Aluminium, Nr. 5, 69. Jahrgang 1993, S. 389.

Shell Technischer Dienst (Hrsg.): Chancen alternativer Kraftstoffe unter dem besonderen Aspekt der Umweltverträglichkeit; auf einem am 28. März 1990 gehaltenen Vortrag auf der Technischen Arbeitstagung Hohenheim basierende Broschüre, Hamburg 1990.

Sperling, Joe: Verkehrserziehung: Mit Vollgas Sprit sparen, in: Greenpeace-Magazin für Umwelt und Politik, Nr. 3/95, ohne Jahrgangsangabe, S. 46/47.

Statistisches Bundesamt (Hrsg.): Außenhandel, Fachserie 7, Reihe 1, Zusammenfassende Übersichten für den Außenhandel, Monatsausgaben, verschiedene Jahrgänge, Stuttgart.

Statistisches Bundesamt (Hrsg.): Außenhandel, Fachserie 7, Reihe 2, Außenhandel nach Waren und Ländern (Spezialhandel), Monatsausgaben, verschiedene Jahrgänge, Stuttgart.

Statistisches Bundesamt (Hrsg.): Statistisches Jahrbuch für die Bundesrepublik Deutschland, verschiedene Jahrgänge, Stuttgart.

Statistisches Bundesamt (Hrsg.): Verkehr, Fachserie 8, Reihe 7, Verkehrsunfälle, Monatsausgaben, verschiedene Jahrgänge, Stuttgart.

Statistisches Bundesamt, Außenstelle Düsseldorf (Hrsg.): Produzierendes Gewerbe, Fachserie 4, Reihe 8.1, Vierteljahresausgabe, verschiedene Jahrgänge, Düsseldorf.

Umweltbundesamt (Hrsg.): Ökobilanzen für Produkte. Bedeutung - Sachstand - Perspektiven, Berlin 1992.

Veba AG (Hrsg.): Das Elektroauto - Fakten und Argumente, Düsseldorf 1992.

Verband der Automobilindustrie e.V. (VDA, Hrsg.): Tatsachen und Zahlen aus der Kraftverkehrswirtschaft, versch. Folgen und Jahrgänge, Frankfurt.

Verein Deutscher Ingenieure (VDI, Hrsg.): VDI-3780: Technikbewertung. Begriffe und Grundlagen, Düsseldorf 1991.

Verein Deutscher Ingenieure (VDI, Hrsg.): VDI-Richtlinie 2243, Konstruieren recyclinggerechter technischer Produkte, Düsseldorf 1993.

Volkswagen AG (Hrsg.): Kraftstoffeinsparung durch Fahrzeugtechnik, Wolfsburg, ohne Jahresangabe.

Westrup, Klaus: Test VW Polo 45 Servo, in: Auto Motor und Sport Testjahrbuch 1995, ohne Jahrgangsangabe, S. 70 - 75.

Wieland, Bernd: Produktion: Audi A8-Anlauf - Preß-Wehen, in: Auto Motor und Sport, Heft Nr. 16 vom 29. Juli 1994, ohne Jahrgangsangabe, S. 136 - 139.

Windpassinger, Gerhard: Auto denkt, Fahrer lenkt, in: Motor & Reisen, Nr. 11, 39. Jahrgang 1994, S. 8 - 10.

Winterhagen, Johannes: Die Überraschungseier: Die neuen Minis - Show oder Chance?, in: Mot, Nr. 12 vom 28.05.1994, ohne Jahrgangsangabe, S. 100 - 106.

Wirtschaftsgesellschaft des Kraftfahrzeuggewerbes mbH (Hrsg.): Zahlen & Fakten 1997, Bonn 1997.

Zetsche, Dieter: Contra Stellungnahme bei „Pro und Contra: Aluminium - der Wunderwerkstoff für die Zukunft?“, in: Auto, Motor und Sport, Nr. 21/1993, ohne Jahrgangsangabe, S. 69.

FSC
www.fsc.org
MIX
Papier | Fördert gute Waldnutzung
FSC® C083411

Kolibri 360 GmbH
Ferdinand-Jühlke-Straße 7
99095 Erfurt, Deutschland
produktsicherheit@kolibri360.de

Druck:
CPI Druckdienstleistungen GmbH
im Auftrag der
Kolibri 360 GmbH
Ferdinand-Jühlke-Str. 7
99095 Erfurt